# 糯玉米种质创新、品种培育及标准 DNA 指纹构建

● 赵久然 编著

中国农业科学技术出版社

**图书在版编目（CIP）数据**

糯玉米种质创新、品种培育及标准 DNA 指纹构建 / 赵久然编著. --北京：中国农业科学技术出版社，2021.5

ISBN 978-7-5116-5286-7

Ⅰ.①糯…　Ⅱ.①赵…　Ⅲ.①糯玉米-品种-基因组-鉴定-中国-图谱　Ⅳ.①S513.035.1-64

中国版本图书馆 CIP 数据核字（2021）第 066277 号

责任编辑　姚　欢
责任校对　李向荣
责任印制　姜义伟　王思文

出 版 者　中国农业科学技术出版社
　　　　　北京市中关村南大街 12 号　邮编：100081
电　　话　（010）82106631（编辑室）　（010）82109702（发行部）
　　　　　（010）82109709（读者服务部）
传　　真　（010）82106631
网　　址　http://www.castp.cn
经 销 者　各地新华书店
印 刷 者　北京捷迅佳彩印刷有限公司
开　　本　210 mm×285 mm　1/16
印　　张　24.5
字　　数　400 千字
版　　次　2021 年 5 月第 1 版　2021 年 5 月第 1 次印刷
定　　价　160.00 元

# 《糯玉米种质创新、品种培育及标准 DNA 指纹构建》
# 编 著 委 员 会

主 编 著：赵久然

副主编著：王凤格　杨　扬　易红梅　卢柏山

编著成员：葛建镕　史亚兴　任　洁　王　璐
　　　　　刘亚维　王　蕊　田红丽　徐　丽

# 前　言

在国家、农业农村部及北京市的各级项目资助下，在国家及各省品种管理部门、农业农村部品种权保护部门、国内主要科研单位的大力支持下，北京市农林科学院玉米研究中心自 1993 年起，通过多年不懈努力，在利用 SSR 标记技术进行玉米品种纯度和真实性鉴定方面取得了显著成效。为了更好地适应大规模样品的批量检测，将 SSR 技术的检测体系从普通 PAGE 银染检测升级到毛细管电泳五色荧光检测系统，实现了不同实验室 SSR 检测数据的信息共享。在毛细管电泳检测平台不断成熟的基础上，实现了从单重 PCR 向十重 PCR 的技术升级，大幅度降低了实验成本，并显著提高了检测效率。已构建国内第一个玉米标准 DNA 指纹库，累计入库品种 50 000 多份。自 2010 年起探索新型标记技术——SNP 标记在玉米品种鉴定中的应用，自主研发了适于玉米品种鉴定的 SNP 芯片专利产品，如 MaizeSNP3072、MaizeSNP384、MCIDP50K 和 Maize6H－60K 等，并在品种鉴定中得到初步应用。

北京市农林科学院玉米研究中心已成为北京市高级人民法院品种权司法鉴定的指定单位，农业农村部国家区试玉米品种一致性及真实性 DNA 检测的技术牵头单位，辽宁、吉林、北京、内蒙古、宁夏、山东、河北、天津、山西、云南、河南等省（自治区、直辖市）区域试验玉米品种 DNA 检测的委托鉴定单位，农业农村部植物品种权保护玉米品种标准 DNA 指纹库构建的委托鉴定单位，农业农村部种子执法年指定品种真实性鉴定单位，农业农村部种子市场监督抽查指定品种真实性鉴定单位，国际植物新品种保护联盟（UPOV）生化与分子技术工作组（BMT）成员。2010 年成立的北京玉米种子检测中心首批通过农业农村部真实性鉴定资质考核认定，先后为全国各地数百家玉米种子科研、生产、经营、管理及执法部门进行品种真实性和纯度鉴定 80 000 多批次，完成法院委托鉴定的玉米侵权案件上千批次。

糯玉米是在玉米于 16 世纪传入我国广泛种植后，自然变异产生的一种新类型，也称为黏玉米、蜡质玉米。糯玉米在我国西南等地区广泛种植，并有较长的种植历史，1760 年以前的文献就已有相关记载。1908 年，美国传教士法纳姆（Farnham J. M. W.）将从云南征集的几个糯玉米地方品种，通过美国驻上海领事馆寄交到美国农业部国外引种处，并于 20 世纪 40 年代在美国开展规模化的糯玉米杂交品种培育工作。

目前，我国已经成为全球最大的鲜食玉米生产国和消费国，将糯玉米发展为鲜食玉米种植，具有鲜明的中国特色。目前，鲜食玉米年种植面积已达 2 000 万亩以上，年产鲜果穗约 600 亿穗，以糯玉米为主，甜玉米为辅，并创新了甜+糯新类型。

我国的糯玉米杂交育种工作开始于 20 世纪 70 年代，90 年代开始有中糯 1 号、苏玉糯 1 号、垦粘 1 号等杂交种规模化种植。进入 21 世纪以来，我国鲜食糯玉米育种和产业化进入快速发展阶段。

2001—2020 年，我国鲜食玉米国审品种达 292 个，其中糯玉米（含甜+糯）176 个，占国审鲜食玉米总数的 60.27%。种植面积也随之快速扩大，其中仅糯玉米种植面积已达约 1 500 万亩，从种植面积、产量、产品类型、产值等方面都是鲜食玉米的主力军，具有突出的全球领先优势。此阶段，我国创制积累了大批优异种质资源，一批优良鲜食糯玉米品种得以大面积推广应用。特别是 21 世纪初京科糯 2000 的成功选育和大面积推广，显著促进了我国鲜食玉米产业的进步和发展，产生了巨大经济和社会效益。京科糯 2000 由北京市农林科学院玉米研究中心选育，具有高产稳产、品质优良、综合农艺性状好、适应性广、采收期长等综合优点，通过国家及近 20 多个省市单位的审（认）定，也是我国第一个通过国际标准审定的玉米品种，连续 10 余年成为我国鲜食玉米种植面积最大和范围最广的主导品种，常年种植面积在 500 万亩左右，占糯玉米种植总面积的一半，最大时曾达到 2/3 以上，至今累计推广种植达 1 亿亩以上。京科糯 2000 被公认为是一个里程碑式的标志性品种，其杂交种和亲本自交系均已经成为我国糯玉米的骨干自交系和核心种质资源，并引领和优化了我国糯玉米的杂优模式，在促进我国鲜食玉米育种及产业发展中发挥了极其重要的作用。

《糯玉米种质创新、品种培育及标准 DNA 指纹构建》分为三个部分。第一部分介绍了糯玉米概况，第一章介绍了糯玉米的种质创新、品种培育和标准 DNA 指纹构建过程；第二章介绍了主要糯玉米品种表型性状、试验审定及应用情况。第二部分集中收录了糯玉米品种标准 DNA 指纹图谱，包括 2012—2019 年通过国家及各省审定的糯玉米品种，以及 2012 年之前通过审定且仍在推广的部分品种，共计 316 个。第三部分是附录，主要收录了与本书相关的行业标准和地方标准。

本书编辑过程中得到了农业农村部种子管理局、全国农业技术推广服务中心、农业农村部科技发展中心等合作单位的大力支持，在此表示诚挚的感谢。

本书对糯玉米品种的真实性鉴定、纯度鉴定和类群划分等工作的开展具有重要参考价值，可作为玉米种子质量检测、品种管理、品种权保护、侵权案司法鉴定、品种选育、农业科研教学等从业人员的参考书籍。由于时间仓促，书中难免有遗漏和不足之处，敬请专家和读者批评指正。

编著委员会
2021 年 5 月

# 目　　录

# 第一部分　糯玉米概况

# 第一章　糯玉米的种质创新、品种培育和标准 DNA 指纹构建过程

## 一、糯玉米是在中国产生并驯化的一种特殊玉米类型

糯玉米（*Zea mays* L. *certaina* Kulesh），亦称蜡质型玉米或黏玉米，是普通玉米发生基因隐性突变（由 *Wx* 突变为 *wx*）而形成的一个特殊玉米类型，其籽粒胚乳中的淀粉几乎 100% 由支链淀粉组成。玉米起源于墨西哥等中美洲地区，于 16 世纪传入中国，并开始广泛种植。在云南、贵州、四川以及广西等西南地区种植的玉米中，产生了一种新的变异类型，经当地劳动人民留种和选择，定型为现在的糯玉米类型。因此，糯玉米是在中国产生并驯化的一种特殊玉米类型，并在中国西南地区具有较长的种植历史。根据乾隆二十五年（1760 年）张宗法《三农纪》记载："实外排列粒子，累累然如芡实大，有黑、白、红、青之色，有粳有粘。花放于顶，实生于节，子结于外，核藏于内，亦谷中之奇者。"说明至少在 1760 年以前，糯玉米就已经在中国有种植了，并且还有多种类型。中国西南地区的糯玉米种质资源非常丰富，据统计，完整保存的地方农家种材料有 500 多份。

## 二、糯玉米已传播到世界各地种植和发展

1908 年，美国传教士法纳姆（Farnham J. M. W.）通过美国驻中国上海领事馆，将从云南征集的几个糯玉米地方品种种子，寄交美国农业部国外引种处。并附言："这是一种特殊的玉米，有几种颜色。中国人说它们都是同一品种（类型），比其他玉米要黏得多，可能会发现它有新的用途。"

1908 年 5 月，美国植物学家柯林斯（Collins G. N.）将来自中国的玉米种子种在华盛顿附近，有 52 株成熟。他将结果发表在 1909 年 12 月的《美国农业新闻简报》上，并将来自于中国的糯玉米定名为"中国蜡质玉米"。糯玉米现已传播到世界各地种植，成为一种重要的特殊玉米类型。

糯玉米传入美国之后，在相当长的一段时间里只是出于好奇在遗传试验中作为标记基因而种植，或作为特异的玉米种质材料繁殖和保存，开展糯玉米育种研究较少。20 世纪 30 年代艾奥瓦州立大学发现，糯玉米支链淀粉的性质与当时进口日益困难的木薯块根淀粉相似，进而开始了大规模杂交育种计划。美国育种家斯普拉格（Sprague G. F.）等将糯质性状导入到普通玉米自交系中。20 世纪 40 年代艾奥瓦州立农业试验站最早培育出糯玉米杂交种。随后，美国玉米育种家将 *wx* 性状转育到高产杂交种或自交系，使蜡质基因不再是高产的限制因子。20 世纪 70 年代初，美国玉米遭受小斑病重创后，发现糯玉米具有优良的抗性和独特品质，使其成为一个研究重点。美国有多家种子公司从事糯玉米育种和种子销售工作，糯玉米种植面积在 20 世纪 40 年代只有 0.8 万 hm²，到 90 年代已发展到 40 万 hm² 左右，目前种植面积比较稳定。美国的糯玉米用途比较专一，主要用于支链淀粉生产加工，而几乎没有用于鲜食和果穗速冻加工，目前利用糯玉米支链淀粉制作的产品已有 400 多种。欧洲等部分国家也有糯玉米种植，同样主要用于淀粉加工。韩国、日本，以及东南亚的越南、泰国等国家受中国影响较大，近年来糯玉米的种植面积和作为鲜食玉米的数量增长较快。

## 三、糯玉米遗传及分子生物学

糯玉米的糯质性状表现为籽粒不透明，种皮无光泽，籽粒胚乳呈蜡质状；其籽粒胚乳中的淀粉几乎 100% 由支链淀粉组成。现在已经探明这个糯质性状由一对隐性基因（*waxy*）控制，位于第 9 染色体上，

是一个包括数十个等位基因的复合基因座，这些基因性质相似，可以为频率极低的遗传交换所分开。

北京市农林科学院玉米研究中心从广泛收集的国内外糯玉米种质材料中选取有代表性的材料200份，并对其进行 *waxy* 基因全长测序，从中鉴定到一个新的 *waxy* 基因突变类型。如图1所示，在 *waxy* 基因的第3个外显子处存在2 286 bp的转座子插入突变，根据转座子类型将该突变类型命名为wx-hAT突变，并针对该突变序列开发了PCR功能分子标记。

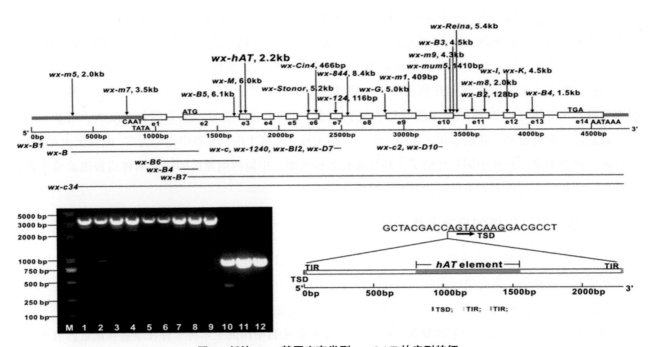

**图1　新的 *waxy* 基因突变类型 wx-hAT 的序列特征**

利用北京市农林科学院玉米研究中心研发的40对核心SSR引物对200份糯玉米种质遗传多样性进行分析，发现该群体的多态性信息含量（PIC）平均值为0.7，遗传变异丰富，并可将其划分为3大类群（图2）。其中，北京市农林科学院玉米研究中心自主选育的糯玉米骨干自交系京糯6属于B群，BN2、白糯6等属于A群，两大群遗传距离远。其余种质属于中间类群。

糯玉米具有明显的蜡质表现型，胚乳中的淀粉几乎100%是支链淀粉。糯玉米淀粉在淀粉水解酶的作用下，消化率可达85%，而普通玉米淀粉（其中支链淀粉占淀粉总量的73%，直链淀粉占27%）的消化率仅为69%。直链淀粉是由葡萄糖单位通过1，4糖苷键连接成的直链状大分子化合物，聚合的葡萄糖单位在100~6 000个，一般为300~800个；支链淀粉除了由葡萄糖单位通过1，4糖苷键连接成直链外，分支部分是以1，6糖苷键连接的大分子化合物，聚合的葡萄糖单位为1 000~3 000 000个，这种支链淀粉的分子呈分枝状，分子量大，是天然高分子中最大的一种。直链淀粉遇碘呈蓝色，支链淀粉遇碘呈紫红色，而且吸碘量大大低于直链淀粉，对花粉粒进行染色也会有同样的效果。这个特质可用来区分糯玉米与其他类型的玉米。糯玉米淀粉的吸水量大，消化率高，食用消化率比普通玉米高16个百分点，经加温处理后的膨胀力为普通淀粉的2.7倍，其淀粉糊的透明性高、膨胀性强、黏度大、糊化温度低，与普通玉米淀粉差异明显。糯玉米中的淀粉含量略低于同型普通玉米，具有较好的适口性，较高的黏滞性和消化率，加温处理后具有较高的膨胀力和透明性。

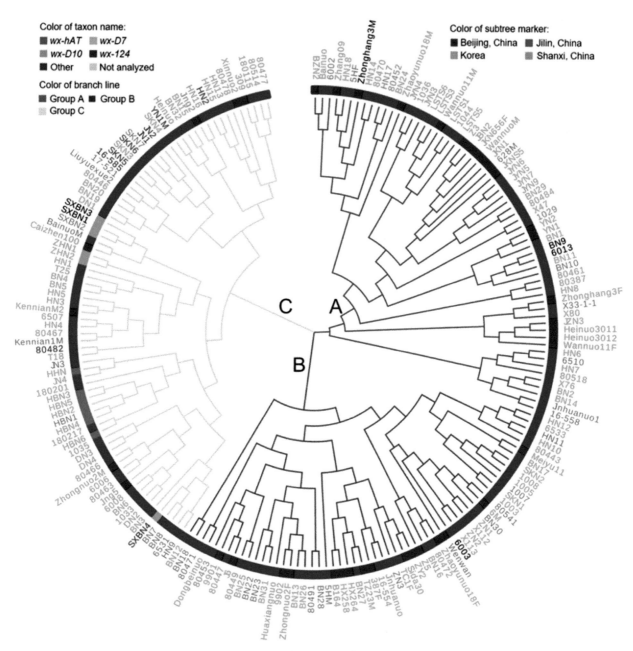

**图 2　200 份糯玉米种质类群划分**

## 四、中国糯玉米育种及产业发展

虽然糯玉米在中国产生并在西南地区有较长的种植历史，但其现代杂交育种工作则起步较晚。之前都是农民自己择优留种，世代相传，处于育种 1.0 时代。直到 20 世纪 70 年代才零星开展起糯玉米的杂交育种工作。1975 年山东烟台市农业科学研究所育成中国第一个糯玉米单交种（烟单 5 号），1989 年山东省农业科学院玉米研究所育成黄糯品种鲁糯 1 号。20 世纪 80—90 年代，作为特殊用途的糯玉米育种工作才逐渐加强，也开始有了规模化鲜食玉米种植。但直到 20 世纪末，选育审定并有规模种植的糯玉米也仅有苏玉糯 1 号、垦粘 1 号、中糯 1 号等屈指可数的几个品种，年累计种植面积也只有几十万亩。20 世纪末期是糯玉米育种工作和鲜食玉米产业化发展的起步阶段。

进入 21 世纪以来，中国糯玉米育种和产业化进入了快速发展阶段。特别是京科糯 2000 品种的成功选育和大面积产业化应用，开辟了中国糯玉米新的育种思路和杂优模式，引领和极大促进了中国糯玉米育种和产业化的发展。2001—2020 年中国审定糯玉米品种 1 354 个，甜+糯玉米品种 145 个（资料源于中国种业大数据平台）。无论从鲜食玉米还是从糯玉米角度来说，当前的中国都是世界上育成品种数量最多的国家。中国种植的所有鲜食糯玉米品种全部为自主选育品种，并且中国的糯玉米品种及种子和相关产品已走出国门，向外输出，开始影响周边国家和全球。中国鲜食糯玉米年种植面积由 21 世纪初的不足 100 万亩，发展到目前约 2 000 万亩，成为全球最大的糯玉米种植生产国，同时也成为全球最大的鲜食玉米消费国。

## 五、糯玉米突破性品种：京科糯 2000 的成功选育之道

京科糯 2000 由北京市农林科学院玉米研究中心于 2000 年组配成功，2006 年正式通过国家审定（国审玉 2006063），此后又陆续进行了国审扩区和 20 多个省级审定，也成为第一个在国外审定的玉米品种。经过国家级的品种区试测试，20 多个省级区试和测试，以及十几年的大面积生产推广应用，京科糯 2000 成为了中国 21 世纪以来种植面积最大、应用范围最广的糯玉米品种。该品种具有以下 3 个优点。

（1）优质。京科糯 2000 穗型周正，籽粒洁白，口感绵软，营养和风味俱佳，凉置后不回生，适宜鲜穗上市和果穗加工。经农业农村部谷物品质检测中心鉴定含支链淀粉 100%，品尝鉴定得分均超过对照，达到一级标准。特别是鲜果穗适采期可达到 10 天左右，比之前的对照品种提高 5 天以上，非常适合企业大规模种植和果穗加工。

（2）高产。在国家多个大区试验中产量表现均名列第一，较对照大幅增产。其中在国家东南区试验中，两年 39 个试点全部增产，平均比对照品种增产 32.1%。

（3）广适。京科糯 2000 于 2006 年正式通过国家审定，此后又陆续进行了国审扩区和 20 多个省级审定，也成为第一个在国外审定的玉米品种。从北方黑龙江省可种植到海南省，并继续向南种植到越南、柬埔寨等东南亚国家，适应性极广。

京科糯 2000 之所以能够取得如此大的突破，成为业界公认的里程碑式的品种，最主要原因是创制了新的核心骨干自交系和新的杂优模式。2000 年之前，中国糯玉米育种上所使用的种质材料多为地方农家种。这些材料是玉米传入中国种植后发生自然变异而形成的地方品种。传入中国的玉米是哥伦布到达美洲后带到欧洲的玉米，基本是加勒比硬粒型品种，与现代北美大陆种植的马齿玉米不同。中国早期使用的糯玉米农家种都是硬粒型且胚乳表现硬质，而利用硬粒型农家种选育出的亲本自交系和组配的杂交种也都是硬粒型的。在生产上推广面积较大的品种，如中糯 1 号、苏玉糯 1 号、垦粘 1 号等，均是这种"硬粒型×硬粒型"杂交组配模式。这种杂交组配模式选育出的品种普遍表现为杂种优势不太强，果穗较小，产量不高；适应区域不太广，往往局限在某一个特定区域；并且蒸煮之后一旦凉置，籽粒变硬，口感生硬，回生现象明显，造成口感品质下降，限制了其大规模应用，也成了制约鲜食玉米产业发展的重要影响因素。

北京市农林科学院玉米研究中心通过深入分析当时糯玉米品种生产现状及存在问题，并结合市场需求，确定了引入利用新种质的育种思路，积极探索引入并利用马齿型的糯玉米种质，开展新的糯玉米种质的创制。经多年种质鉴定研究和大量的育种实践证明，马齿型的糯玉米种质具有籽粒持水性好、果穗采收期长、蒸煮后口感绵软且凉置后不回生等特殊优点，与糯玉米"优质与高产、多抗、广适并重"的育种目标相契合。因此，确立将选自中国地方农家种（具有适应性广、抗性强等优点的胚乳硬质型材

料）与选自国外杂交种（具有丰产性好、品质优等优点的胚乳软质型材料）进行组配的思路，构建了"硬质型×软质型"杂交组配模式。利用该模式，率先育成了京科糯 2000、京科糯 120、京黄糯 267、京紫糯 218、京花糯 2008 等糯玉米系列品种（图 3）。其中京科糯 2000 自 2006 年通过国家审定以来，一直都是中国推广面积最大、种植范围最广的糯玉米品种。

**图 3 京科糯系列品种的果穗形态**

京科糯 2000 的母本京糯 6，来自于国内种质，以当时正在生产中应用的糯玉米杂交种中糯 1 号为基础种质材料，构建选系群体。之后按照高密度、大群体、严选择等育种方法，以及单株配合力测定、表型精准鉴定等技术，经 4 年 7 代选育而成。京糯 6 选自于国内地方种质，为胚乳硬质型自交系，具有抗性强、适应性好、有特殊的芳香气味等优点。

京科糯 2000 的父本 BN2 以及姊妹系白糯 6 等自交系，是以国外引入的马齿型糯玉米杂交组合（未审定单交种）紫糯 3 为基础种质材料，构建选系群体。同样也是按照高密度、大群体、严选择等育种方法，以及单株配合力测定、表型精准鉴定等技术，经 4 年 8 代选育而成。BN2、白糯 6 等糯玉米自交系属于马齿型，具有丰产性好、籽粒口感绵软、持水性好、采收期长等优点。

参考行业标准《玉米品种鉴定技术规程 SSR 标记法》（NY/T 1432—2014），利用 DNA 分子标记中的 40 对核心引物，对京糯 6、BN2 等系列亲本自交系进行亲缘关系和遗传多态性分析。如图 4 所示，京糯 6 与 Mo17 等兰卡群自交系划为同一类群，BN2、白糯 6 与 B73 等 Reid 群自交系划为同一类群。这从分子水平证实了京糯 6 与 BN2、白糯 6 等自交系遗传距离远、杂种优势强，为亲本组配提供了理论指导。

以京糯 6 为母本，BN2 为父本，组配选育出杂交品种京科糯 2000。聚合了母本京糯 6 硬质型胚乳种质抗性强、适应性好、具有芳香气味等优良性状，以及 BN2 软质型胚乳种质口感绵软、凉置后不回生等品质性状。使得京科糯 2000 与生产上其他主推品种相比，在适应性范围方面由窄显著扩宽，可在中国、韩国、日本及东南亚等地区广泛种植；在口感品质上，由冷凉生硬提高为绵软、不回生；在适采期上大大延长，由 3～5 天延长至 10 天以上；在杂种优势、产量上极显著提高，较对照品种苏玉糯 1 号增产 32.1%。

京科糯 2000 被业界专家和中国种子协会公认为是中国糯玉米育种的一个里程碑品种，是中国玉米产业和种业自主创新的标志性重大成果。京科糯 2000 及其双亲已成为中国糯玉米育种的重要核心种质材料，创新拓宽和极大丰富了中国糯玉米种质基础，在促进中国鲜食玉米育种水平提升及产业发展中发挥了不可替代的作用。

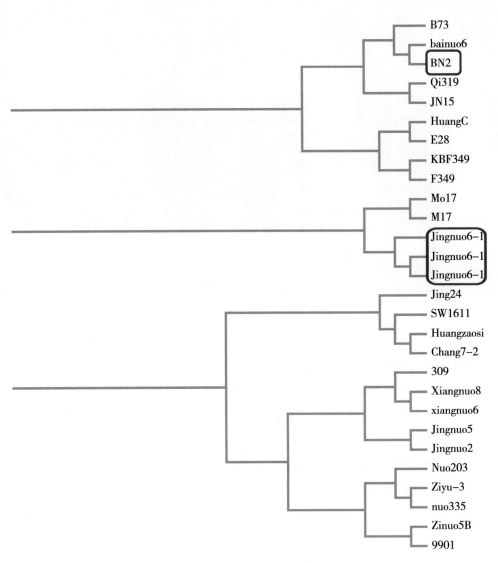

**图 4　京糯 6、BN2 等自交系类群划分**

### 六、甜+糯型鲜食玉米品种的创新培育

甜+糯型鲜食玉米是中国育种工作者创制出的聚合甜玉米和糯玉米二者优点的一种新型玉米，其果穗特征表现为在同一果穗上既有糯籽粒又有甜籽粒，目前主流品种的甜籽粒与糯籽粒比例为 1∶3。

甜+糯型鲜食玉米常规的培育方法分为 3 个步骤。首先，利用糯玉米与甜玉米杂交，在 $F_2$ 代会产生 16 种基因组合、9 种基因型、3 种表现型，从中筛选出表型为甜玉米的籽粒。其次，以糯玉米骨干系为测验种进行单株测配，或利用分子标记辅助育种方法，并结合植株表型，筛选出测交当代籽粒 100% 表现糯质且综合性状优良的甜糯双隐性种质材料。最后，将选定的材料快速纯化成甜糯纯合双隐自交系。

在甜+糯型鲜食玉米的培育过程中，甜糯纯合双隐自交系由于含有甜质和糯质2对隐性基因，其种子发芽势、发芽率、植株活力均受影响，在田间表现出发芽率低、出苗慢、苗弱等现象。为克服这一问题，北京市农林科学院玉米研究中心经过多年创新研究，提出在甜糯双隐性自交系创制过程中，选择甜粒种植而非糯粒，并进行测配。一是可提早一个世代进行筛选发芽率高、植株长势强的植株，二是可提早一个世代进行单株的配合力测定。这个方法能加快自交系选育速度，减少资源消耗，提高育种效率，实现节能增效。

与此同时，北京市农林科学院玉米研究中心深入分析甜糯纯合双隐自交系特性、甜+糯玉米杂交种制种成本、效率等因素，创新并利用了"糯质单隐×甜、糯双隐"的杂交组配模式。该模式确立了以纯糯玉米自交系为母本，以甜、糯纯合双隐自交系为父本，杂交后 $F_1$ 种子为糯质。使得在制种产量和杂交种种子发芽率等方面显著提升，保障了高制种产量（≥300 kg）和高发芽率（≥95%）。

按照此模式，如图5所示，北京市农林科学院玉米研究中心创新培育出农科玉368、京科糯2010、京科糯2016、农科糯336等系列优良甜+糯型品种，具有优质、多抗、广适等突出优点，成为中国种植面积最大、范围最广的甜+糯型系列品种。其中农科玉368目前已通过国家鲜食玉米四大生态区审定，同时通过江苏、安徽、福建等多省份审定，获得中国种子协会行业"榜样品种"（2个品种之一）等多项荣誉称号，是中国甜+糯型玉米主导品种。对中国甜+糯型玉米品种选育、鲜食玉米产业发展都发挥了重要科技引领和促进作用。

**图5　甜+糯型鲜食玉米的果穗形态**

## 七、营养强化型鲜食玉米品种的培育

"国以民为本，民以食为天"。粮食安全问题一直是全世界关注的焦点，而农业发展是保障粮食安全的重中之重。随着社会和经济的发展，中国居民生活已从吃饱转向吃好，更加关注营养健康，推动营养强化育种成为中国先进农业的重要育种方向。营养强化育种主要目标是在具有淀粉、蛋白质、脂肪、膳食纤维等常量基础上，在维生素、微量元素、必需氨基酸、脂类等营养物质方面，其含量显著提高，生理功效明确，营养健康效果明显。在玉米中主要有赖氨酸、色氨酸等必需氨基酸，以及叶酸（维生素 M、B 族维生素）、类胡萝卜素（叶黄素、黄质素等）、花青素等营养物质。

北京市农林科学院玉米研究中心基于已发表的高叶酸性状 QTL 位点信息，设计开发出高叶酸性状的 KASP 标记，进行高叶酸种质的快速鉴定和筛选，鉴选高叶酸糯玉米种质材料。将该类种质材料与甜糯双隐优良种质聚合，创制出高叶酸甜糯玉米优良自交系，培育出可同时表现高叶酸、甜+糯等营养品质和口感品质的鲜食玉米新品种，通过审定并大面积推广应用。如农科玉 368、农科糯 336 叶酸含量均在 300 μg/100 g 以上。京科糯 569 叶酸含量为 417 μg/100 g 以上，达到普通玉米（20～50 μg/100 g）的 10 倍左右，是目前已知叶酸含量最高的玉米品种。

在营养强化育种方面，北京市农林科学院玉米研究中心还设计开发出适用于鲜食玉米 *opaque*-2 基因鉴选的 KASP 标记，并综合利用分子标记鉴定目标性状、背景回复选择及表型鉴选等技术，创制出高赖氨酸糯玉米新种质，培育出高赖氨酸糯玉米新品种，并实现主导品种京科糯 2000 的高赖氨酸强化，其赖氨酸含量≥0.5%，高于国家高赖氨酸玉米标准 0.4%。新创制的高花青素玉米京紫糯 219，极大满足了市场多元化需求，在国际上处于领先地位。

## 八、糯玉米标准 DNA 指纹构建

本书第二部分主要收录了 2012—2019 年通过国家及各省审定的糯玉米品种，同时收录了 2012 年之前通过审定且仍在推广的部分品种，共计 316 个。对上述糯玉米品种标准 DNA 指纹构建分为以下三个步骤。

第一步是基因组 DNA 提取。采取改良的 CTAB 法提取 DNA：每份供试样品均随机抽取 50 粒种子形成混合样品，充分磨碎后移入 2.0 mL 离心管；加入 700 μL CTAB 提取液，65 ℃水浴 60 min；加入等体积的三氯甲烷/异戊醇（24∶1）并充分混合，静置 10 min 后在 12 000 r/min 离心 15 min；上清液加入等体积的预冷异丙醇沉淀 DNA，12 000 r/min 离心 10 min，弃上清液；加入 70%乙醇清洗 2 次，晾干后加入 100 μL 超纯水，充分溶解后备用。除了供试样品外，另外选用一份玉米 DH 系作为参照样品进行大量 DNA 提取。同一批次提取的 DNA 样品，随机抽取约 5%进行 DNA 质量和浓度测定，根据测量值估算稀释成工作液的倍数后对该批 DNA 统一进行稀释。采用 NanoDrop 2000（Thermo Scientific）紫外分光光度计进行 DNA 质量和浓度测定。

第二步是 SSR 标记分析。40 对建库引物序列信息、采用的 PCR 反应体系和反应程序以及荧光毛细管电泳检测程序见行业标准《玉米品种鉴定技术规程　SSR 标记法》（NY/T 1432—2014）。每对引物其中一条的 5′端用一种荧光染料进行标记，选用了 PET、NED、VIC、FAM 共 4 种荧光染料（Applied Biosystems，USA 公司合成）。PCR 反应在 Veriti 384 Well Thermal Cycler 上进行，荧光毛细管电泳在 ABI 3730XL DNA Analyzer 上进行，分子量内标采用 LIZ 500。SSR 原始数据采用 Date Collection Ver. 1.0 软件收集并形成 FSA 文件。采用北京市农林科学院玉米研究中心主要研发的 SSR 指纹分析器（软件登记号：2015SR161217）对 FSA 文件进行基因分型分析。

第三步是指纹数据库构建和质量评估。建库过程中采用了植物品种 DNA 指纹库管理系统（以下简称指纹库管理系统，登记号：2015SR085905），安排至少两组独立平行试验，选取 60%以上组数的试验数据一致且试验质量较高的数据和指纹图谱进入标准指纹库，对多组试验中数据不一致而指纹图谱一致的位点，通过人工选择一组试验质量较高的数据和指纹进入标准指纹库，对数据缺失严重的样品，启动新一组独立试验，直到形成位点缺失率控制在 5%以下的标准指纹库。

为评估所构建 SSR 指纹库的质量，检验指纹库共享的可能性，开展如下评估试验：①从建成的标准指纹库中随机抽取 20 份样品的 DNA（约占总数 6%），匿名编号后提供给其他 2 个实验室进行检测并与标准指纹库的数据进行对比，采用与构建标准指纹库时相同的建库程序和电泳检测平台，只是仪器型号有所不同，评估不同实验室在同一荧光电泳检测平台上数据采集的一致性和利用指纹库进行成对比较的结果一致性；②从标准指纹库中挑选 8 份代表性样品的 DNA，由北京玉米种子检测中心实验室统一进行 PCR 扩增，扩增产物提供给具有贝克曼 GenomeLabGeXP 遗传分析仪的 3 家实验室进行检测并与标准指纹库的指纹进行对比，评估在不同荧光电泳检测平台上数据采集的一致性和利用指纹库进行成对比较的结果一致性。

# 第二章　主要糯玉米品种表型性状、试验审定及应用情况

## 京科糯2000

京科糯 2000

**审定编号**：国审玉 2006063、吉审玉 2008056、沪农品审玉米 2009 第 008 号、闽审玉 2010003、京审玉 2010014、新审糯玉 2014 年 52 号、宁审玉 2015030

**选育单位**：北京市农林科学院玉米研究中心

**品种来源**：京糯 6×BN2

**特征特性**：在西南地区出苗至采收期 85 天左右，与对照渝糯 7 号相当。幼苗叶鞘紫色，叶片深绿色，叶缘绿色，花药绿色，颖壳粉红色。株型半紧凑，株高 250 cm，穗位高 115 cm，成株叶片数 19 片。花丝粉红色，果穗长锥型，穗长 19 cm，穗行数 14 行，百粒重（鲜籽粒）36.1 g，籽粒白色，穗轴白色。在西南区域试验中平均倒伏（折）率 6.9%。经四川省农业科学院植物保护研究所两年接种鉴定，中抗大斑病和纹枯病，感小斑病、丝黑穗病和玉米螟，高感茎腐病。经西南鲜食糯玉米区域试验组织专家品尝鉴定，达到部颁鲜食糯玉米二级标准。经四川省绵阳市农业科学研究所两年测定，支链淀粉占总淀粉含量的 100%，达到部颁糯玉米标准（NY/T524—2002）。

**产量表现**：2004—2005 年参加西南鲜食糯玉米品种区域试验，15 点次增产，7 点次减产，两年区域试验平均亩产（鲜穗）880.4 kg，比对照渝糯 7 号增产 9.6%。

**栽培技术要点**：每亩适宜密度 3 500 株左右，应隔离种植和适期早播，注意防止倒伏和防治茎腐病、玉米螟。

**适宜种植区域**：适宜在四川、重庆、湖南、湖北、云南、贵州作鲜食糯玉米品种种植。茎腐病重发区慎用，注意适期早播和防止倒伏。

**推广应用情况**：京科糯 2000 自 2006 年通过国家审定，之后又陆续通过 20 多个省级审认定，也是我国第一个在国外通过审定的玉米品种。在我国各地表现突出的优质高产广适综合优点，种植面积快速上升，北至黑龙江，南至海南岛，西至云贵川，几乎全国所有省份都有种植，连续多年种植在 500 万亩以上，最高时达到我国糯玉米总面积的 2/3 左右；同时在韩国以及东南亚等国家也广泛种植，其中越南每年 100 多万亩，成为其主导品种。国内外已经累计种植超过 1 亿亩，满足了广大消费者、亿万农户、众多企业的"好吃、好种、好管"等多方面需求。其种子和加工产品已远销 50 多个国家，被业内专家和中国种子协会公认为我国糯玉米产业的里程碑和标杆品种，使我国糯玉米产业从 21 世纪初的不足 100 万亩，快速发展到当前的 2 000 多万亩，并使我国成为全球第一大糯玉米和鲜食玉米生产国发挥了重要引领和促进作用。

# 京科糯120

**京科糯120**

**审定编号**：国审玉 2004030、京审玉 2003003

**选育单位**：北京市农林科学院玉米研究中心

**品种来源**：京糯6×白糯6

**特征特性**：在黄淮海地区出苗至鲜穗采收期81天，比对照苏玉糯1号晚1天。幼苗叶鞘紫色，叶片绿色，叶缘紫色。株型半紧凑，株高242.2 cm，穗位108.3 cm。成株叶片数21~22片。花药绿色，颖壳紫色，花丝绿间少许红色，果穗锥型，穗长18.38 cm，穗行数11.06行，穗粗4.80 cm，行粒数34粒，穗轴白色，籽粒白色，鲜籽粒百粒重33.3 g。经河北省农林科学院植物保护研究所两年接种鉴定，抗大斑病、矮花叶病和玉米螟，中抗黑粉病和弯孢菌叶斑病，高感茎腐病和小斑病。经黄淮海鲜食糯玉米品种区域试验组织的专家品尝鉴定，达到部颁鲜食糯玉米二级标准。经郑州国家玉米改良分中心检测，支链淀粉占总淀粉含量的100%，达到糯玉米标准（NY/T524—2002）。

**产量表现**：2002—2003年参加黄淮海鲜食糯玉米品种区域试验，2002年平均亩产鲜果穗841.9 kg，比对照苏玉糯1号增产25.9%；2003年平均亩产鲜果穗800.7 kg，比对照苏玉糯1号增产22.5%，两年平均亩产鲜果穗821.3 kg，比对照苏玉糯1号增产24.3%。

**栽培技术要点**：适宜密度每亩3 500株左右。注意隔离，及时收获。注意防治小斑病、茎腐病，防止倒伏。

**适宜种植区域**：适宜在山东、河南、河北、陕西、北京、天津，以及江苏北部、安徽北部夏玉米区作鲜食糯玉米种植。茎腐病、小斑病高发区慎用，防止倒伏。

**推广应用情况**：京科糯120与京科糯2000属于同一系列品种，母本相同，父本为姊妹系。于2003年通过北京审定，2004年通过国家黄淮海审定，主要在黄淮海区春播或夏播种植。作为优质高产型白色糯玉米新品种，自审定后种植面积快速增加，达到并长期保持在年种植面积百万亩以上，是我国鲜食糯玉米主推品种之一。

# 京紫糯218

**审定编号**：国审玉2005039、京审玉2010015

**选育单位**：北京市农林科学院玉米研究中心

**品种来源**：紫糯5×紫糯3

**特征特性**：在东南地区出苗至采收80天左右。幼苗叶鞘紫色，叶片绿色，叶缘绿色，花药绿色，颖壳绿色，株高201~214 cm，穗位高82~91 cm，成株叶片数22~23片，花丝绿色，果穗长锥型，穗长

京紫糯 218

21 cm 左右，穗行数 12 行左右，穗轴白色，籽粒紫色，百粒重（鲜重）33 ~ 35 g。经中国农业科学院两年接种鉴定，中抗大斑病和小斑病，感玉米螟，高感茎腐病和矮花叶病。两年田间调查显示，高抗茎腐病，抗矮花叶病，倒伏率 15%。经东南鲜食玉米品种区域试验组织专家鉴定，达到部颁鲜食糯玉米二级标准。经扬州大学检测支链淀粉占总淀粉含量的 98.05% ~ 98.09%，达到部颁糯玉米标准（NY/T524—2002）。

**产量表现：**2003—2004 年参加东南鲜食糯玉米品种区域试验，39 点次增产，2 点次减产，平均亩产（鲜穗）883.8 kg，比对照苏玉糯 1 号增产 28.2%。

**栽培技术要点：**每亩适宜密度 3 500 株左右。注意隔离种植，防止串粉，适时采收。注意防治茎腐病、矮花叶病，防止倒伏。

**审定意见：**适宜在海南、广东、广西、福建、浙江、江西、上海，以及江苏南部、安徽南部作鲜食糯玉米种植。矮花叶病重发地区慎用。

**推广应用情况：**京紫糯 218 于 2005 年通过国家东南区审定。该品种是我国最早通过国家审定的富含花青素的紫色糯玉米，属于优质特色品种。还具有双穗率高的优点，自审定后种植面积逐年增加，并较长时间保持在 100 万亩左右，是我国紫色糯玉米的主推品种。

## 京黄糯 267

京黄糯 267

**审定编号：**国审玉 2005043

**选育单位：**北京市农林科学院玉米研究中心

**品种来源：**京糯 5×黄糯 6

**特征特性：**在黄淮海地区出苗至采收 78 天左右，与对照苏玉糯 1 号相当。幼苗叶鞘紫色，叶片绿色，叶缘绿色，花药绿色，颖壳绿色。株型半紧凑，株高 227 ~ 240 cm，穗位高 90 ~ 100 cm，成株叶片数 22 ~ 23 片。花丝绿色，果穗锥型，穗长 20 cm，穗行数 12 ~ 14 行，穗轴白色，籽粒黄色，百粒重（鲜重）36 ~ 40 g。经河北省农业科学院植物保护研究所两年接种鉴定，高抗矮花叶病，抗弯孢菌叶斑病、小斑病和瘤黑粉病，中抗大斑病和茎腐病，高感玉米螟。经黄淮海鲜食玉米品种区域试验组织专家品尝鉴定，达到部颁鲜食糯玉米二级标准。经河南农业大学郑州国家玉米改良分中心测定，胚乳粗淀粉含量 63.21% ~ 70.43%，支链淀粉占总淀粉含量的 98.97% ~

99.11%，达到部颁糯玉米标准（NY/T524—2002）。

**产量表现**：2003—2004年参加黄淮海鲜食糯玉米品种区域试验，24点次增产，1点次减产，平均亩产（鲜穗）837.9 kg，比对照苏玉糯1号增产27.53%。

**栽培技术要点**：每亩适宜密度3 300～3 500株，注意防治玉米螟，防止倒伏。

**适宜种植区域**：适宜在北京、天津、河北、河南、山东，以及江苏北部、陕西夏玉米区作鲜食糯玉米种植。

**推广应用情况**：京黄糯267于2005年国家东华北区审定。该品种由于也是利用了"硬质型胚乳×软质型胚乳"杂交模式，籽粒产量潜力大，属于鲜食及籽粒兼用型，黄色籽粒不但具有浓郁的香味，柔软度明显改善，累计推广了300多万亩。

# 京科糯569

**审定编号**：国审玉2014024、京审玉2012006、浙审玉2016005

**选育单位**：北京市农林科学院玉米研究中心、北京华奥农科玉育种开发有限责任公司

**品种来源**：N39×白糯6

**特征特性**：东华北春玉米区出苗至鲜穗采收期93天。幼苗叶鞘紫色，叶片浅绿色，叶缘绿色，花药粉色，颖壳浅紫色。株型半紧凑，株高266.2 cm，穗位高119.9 cm，成株叶片数18片。花丝浅红色，果穗筒型，穗长19.6 cm，穗行数14～16行，穗轴白色，籽粒白色、马齿型，百

京科糯569

粒重（鲜籽粒）36.2 g。平均倒伏（折）率5.3%。接种鉴定显示，感大斑病和丝黑穗病。品尝鉴定87.8分；粗淀粉含量64.5%，直链淀粉占粗淀粉含量的1.8%，皮渣率5.4%。

**产量表现**：2011—2012年参加东华北鲜食糯玉米品种区域试验，两年平均亩产鲜穗1 090kg，比对照垦粘1号增产17.4%；2013年生产试验，平均亩产鲜穗1 062kg，比垦粘1号增产19.9%。

**栽培技术要点**：中等肥力以上地块栽培，4月底至5月初播种，亩种植密度3 500株左右。隔离种植，授粉后22～25天为最佳采收期。注意防治大斑病和丝黑穗病。

**适宜种植地区**：适宜在北京、河北、山西、内蒙古、黑龙江、吉林、辽宁、新疆作鲜食糯玉米春播种植。

**推广应用情况**：京科糯569现已成为我国东华北国家糯玉米品种区试对照（CK）品种，自2014年通过国家审定以来种植面积快速上升，该品种具有高产、稳产、广适的优势，并具有高叶酸、营养强化等优异性状，叶酸达到100 g，鲜籽粒中含量417 μg，属于目前已知的叶酸含量最高的玉米品种，通过推广达到了年种植面积100万亩以上。

# 农科玉 368

农科玉 368

**审定编号**：国审玉 2015034、国审玉 2016009、国审玉 20200489、京审玉 2015011、苏审玉 201504、闽审玉 2015003、宁审玉 2015029、皖玉 2016046、黑审玉 2018Z002

**选育单位**：北京市农林科学院玉米研究中心

**品种来源**：京糯 6×D6644

**特征特性**：黄淮海夏玉米区出苗至鲜穗采收期 76 天。幼苗叶鞘紫色，叶片绿色，叶缘绿色，花药紫色，颖壳淡紫色。株型半紧凑，株高 233.2 cm，穗位高 97.5 cm，成株叶片数 19 片。花丝淡紫色，果穗锥型，穗长 18.6 cm，穗行数 12～14 行，穗轴白色，籽粒白色、硬粒质型，百粒重（鲜籽粒）38.7 g。接种鉴定显示，中抗茎腐病，感小斑病、矮花叶病和瘤黑粉病。品尝鉴定 86.4 分；粗淀粉含量 64.3%，直链淀粉占粗淀粉含量的 2.4%，皮渣率 7.4%。

东南地区春播出苗至鲜穗采收期 81 天，比苏玉糯 5 号晚 1 天。幼苗叶鞘紫色，叶片绿色，叶缘绿色，花药紫色，颖壳淡紫色。株型半紧凑，株高 204.6 cm，穗位高 80.5 cm，成株叶片数 19 片。花丝淡紫色，果穗锥型，穗长 17.3 cm，穗行数 12～14 行，穗轴白色，籽粒白色、糯质型，百粒重（鲜籽粒）36.0 g。平均倒伏（折）率 3.8%。接种鉴定显示，抗腐霉茎腐病，中抗纹枯病，感小斑病。品尝鉴定 86.8 分；品质检测，支链淀粉占粗淀粉含量的 97.4%，皮渣率 9.4%。

北方（东华北）鲜食糯玉米组出苗至鲜穗采收期 88.1 天，比对照京科糯 569 晚熟 2 天。幼苗叶鞘紫色，叶片绿色，叶缘紫色，花药紫色，颖壳浅紫色。株型半紧凑，株高 254 cm，穗位高 117 cm，成株叶片数 20～21 片。果穗长锥形，穗长 20.0 cm，穗行数 14～16 行，穗粗 5.0 cm，穗轴白色，籽粒白色、甜糯型，百粒重 38.4 g。接种鉴定显示，中抗大斑病、丝黑穗病，感瘤黑粉病，皮渣率 6.30%，品尝鉴定 87.7 分，支链淀粉占总淀粉含量的 99.00%。

南方（西南）鲜食糯玉米组出苗至鲜穗采收期 89.1 天，比对照渝糯 7 号晚熟 0.6 天。幼苗叶鞘紫色，叶片绿色，叶缘紫色，花药紫色，颖壳浅紫色。株型半紧凑，株高 217 cm，穗位高 87 cm，成株叶片数 21 片。果穗短锥型，穗长 17.6 cm，穗行数 12～14 行，穗粗 5.0 cm，穗轴白色，籽粒白色、甜糯型，百粒重 38.8 g。接种鉴定显示，感丝黑穗病、小斑病、纹枯病，皮渣率 7.65%，品尝鉴定 86.4 分，支链淀粉占总淀粉含量的 97.90%。

**产量表现**：2013—2014 年参加黄淮海鲜食糯玉米品种区域试验，两年平均亩产鲜穗 848.7 kg，比对照苏玉糯 2 号增产 9.0%；2014 年生产试验，平均亩产鲜穗 927.2 kg，比苏玉糯 2 号增产 8.0%。

2014—2015 年参加东南鲜食糯玉米品种区域试验，两年平均亩产鲜穗 803.7 kg，比对照苏玉糯 5 号增产 12.4%。

16

2018—2019 年参加北方（东华北）鲜食糯玉米组联合体区域试验，两年平均亩产 898.8 kg，比对照京科糯 569 减产 8.1%。

2018—2019 年参加南方（西南）鲜食糯玉米组联合体区域试验，两年平均亩产 873.1 kg，比对照渝糯 7 号减产 0.7%。

**栽培技术要点**：中等肥力以上地块栽培，4 月底至 5 月初播种，亩种植密度 3 500 株左右。隔离种植，授粉后 22~25 天为最佳采收期。注意防治小斑病、矮花叶病和瘤黑粉病。

中等肥力以上地块栽培，3 月上旬播种，亩种植密度 3 500 株左右。隔离种植，授粉后 22~25 天为最佳采收期。注意防治小斑病。

一般春播 4 月中旬至 5 月上旬，离地面 5 cm 土壤温度稳定通过 12 ℃以上方可播种。与其他玉米采取空间或时间隔离，防止串粉。每亩适宜密度 3 000~3 500 株。施足基肥，重施穗肥，增加钾肥量。注意防治病虫害，适时采收。糯玉米采收鲜果穗，采收期较短，授粉后 22~25 天为最佳采收期。

**适宜种植地区**：适宜在北京、天津、河北、山东、河南，以及江苏淮北、安徽淮北、陕西关中灌区作鲜食糯玉米夏播种植。

适宜在海南、广东、广西、上海、浙江、江西、福建，以及江苏中南部、安徽中南部作鲜食糯玉米品种春播种植。

适宜在黑龙江省第五积温带至第一积温带，以及吉林、辽宁、内蒙古、河北、山西、北京、新疆、宁夏、甘肃、陕西等省自治区年≥10 ℃活动积温 1 900 ℃以上玉米春播种植区种植；适宜在四川、重庆、贵州、湖南、湖北及云南省中部的丘陵、平坝、低山地区作鲜食玉米种植。

**推广应用情况**：农科玉 368 属于高叶酸甜+糯鲜食玉米品种，2015 年通过国家审定，先后通过我国三大主产区审定和十多个省级审定，成为我国种植面积最大、种植范围最广的甜+糯型鲜食玉米品种，2018 年获得中国种子协会颁发的 2 个"榜样品种"之一的业界至高荣誉。通过多年推广，已经成为我国累计种植突破千万亩的甜+糯主导大品种。

# 京科糯 2010

**审定编号**：国审玉 20180338、京审玉 2014010、黑审玉 2017048

**选育单位**：北京市农林科学院玉米研究中心

**品种来源**：N39×CB1

**特征特性**：北方（东华北）鲜食糯玉米组出苗至鲜穗采收期 81 天，比对照京科糯 569 早熟 4.5 天。幼苗叶鞘浅紫色，叶片绿色，叶缘绿色，花药黄色，颖壳绿色。株型半紧凑，株高 263.8 cm，穗位高 106.6 cm，成株叶片数 20.3 片。果穗筒型，穗长 18.9 cm，穗行数 16.7，穗粗 5 cm，穗轴白色，籽粒白色、甜糯型，百粒重

京科糯 2010

34.4 g。接种鉴定，中抗大斑病，抗丝黑穗病。品质分析，皮渣率3.96%，支链淀粉占总淀粉含量98.21%。品尝鉴定86.22分。

**产量表现：**2016—2017年参加北方（东华北）鲜食糯玉米组品种试验，两年平均亩产864.95 kg，比对照京科糯569减产11.11%。

**栽培技术要点：**北方区一般春播4月中旬至5月上旬，与其他玉米采取空间或时间隔离，防止串粉。每公顷适宜密度4.5万~5.75万株。施足基肥，重施穗肥，增加钾肥量。注意预防纹枯病，防治地下害虫、玉米螟等。适时采收。糯玉米采收鲜果穗，采收期较短，授粉后22~25天为最佳采收期。

**适宜种植地区：**黑龙江省第五积温带至第一积温带，以及吉林、辽宁、内蒙古、河北、山西、北京、天津、新疆、宁夏、甘肃、陕西等省自治区年≥10℃活动积温1 900℃以上玉米春播区。

**推广应用情况：**京科糯2010属于早熟甜+糯鲜食玉米品种，2018年通过国家东华北审定，该品种成功在我国最北端的黑龙江省北极镇规模种植，突破了我国玉米种植最北极限。还可以在海南三亚种植，是目前种植跨度最大的甜+糯鲜食玉米品种。该品种还有一个非常明显的特点，就是"叶片背卷"，这个特点使得该品种具有良好的群体通透性和耐密性。

# 京科糯2016

京科糯2016

**审定编号：**国审玉20180354、粤审玉2016002、宁审玉20160014、赣审玉2016005

**选育单位：**北京市农林科学院玉米研究中心

**品种来源：**N39×甜糯2

**特征特性：**北方（黄淮海）鲜食糯玉米组出苗至鲜穗采收期71.5天，比对照苏玉糯2号早熟2天。幼苗叶鞘紫色，叶片绿色，叶缘绿色，花药浅紫色，颖壳绿色。株型半紧凑，株高228.9 cm，穗位高86.9 cm，果穗筒型，穗长17.4 cm，穗行数14.6行，穗粗5 cm，穗轴白色，籽粒白色、甜糯型，百粒重37.7 g。接种鉴定，中抗茎腐病，感小斑病，抗瘤黑粉病，高感矮花叶病、南方锈病。品质分析，皮渣率12.08%，支链淀粉占总淀粉含量97.88%。品尝鉴定88.14分。

**产量表现：**2016—2017年参加北方（黄淮海）鲜食糯玉米组品种试验，两年平均亩产875.25 kg，比对照苏玉糯2号增产10.46%。

**栽培技术要点：**北方区一般春播在4月中旬至5月上旬，与其他玉米采取空间或时间隔离，防止串粉。每公顷适宜密度4.5万~5.25万株。施足基肥，重施穗肥，增加钾肥量。注意预防小斑病，防治地下害虫、玉米螟等。适时采收。糯玉米采收鲜果穗，采收期较短，授粉后22~25天为最佳采收期。

**适宜种植地区：**适宜在北京、天津、河南、山东，以及河北省中南部、陕西省关中灌区、山西省南部、安徽和江苏两省淮河以北地区玉米夏播区作鲜食糯玉米种植。

**推广应用情况：**京科糯2016属于早熟、矮秆，甜+糯新型鲜食玉米品种，已通过国家审定，并在我国多地广泛推广种植，具有耐低温萌发等优点，适宜早春种植，果穗美观、甜糯相宜、口感极佳。

# 京科糯 2000K

**审定编号：**国审玉 20190389、京审玉 20170014

**选育单位：**北京市农林科学院玉米研究中心

**品种来源：**京糯 6×京糯 31

**特征特性：**南方（西南）鲜食糯玉米组出苗至鲜穗采收期 90.3 天，比对照渝糯 7 号晚熟 1.2 天。幼苗叶鞘紫色，株型半紧凑，株高 236 cm，穗位高 95 cm，成株叶片数 22 片。果穗锥形，穗长 18.7 cm，穗行数 14~16 行，穗粗 4.8 cm，穗轴白色，籽粒白色、糯质，百粒重 34.4 g。接种鉴定，抗丝黑穗病，感小斑病、纹枯病。皮渣率 10.65%，品尝鉴定 85.5 分，支链淀粉占总淀粉含量的 97.45%。

**产量表现：**2017—2018 年参加南方（西南）鲜食糯玉米组联合体区域试验，两年平均亩产 879.4 kg，比对照渝糯 7 号增产 1.69%。

**栽培技术要点：**西南区一般春播 3 月中旬至 4 月上旬，离地面 5 cm 土壤温度稳定通过 12 ℃以上方可播种。与其他玉米采取空间或时间隔离，防止串粉。每亩适宜种植密度 3 000~3 500 株。施足基肥，重施穗肥，增加钾肥量，注意防治病虫害，适时采收。糯玉米采收鲜果穗，采收期较短，授粉后 22~25 天为最佳采收期。注意防治小斑病和纹枯病。

**适宜种植地区：**适宜在西南鲜食玉米类型区的四川、重庆、贵州、湖南、湖北、陕西南部海拔 800 m 及以下的丘陵、平坝、低山地区，以及云南省中部的丘陵、平坝、低山地区等地区作鲜食玉米种植。

**推广应用情况：**京科糯 2000K 属于京科糯 2000 的优种提升的系列品种，2019 年通过国家审定，具有优质、高产、广适等综合优点，并提升了其抗倒伏性，已在我国西南等地广泛示范种植。

# 京科糯 609

**审定编号：**国审玉 20180355、京审玉 20170012

**选育单位：**北京市农林科学院玉米研究中心

**品种来源：**京糯 6×京甜糯 68

**特征特性：**幼苗叶鞘紫色，叶片绿色，叶缘绿色，花药浅紫色，颖壳浅紫色。果穗长锥型，穗轴白色，籽粒白色、甜糯型，株型半紧凑。

北方（东华北）鲜食糯玉米组出苗至鲜穗采收期 93.5 天，比对照京科糯 569 晚熟 2.5 天。株高 299.25 cm，穗位高 139.6 cm，成株叶片数 22.15 片。穗长 21.2 cm，穗行数 14.6 行，穗粗 4.85 cm，百粒重 34.35 g。接种鉴定显示，感大斑病，中抗丝黑穗病，中抗瘤黑粉病。品质分析显示，皮渣率 3.54%，支链淀粉占总淀粉含量的 98.88%。品尝鉴定 88.85 分。

北方（黄淮海）鲜食糯玉米组出苗至鲜穗采收期 76.5 天，比对照苏玉糯 2 号晚熟 3 天。株高 270.9 cm，穗位高 115.6 cm，果穗长锥型，穗长 20.5 cm，穗行数 14.5 行，穗粗 4.7 cm，百粒重 34.2 g。接种鉴定显示，高感茎腐病，感小斑病，抗瘤黑粉病，高感矮花叶病，高感南方锈病。品质分析显示，皮渣率 9.65%，支链淀粉占总淀粉含量的 97.58%。品尝鉴定 87.9 分。

南方（西南）鲜食糯玉米组出苗至鲜穗采收期 88.5 天，比对照渝糯 7 号晚熟 0.5 天。株高 242.1 cm，穗位高 95.1 cm，穗长 18.15 cm，穗行数 14.25，百粒重 34.75 g。接种鉴定显示，感小斑病，感纹枯病。品质分析显示，皮渣率10.79%，支链淀粉占总淀粉含量98.44%。品尝鉴定86分。

**产量表现：** 2016—2017年参加北方（东华北）鲜食糯玉米组品种试验，两年平均亩产954.45 kg，比对照京科糯569减产2.19%。2016—2017年参加北方（黄淮海）鲜食糯玉米组品种试验，两年平均亩产840.05 kg，比对照苏玉糯2号增产6.02%。2016—2017年参加南方（西南）鲜食糯玉米组品种试验，两年平均亩产788.05 kg，比对照渝糯7号减产5.62%。

**栽培技术要点：** 一般每公顷种植密度4.5万~5.75万株为宜，要与其他类型玉米隔离种植防止串粉，套种或直播均可，肥水管理上以促为主，施好基肥、种肥，重施穗肥，酌施粒肥，注重防治叶斑病、纹枯病等当地主要病害，适时晚收。

**适宜种植地区：** 黑龙江省第五积温带至第一积温带，吉林、辽宁、内蒙古、河北、山西、北京、天津、新疆、宁夏、甘肃、陕西等省（自治区）年≥10 ℃活动积温1 900 ℃以上玉米春播区；北京、天津、河南、山东、河北中南部、陕西关中灌区、山西南部、安徽和江苏两省淮河以北地区玉米夏播区；四川、重庆、贵州、湖南、湖北、陕西南部海拔800 m及以下的丘陵、平坝、低山地区及云南省中部的丘陵、平坝、低山地区玉米春播区作鲜食糯玉米。

**推广应用情况：** 京科糯609是在京科糯2000基础上改良的甜+糯系列品种，2018年通过国家审定，具有优质、高产、广适等综合优点，并具有甜+糯等突出优点。已经在东华北、黄淮海、西南等多个区域示范种植。

# 京科糯2000E

京科糯2000E

**审定编号：** 国审玉20190385、黑审玉2018Z001、京审玉20200011

**选育单位：** 北京市农林科学院玉米研究中心

**品种来源：** 白糯6×ZN3

**特征特性：** 北方（东华北）鲜食糯玉米组出苗至鲜穗采收期83.9天，比对照京科糯569早熟0.3天。幼苗叶鞘紫色，叶片深绿色，叶缘绿色，花药紫色，颖壳绿色。株型半紧凑，株高249 cm，穗位高104 cm，成株叶片数21片。果穗长筒形，穗长22 cm，穗行数14~16行，穗粗5 cm，穗轴白，籽粒白色、糯质，百粒重39.0 g。接种鉴定显示，感大斑病、丝黑穗病，中抗瘤黑粉病，皮渣率3.5%，品尝鉴定88.2分，支链淀粉占总淀粉含量的98.74%。

北方（黄淮海）鲜食糯玉米组出苗至鲜穗采收期74.2天，比对照苏玉糯2号晚熟2.1天。幼苗叶鞘浅紫色，叶片深绿色，叶缘绿色，花药紫色，颖壳绿色。株型半紧凑，株高228 cm，穗位高90 cm，成株叶片数21片。果穗筒形，穗长21.4 cm，穗行数14~16行，穗粗4.8 cm，穗轴白，籽粒白色、糯质，百粒重38.8 g。接种鉴定显示，感丝黑穗病、小斑病，感瘤黑粉病，高感矮花叶病、南方锈病。皮渣率

6.4%，品尝鉴定 87.9 分，支链淀粉占总淀粉含量的 98.12%。

南方（西南）鲜食糯玉米组出苗至鲜穗采收期 86.9 天，比对照渝糯 7 号晚熟 0.5 天。幼苗叶鞘紫色，叶片深绿色，叶缘绿色，花药紫色，颖壳绿色。株型半紧凑，株高 224 cm，穗位高 83 cm，成株叶片数 21 片。果穗筒形，穗长 19.6 cm，穗行数 14~16 行，穗粗 5.1 cm，穗轴白，籽粒白色、糯质，百粒重 37 g。接种鉴定显示，感丝黑穗病，感小斑病，感纹枯病，皮渣率 11.55%，品尝鉴定 86.6 分，支链淀粉占总淀粉含量的 98.78%。

**产量表现：**2017—2018 年参加北方（东华北）鲜食糯玉米组联合体区域试验，两年平均亩产 1 039.7 kg，比对照京科糯 569 增产 8.73%。2017—2018 年参加北方（黄淮海）鲜食糯玉米组联合体区域试验，两年平均亩产 906.0 kg，比对照苏玉糯 2 号增产 21.03%。2017—2018 年参加南方（西南）鲜食糯玉米组区域试验，两年平均亩产 908.25 kg，比对照渝糯 7 号增产 6.37%。

**栽培技术要点：**东华北区一般春播 4 月中旬至 5 月上旬，离地面 5 cm 土壤温度稳定通过 12 ℃以上方可播种。与其他玉米采取空间或时间隔离，防止串粉。每亩适宜种植密度 3 000~3 500 株。施足基肥，重施穗肥，增加钾肥量。注意防治病虫害，适时采收。糯玉米采收鲜果穗，采收期较短，授粉后 22~25 天为最佳采收期。

黄淮海区一般春播 4 月中旬至 5 月上旬，离地面 5 cm 土壤温度稳定通过 12 ℃以上方可播种。与其他玉米采取空间或时间隔离，防止串粉。每亩适宜种植密度 3 000~3 500 株。施足基肥，重施穗肥，增加钾肥量。注意防治病虫害，适时采收。糯玉米采收鲜果穗，采收期较短，授粉后 22~25 天为最佳采收期。

西南区一般春播 3 月中旬至 4 月上旬，离地面 5 cm 土壤温度稳定通过 12 ℃以上方可播种。与其他玉米采取空间或时间隔离，防止串粉。每亩适宜种植密度 3 000~3 500 株。施足基肥，重施穗肥，增加钾肥量，注意防治病虫害。适时采收。糯玉米采收鲜果穗，采收期较短，授粉后 22~25 天为最佳采收期。

**适宜种植地区：**北方鲜食玉米类型区的黑龙江省第五积温带至第一积温带，吉林、辽宁、内蒙古、河北、山西、北京、天津、新疆、宁夏、甘肃、陕西等省（自治区）年≥10 ℃活动积温 1 900 ℃以上玉米春播种植。黄淮海鲜食玉米类型区的北京、天津、河南、山东，以及河北中南部、陕西省关中灌区、山西省南部、安徽和江苏两省淮河以北地区等玉米夏播种植区。西南鲜食玉米类型区的四川、重庆、贵州、湖南、湖北、陕西南部海拔 800 m 及以下的丘陵、平坝、低山地区，以及云南省中部的丘陵、平坝、低山地区。

**推广应用情况：**京科糯 2000E 具有京科糯 2000 的优质、高产、广适等综合优点，并具有矮秆、抗倒等突出优点。已在我国多地成功示范推广种植，累计面积已达百万亩以上。

# 京科糯 623

**审定编号：**国审玉 20180339、京审玉 20180011

**选育单位：**北京市农林科学院玉米研究中心

**品种来源：**京糯 2×D6644-2

**特征特性：**北方（东华北）鲜食糯玉米组出苗至鲜穗采收期 84 天，比对照京科糯 569 早熟 1.5 天。幼苗叶鞘紫色，叶片绿色，叶缘绿色，花药浅紫色，颖壳浅紫色。株型半紧凑，株高 253.1 cm，穗位高 112.7 cm，成株叶片数 19.7 片。果穗筒型，穗长 19.25 cm，穗行数 14.8 行，穗粗 5 cm，穗轴白色，籽粒白色、甜糯型，百粒重 36.7 g。接种鉴定显示，中抗大斑病，感丝黑穗病。品质分析，皮渣率 4.44%，支链淀粉占总淀粉含量 98.96%。品尝鉴定 87.46 分。

**产量表现**：2016—2017 年参加北方（东华北）鲜食糯玉米组品种试验，两年平均亩产 898.1 kg，比对照京科糯 569 减产 7.89%。

**栽培技术要点**：北方区一般春播 4 月中旬至 5 月上旬，与其他玉米采取空间或时间隔离，防止串粉。每公顷适宜密度 4.5 万~5.75 万株。施足基肥，重施穗肥，增加钾肥量。注意预防丝黑穗病，防治地下害虫、玉米螟等。适时采收。糯玉米采收鲜果穗，采收期较短，授粉后 22~25 天为最佳采收期。

**适宜种植地区**：适宜在黑龙江省第五积温带至第一积温带，以及吉林、辽宁、内蒙古、河北、山西、北京、天津、新疆、宁夏、甘肃、陕西等省（自治区）年≥10 ℃活动积温 1 900 ℃以上玉米春播区种植。

**推广应用情况**：京科糯 623 属于早熟、矮秆、甜+糯鲜食玉米品种，2018 年通过国家审定，适宜在我国北方早春种植，果穗美观、甜糯相宜，已经开始广泛布点示范。

# 农科糯 303

**审定编号**：国审玉 20180342、京审玉 20180014
**选育单位**：北京市农林科学院玉米研究中心
**品种来源**：N601×YN-3
**特征特性**：幼苗叶鞘紫色，叶片绿色，叶缘绿色，花药紫色，颖壳浅紫色。株型半紧凑，果穗筒型，穗轴白色，籽粒白色、糯质型。

北方（东华北）鲜食糯玉米组出苗至鲜穗采收期 87 天，比对照京科糯 569 晚熟 1.5 天。株高 259.3 cm，穗位高 104.8 cm，成株叶片数 21.7 片。果穗长 20.15 cm，穗行数 15.7 行，穗粗 4.9 cm，百粒重 35.7 g。接种鉴定显示，感大斑病，高感丝黑穗病。品质分析显示，皮渣率 3.69%，支链淀粉占总淀粉含量 98.35%。品尝鉴定 87.2 分。

北方（黄淮海）鲜食糯玉米组出苗至鲜穗采收期 76 天，比对照苏玉糯 2 号晚熟 2.5 天。株高 234.2 cm，穗位高 92.3 cm，穗长 19.5 cm，穗行数 15.3 行，穗粗 4.9 cm，百粒重 38.5 g。接种鉴定，感小斑病、瘤黑粉病，高感茎腐病、矮花叶病、南方锈病。品质分析，皮渣率 10.11%，支链淀粉占总淀粉含量的 97.71%。品尝鉴定 85.35 分。

**产量表现**：2016—2017 年参加北方（东华北）鲜食糯玉米组品种试验，两年平均亩产 919.05 kg，比对照京科糯 569 减产 5.8%。2016—2017 年参加北方（黄淮海）鲜食糯玉米组品种试验，两年平均亩产 818.25 kg，比对照苏玉糯 2 号增产 4.43%。

**栽培技术要点**：北方区一般春播 4 月中旬至 5 月上旬，与其他玉米采取空间或时间隔离，防止串粉。每公顷适宜密度 4.5 万~5.25 万株。施足基肥，重施穗肥，增加钾肥量。注意预防纹枯病，防治地下害虫、玉米螟等。适时采收。糯玉米采收鲜果穗，采收期较短，授粉后 22~25 天为最佳采收期。注意防治叶斑病、丝黑穗病、茎腐病等当地主要病害。

**适宜种植地区**：黑龙江省第五积温带至第一积温带，吉林、辽宁、内蒙古、河北、山西、北京、天津、新疆、宁夏、甘肃、陕西等省（自治区）年≥10 ℃活动积温 1 900 ℃以上玉米春播区；北京、天津、河南、山东，以及河北中南部、陕西关中灌区、山西南部、安徽和江苏两省淮河以北地区玉米夏播区作鲜食糯玉米种植。

**推广应用情况**：农科糯 303 属于早熟、矮秆、鲜食糯玉米品种，2018 年通过国家审定，在我国北方早春种植，果穗美观、甜糯相宜，已经开始广泛布点示范。

# 农科糯 336

**审定编号**：国审玉 20200021

**选育单位**：北京市农林科学院玉米研究中心

**品种来源**：ZN3×D6644-2

**特征特性**：北方（东华北）鲜食糯玉米组出苗至鲜穗采收期 81.9 天，比对照京科糯 569 早熟 2.2 天。幼苗叶鞘紫色，叶片绿色，叶缘绿色，花药浅紫色，颖壳绿色。株型半紧凑，株高 230 cm，穗位高 92 cm，成株叶片数 19.0 片。果穗筒型，穗长 20.3 cm，穗行数 14～16 行，穗粗 5.2 cm，穗轴白色，籽粒白色、甜+糯，百粒重 40.3 g。接种鉴定显示，感大斑病、丝黑穗病，抗瘤黑粉病。皮渣率 5.26%，品尝鉴定 88.9 分，支链淀粉占总淀粉含量 98.69%。北方（黄淮海）鲜食糯玉米组出苗至鲜穗采收期 73.5 天，比对照苏玉糯 2 号晚熟 0.3 天。幼苗叶鞘紫色，叶片绿色，叶缘绿色，花药浅紫色，颖壳绿色。株型半紧凑，株高 209 cm，穗位高 76 cm，成株叶片数 19.0 片。果穗筒型，穗长 18.7 cm，穗行数 14～16 行，

农科糯 336

穗粗 4.9 cm，穗轴白色，籽粒白色、甜+糯，百粒重 39.47 g。接种鉴定显示，感丝黑穗病、小斑病、瘤黑粉病，高感矮花叶病、南方锈病。皮渣率 7.39%，品尝鉴定 87.9 分，支链淀粉占总淀粉含量 98.16%。

**产量表现**：2017—2018 年参加北方（东华北）鲜食糯玉米组联合体区域试验，两年平均亩产 958.2 kg，比对照京科糯 569 增产 0.2%；参加北方（黄淮海）鲜食糯玉米组联合体区域试验，两年平均亩产 815.6 kg，比对照苏玉糯 2 号增产 8.94%；参加南方（东南）鲜食糯玉米组联合体区域试验，两年平均亩产 831.0 kg，比对照苏玉糯 5 号增产 18.62%；参加南方（西南）鲜食糯玉米组联合体区域试验，两年平均亩产 863.9 kg，比对照渝糯 7 号减产 0.10%。

**栽培技术要点**：一般春播 4 月中旬至 5 月上旬，离地面 5 cm 土壤温度稳定通过 12 ℃ 以上方可播种。与其他玉米采取空间或时间隔离，防止串粉。每亩适宜种植密度 3 000～3 500 株。施足基肥，重施穗肥，增加钾肥量。适时采收。糯玉米采收鲜果穗，采收期较短，授粉后 22～25 天为最佳采收期。注意防治病虫害。注意防治玉米感大斑病、玉米丝黑穗病、小斑病、瘤黑粉病、矮花叶病和南方锈病。

**适宜种植地区**：黑龙江省第五积温带至第一积温带，吉林、辽宁、内蒙古、河北、山西、北京、新疆、宁夏、甘肃、陕西等省（自治区）年≥10 ℃ 活动积温 1 900 ℃ 以上玉米春播种植区；北京、天津、河南、山东，以及河北中南部、陕西关中灌区、山西南部、安徽和江苏两省淮河以北地区等玉米夏播种植区；东南鲜食甜玉米、鲜食糯玉米类型区的安徽和江苏两省淮河以南地区，上海、浙江、江西、福建、广东、广西、海南；四川、重庆、贵州、湖南、湖北、陕西南部海拔 800 m 及以下的丘陵、平坝、低山地区及云南省中部的丘陵、平坝、低山地区作鲜食玉米种植。

**推广应用情况**：农科糯 336 属于早熟甜+糯高叶酸新型鲜食玉米品种，多次获得中国种子协会等行业机构颁发的鲜食玉米优秀品种奖。该品种果穗籽粒甜粒与糯粒之比约为 1∶3，叶酸含量高，达到 347μg/100 g

鲜籽粒，口感甜糯相宜，糯中有甜，在我国所有生态区均可种植，是我目前我国鲜食甜+糯玉米的标杆品种，目前每年示范推广面积已达百万亩以上，并仍呈快速上升形式，有望成为我国鲜食玉米中新的主导品种。

## 京科糯625

**审定编号：** 国审玉20200481

**选育单位：** 北京市农林科学院玉米研究中心

**品种来源：** ZN3×HX238

**特征特性：** 北方（东华北）鲜食糯玉米组出苗至鲜穗采收期87.4天，比对照京科糯569早熟1.1天。幼苗叶鞘绿色，叶片绿色，叶缘绿色，花药黄色，颖壳绿色。株型半紧凑，株高238 cm，穗位高100 cm，成株叶片数20片。果穗长筒形，穗长20.2 cm，穗行数14～18行，穗粗5.0 cm，穗轴白色，籽粒紫白花色、糯质型，百粒重35.7 g。接种鉴定显示，感大斑病、丝黑穗病、瘤黑粉病，皮渣率3.43%，品尝鉴定87.0分，支链淀粉占总淀粉含量98.64%。

北方（黄淮海）鲜食糯玉米组出苗至鲜穗采收期73.1天，比对照苏玉糯2号晚熟1.5天。幼苗叶鞘绿色，叶片绿色，叶缘绿色，花药黄色，颖壳绿色。株型半紧凑，株高220 cm，穗位高90 cm，成株叶片数20片。果穗筒形，穗长19.0 cm，穗行数14～18行，穗粗4.7 cm，穗轴白色，籽粒紫白花色、糯质型，百粒重35.1 g。接种鉴定显示，感丝黑穗病、小斑病，高感茎腐病、瘤黑粉病、矮花叶病，皮渣率6.52%，品尝鉴定88.9分，支链淀粉占总淀粉含量97.37%。

南方（东南）鲜食糯玉米组出苗至鲜穗采收期78.5天，比对照苏玉糯5号早熟0.5天。幼苗叶鞘绿色，叶片绿色，叶缘绿色，花药黄色，颖壳绿色。株型半紧凑，株高207 cm，穗位高77 cm，成株叶片数19片。果穗筒形，穗长18.3 cm，穗行数12～18行，穗粗4.9 cm，穗轴白色，籽粒紫白花色、糯质型，百粒重37.2 g。接种鉴定显示，高抗茎腐病，高感小斑病、纹枯病，感瘤黑粉病、南方锈病。皮渣率9.10%，品尝鉴定86.3分，支链淀粉占总淀粉含量97.35%。

南方（西南）鲜食糯玉米组出苗至鲜穗采收期84.6天，比对照渝糯7号早熟1.8天。幼苗叶鞘绿色，叶片绿色，叶缘绿色，花药黄色，颖壳绿色。株型半紧凑，株高203 cm，穗位高79 cm，成株叶片数19片。果穗筒形，穗长17.9 cm，穗行数12～16行，穗粗5.0 cm，穗轴白色，籽粒紫白花色、糯质型，百粒重37.0 g。接种鉴定显示，感丝黑穗病、小斑病、纹枯病，皮渣率11.91%，品尝鉴定86.2分，支链淀粉占总淀粉含量98.48%。

**产量表现：** 2017—2018年参加北方（东华北）鲜食糯玉米组区域试验，两年平均亩产935.3 kg，比对照京科糯569减产6.3%。

2017—2018年参加北方（黄淮海）鲜食糯玉米组区域试验，两年平均亩产780.1 kg，比对照苏玉糯2号增产3.1%。

2017—2018年参加北方（东华北）鲜食糯玉米组区域试验，两年平均亩产935.3 kg，比对照京科糯569减产6.3%。

2017—2018年参加南方（东南）鲜食糯玉米组区域试验，两年平均亩产886.3 kg，比对照苏玉糯5号增产14.3%。

2017—2018年参加南方（西南）鲜食糯玉米组区域试验，两年平均亩产846.8 kg，比对照渝糯7号减产0.9%。

**栽培技术要点**：东华北区和黄淮海区一般春播 4 月中旬至 5 月上旬，东南区一般春播 3 月初至 4 月上旬，西南区一般春播 3 月中旬至 4 月上旬，离地面 5 cm 土壤温度稳定通过 12 ℃以上方可播种。与其他玉米采取空间或时间隔离，防止串粉。每亩适宜密度 3 000~3 500 株。施足基肥，重施穗肥，增加钾肥量。注意防治病虫害。适时采收。糯玉米采收鲜果穗，采收期较短，授粉后 22~25 天为最佳采收期。

**适宜种植地区**：黑龙江省第五积温带至第一积温带，吉林、辽宁、内蒙古、河北、山西、北京、新疆、宁夏、甘肃、陕西等省（自治区）年≥10 ℃活动积温 1 900 ℃以上玉米春播种植区；北京、天津、河南、山东，以及河北中南部、陕西关中灌区、山西省南部、安徽和江苏两省淮河以北地区等玉米夏播种植区；东南鲜食甜玉米、鲜食糯玉米类型区的安徽和江苏两省淮河以南地区，上海、浙江、江西、福建、广东、广西、海南；四川、重庆、贵州、湖南、湖北、陕西南部海拔 800 m 及以下的丘陵、平坝、低山地区及云南省中部的丘陵、平坝、低山地区作鲜食玉米种植。

**推广应用情况**：京科糯 625 通过对颜色基因的严格筛选，选育出红色与白色相间的花糯玉米品种，该品种优质、稳产、颜色亮丽，是目前花糯玉米尤其是速冻加工企业急需的加工型品种，已经开始广泛布点示范种植。

# 京科糯 2000H

**审定编号**：国审玉 20200490

**选育单位**：北京市农林科学院玉米研究中心

**品种来源**：京糯 6×京糯 32

**特征特性**：北方（东华北）鲜食糯玉米组出苗至鲜穗采收期 89.8 天，比对照京科糯 569 晚熟 3.7 天。幼苗叶鞘紫色，叶片绿色，叶缘紫色，花药紫色，颖壳绿色。株型半紧凑，株高 274 cm，穗位高 133 cm，成株叶片数 22 片。果穗长锥形，穗长 21.5 cm，穗行数 14~16 行，穗粗 4.8 cm，穗轴白色，籽粒白色、糯质型，百粒重 34.5 g。接种鉴定显示，感大斑病、丝黑穗病，中抗瘤黑粉病。皮渣率 4.49%，品尝鉴定 86.8 分，支链淀粉占总淀粉含量 98.43%。

北方（黄淮海）鲜食糯玉米组出苗至鲜穗采收期 75.8 天，比对照苏玉糯 2 号晚熟 3.7 天。幼苗叶鞘紫色，叶片绿色，叶缘紫色，花药紫色，颖壳绿色。株型半紧凑，株高 252 cm，穗位高 118 cm，成株叶片数 21 片。果穗长锥形，穗长 19.7 cm，穗行数 14~16 行，穗粗 4.8 cm，穗轴白色，籽粒白色、糯质型，百粒重 34.9 g。接种鉴定显示，抗丝黑穗病、小斑病，高感瘤黑粉病、矮花叶病。皮渣率 7.33%，品尝鉴定 89.2 分，支链淀粉占总淀粉含量的 97.87%。

南方（东南）鲜食糯玉米组出苗至鲜穗采收期 80.0 天，比对照苏玉糯 5 号晚熟 1.5 天。幼苗叶鞘紫色，叶片绿色，叶缘紫色，花药紫色，颖壳绿色。株型半紧凑，株高 216 cm，穗位高 91 cm，成株叶片数 17~18 片。果穗长锥形，穗长 19.2 cm，穗行数 14~16 行，穗粗 4.9 cm，穗轴白色，籽粒白色、糯质型，百粒重 33.1 g。接种鉴定显示，中抗小斑病，高感瘤黑粉病，中抗纹枯病，高感南方锈病。皮渣率 7.50%，品尝鉴定 89.4 分，支链淀粉占总淀粉含量的 97.75%。

南方（西南）鲜食糯玉米组出苗至鲜穗采收期 89.5 天，比对照渝糯 7 号晚熟 1.1 天。幼苗叶鞘紫色，叶片绿色，叶缘紫色，花药紫色，颖壳绿色。株型半紧凑，株高 235 cm，穗位高 97 cm，成株叶片数 21 片。果穗长锥形，穗长 18.6 cm，穗行数 14~16 行，穗粗 5.0 cm，穗轴白色，籽粒白色、糯质型，百粒重 34.6 g。接种鉴定，抗丝黑穗病，感小斑病、纹枯病。皮渣率 7.50%，品尝鉴定 87.6 分，支链淀粉占总淀粉含量的 97.75%。

**产量表现**：2018—2019 年参加北方（东华北）鲜食糯玉米组联合体区域试验，两年平均亩产

927.3 kg，比对照京科糯 569 减产 5.1%。2018—2019 年参加北方（黄淮海）鲜食糯玉米组联合体区域试验，两年平均亩产 807.8 kg，比对照苏玉糯 2 号增产 9.9%。2018—2019 年参加南方（东南）鲜食糯玉米组联合体区域试验，两年平均亩产 824.3 kg，比对照苏玉糯 5 号增产 17.5%。2018—2019 年参加南方（西南）鲜食糯玉米组联合体区域试验，两年平均亩产 900 kg，比对照渝糯 7 号增产 2.0%。

**栽培技术要点：**一般春播 4 月中旬至 5 月上旬，离地面 5 cm 土壤温度稳定通过 12 ℃ 以上方可播种。与其他玉米采取空间或时间隔离，防止串粉。每亩适宜密度 3 000~3 500 株。施足基肥，重施穗肥，增加钾肥量。注意防治瘤黑粉病、矮花叶病、南方锈病等病虫害。适时采收。糯玉米采收鲜果穗，采收期较短，授粉后 22~25 天为最佳采收期。

**适宜种植地区：**黑龙江省第五积温带至第一积温带，吉林、辽宁、内蒙古、河北、山西、北京、新疆、宁夏、甘肃、陕西等省（自治区）年 ≥10 ℃ 活动积温 1 900 ℃ 以上玉米春播种植区；北京、天津、河南、山东，以及河北中南部、陕西关中灌区、山西省南部、安徽和江苏两省淮河以北地区等玉米夏播种植区；东南鲜食甜玉米、鲜食糯玉米类型区的安徽和江苏两省淮河以南地区，上海、浙江、江西、福建、广东、广西、海南；四川、重庆、贵州、湖南、湖北、陕西南部海拔 800 m 及以下的丘陵、平坝、低山地区及云南省中部的丘陵、平坝、低山地区作鲜食玉米种植。

**推广应用情况：**京科糯 2000H 属于京科糯 2000 的优种提升系列品种，2020 年通过国家审定，具有京科糯 2000 所具备的高产、广适、优质等综合优点，并拥有紫花色籽粒的突出特点。在我国所有生态区均可种植，受到各地加工企业与种植户的欢迎，目前推广势头良好。

## 农科糯 387

**审定编号：**国审玉 20200543
**选育单位：**北京市农林科学院玉米研究中心
**品种来源：**N601×HX238
**特征特性：**南方（西南）鲜食糯玉米组出苗至鲜穗采收期 85.7 天，比对照渝糯 7 号早熟 0.7 天。幼苗叶鞘紫色，叶片深绿色，叶缘绿色，花药黄色，颖壳浅紫色。株型半紧凑，株高 193 cm，穗位高 76 cm，成株叶片数 19 片。果穗筒形，穗长 18.3 cm，穗行数 12~14 行，穗粗 4.7 cm，穗轴白色，籽粒紫白花色、糯质型，百粒重 38.3 g。接种鉴定显示，感丝黑穗病、小斑病、纹枯病。皮渣率 9.98%，品尝鉴定 85.4 分，支链淀粉占总淀粉含量的 98.24%。

**产量表现：**2017—2018 年参加南方（西南）鲜食糯玉米组区域试验，两年平均亩产 777.9 kg，比对照渝糯 7 号减产 8.9%。

**栽培技术要点：**西南区一般春播 3 月中旬至 4 月上旬，离地面 5 cm 土壤温度稳定通过 12 ℃ 以上方可播种。与其他玉米采取空间或时间隔离，防止串粉。每亩种植密度 3 000~3 500 株。施足基肥，重施穗肥，增加钾肥量，注意防治病虫害。适时采收。糯玉米采收鲜果穗，采收期较短，授粉后 22~25 天为最佳采收期。

**适宜种植地区：**适宜在西南鲜食玉米类型区的四川、重庆、贵州、湖南、湖北及云南中部的丘陵、平坝、低山地区作鲜食玉米种植。

**推广应用情况：**农科糯 387 通过对颜色基因的严格筛选，选育出红色与白色相间的花糯玉米品种，2020 年通过国家西南区审定，该品种优质、稳产、颜色亮丽，已开始广泛布点示范。

# 第二部分　糯玉米品种标准 DNA指纹图谱

第三部分　糯玉米品种标准DNA指纹图谱

# 渝糯7号 (审定编号: 国审玉2003032, 重农品审蔬第24号; 种质库编号: S1G04955)

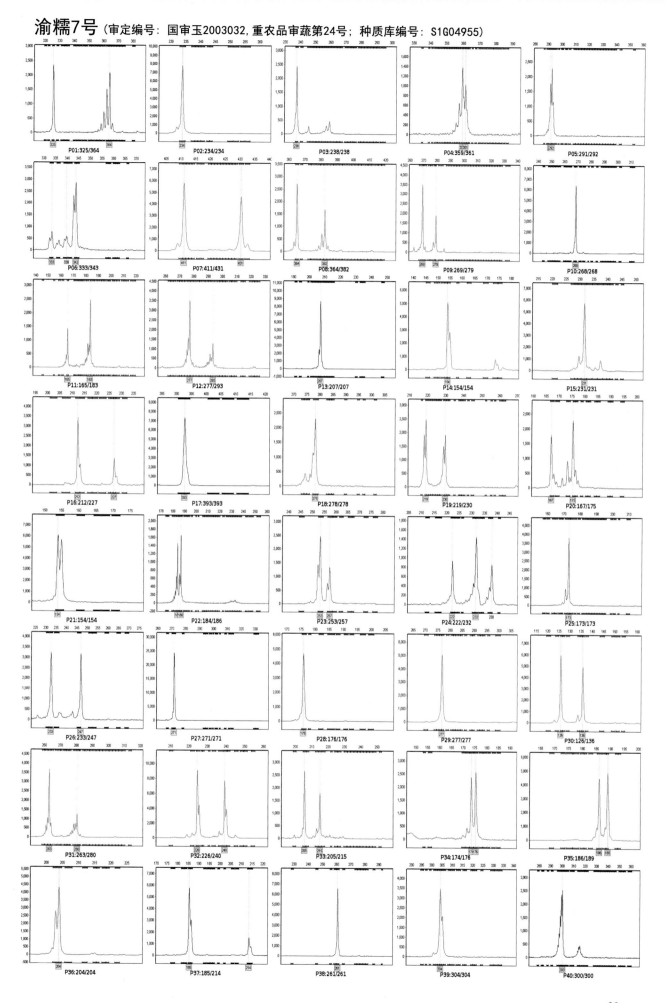

苏玉糯2号（审定编号：国审玉2003066，苏审玉200203；种质库编号：S1G01367）

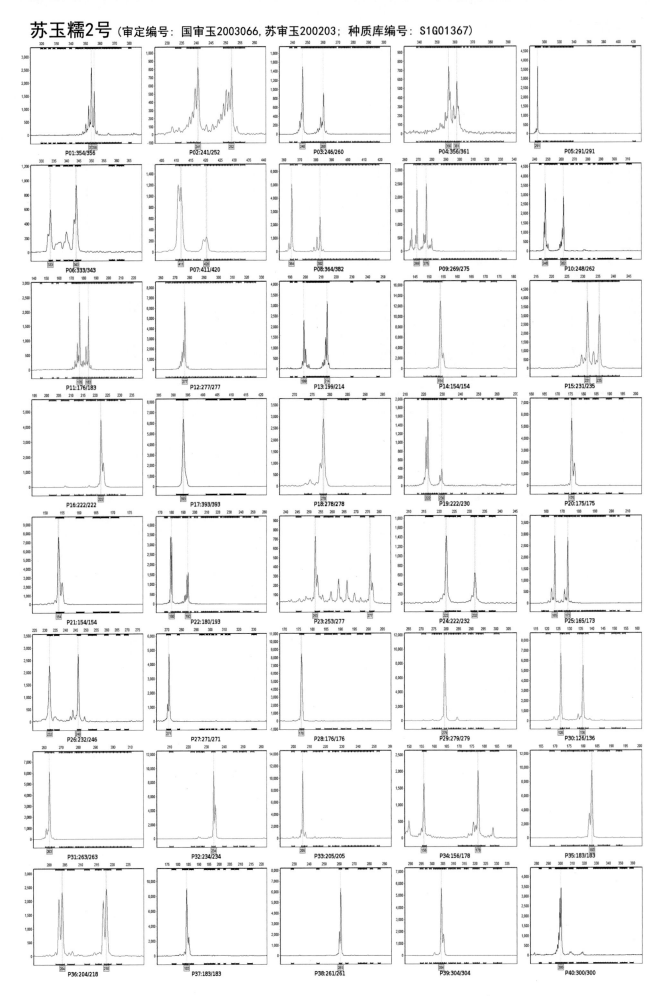

# 苏玉糯5号 （审定编号：国审玉2003067，苏审玉200405；种质库编号：S1G01373）

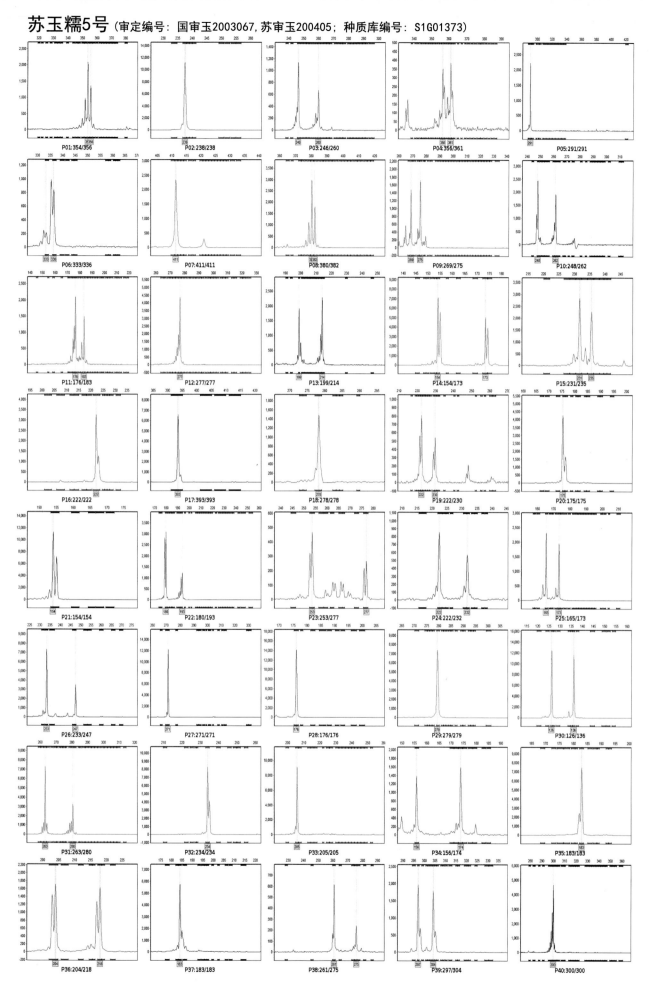

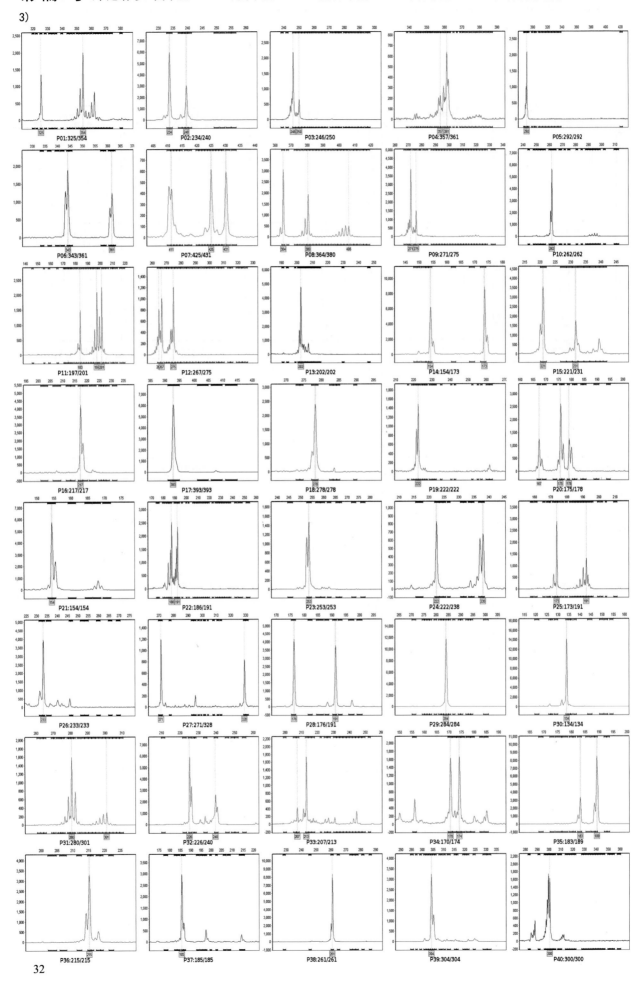

# 京科糯120 （审定编号：国审玉2004030，京审玉2003003；种质库编号：S1G01230）

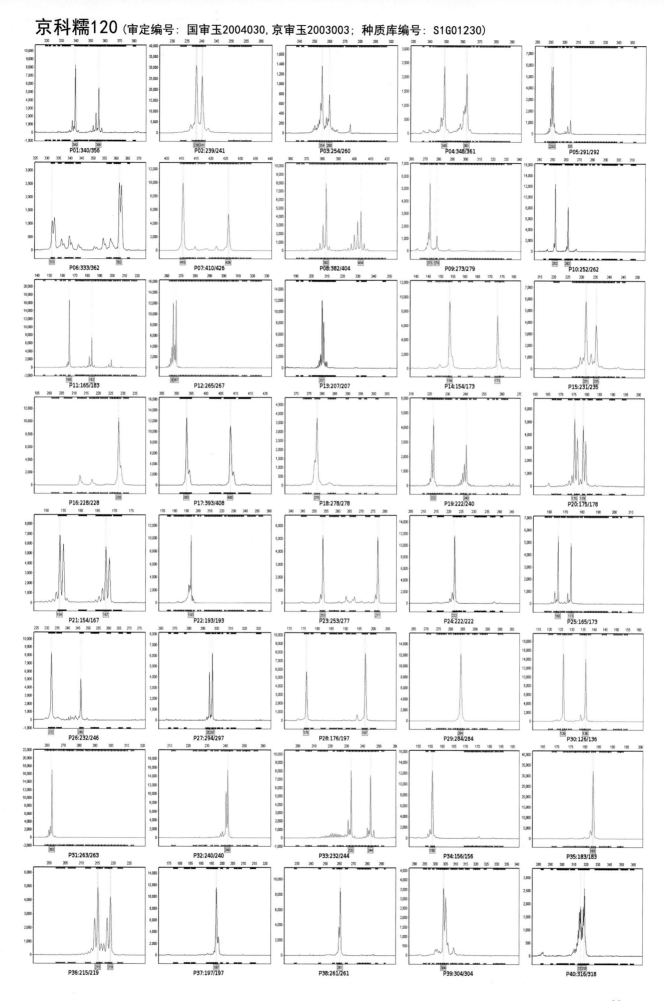

京紫糯218（审定编号：国审玉2005039，京审玉2010015；种质库编号：S1G01224）

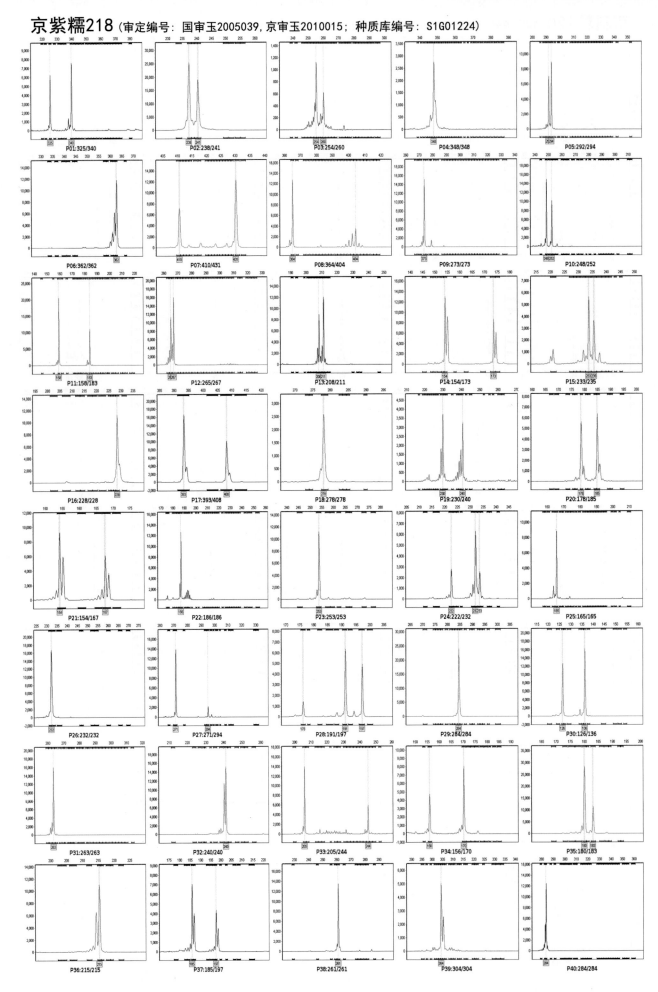

34

# 京黄糯267 （审定编号：国审玉2005043；种质库编号：S1G01225）

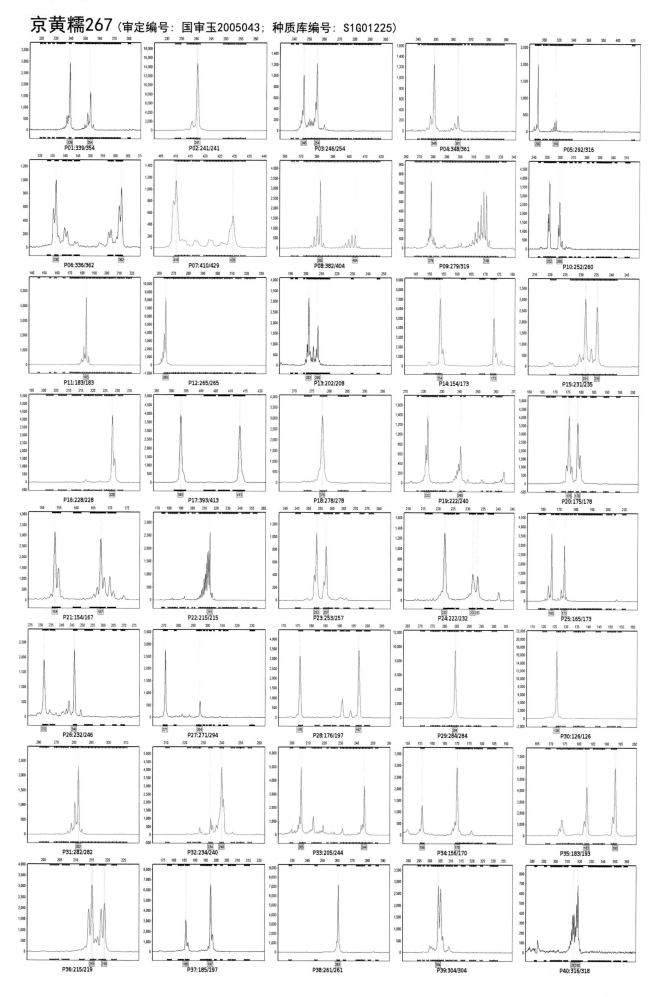

35

京科糯2000 (审定编号：国审玉2006063, 吉审玉2008056, 沪农品审玉米(2009)第008号, 京审玉2010014, 闽审玉 2010003, 浙引种(2010)第011号, 新审糯玉2014年52号, 宁审玉2015030; 种质库编号：S1G01220)

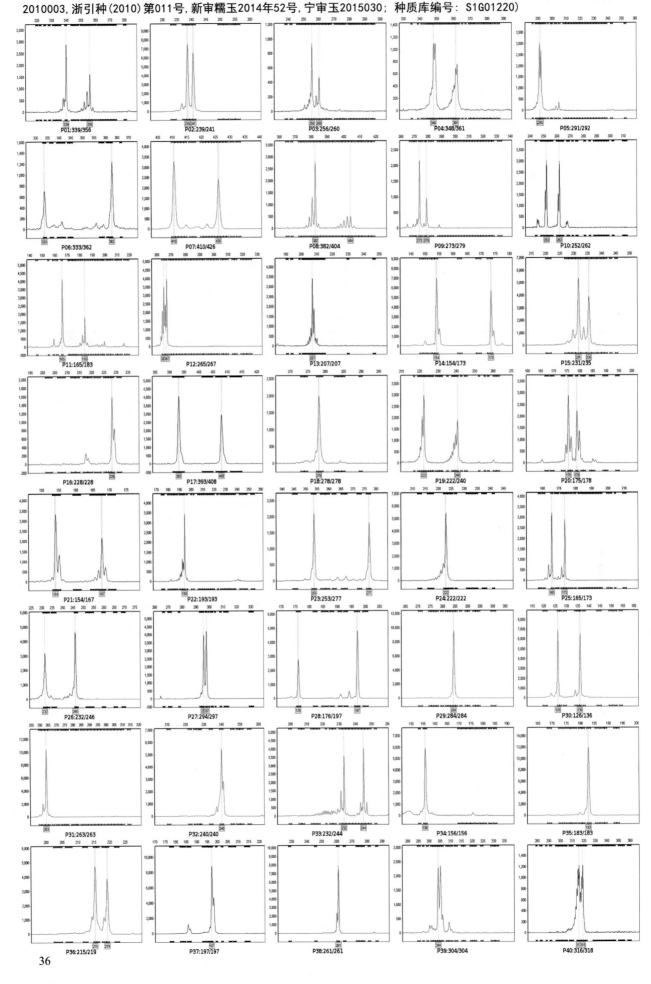

# 郑黄糯2号（审定编号：国审玉2007036, 晋审玉2016024；种质库编号：S1G01064）

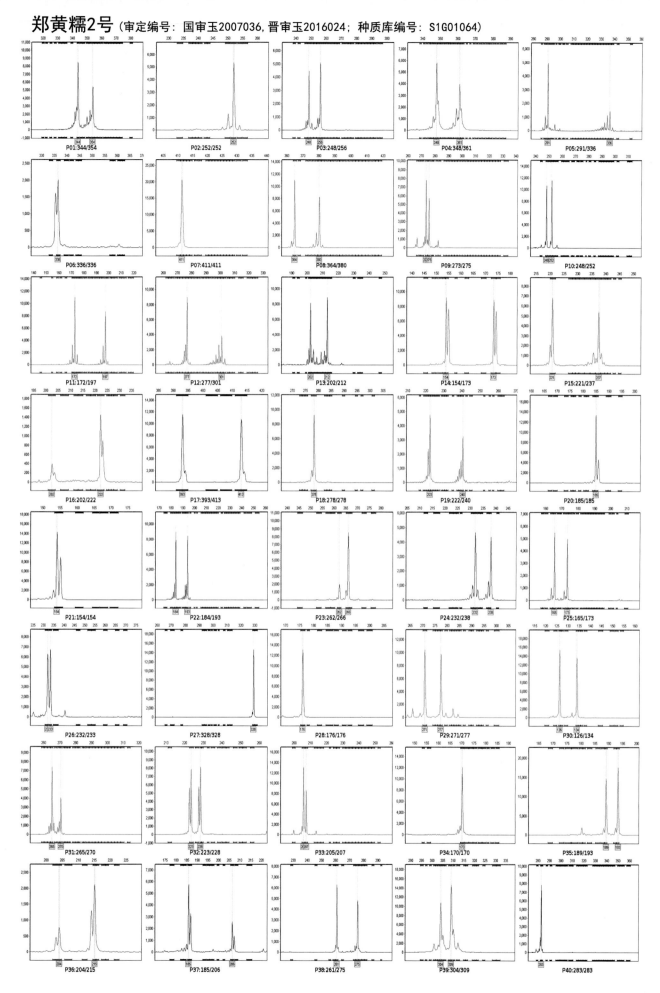

# 吉农糯7号 （审定编号：国审玉2008024, 黔审玉2012020号；种质库编号：S1G03372）

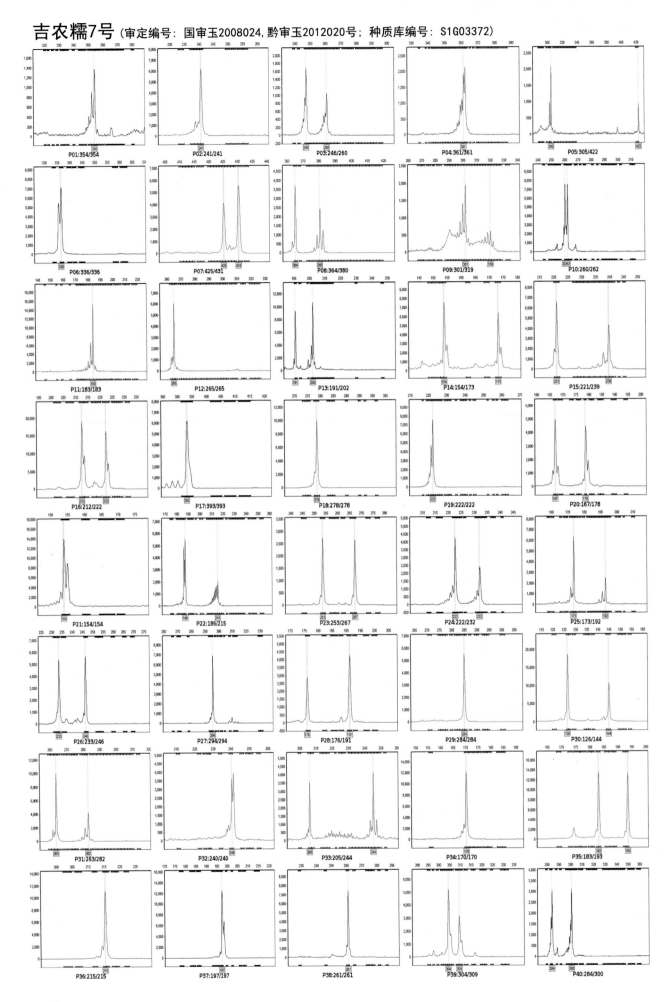

# 山农糯168 （审定编号：国审玉2012016, 冀审玉2011015号；种质库编号：S1G03990）

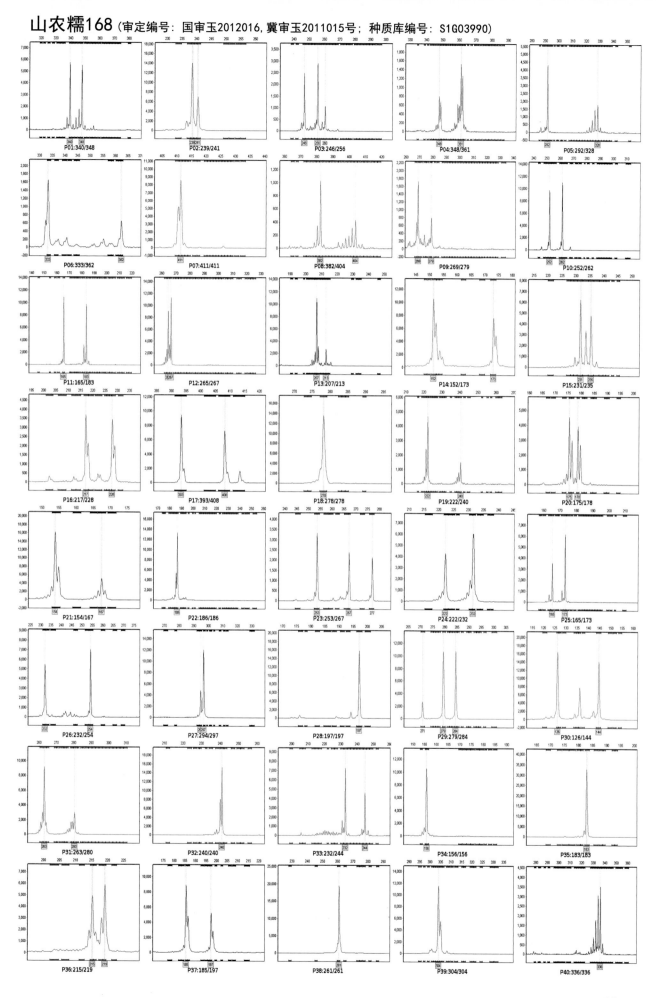

# 渝糯930 （审定编号：国审玉2012017，川审玉20190015；种质库编号：S1G03764）

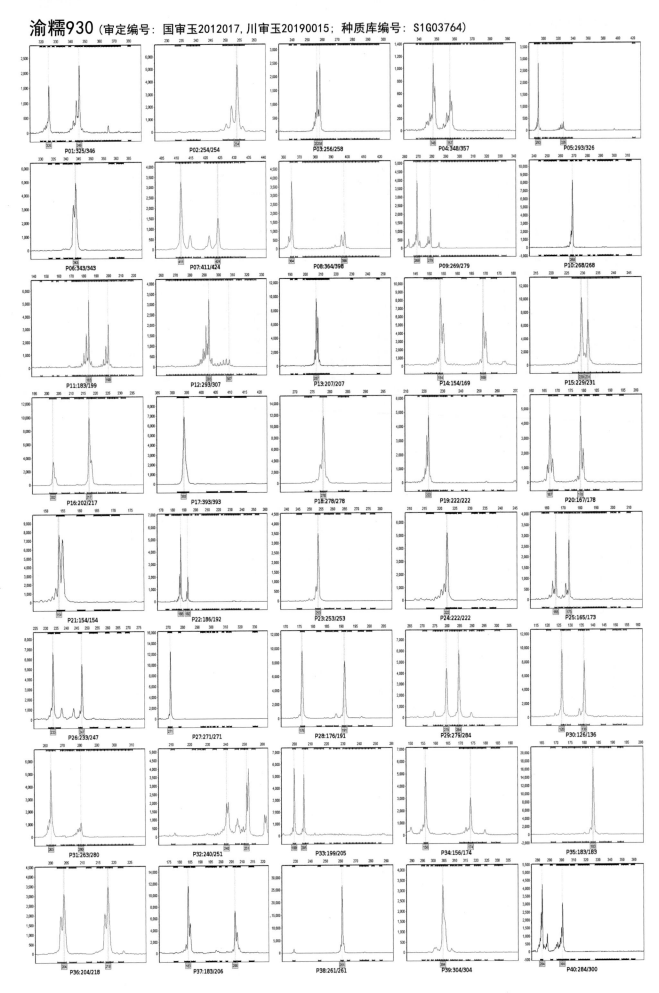

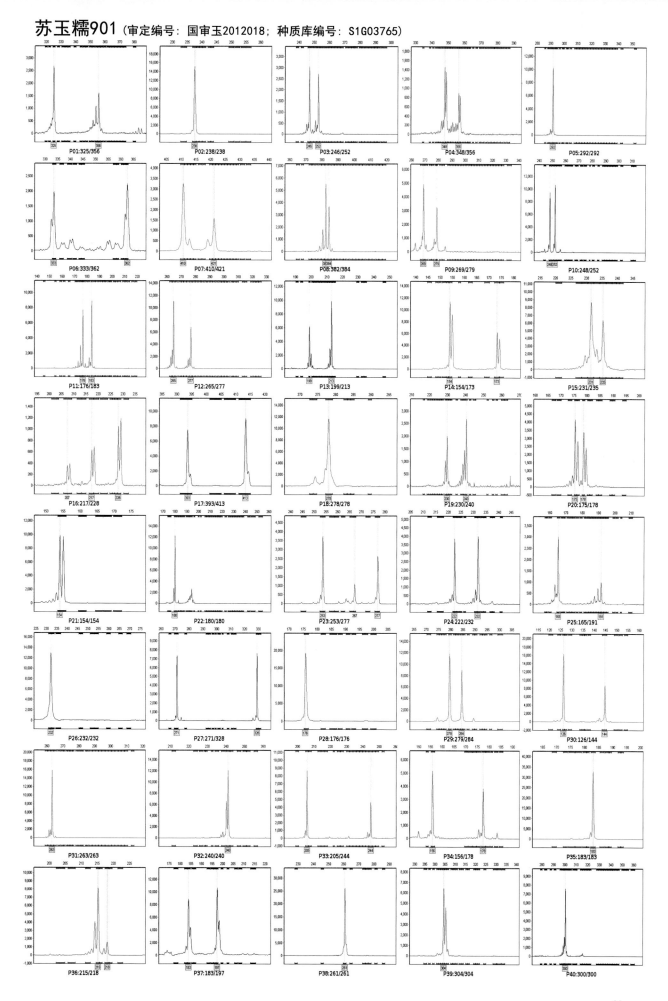

京科糯569 （审定编号：国审玉2014024, 京审玉2012006, 浙审玉2016005；种质库编号：S1G03298）

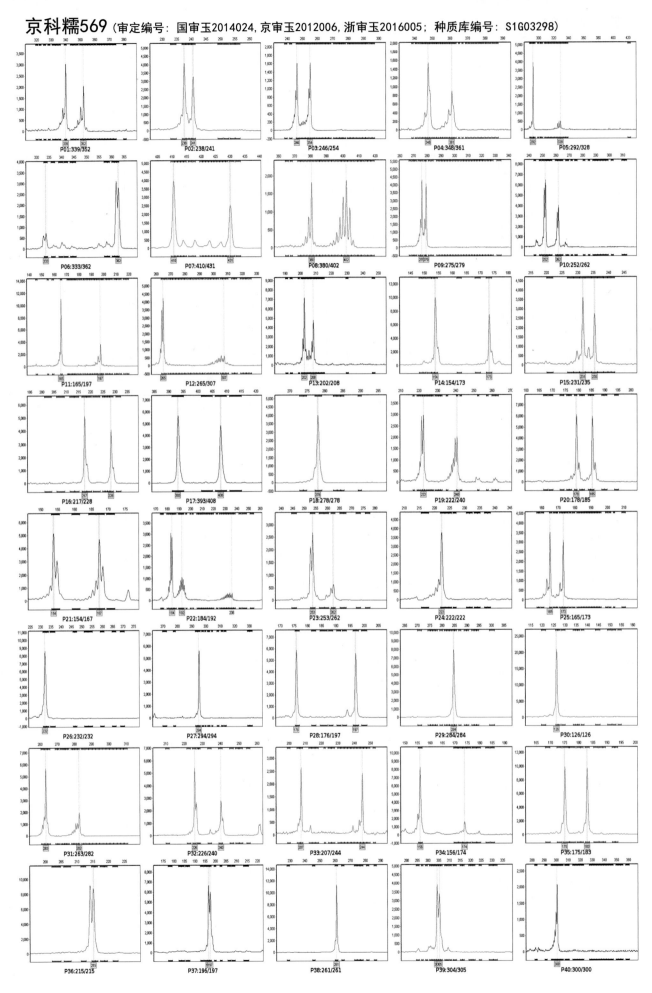

# 美玉糯16 （审定编号：国审玉2014025，粤审玉2014003，宁审玉2015031，浙审玉2015004；种质库编号：S1G04365）

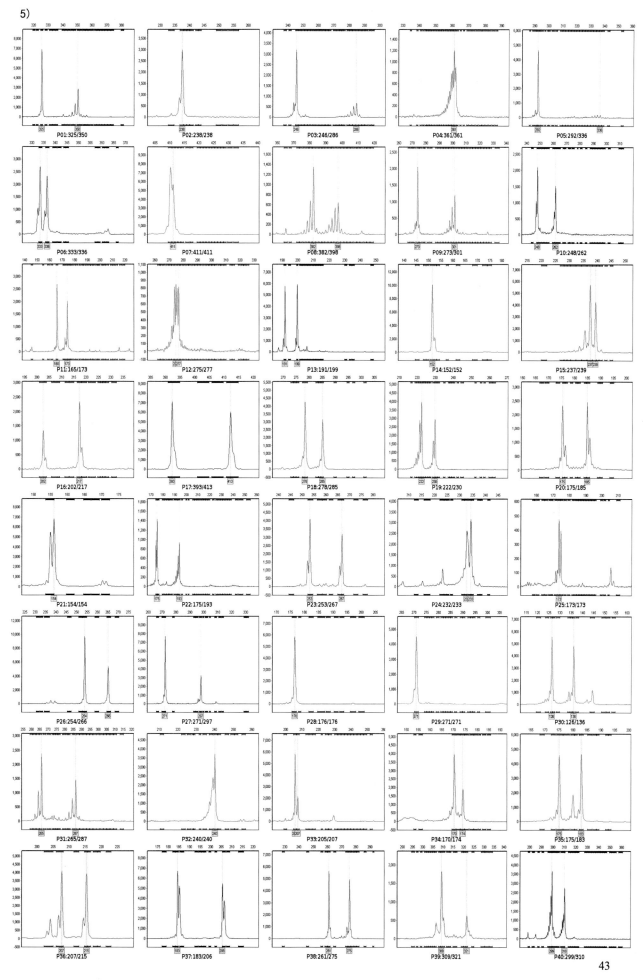

43

# 粤彩糯2号（审定编号：国审玉2014026，粤审玉2012006；种质库编号：S1G03166）

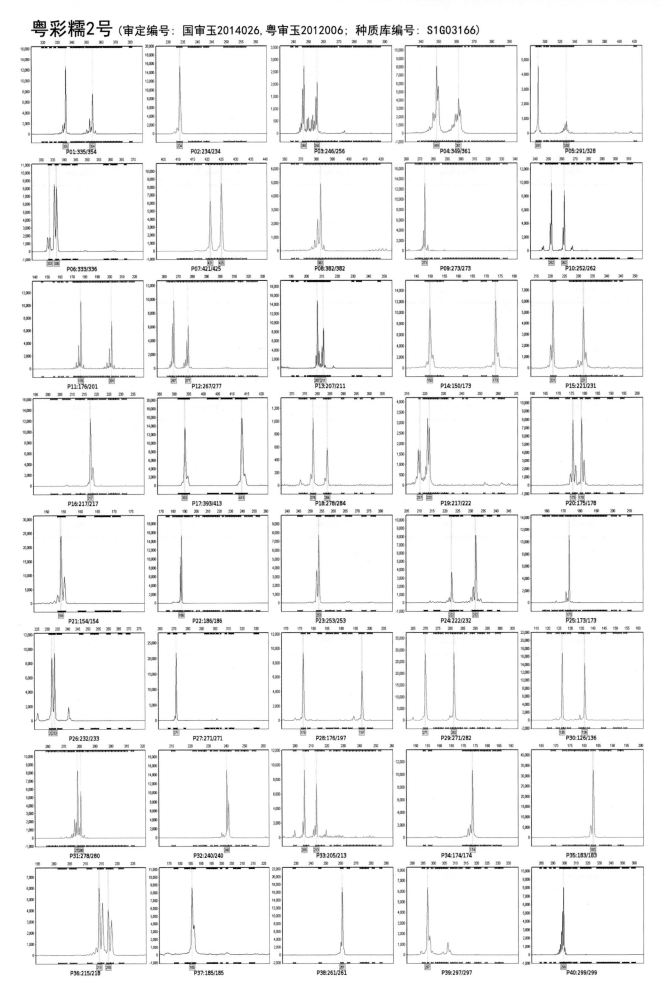

44

# 荣玉糯9号 （审定编号：国审玉2014027，川审玉20180021；种质库编号：S1G04724）

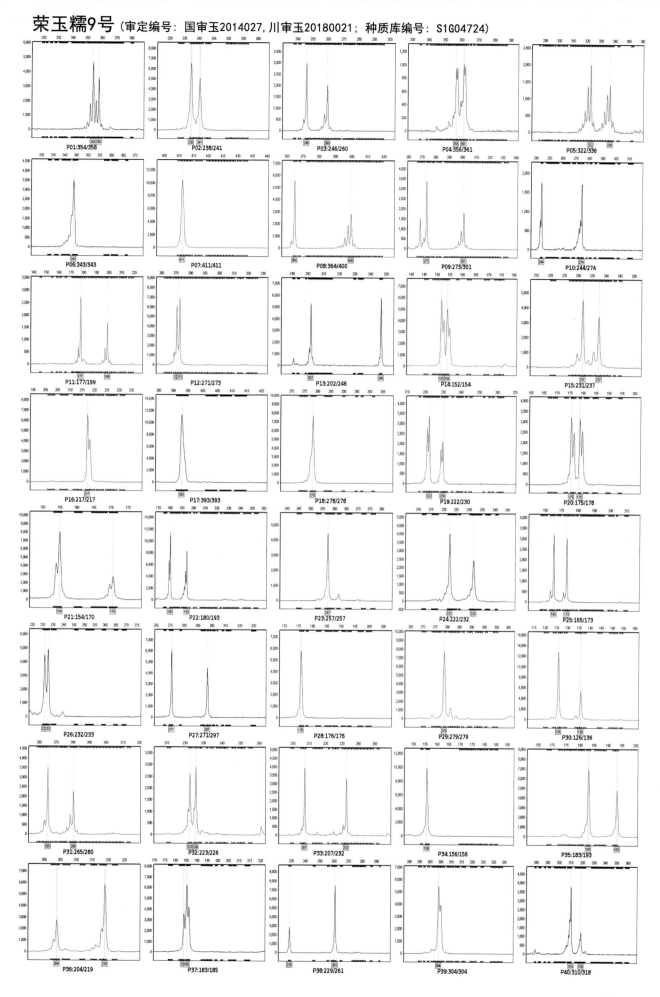

45

苏玉糯1502（审定编号：国审玉2014028；种质库编号：S1G04868）

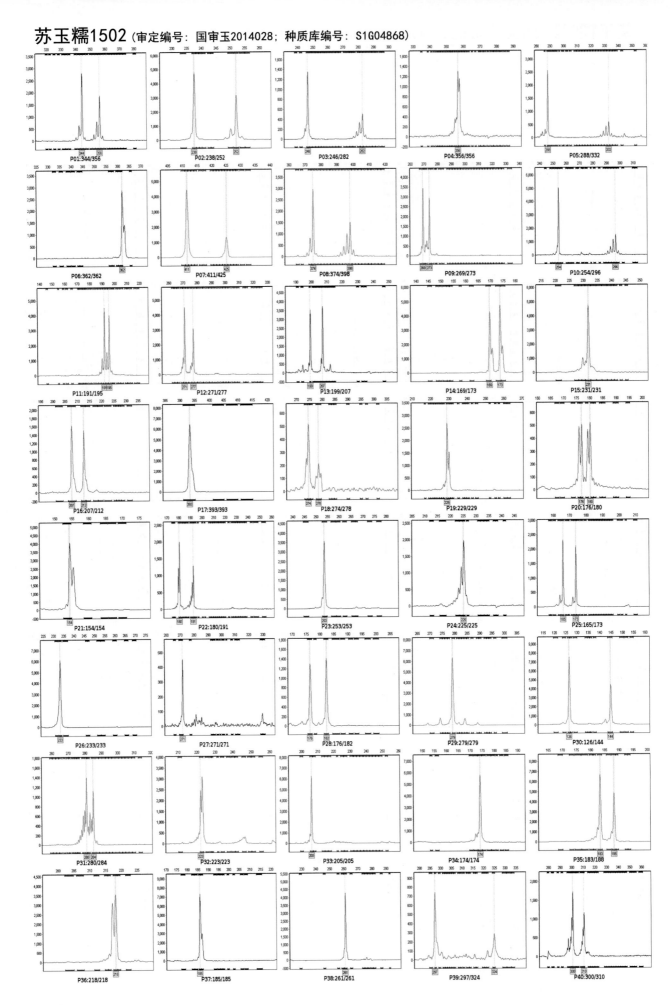

46

# 渝糯525（审定编号：国审玉2014029；种质库编号：S1G04725）

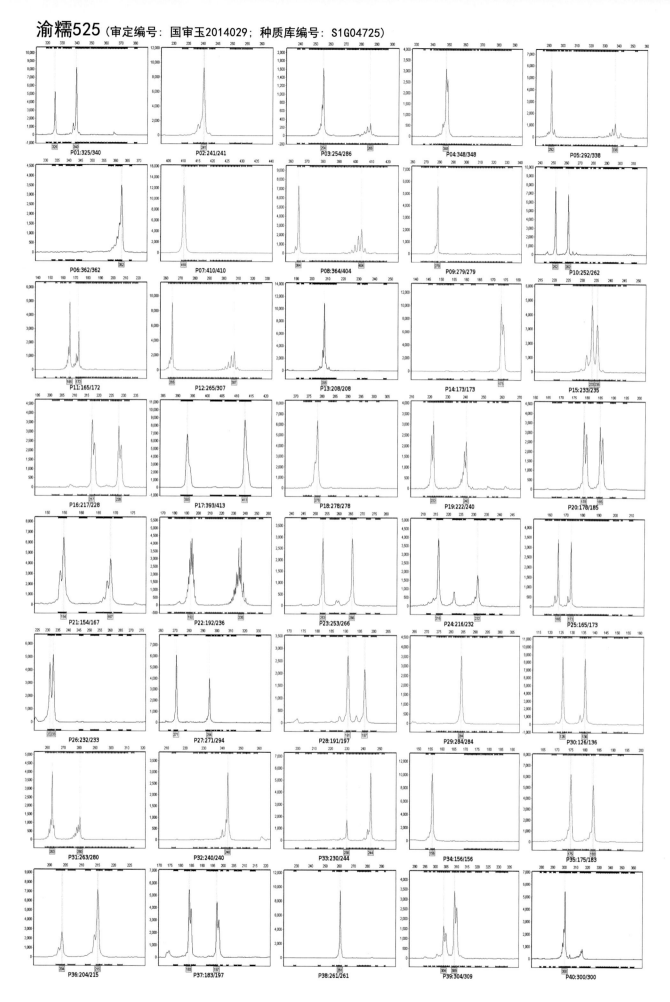

# 万糯2000 （审定编号：国审玉2015032，粤审玉2015001，冀审玉2014035号；种质库编号：S1G04521）

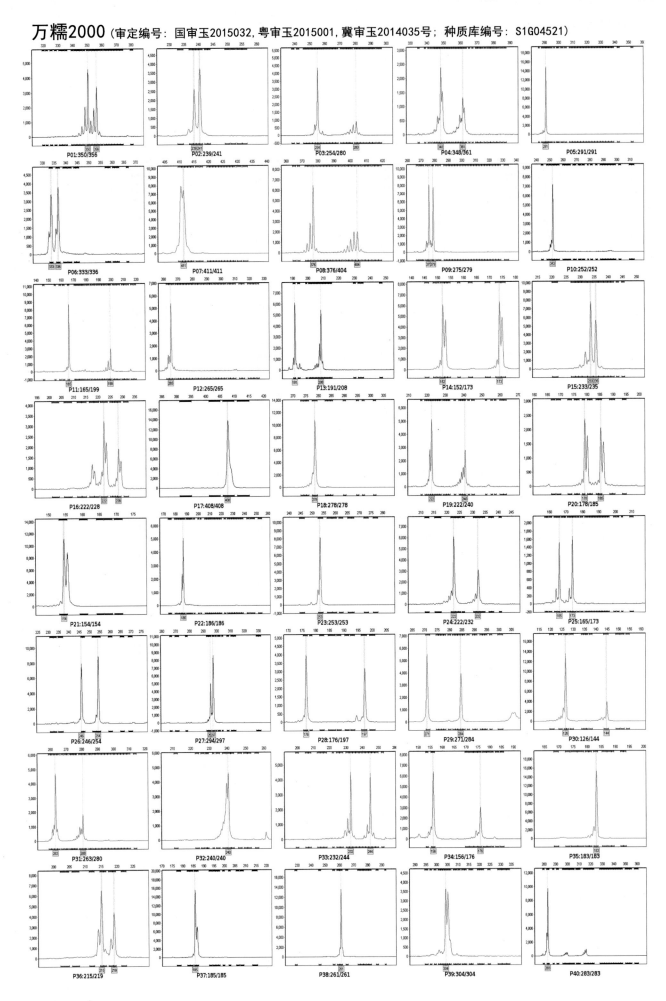

P01:350/356　P02:239/241　P03:254/280　P04:348/361　P05:291/291
P06:333/336　P07:411/411　P08:376/404　P09:275/279　P10:252/252
P11:165/199　P12:265/265　P13:191/208　P14:152/173　P15:233/235
P16:222/228　P17:408/408　P18:278/278　P19:222/240　P20:178/185
P21:154/154　P22:186/186　P23:253/253　P24:222/232　P25:165/173
P26:246/254　P27:294/297　P28:176/197　P29:271/284　P30:126/144
P31:263/280　P32:240/240　P33:232/244　P34:156/176　P35:183/183
P36:215/219　P37:185/185　P38:261/261　P39:304/304　P40:283/283

48

# 农科玉368（审定编号：国审玉2015034，国审玉2016009，国审玉20200489，京审玉2015011，宁审玉2015029，黑审玉2018Z002；种质库编号：S1G05084）

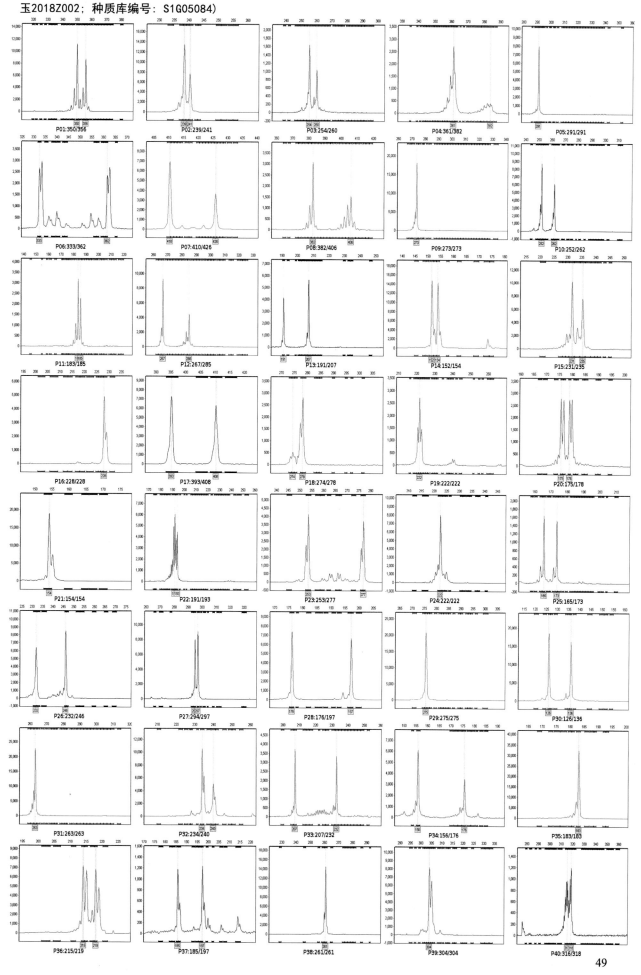

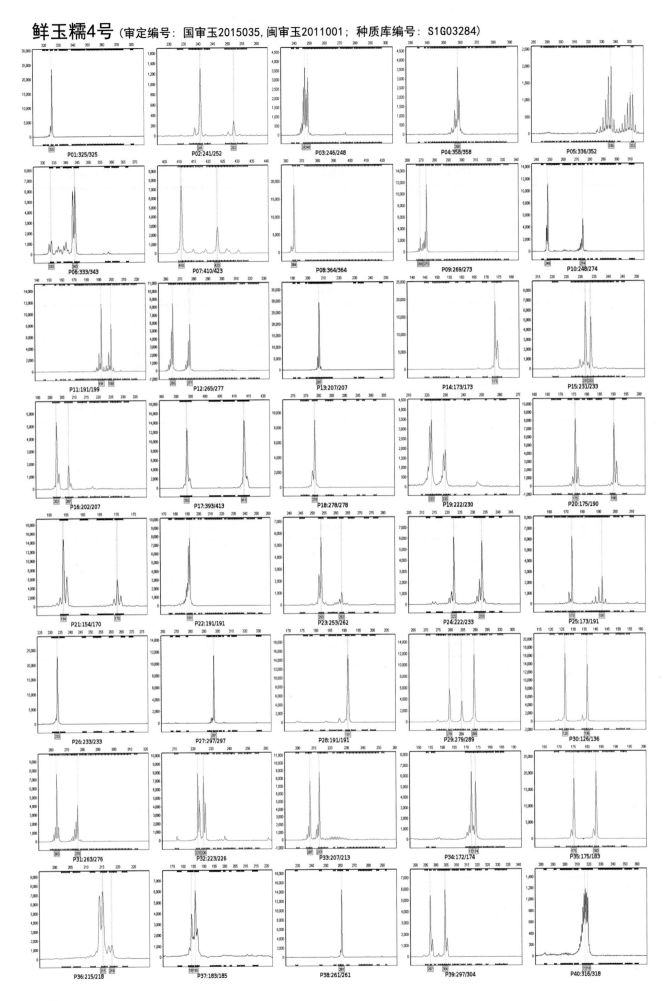

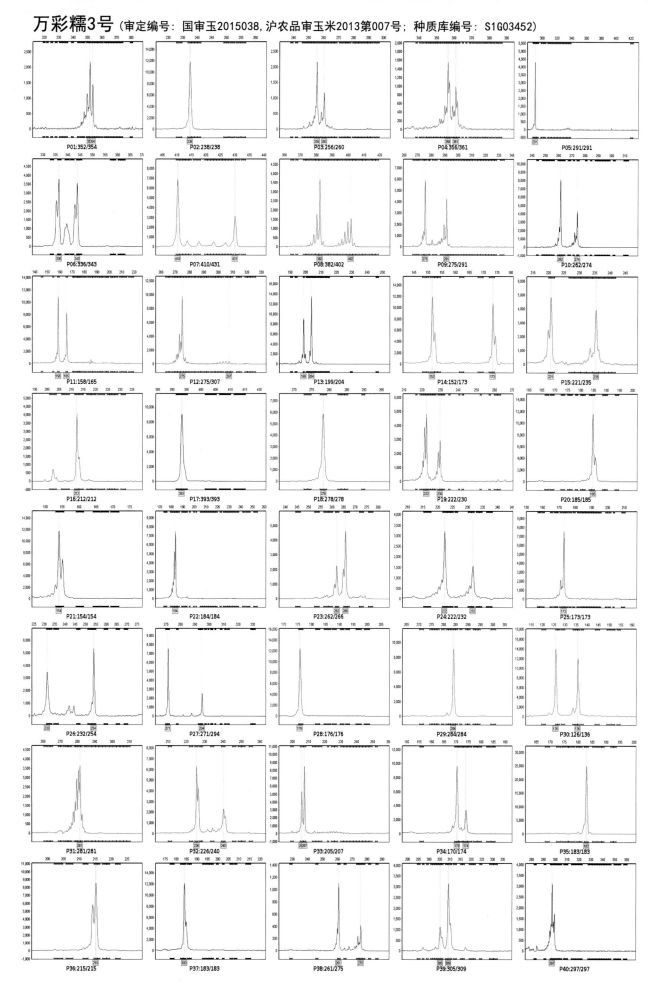

鲁星糯1号（审定编号：国审玉2015045，鲁农审2012014号，甘审玉20190094；种质库编号：S1G03929）

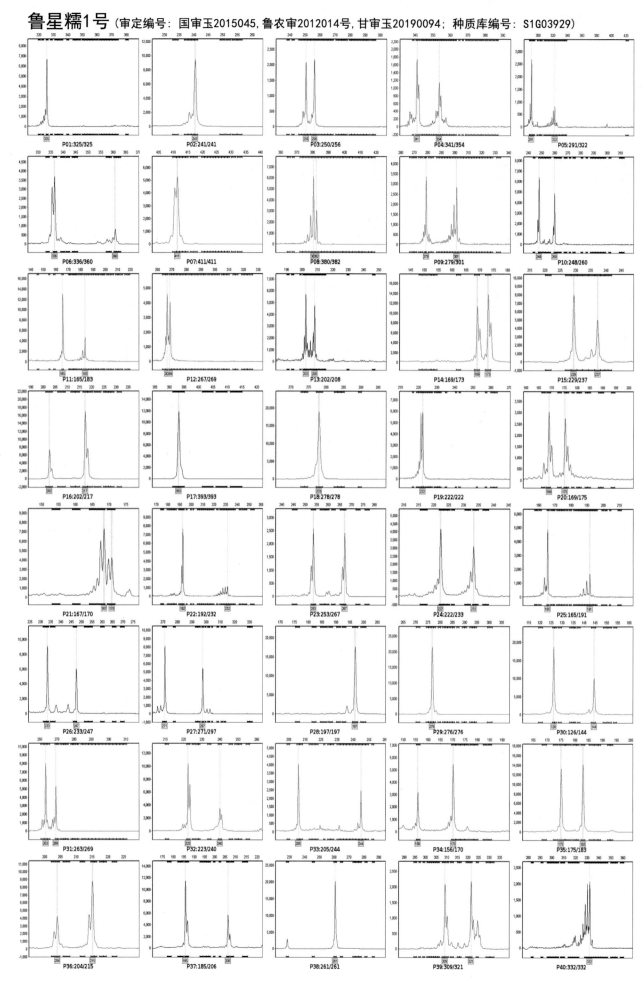

52

# 甜糯182 （审定编号：国审玉2016004, 桂审玉2019035号；种质库编号：XIN20916）

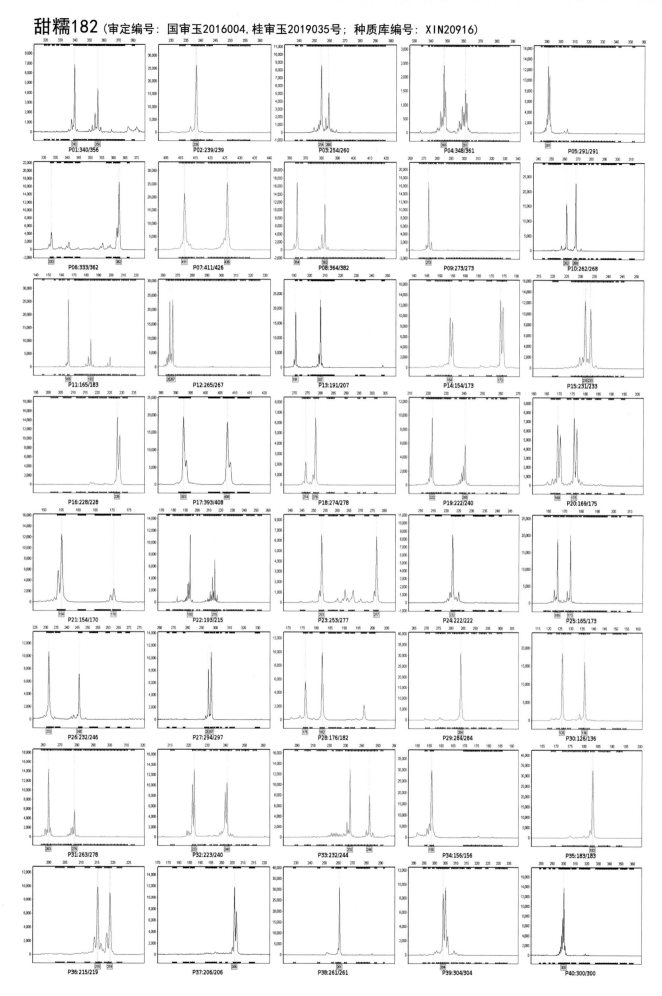

佳彩甜糯（审定编号：国审玉2016005，冀审玉2014036号；种质库编号：S1G04703）

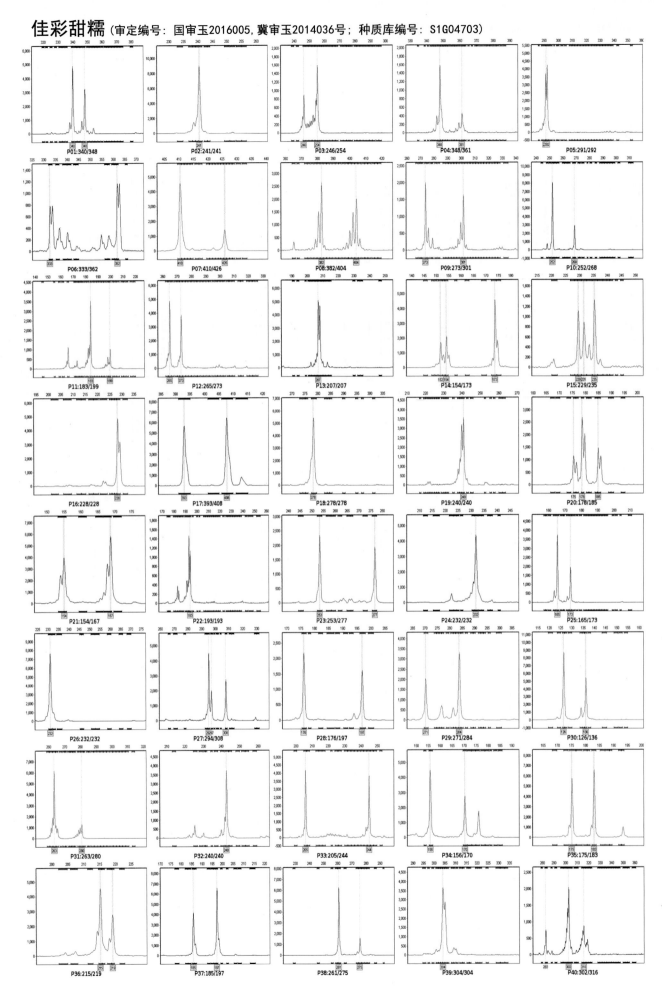

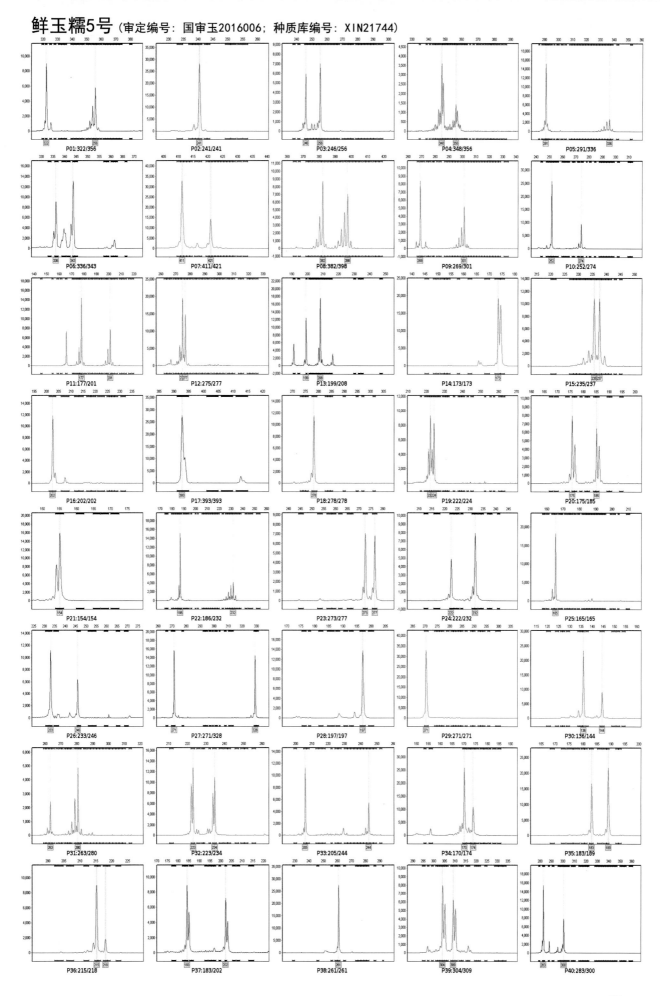

P01:322/356　P02:241/241　P03:246/256　P04:348/356　P05:291/336
P06:336/343　P07:411/421　P08:382/398　P09:269/301　P10:252/274
P11:177/201　P12:275/277　P13:199/208　P14:173/173　P15:235/237
P16:202/202　P17:393/393　P18:278/278　P19:222/224　P20:175/185
P21:154/154　P22:186/232　P23:273/277　P24:222/232　P25:165/165
P26:233/246　P27:271/328　P28:197/197　P29:271/271　P30:136/144
P31:263/280　P32:223/234　P33:205/244　P34:170/174　P35:183/189
P36:215/218　P37:183/202　P38:261/261　P39:304/309　P40:283/300

# 珠玉糯1号 （审定编号：国审玉2016007，粤审玉2015008；种质库编号：S1G04858）

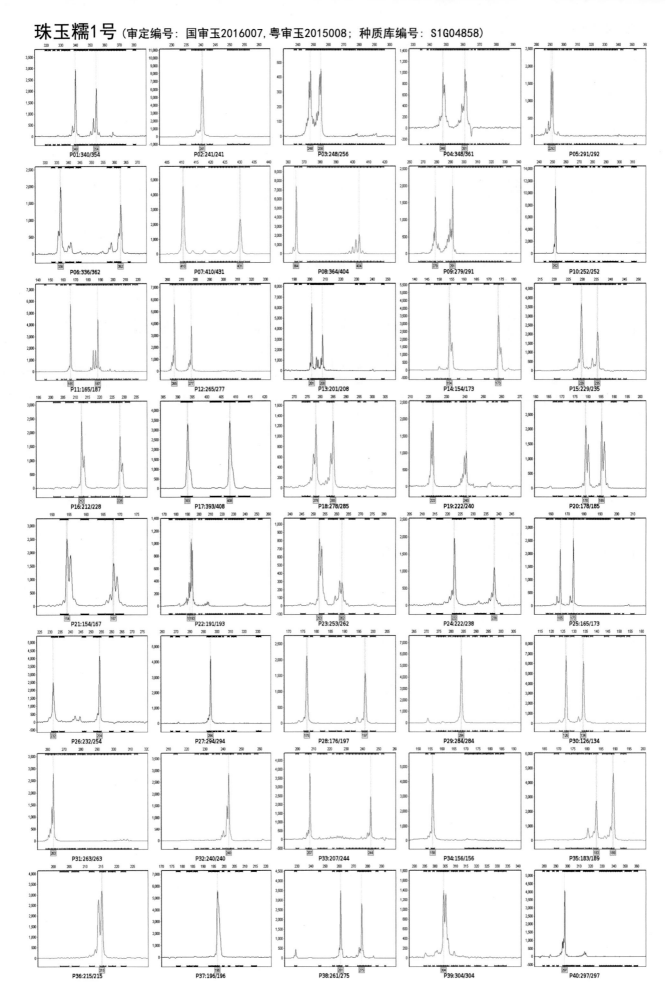

# 金糯102（审定编号：国审玉2016010，京审玉2013013；种质库编号：S1G03610）

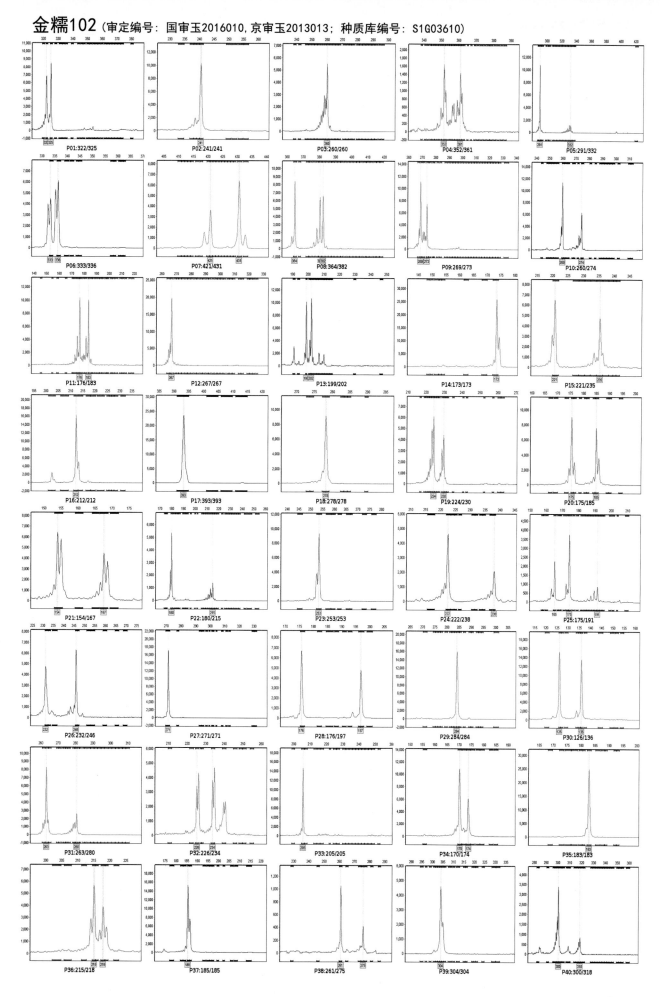

P01:322/325　P02:241/241　P03:260/260　P04:352/361　P05:291/332
P06:333/336　P07:421/431　P08:364/382　P09:269/273　P10:260/274
P11:176/183　P12:267/267　P13:199/202　P14:173/173　P15:221/235
P16:212/212　P17:393/393　P18:278/278　P19:224/230　P20:175/185
P21:154/167　P22:180/215　P23:253/253　P24:222/238　P25:175/191
P26:232/246　P27:271/271　P28:176/197　P29:284/284　P30:126/136
P31:263/280　P32:226/234　P33:205/205　P34:170/174　P35:183/183
P36:215/218　P37:185/185　P38:261/275　P39:304/304　P40:300/318

桂甜糯525 （审定编号：国审玉2016011，桂审玉2013011号，黔审玉2016014号；种质库编号：S1G03565）

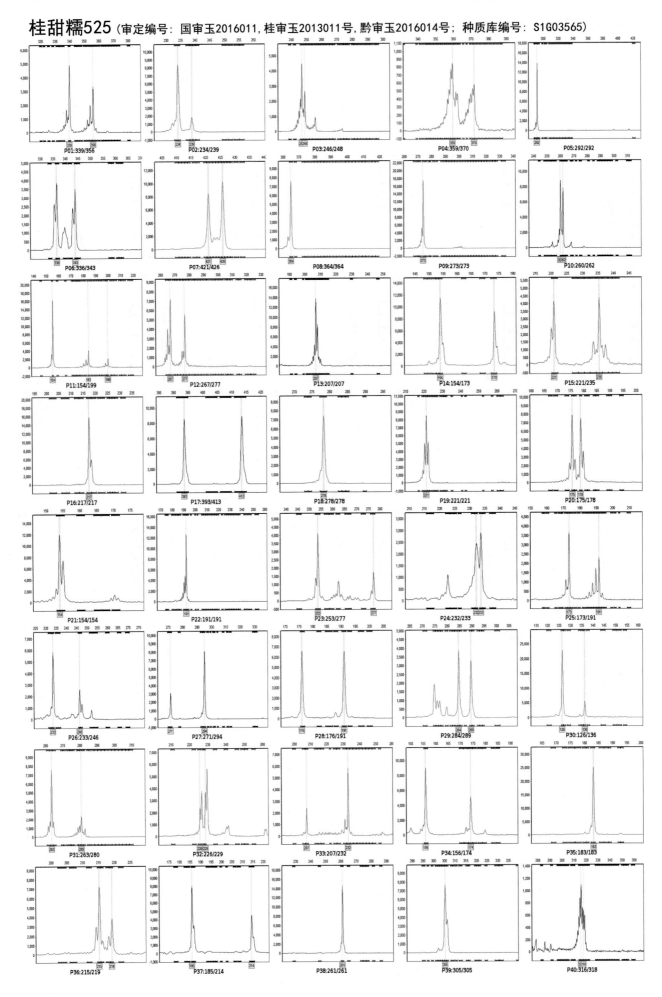

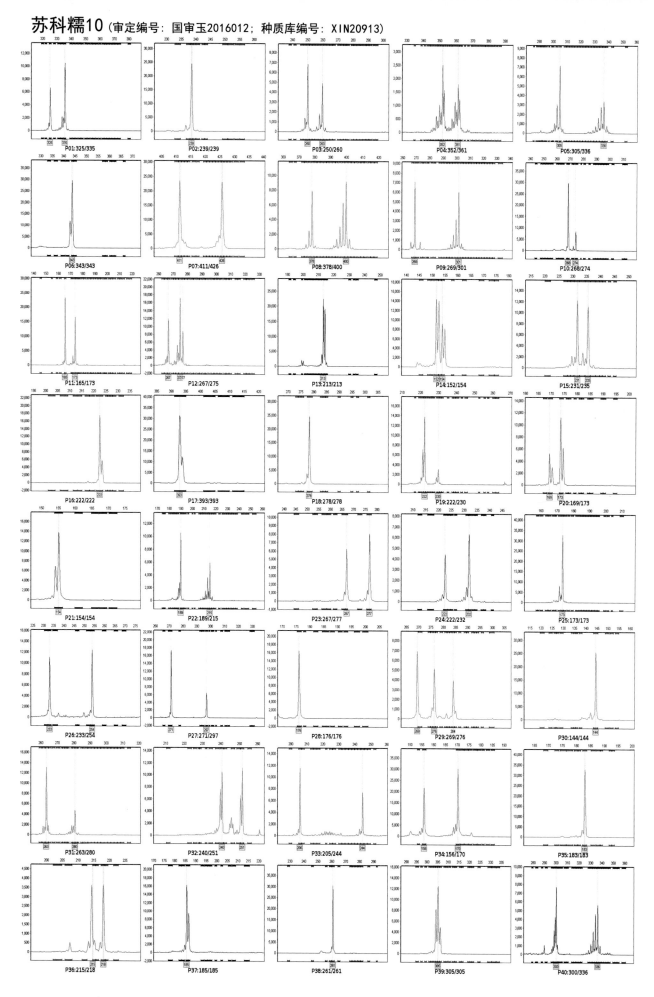

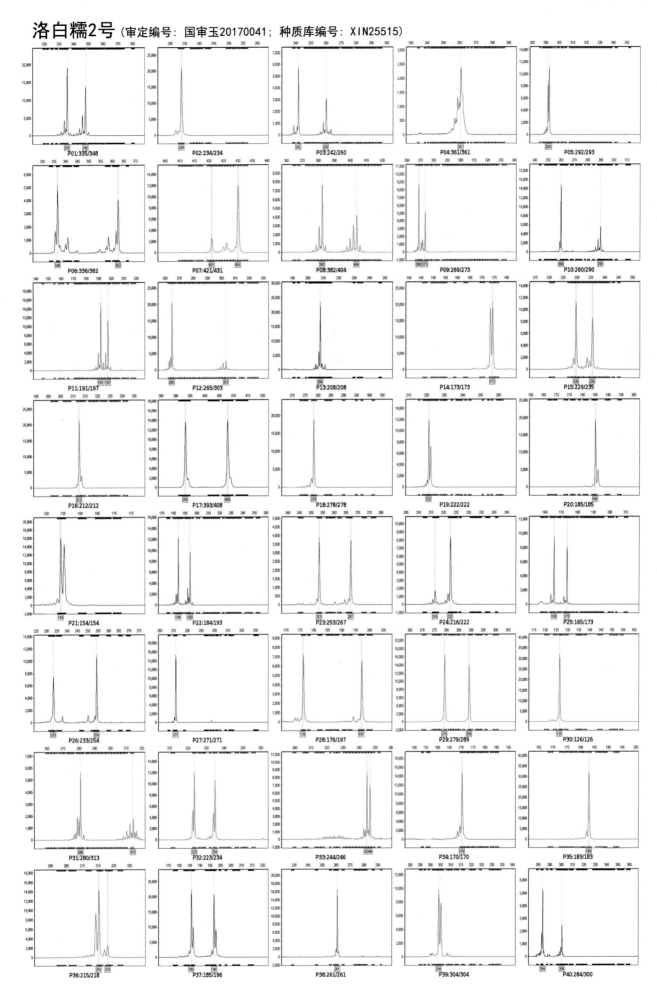

P01:335/348　P02:234/234　P03:242/260　P04:361/361　P05:292/293
P06:336/362　P07:421/431　P08:382/404　P09:269/273　P10:260/290
P11:191/197　P12:265/303　P13:208/208　P14:173/173　P15:229/235
P16:212/212　P17:393/408　P18:278/278　P19:222/222　P20:185/185
P21:154/154　P22:184/193　P23:253/267　P24:216/222　P25:165/173
P26:233/254　P27:271/271　P28:176/197　P29:279/289　P30:126/126
P31:280/313　P32:223/234　P33:244/246　P34:170/170　P35:183/183
P36:215/218　P37:185/196　P38:261/261　P39:304/304　P40:284/300

**粮源糯1号**（审定编号：国审玉20170042；种质库编号：XIN25516）

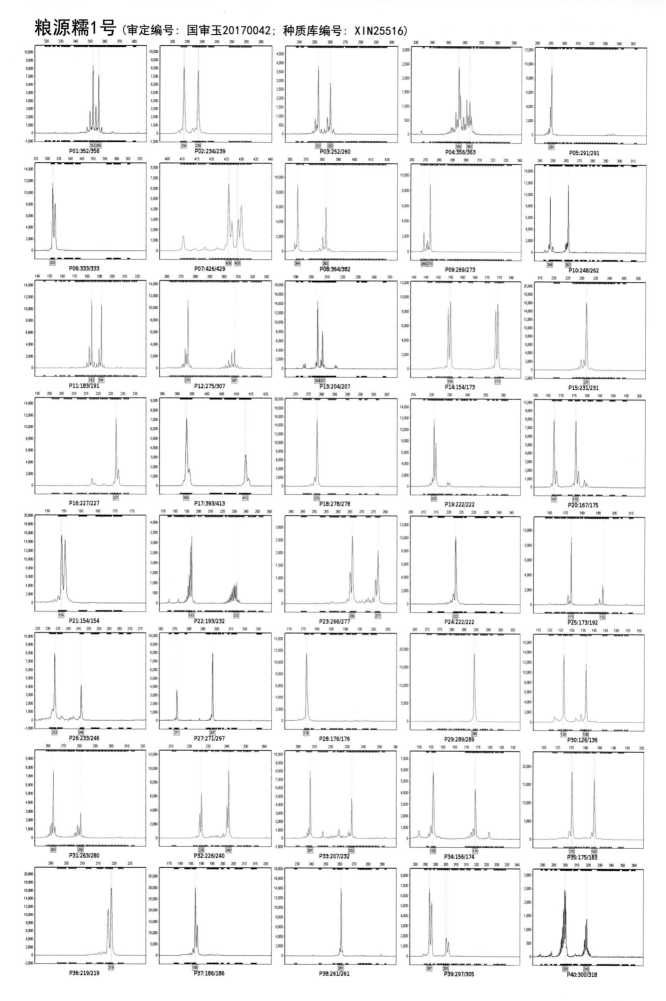

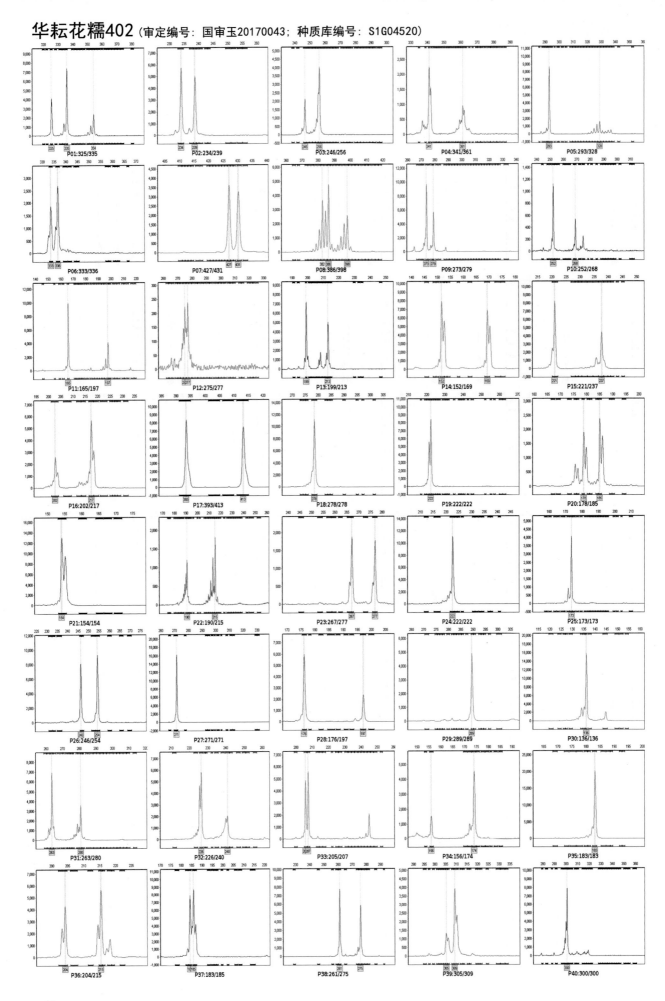

# 彩甜糯6号 （审定编号：国审玉20170044，鄂审玉2011012；种质库编号：XIN25509）

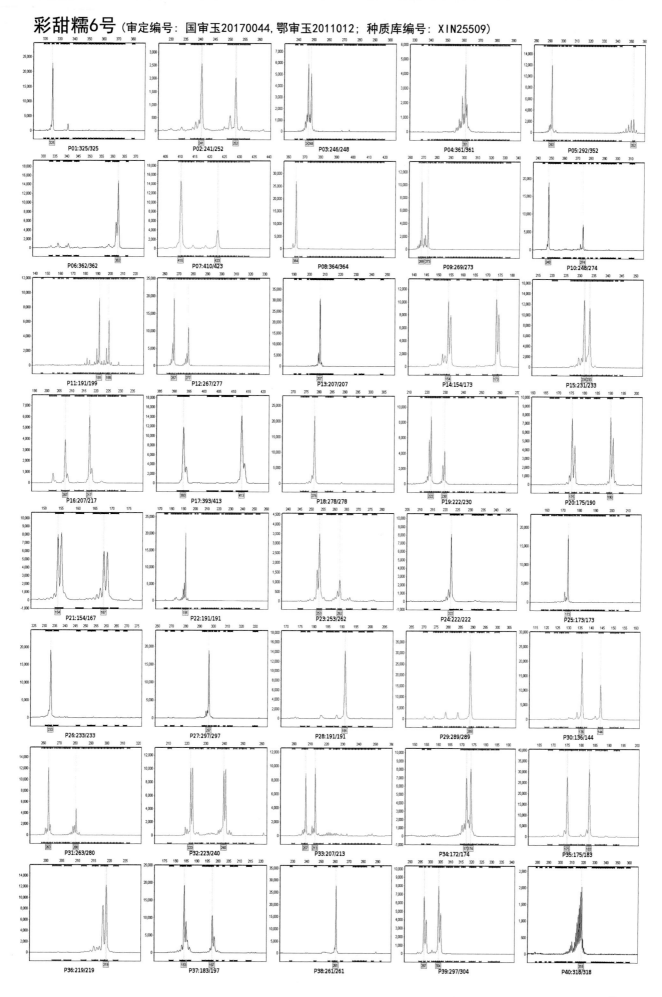

# 苏玉糯1508（审定编号：国审玉20170045；种质库编号：XIN25510）

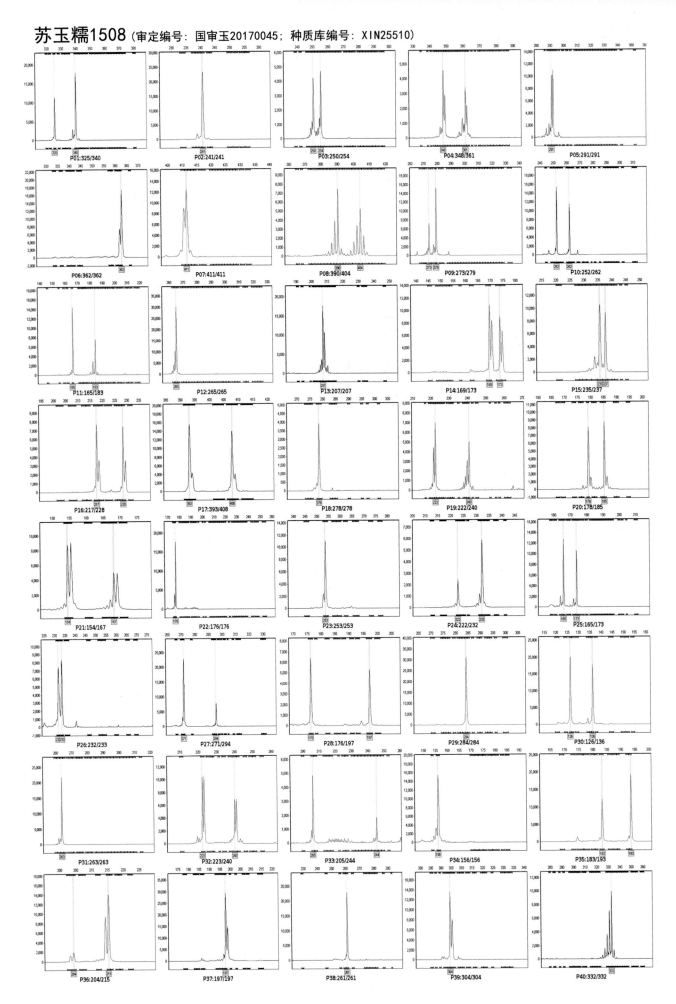

64

# 苏科糯11（审定编号：国审玉20170046；种质库编号：XIN25512）

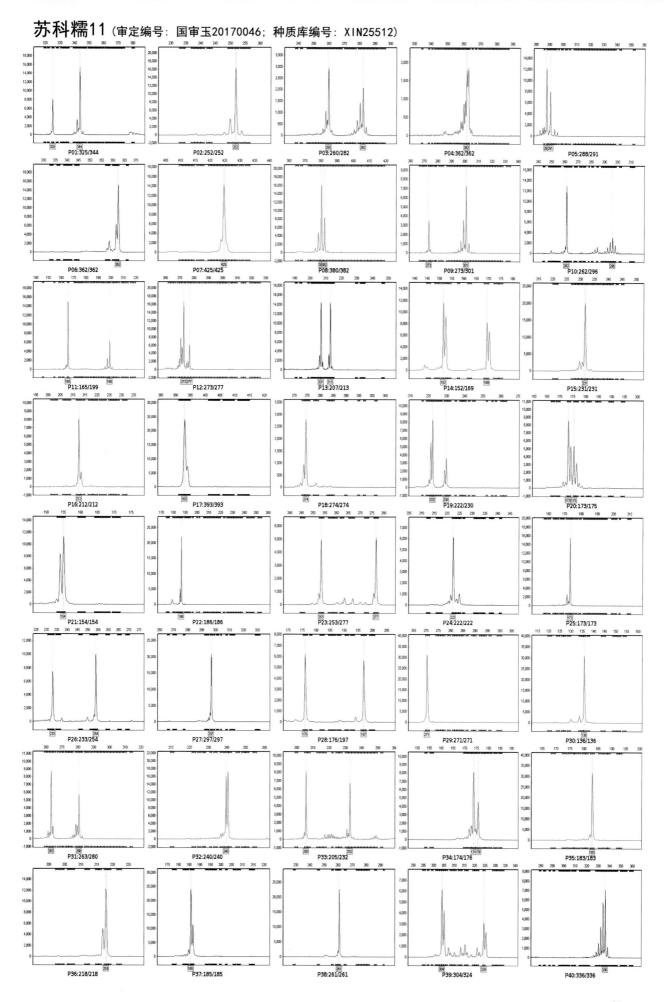

# 云糯4号 （审定编号：国审玉20170047, 滇审玉米2017049号；种质库编号：XIN25513）

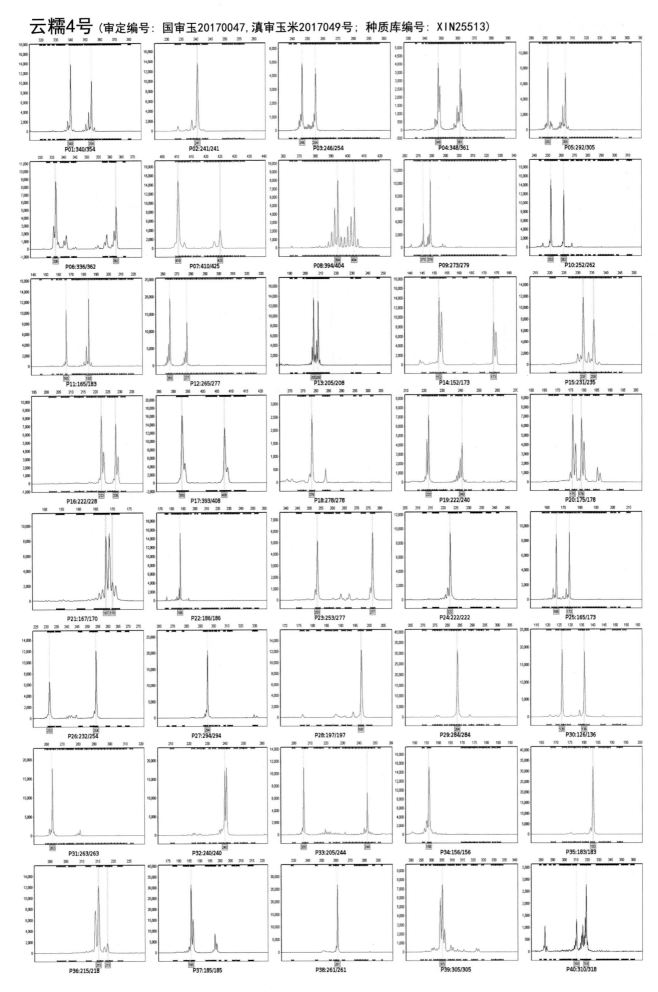

66

# 粤白糯6号 （审定编号：国审玉20170048，粤审玉2014004；种质库编号：XIN25514）

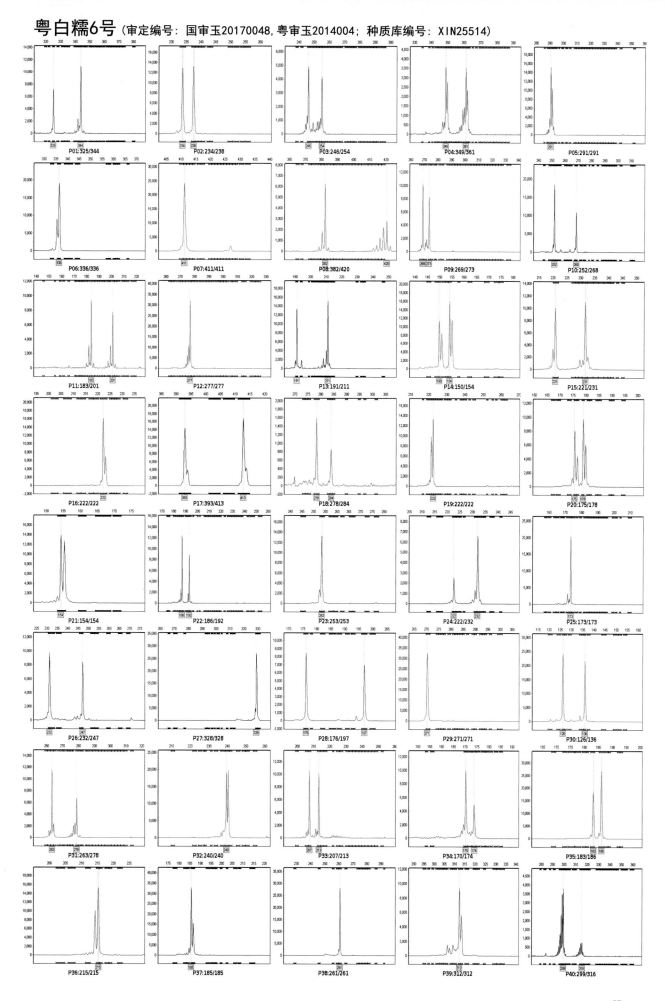

# 密花甜糯3号 <sub></sub>（审定编号：国审玉20180153, 京审玉20170013, 吉审玉20170057；种质库编号：XIN20499）

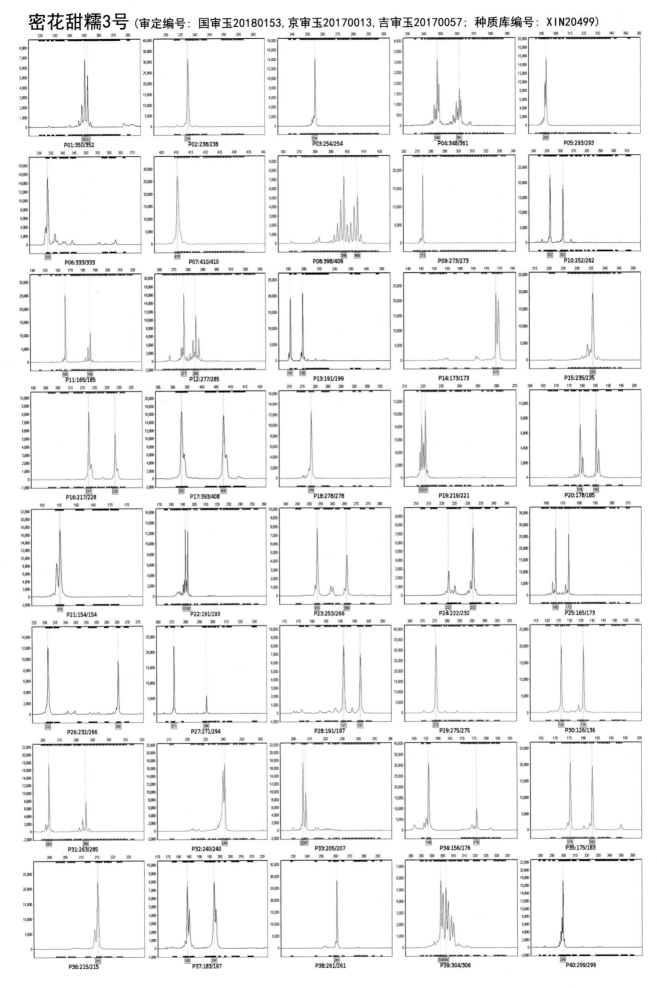

P01:350/352　P02:238/238　P03:254/254　P04:348/361　P05:293/293

P06:333/333　P07:410/410　P08:398/406　P09:273/273　P10:252/262

P11:165/185　P12:277/285　P13:191/199　P14:173/173　P15:235/235

P16:217/228　P17:393/408　P18:278/278　P19:219/221　P20:178/185

P21:154/154　P22:191/193　P23:253/266　P24:222/232　P25:165/173

P26:232/266　P27:271/294　P28:191/197　P29:275/275　P30:126/136

P31:263/285　P32:240/240　P33:205/207　P34:156/176　P35:175/183

P36:215/215　P37:183/197　P38:261/261　P39:304/306　P40:299/299

# 斯达糯38 （审定编号：国审玉20180154, 桂审玉2018020号；种质库编号：S1G06201）

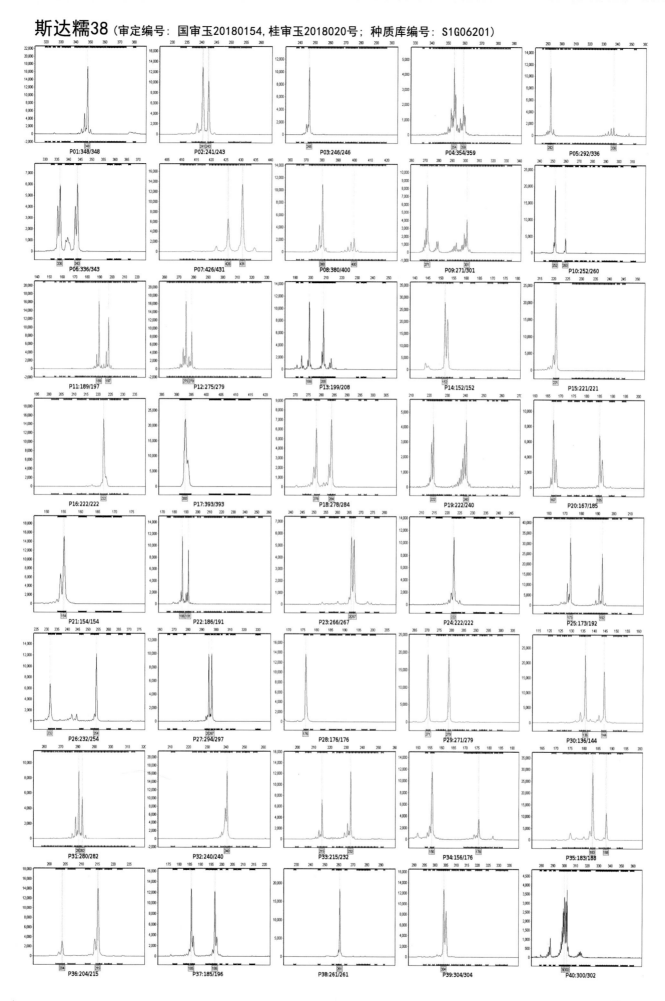

69

天贵糯932（审定编号：国审玉20180165, 桂审玉2017042号, 闽审玉20180006, 鲁审玉20196066, 津审玉2019001 0；种质库编号：XIN27614）

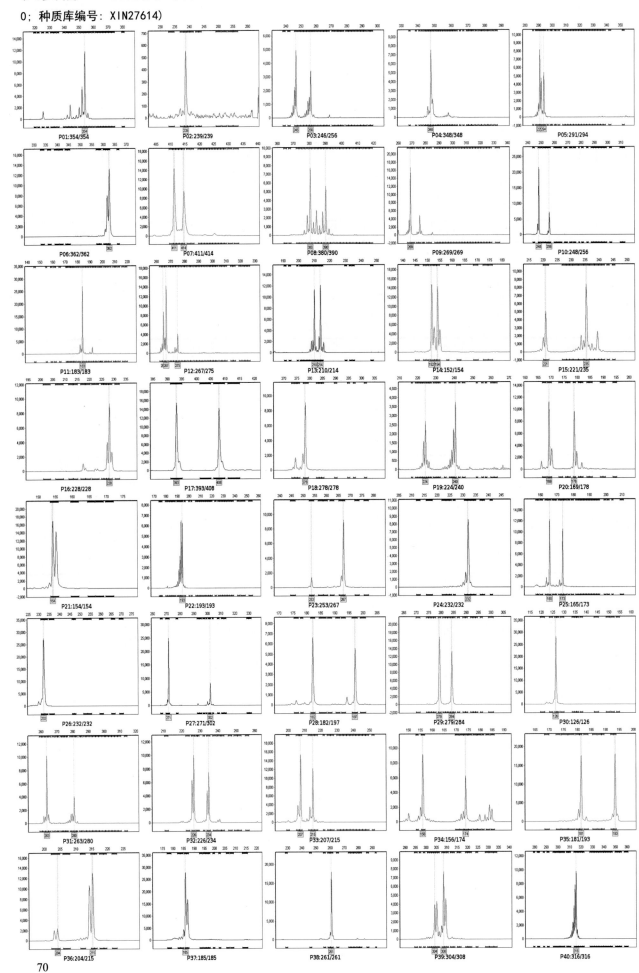

# 金糯691 （审定编号：国审玉20180337, 渝审玉20170018, 黔审玉20180014；种质库编号：XIN26064）

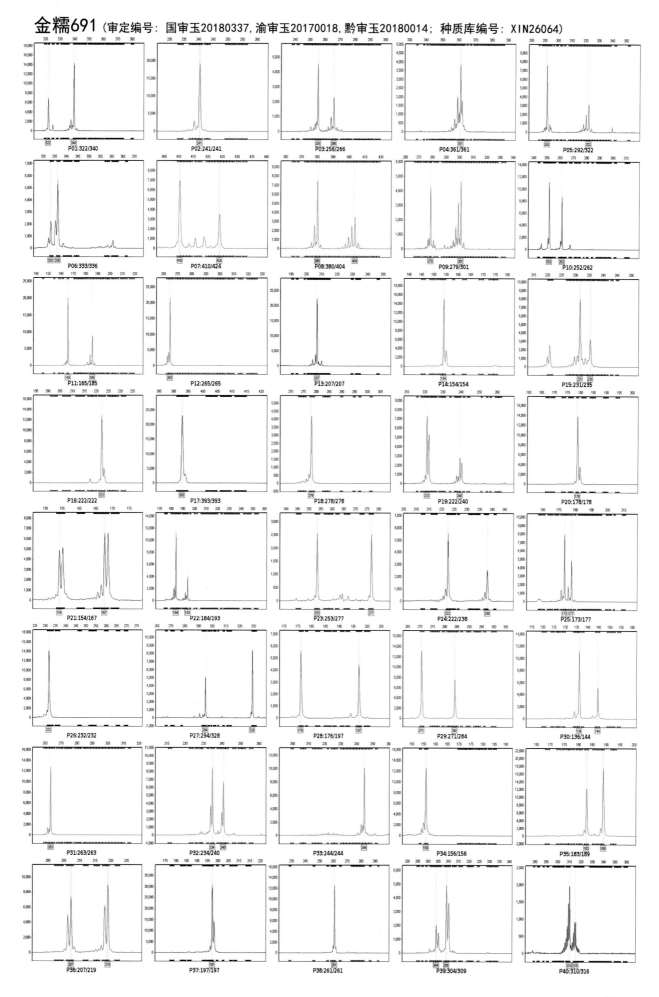

P01:322/340  P02:241/241  P03:256/266  P04:361/361  P05:292/322
P06:333/336  P07:410/424  P08:380/404  P09:279/301  P10:252/262
P11:165/185  P12:265/265  P13:207/207  P14:154/154  P15:231/235
P16:222/222  P17:393/393  P18:278/278  P19:222/240  P20:178/178
P21:154/167  P22:184/193  P23:253/277  P24:222/238  P25:173/177
P26:232/232  P27:294/328  P28:176/197  P29:271/284  P30:136/144
P31:263/263  P32:234/240  P33:244/244  P34:156/156  P35:183/189
P36:207/219  P37:197/197  P38:261/261  P39:304/309  P40:310/316

71

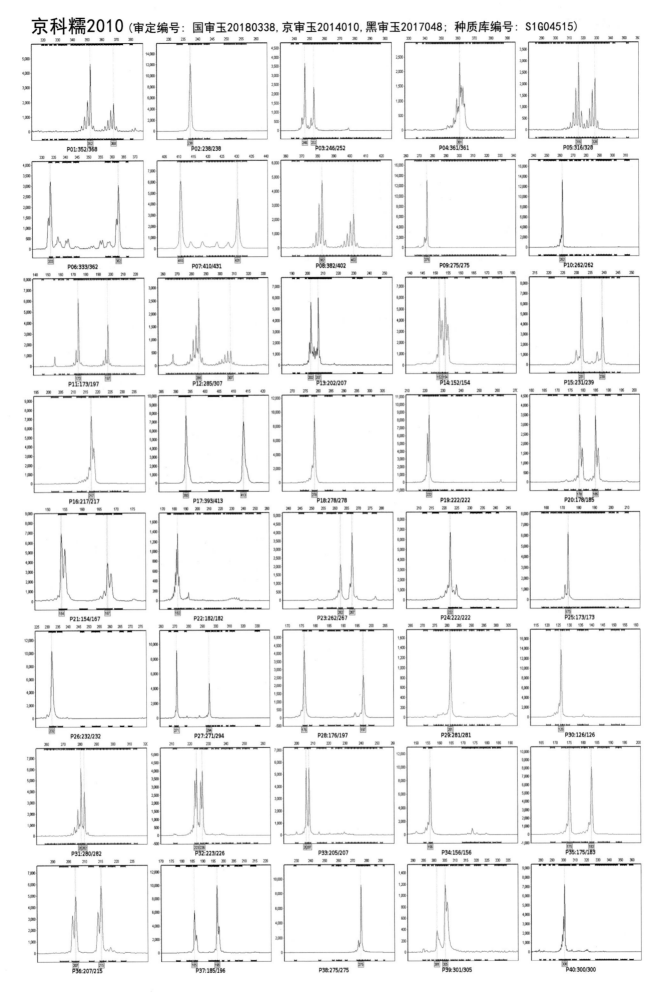

# 京科糯623 （审定编号：国审玉20180339，京审玉20180011；种质库编号：XIN26407）

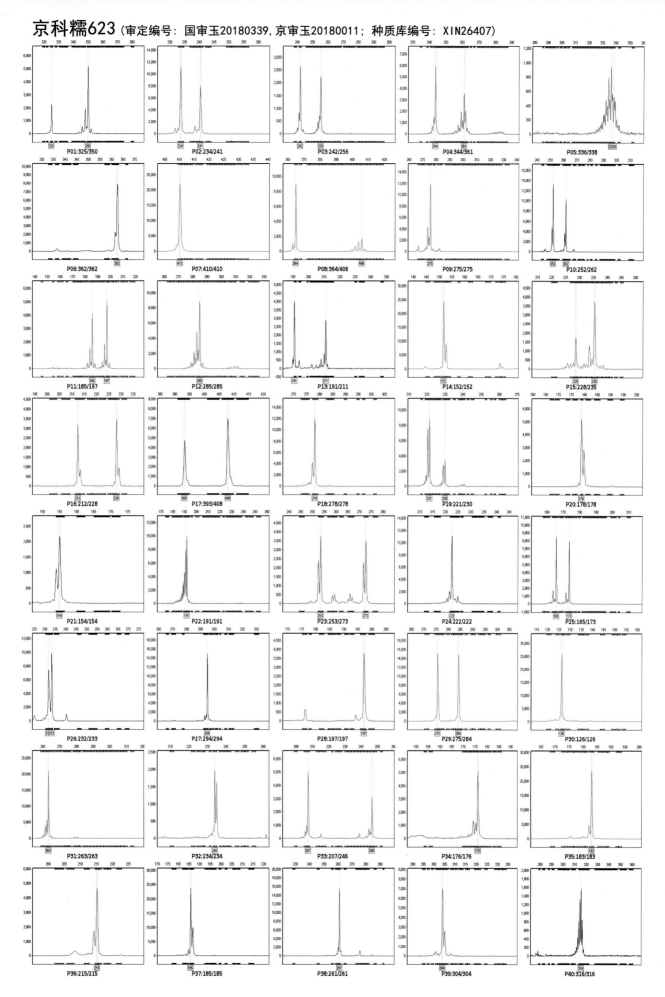

# 农科糯303 （审定编号：国审玉20180342，京审玉20180014；种质库编号：XIN26408）

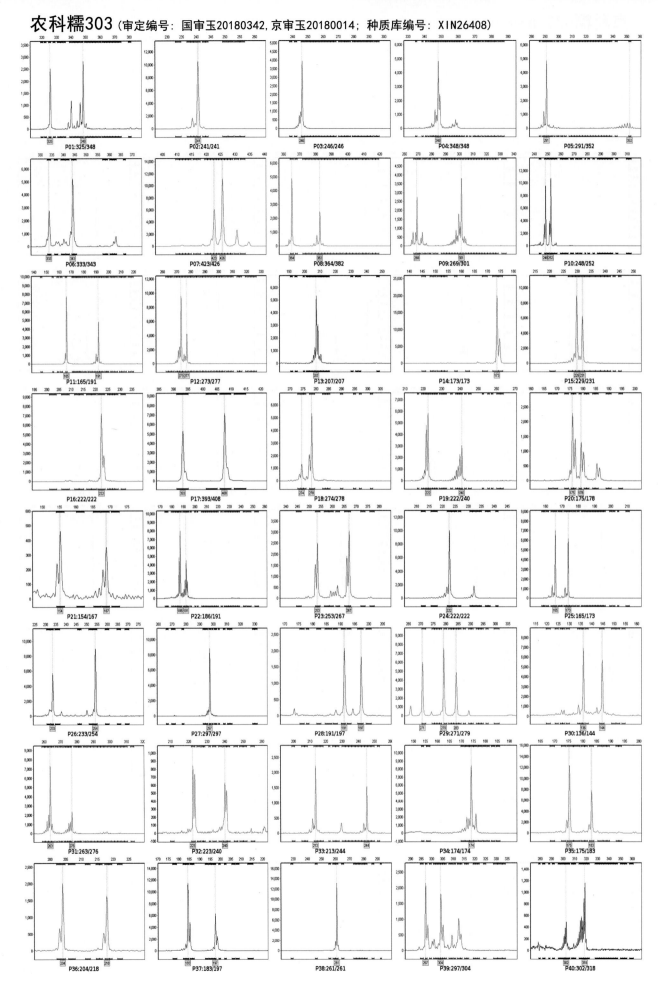

74

# 京科糯2016 （审定编号：国审玉20180354，粤审玉2016002，赣审玉2016005，宁审玉20160014；种质库编号：XIN 20237）

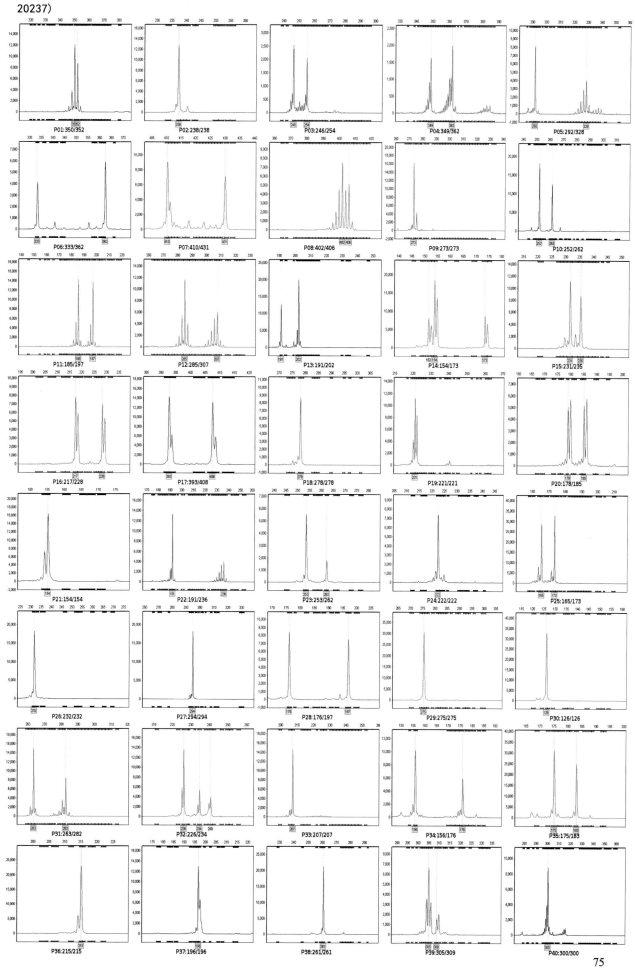

# 京科糯609（审定编号：国审玉20180355, 京审玉20170012；种质库编号：XIN20500）

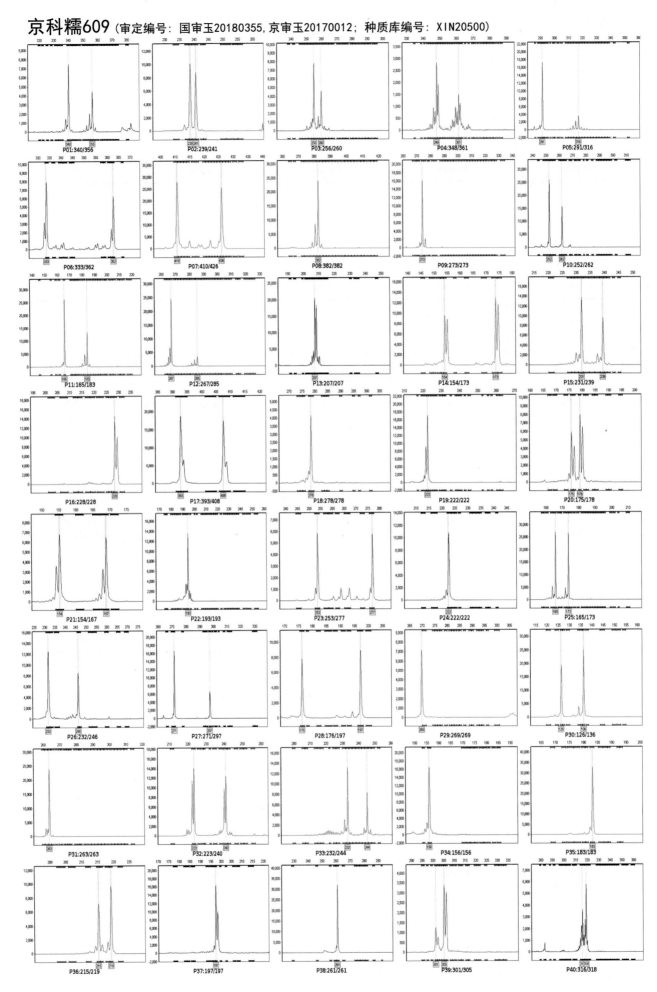

# 京科糯2000E （审定编号：国审玉20190385, 黑审玉2018Z001, 京审玉20200011；种质库编号：XIN30740）

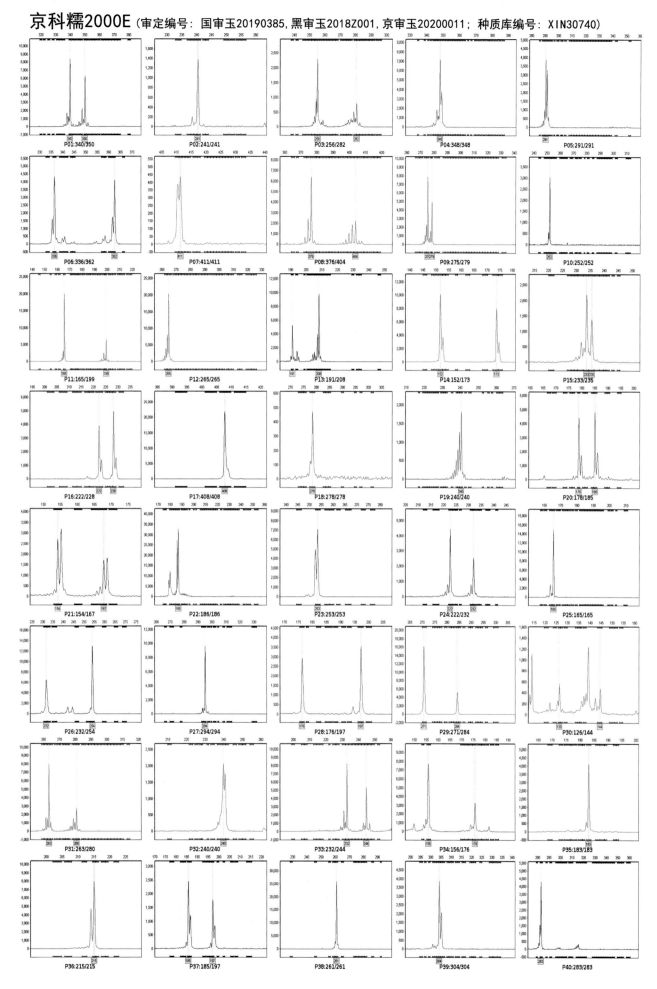

京科糯2000K（审定编号：国审玉20190389，京审玉20170014；种质库编号：XIN27735）

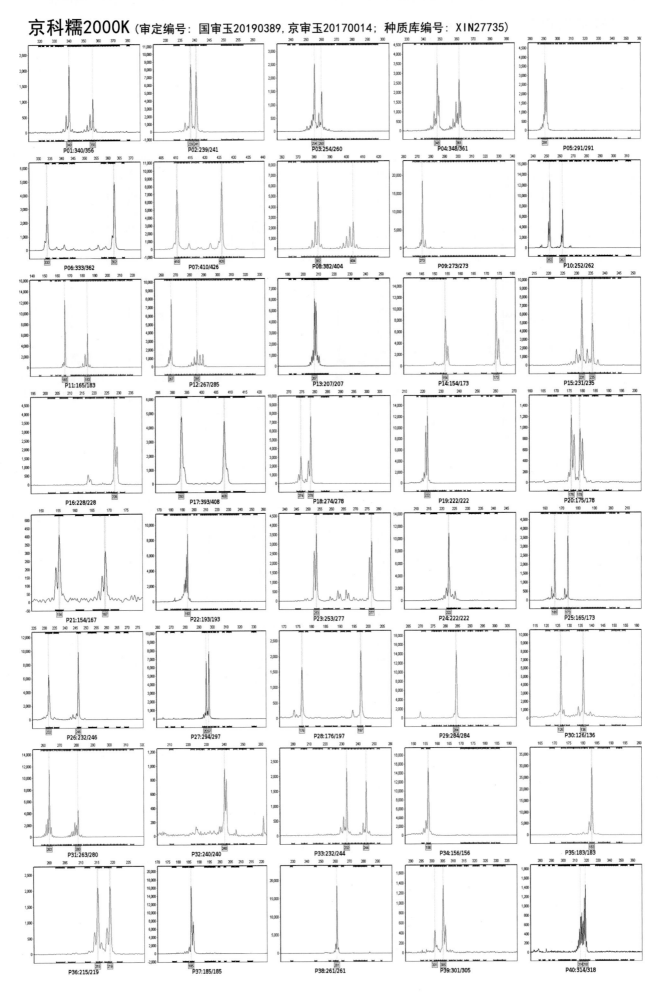

申糯8号（审定编号：国审玉20190395，沪农品审玉米2013第004号，桂审玉2016023号，宁审玉20190021；种质库编号：S1G03449）

P01:339/348　P02:241/241　P03:246/256　P04:348/348　P05:291/292

P06:343/362　P07:410/426　P08:382/404　P09:279/301　P10:252/252

P11:165/199　P12:265/273　P13:208/208　P14:152/173　P15:229/235

P16:222/228　P17:393/408　P18:278/278　P19:240/240　P20:178/185

P21:154/167　P22:186/186　P23:253/253　P24:222/232　P25:165/165

P26:232/254　P27:294/297　P28:176/197　P29:271/284　P30:126/144

P31:263/280　P32:240/240　P33:232/244　P34:156/170　P35:175/183

P36:215/218　P37:185/197　P38:261/275　P39:304/304　P40:283/283

# 凉玉糯2号 （审定编号：川审玉2008018，黔审玉2014008号；种质库编号：S1G01942）

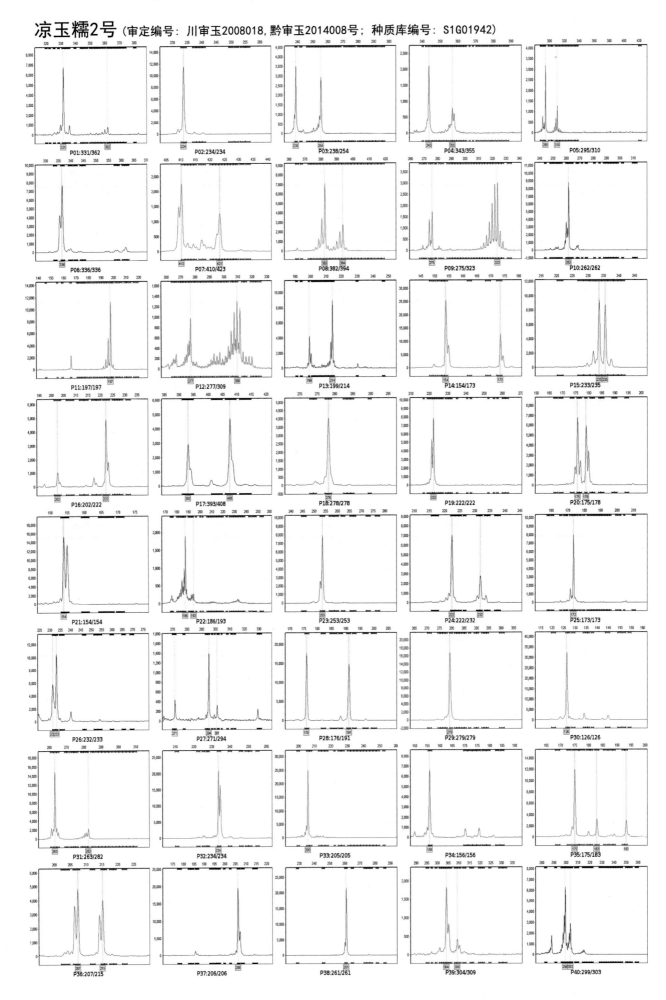

80

# 荣玉糯1号（审定编号：川审玉2012017；种质库编号：S1G03275）

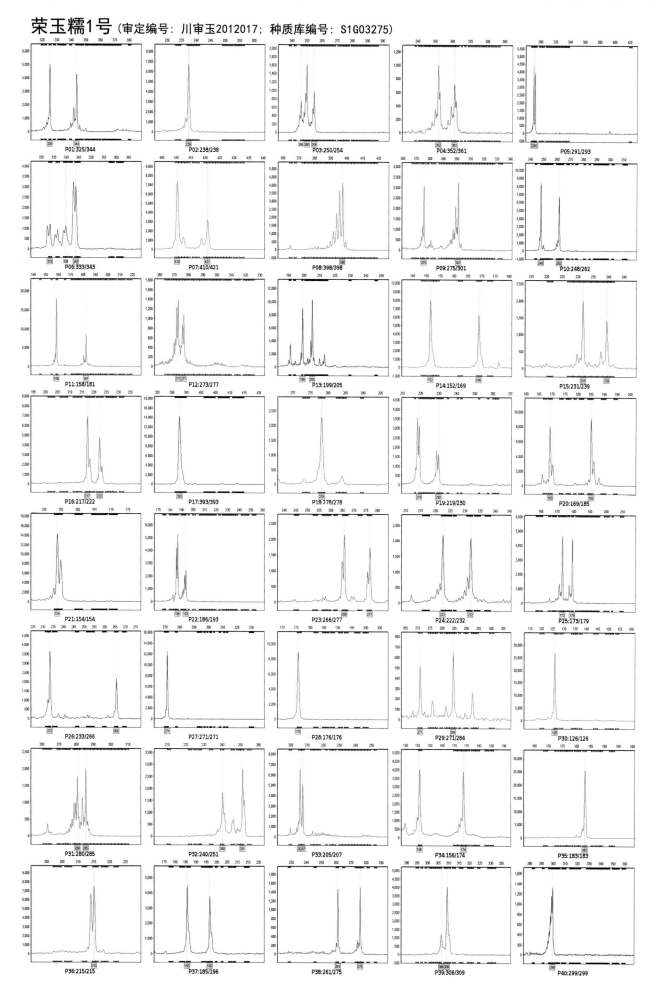

P01:325/344  P02:238/238  P03:250/254  P04:352/361  P05:291/293
P06:333/343  P07:410/421  P08:398/398  P09:275/301  P10:248/262
P11:158/181  P12:273/277  P13:199/205  P14:152/169  P15:231/239
P16:217/222  P17:393/393  P18:278/278  P19:219/230  P20:169/185
P21:154/154  P22:186/193  P23:266/277  P24:222/232  P25:173/179
P26:233/266  P27:271/271  P28:176/176  P29:271/284  P30:126/126
P31:280/285  P32:240/251  P33:205/207  P34:156/174  P35:183/183
P36:215/215  P37:185/196  P38:261/275  P39:306/309  P40:299/299

彩甜糯333（审定编号：川审玉2012031；种质库编号：S1G05139）

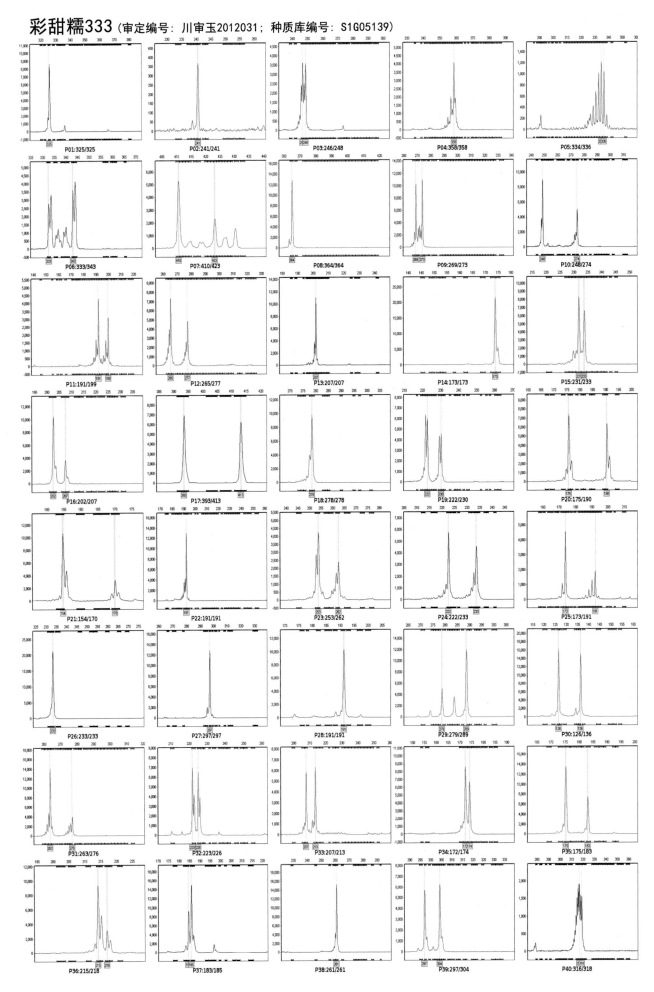

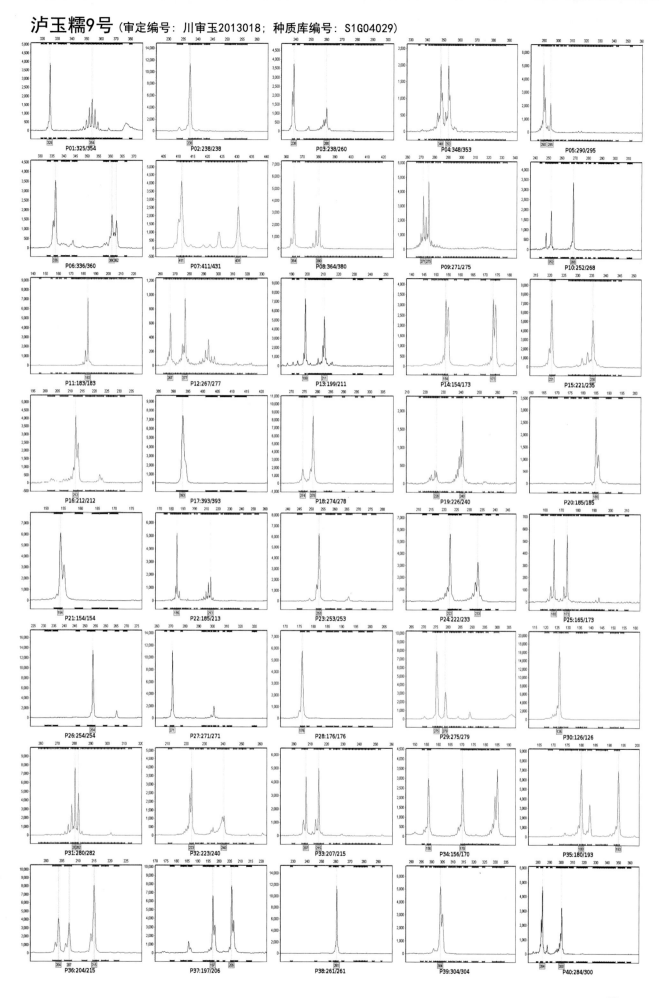

黑糯270（审定编号：川审玉2014015；种质库编号：S1G05140）

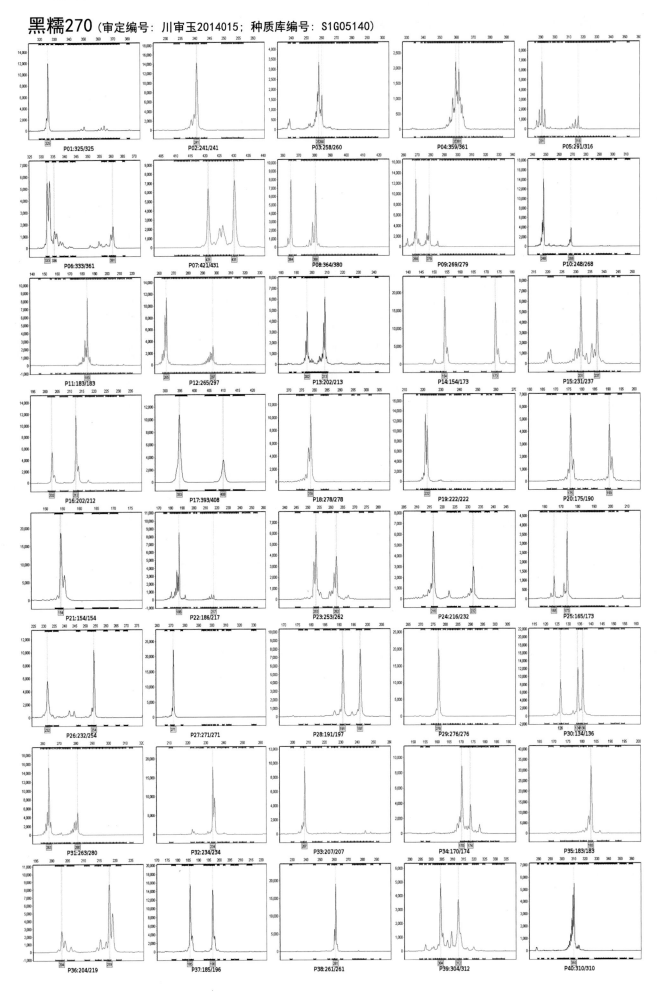

# 川玉糯7号 （审定编号：川审玉2014016；种质库编号：S1G04649）

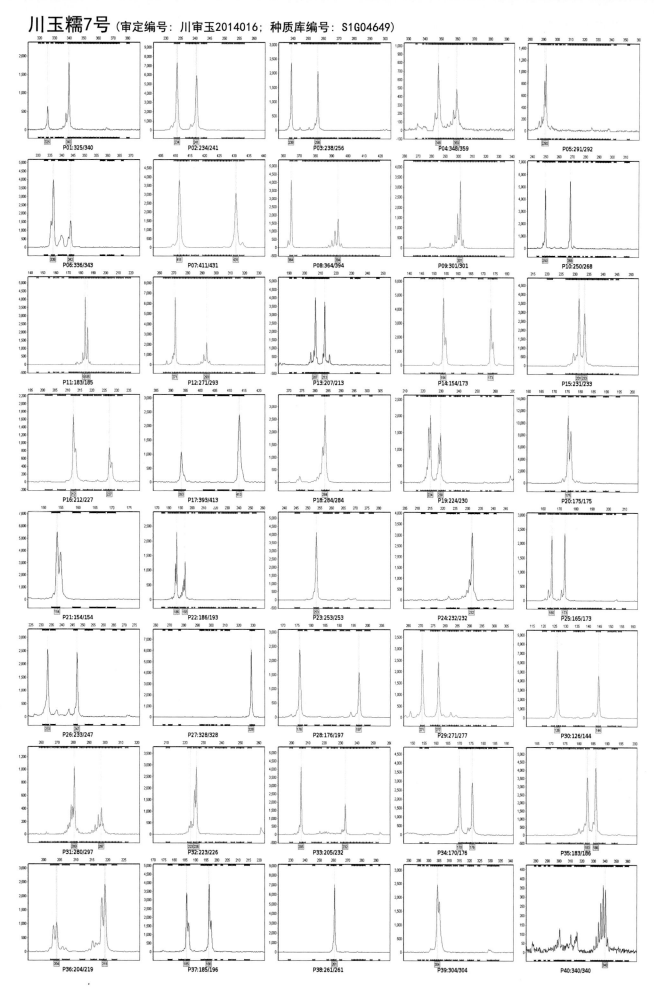

P01:325/340　P02:234/241　P03:238/256　P04:348/359　P05:291/292
P06:336/343　P07:411/431　P08:364/394　P09:301/301　P10:250/268
P11:183/185　P12:271/293　P13:207/213　P14:154/173　P15:231/233
P16:212/227　P17:393/413　P18:284/284　P19:224/230　P20:175/175
P21:154/154　P22:186/193　P23:253/253　P24:232/232　P25:165/173
P26:233/247　P27:328/328　P28:176/197　P29:271/277　P30:126/144
P31:280/297　P32:223/226　P33:205/232　P34:170/176　P35:183/186
P36:204/219　P37:185/196　P38:261/261　P39:304/304　P40:340/340

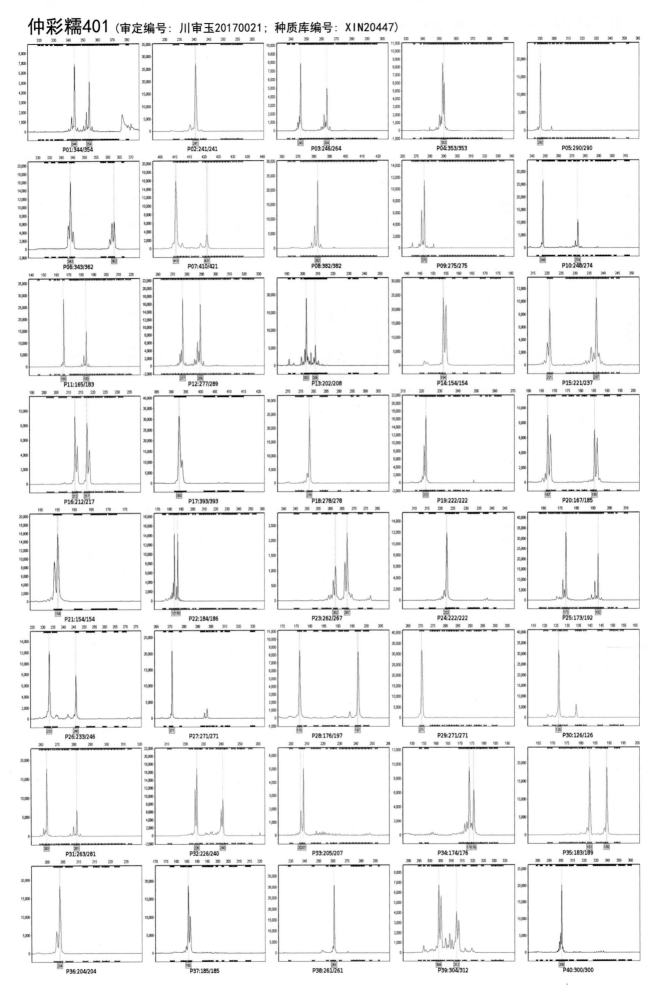

彩糯3号 (审定编号：滇审玉米2012013号；种质库编号：S1G05337)

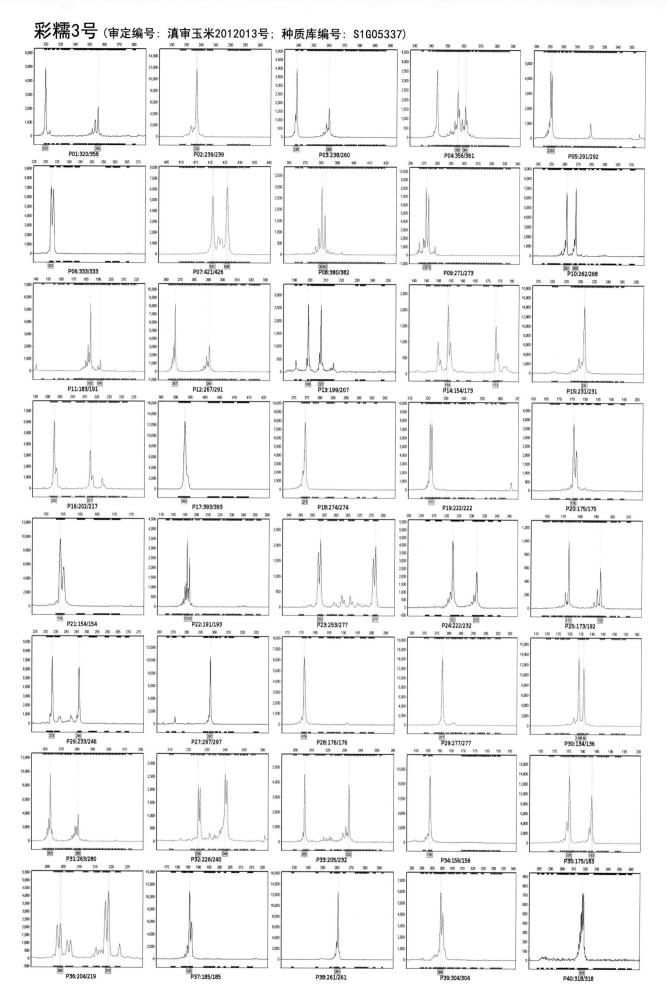

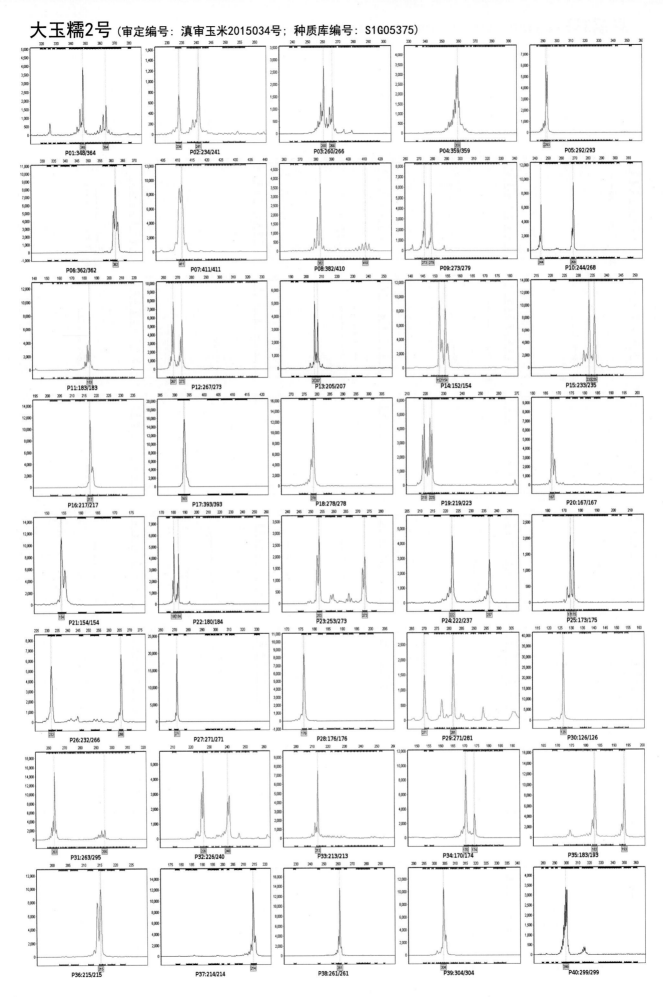

石糯2号（审定编号：滇审玉米2015035号；种质库编号：S1G05376）

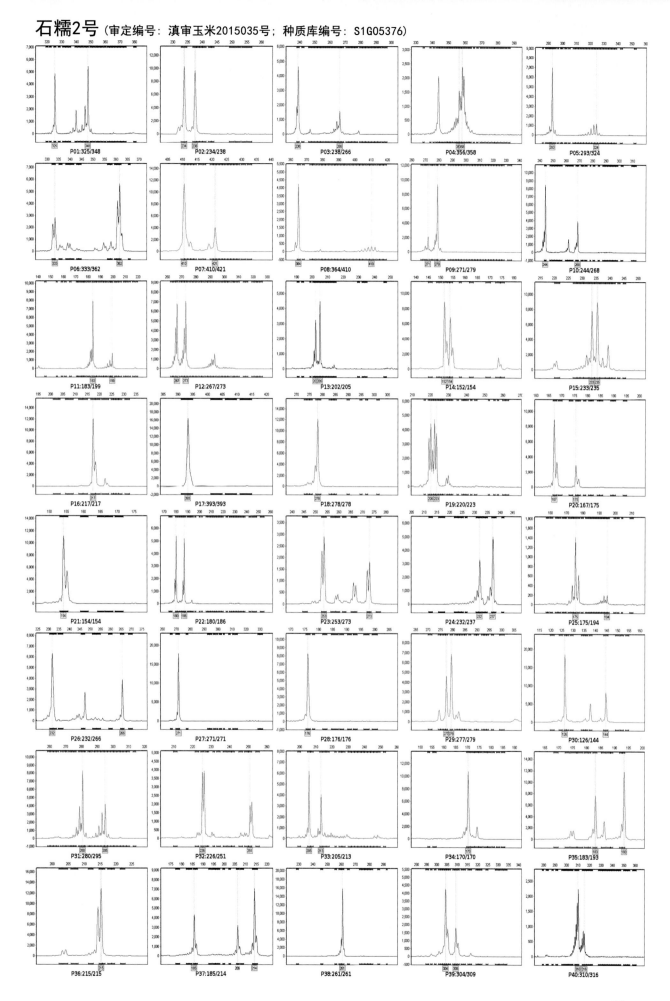

89

甜糯302（审定编号：滇审玉米2017041号；种质库编号：S1G06161）

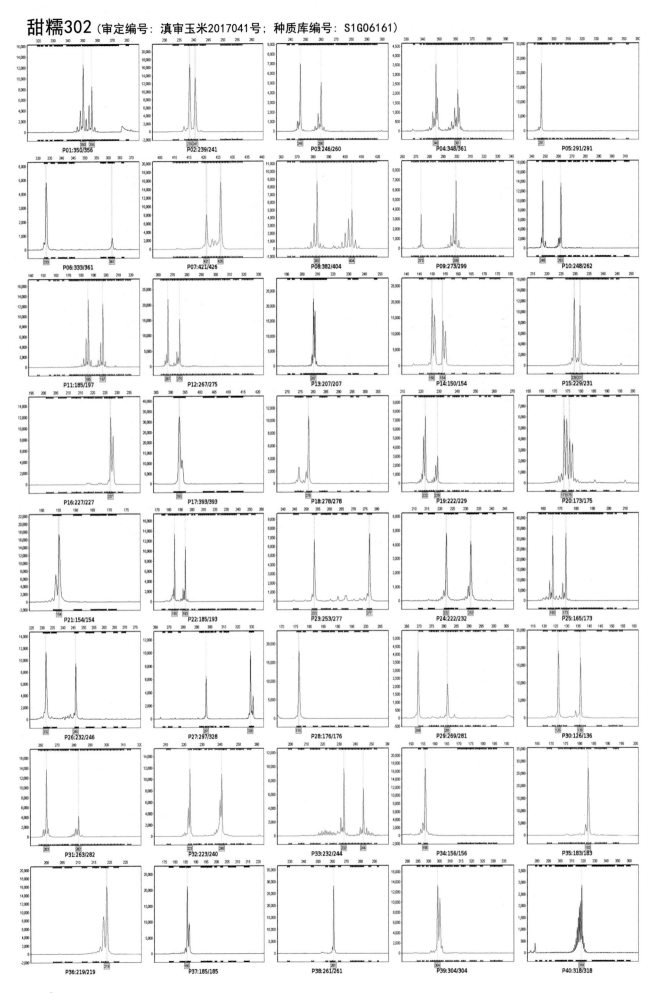

90

# 小糯2号 (审定编号：滇审玉米2017044号；种质库编号：S1G06162)

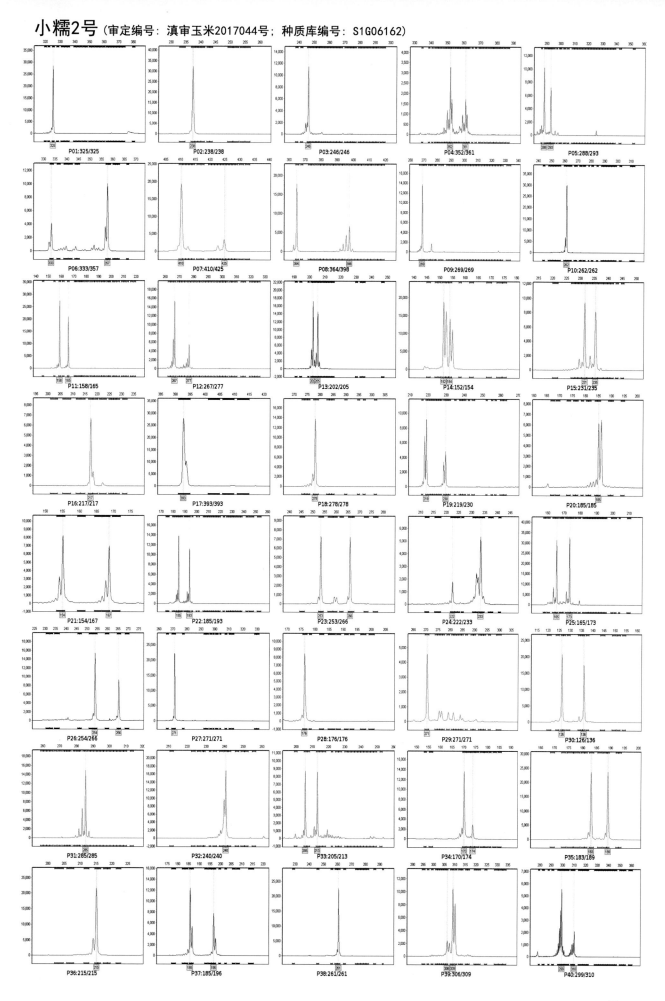

91

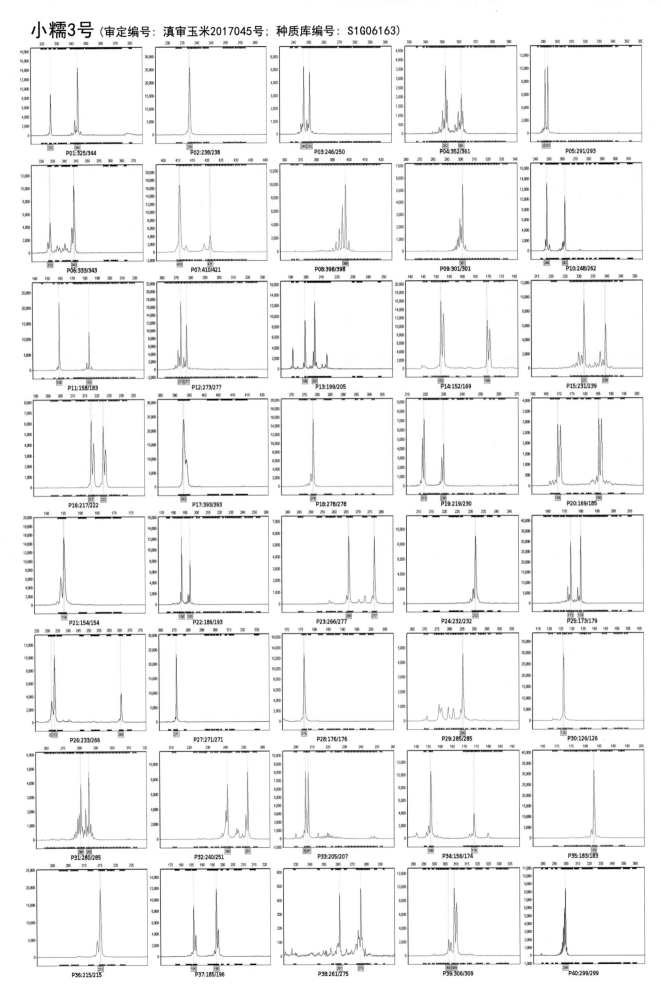

# 大玉糯6号 （审定编号：滇审玉米2017046号；种质库编号：S1G06164）

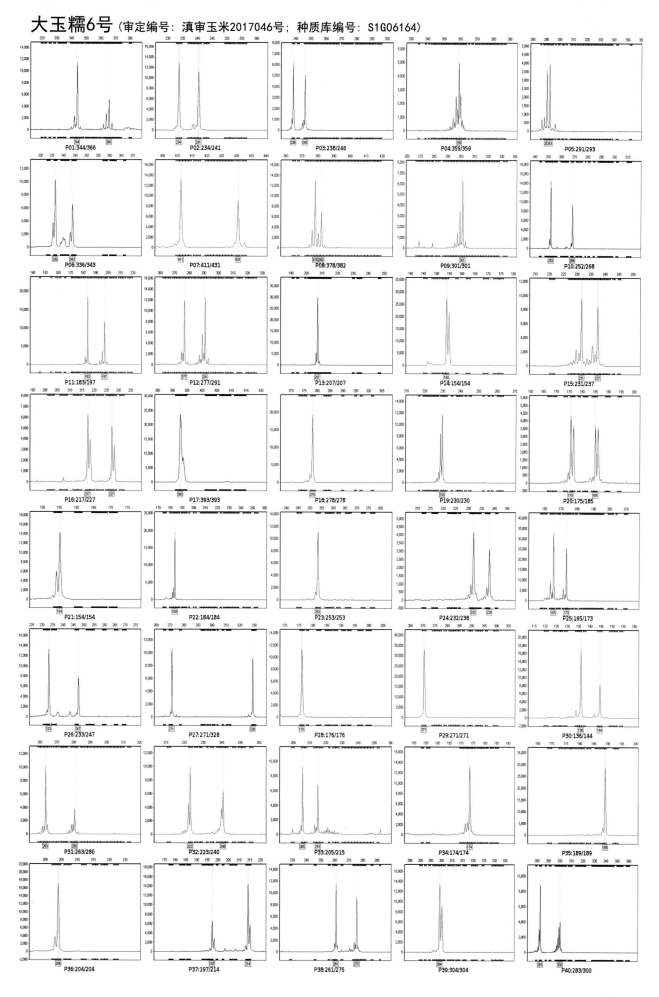

P01:344/366　P02:234/241　P03:238/246　P04:359/359　P05:291/293

P06:336/343　P07:411/431　P08:378/382　P09:301/301　P10:252/268

P11:183/197　P12:277/291　P13:207/207　P14:154/154　P15:231/237

P16:217/227　P17:393/393　P18:278/278　P19:230/230　P20:175/185

P21:154/154　P22:184/184　P23:253/253　P24:232/238　P25:165/173

P26:233/247　P27:271/328　P28:176/176　P29:271/271　P30:136/144

P31:263/280　P32:223/240　P33:205/215　P34:174/174　P35:189/189

P36:204/204　P37:197/214　P38:261/275　P39:304/304　P40:283/300

# 黑糯1号（审定编号：滇审玉米2017048号；种质库编号：S1G06165）

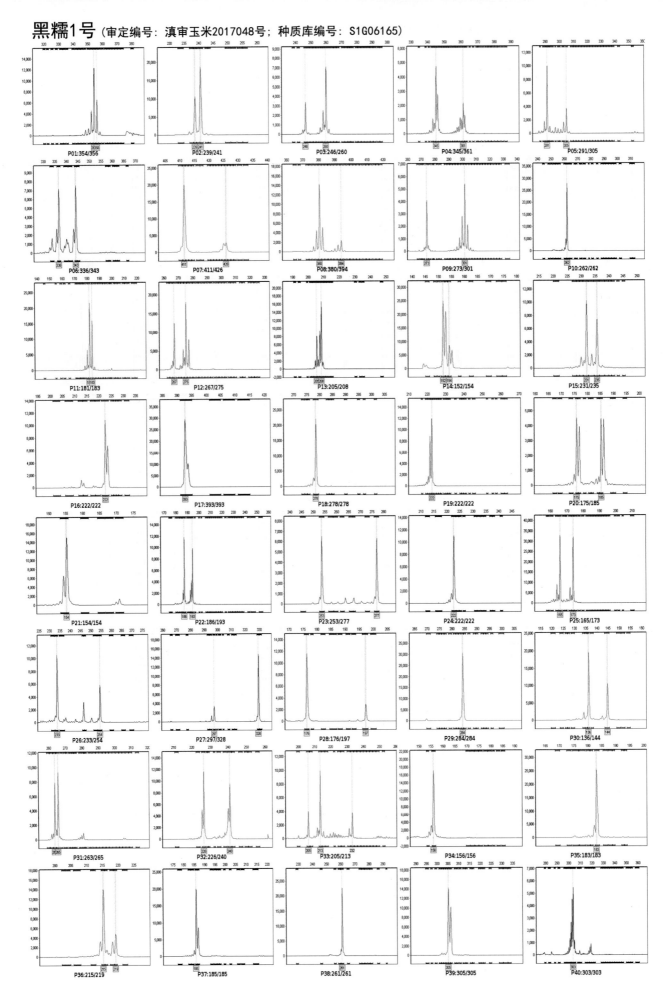

P01:354/356  P02:239/241  P03:246/260  P04:345/361  P05:291/305
P06:336/343  P07:411/426  P08:380/394  P09:273/301  P10:262/262
P11:181/183  P12:267/275  P13:205/208  P14:152/154  P15:231/235
P16:222/222  P17:393/393  P18:278/278  P19:222/222  P20:175/185
P21:154/154  P22:186/193  P23:253/277  P24:222/222  P25:165/173
P26:233/254  P27:297/328  P28:176/197  P29:284/284  P30:136/144
P31:263/265  P32:226/240  P33:205/213  P34:156/156  P35:183/183
P36:215/219  P37:185/185  P38:261/261  P39:305/305  P40:303/303

94

# 兴达糯玉1号 （审定编号：甘审玉2012017；种质库编号：S1G03256）

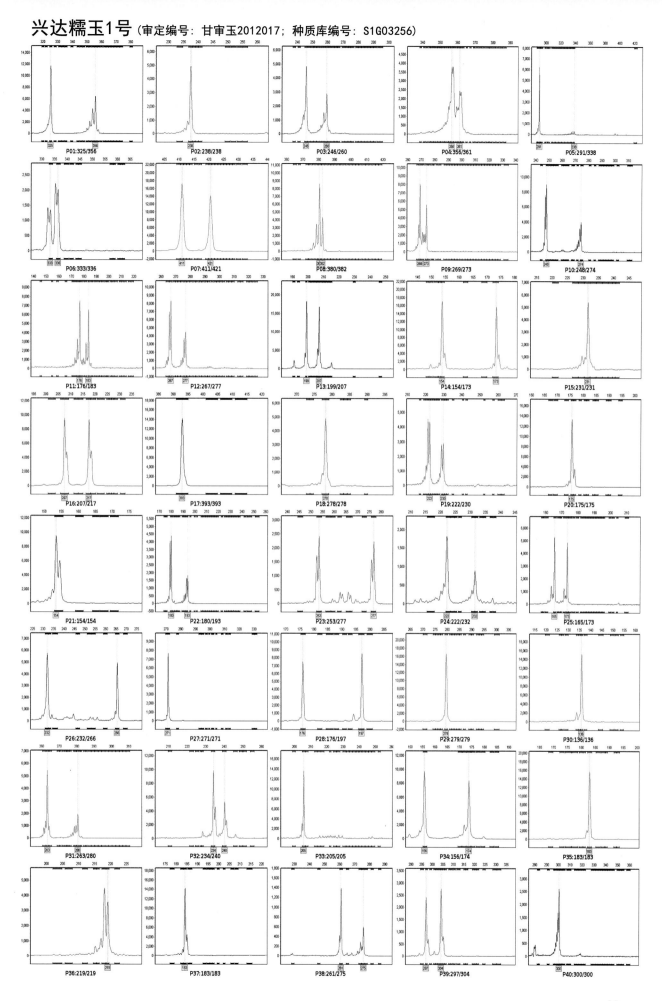

P01:325/356　P02:238/238　P03:246/260　P04:356/361　P05:291/338
P06:333/336　P07:411/421　P08:380/382　P09:269/273　P10:248/274
P11:176/183　P12:267/277　P13:199/207　P14:154/173　P15:231/231
P16:207/217　P17:393/393　P18:278/278　P19:222/230　P20:175/175
P21:154/154　P22:180/193　P23:253/277　P24:222/232　P25:165/173
P26:232/266　P27:271/271　P28:176/197　P29:279/279　P30:136/136
P31:263/280　P32:234/240　P33:205/205　P34:156/174　P35:183/183
P36:219/219　P37:183/183　P38:261/275　P39:297/304　P40:300/300

95

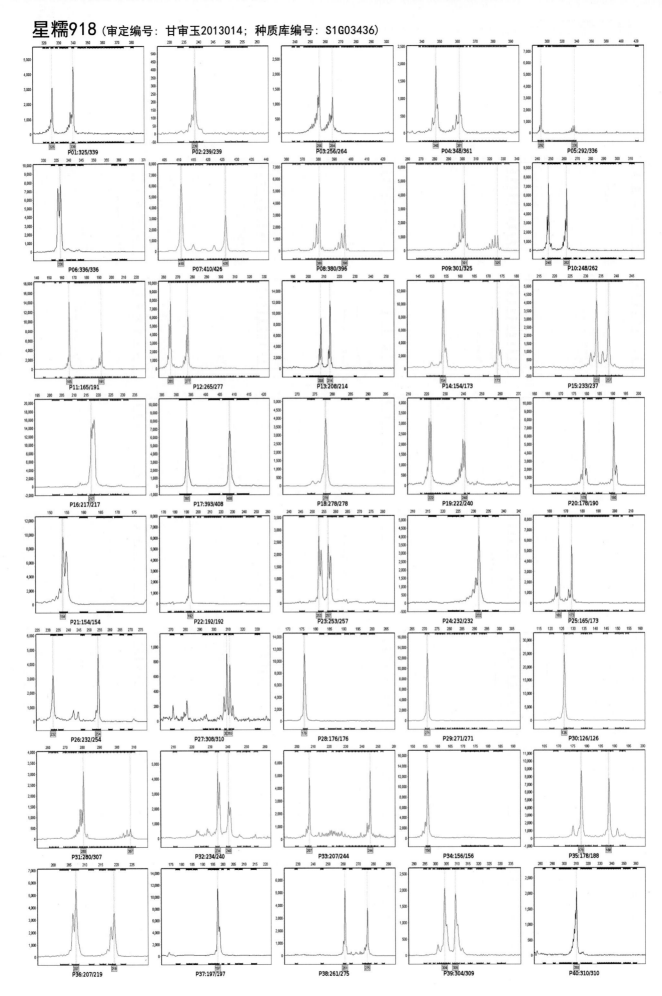

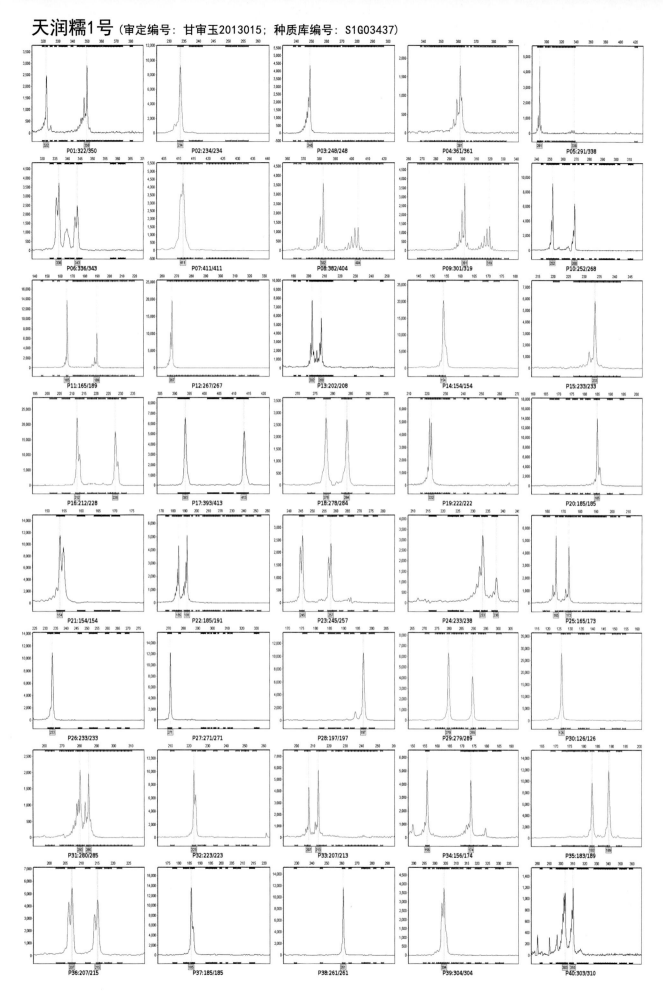

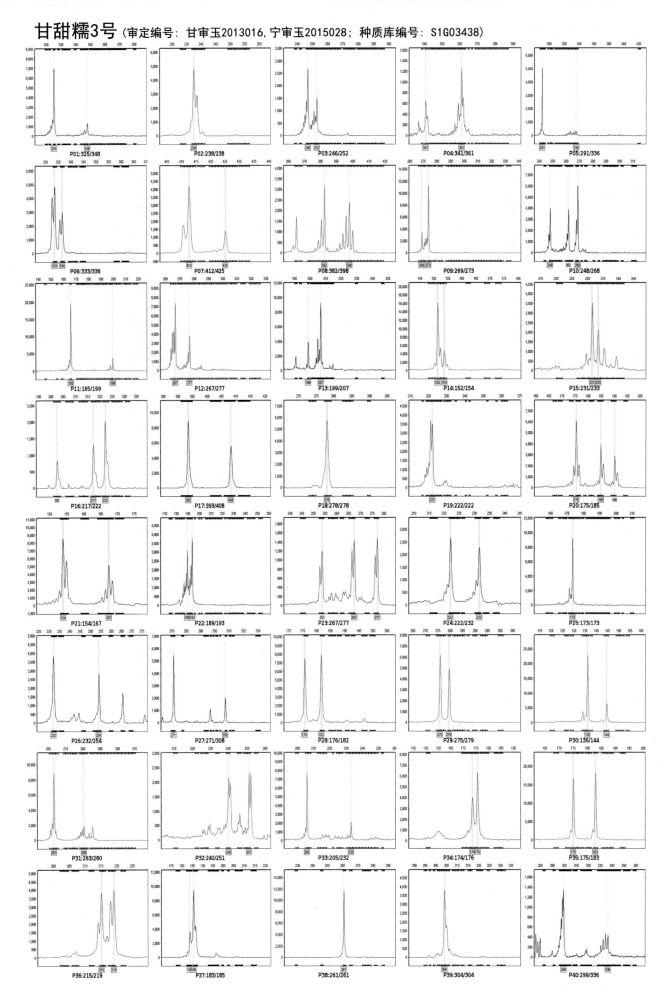

# 垦白糯2号（审定编号：甘审玉2014020；种质库编号：S1G04255）

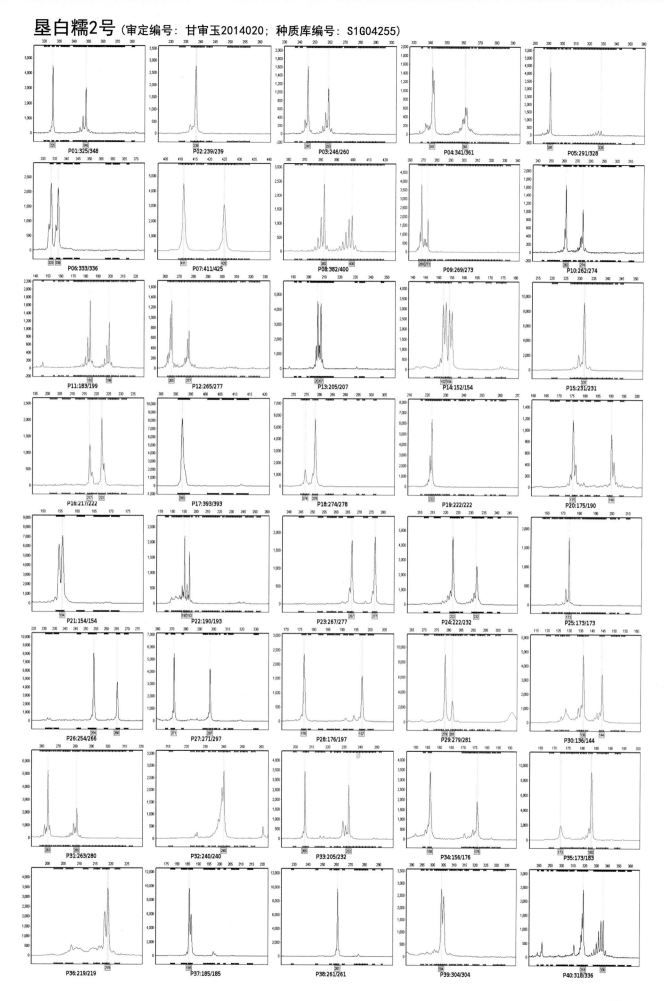

P01:325/348　P02:239/239　P03:246/260　P04:341/361　P05:291/328

P06:333/336　P07:411/425　P08:382/400　P09:269/273　P10:262/274

P11:183/199　P12:265/277　P13:205/207　P14:152/154　P15:231/231

P16:217/222　P17:393/393　P18:274/278　P19:222/222　P20:175/190

P21:154/154　P22:190/193　P23:267/277　P24:222/232　P25:173/173

P26:254/266　P27:271/297　P28:176/197　P29:279/281　P30:136/144

P31:263/280　P32:240/240　P33:205/232　P34:156/176　P35:183/183

P36:219/219　P37:185/185　P38:261/261　P39:304/304　P40:318/336

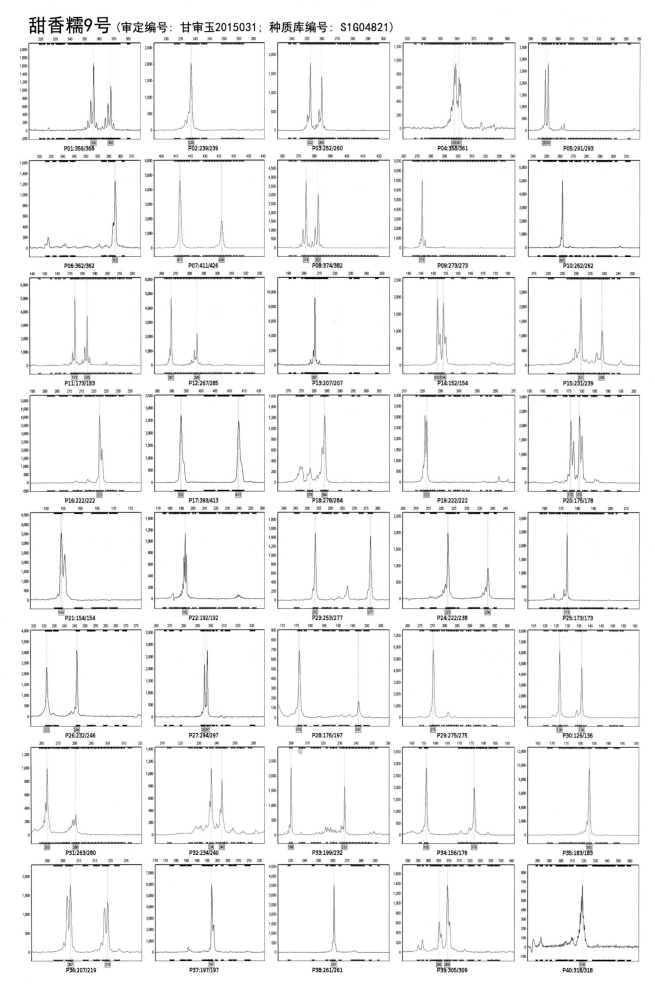

源糯1号（审定编号：甘审玉2015033；种质库编号：S1G04823）

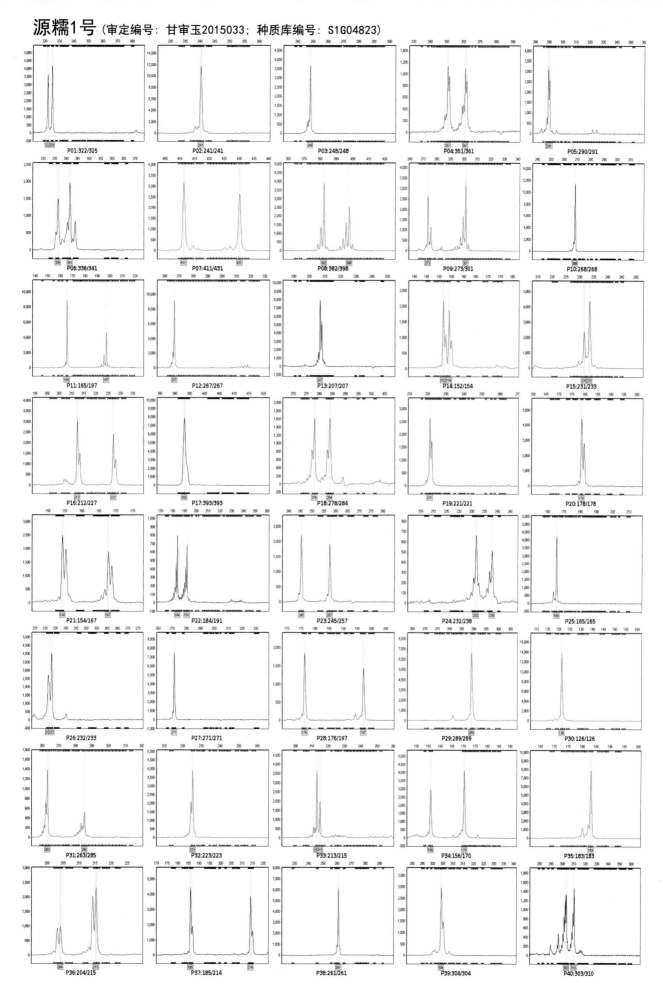

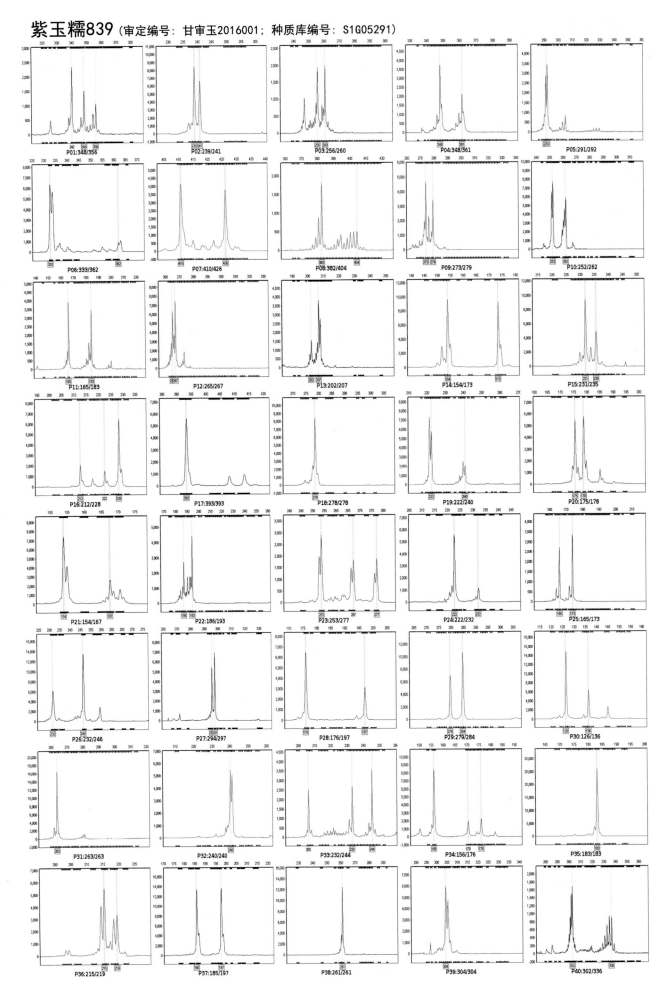

# 雪糯9号 （审定编号：甘审玉20170026；种质库编号：XIN21514）

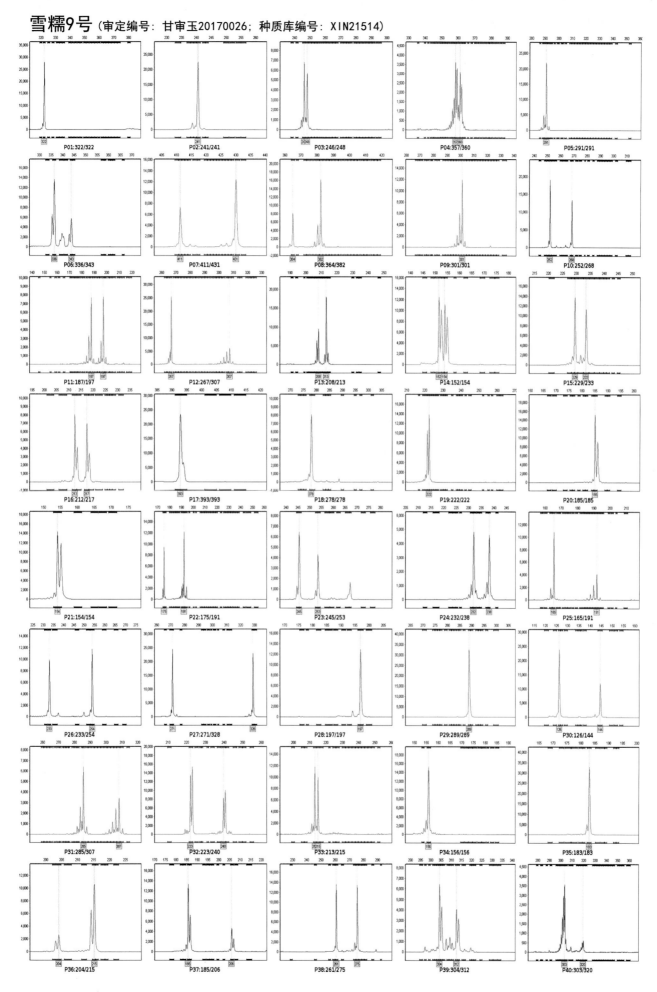

白玉糯909（审定编号：甘审玉20170027；种质库编号：XIN21516）

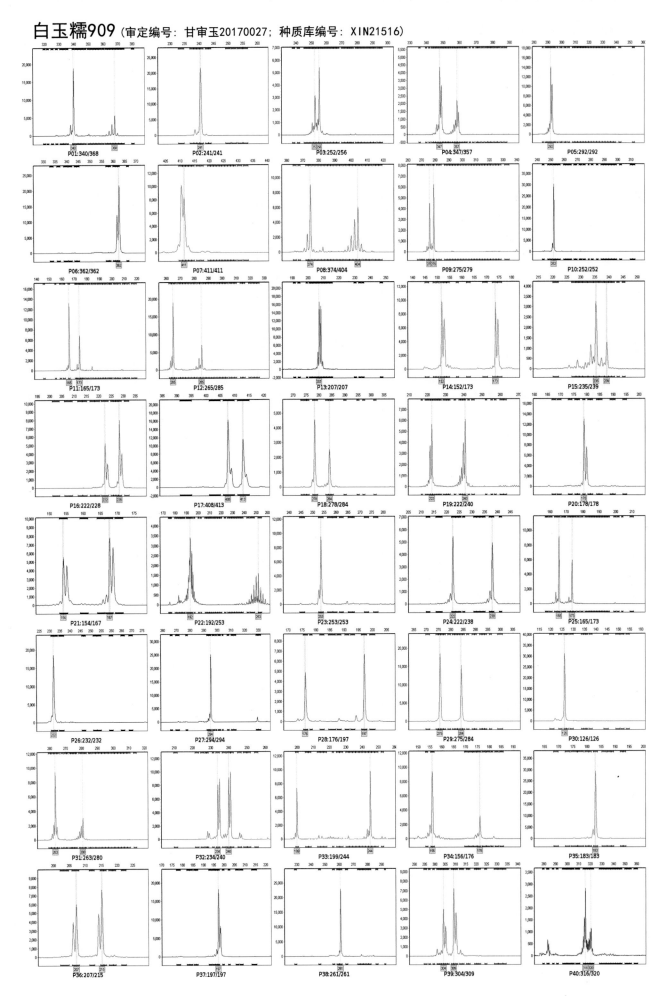

# 金玉糯856（审定编号：甘审玉20170028；种质库编号：XIN21520）

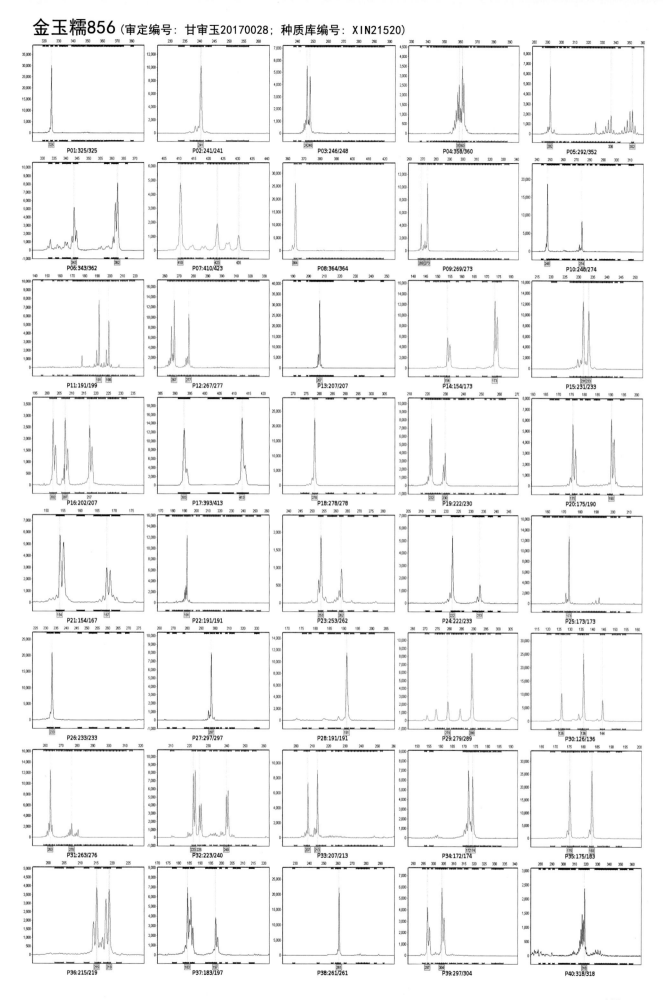

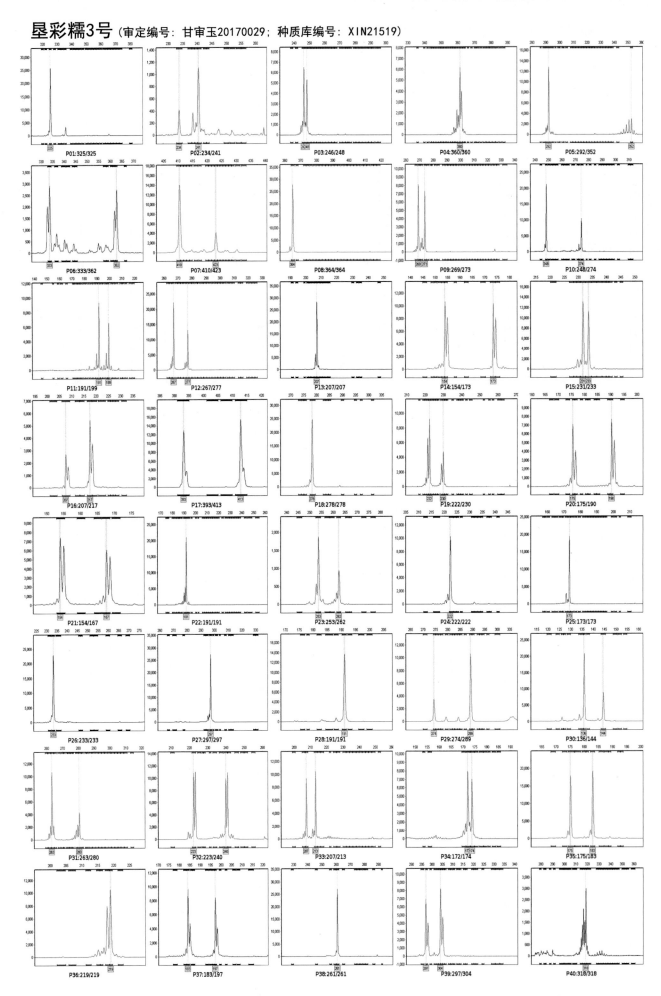

# 朝糯606（审定编号：甘审玉20170030；种质库编号：XIN21517）

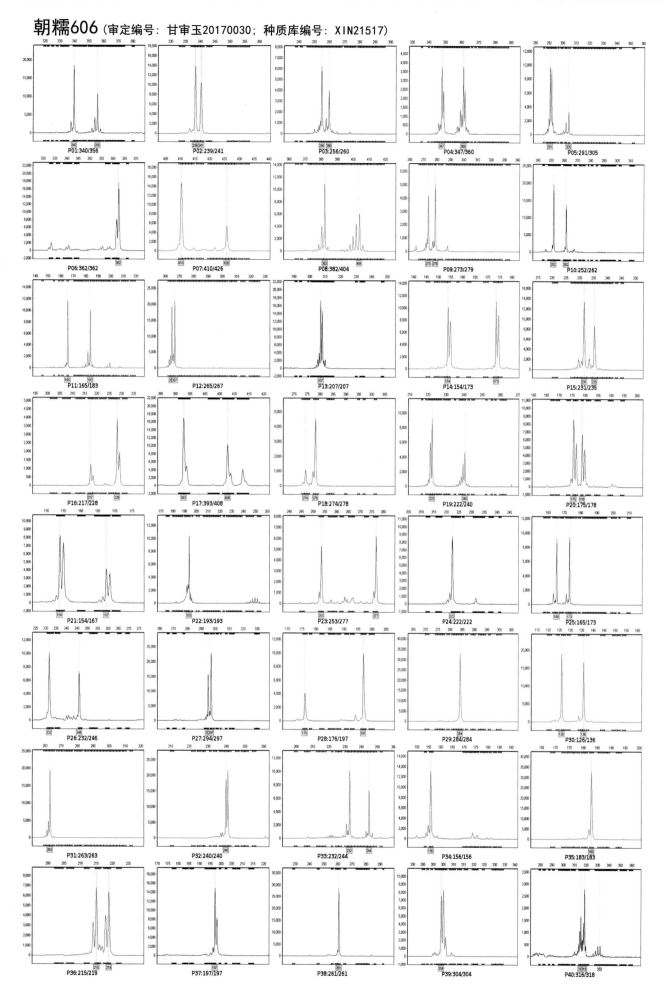

# 甘甜糯1号 （审定编号：甘审玉20170032；种质库编号：XIN21515）

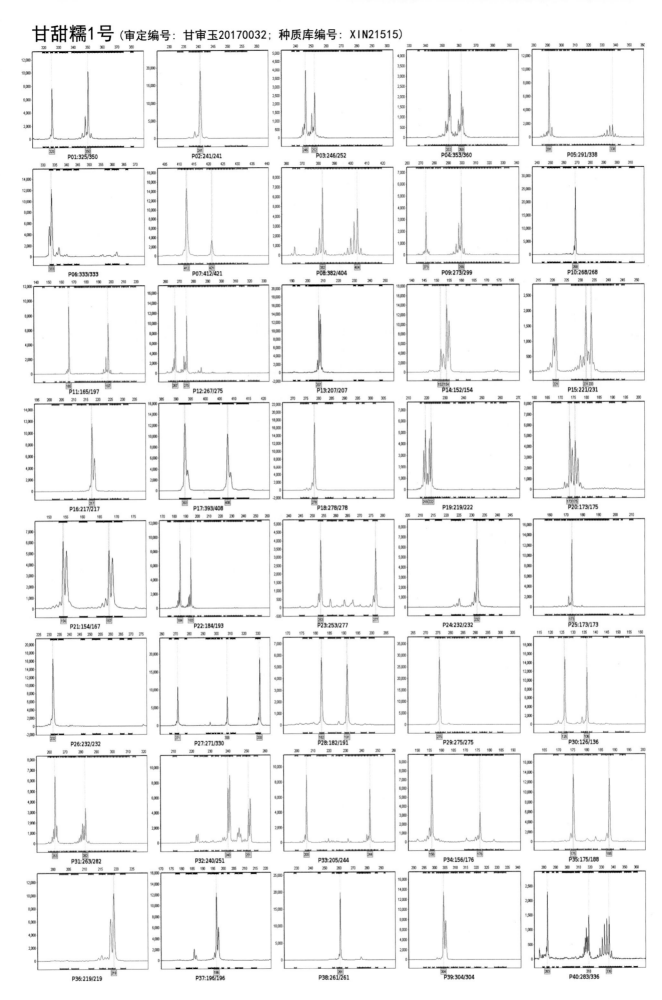

# 秦粮糯902 （审定编号：甘审玉20180069；种质库编号：S1G06134）

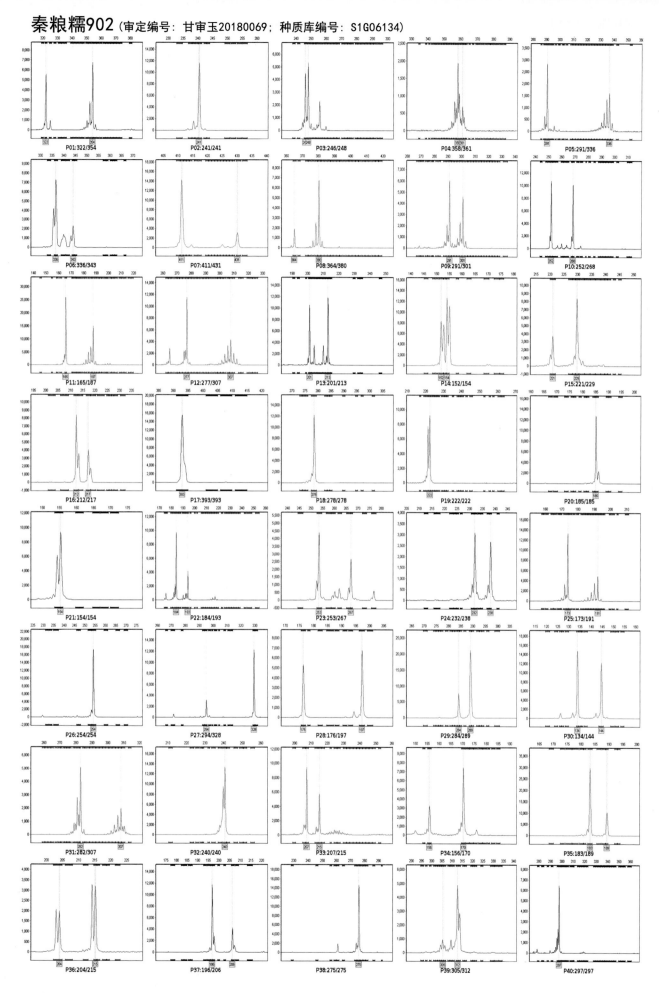

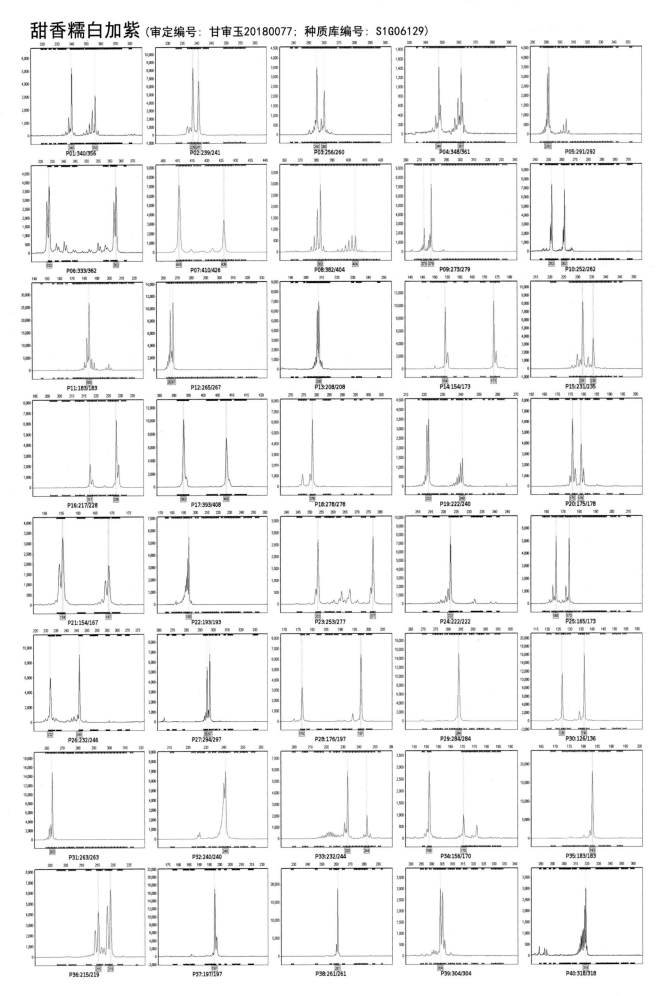

P01:340/356　P02:239/241　P03:256/260　P04:348/361　P05:291/292

P06:333/362　P07:410/426　P08:382/404　P09:273/279　P10:252/262

P11:183/183　P12:265/267　P13:208/208　P14:154/173　P15:231/235

P16:217/228　P17:393/408　P18:278/278　P19:222/240　P20:175/178

P21:154/167　P22:193/193　P23:253/277　P24:222/222　P25:165/173

P26:232/246　P27:294/297　P28:176/197　P29:284/284　P30:126/136

P31:263/263　P32:240/240　P33:232/244　P34:156/170　P35:183/183

P36:215/219　P37:197/197　P38:261/261　P39:304/304　P40:318/318

# 徽甜糯1号 （审定编号：甘审玉20180080；种质库编号：S1G06130）

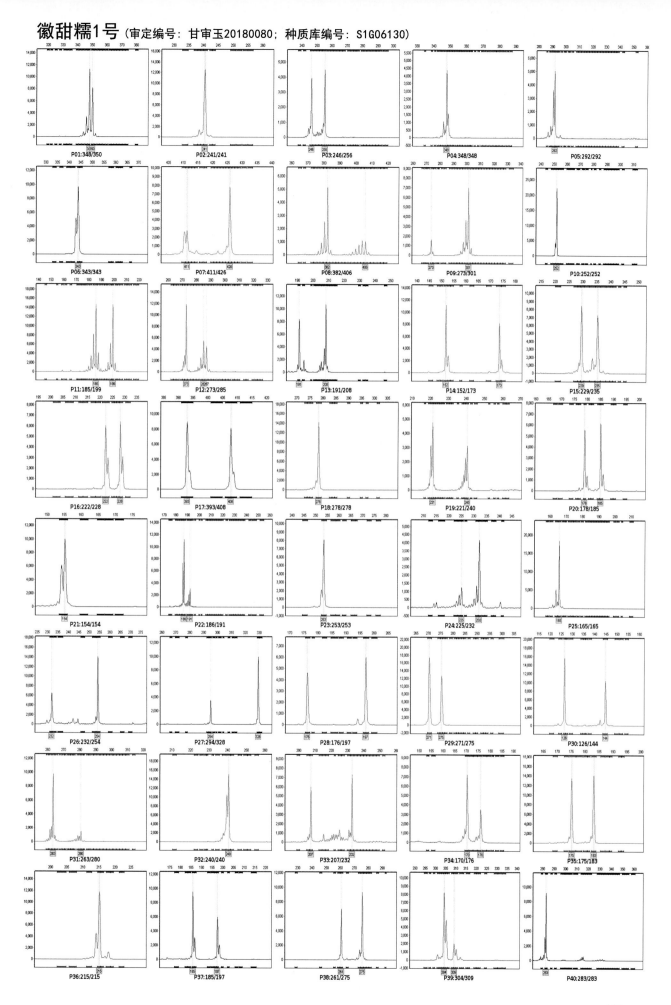

P01:348/350 P02:241/241 P03:246/256 P04:348/348 P05:292/292
P06:343/343 P07:411/426 P08:382/406 P09:273/301 P10:252/252
P11:185/199 P12:273/285 P13:191/208 P14:152/173 P15:229/235
P16:222/228 P17:393/408 P18:278/278 P19:221/240 P20:178/185
P21:154/154 P22:186/191 P23:253/253 P24:225/232 P25:165/165
P26:232/254 P27:294/328 P28:176/197 P29:271/275 P30:126/144
P31:263/280 P32:240/240 P33:207/232 P34:170/176 P35:175/183
P36:215/215 P37:185/197 P38:261/275 P39:304/309 P40:283/283

# 白糯915 （审定编号：甘审玉20190079；种质库编号：S1G06133）

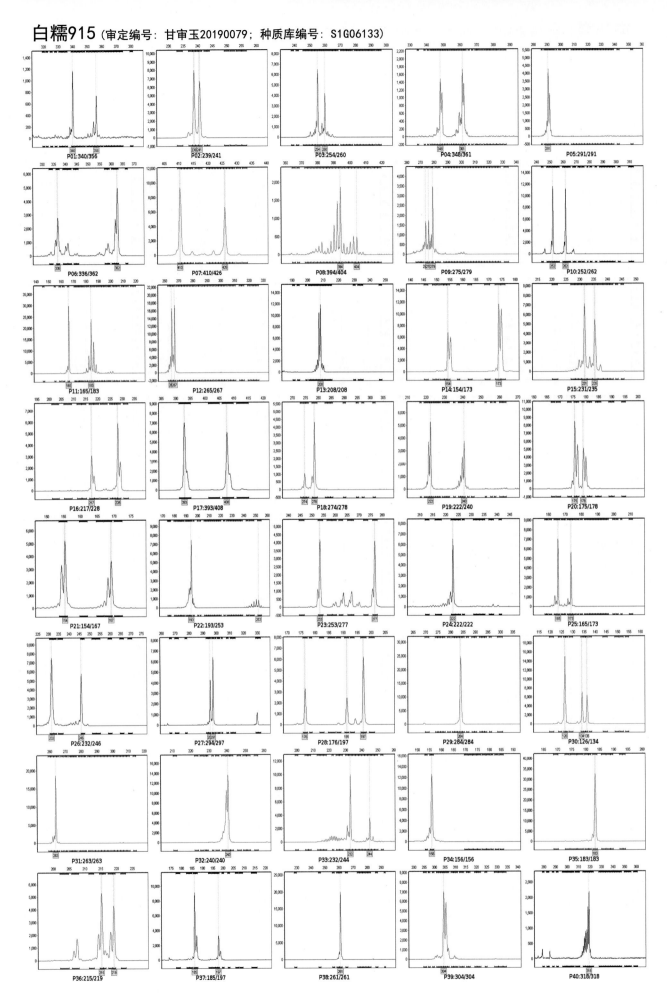

P01:340/356　P02:239/241　P03:254/260　P04:348/361　P05:291/291

P06:336/362　P07:410/426　P08:394/404　P09:275/279　P10:252/262

P11:165/183　P12:265/267　P13:208/208　P14:154/173　P15:231/235

P16:217/228　P17:393/408　P18:274/278　P19:222/240　P20:175/178

P21:154/167　P22:193/253　P23:253/277　P24:222/222　P25:165/173

P26:232/246　P27:294/297　P28:176/197　P29:284/284　P30:126/134

P31:263/263　P32:240/240　P33:232/244　P34:156/156　P35:183/183

P36:215/219　P37:185/197　P38:261/261　P39:304/304　P40:318/318

# 玉农晶糯（审定编号：赣审玉2009002, 闽审玉2012003；种质库编号：S1G05097）

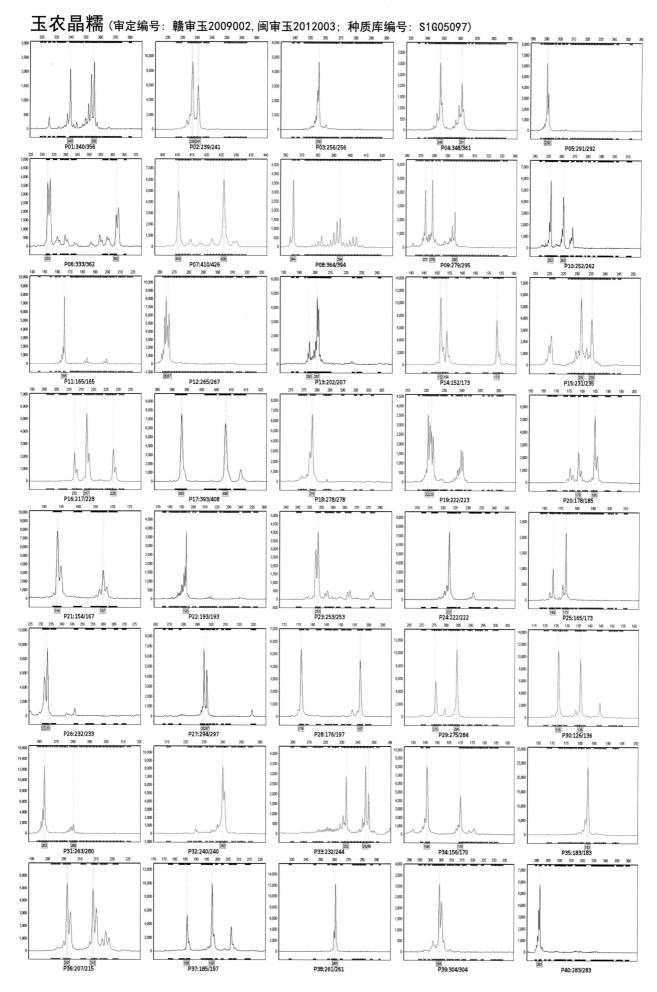

京糯208（审定编号：赣审玉2009006, 滇审玉米2011012号, 黔审玉2012017号；种质库编号：S1G02924）

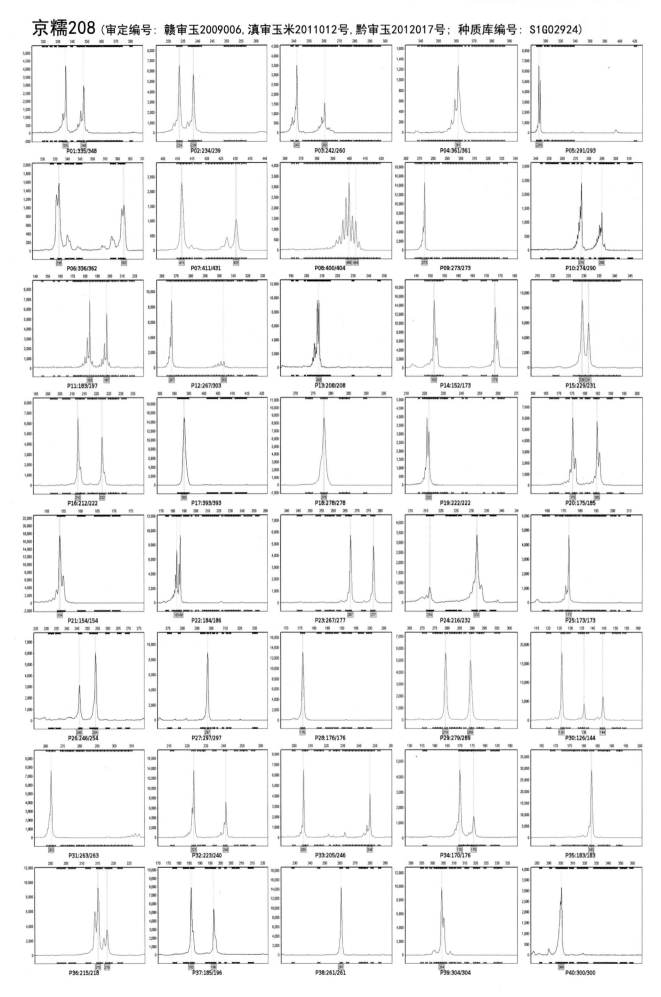

114

# 美糯9号 （审定编号：赣审玉2012002；种质库编号：S1G03776）

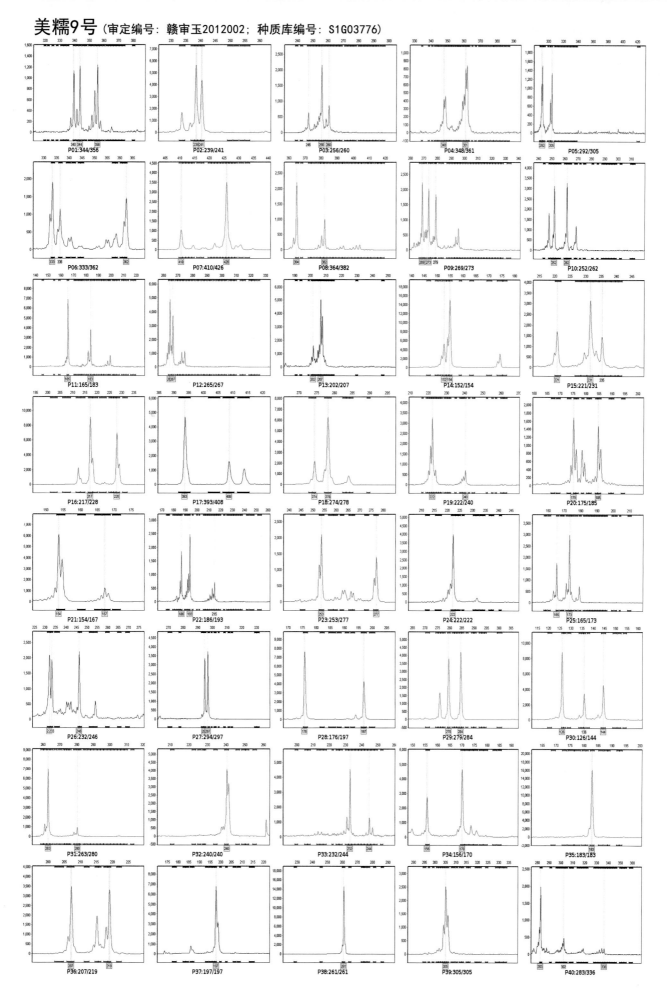

# 美星糯1号 （审定编号：赣审玉2012003；种质库编号：S1G03777）

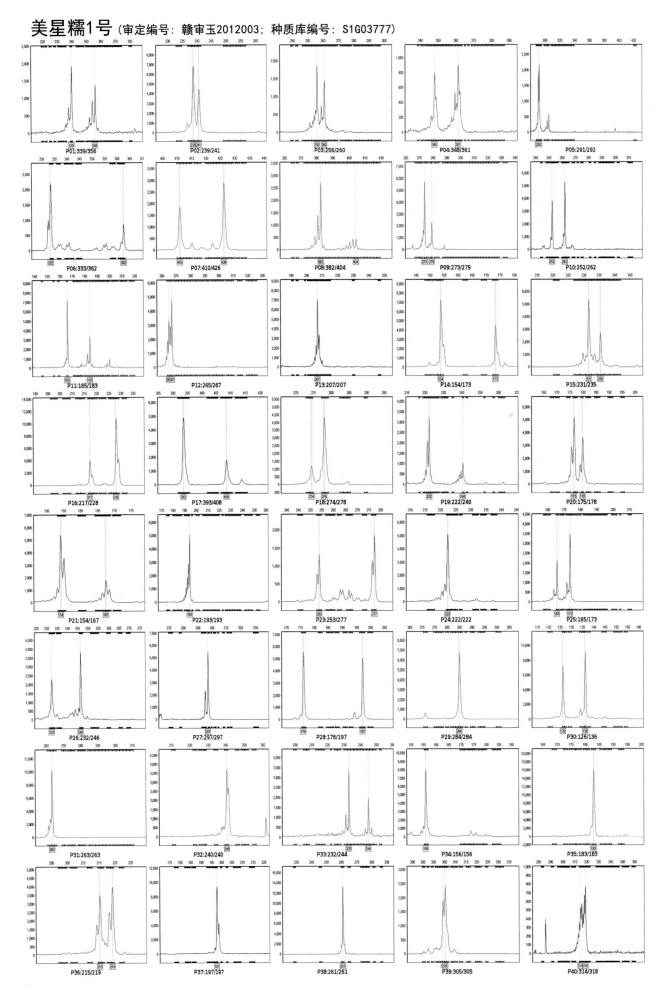

P01:339/356　P02:239/241　P03:256/260　P04:348/361　P05:291/292
P06:333/362　P07:410/426　P08:382/404　P09:273/279　P10:252/262
P11:165/183　P12:265/267　P13:207/207　P14:154/173　P15:231/235
P16:217/228　P17:393/408　P18:274/278　P19:222/240　P20:175/178
P21:154/167　P22:193/193　P23:253/277　P24:222/222　P25:165/173
P26:232/246　P27:297/297　P28:176/197　P29:284/284　P30:126/136
P31:263/263　P32:240/240　P33:232/244　P34:156/156　P35:183/183
P36:215/219　P37:197/197　P38:261/261　P39:305/305　P40:314/318

116

# 玉农科糯 （审定编号：赣审玉2013002；种质库编号：S1G03774）

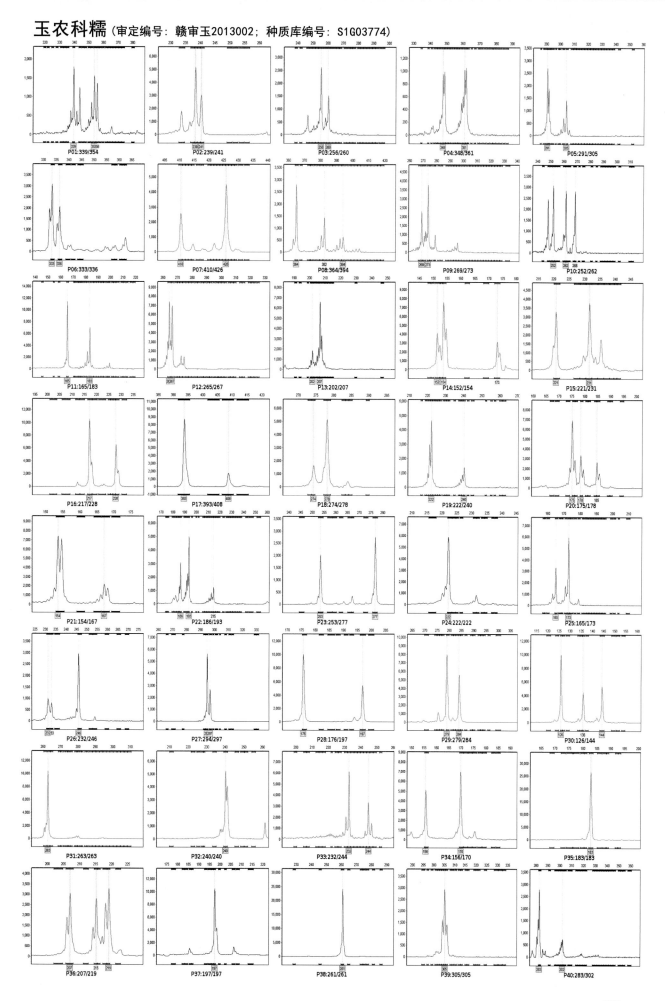

P01:339/354  P02:239/241  P03:256/260  P04:348/361  P05:291/305
P06:333/336  P07:410/426  P08:364/394  P09:269/273  P10:252/262
P11:165/183  P12:265/267  P13:202/207  P14:152/154  P15:221/231
P16:217/228  P17:393/408  P18:274/278  P19:222/240  P20:175/178
P21:154/167  P22:186/193  P23:253/277  P24:222/222  P25:165/173
P26:232/246  P27:294/297  P28:176/197  P29:279/284  P30:126/144
P31:263/263  P32:240/240  P33:232/244  P34:156/170  P35:183/183
P36:207/219  P37:197/197  P38:261/261  P39:305/305  P40:283/302

117

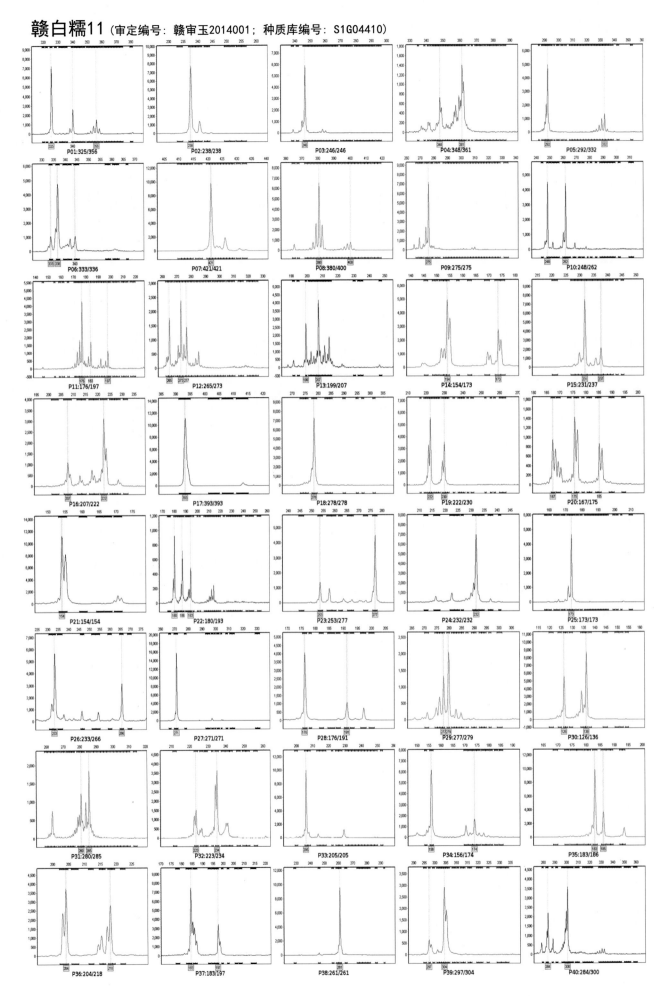

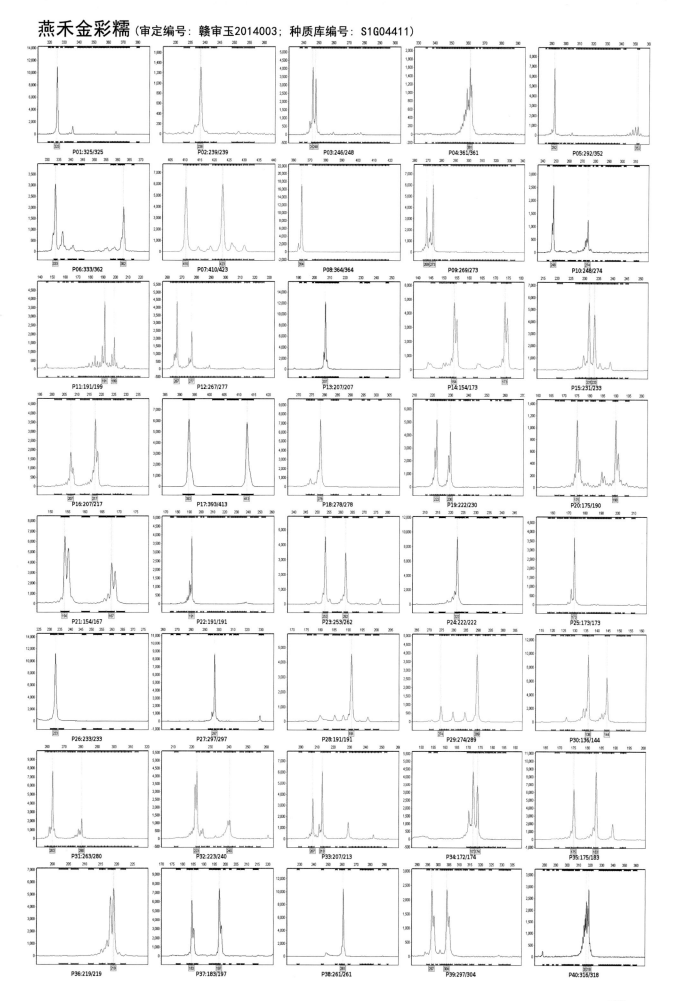

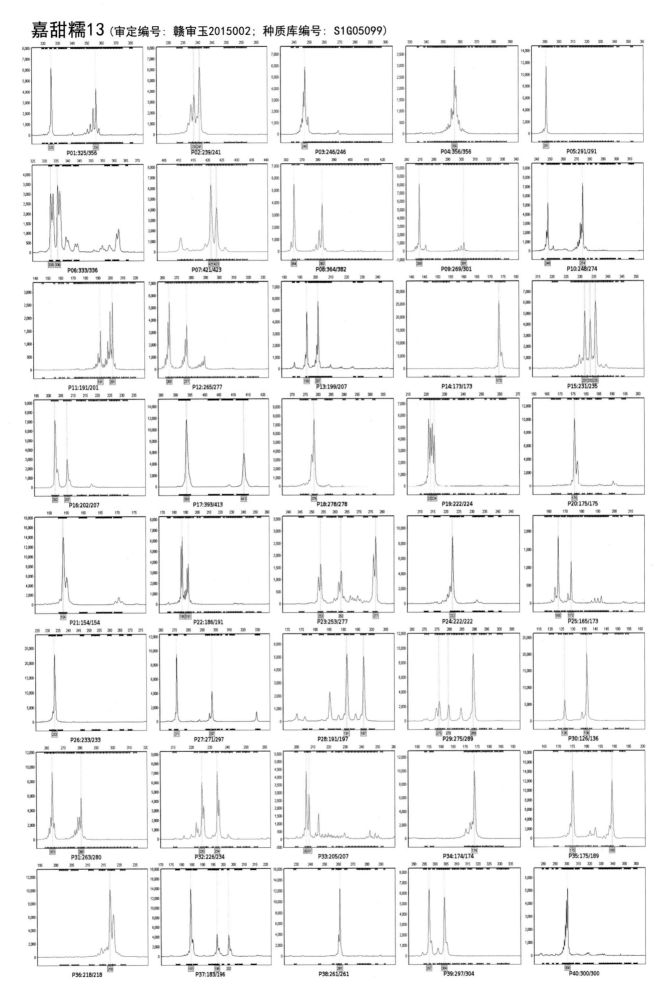

# 兆香糯3号 （审定编号：桂审玉2012017号；种质库编号：S1G02995）

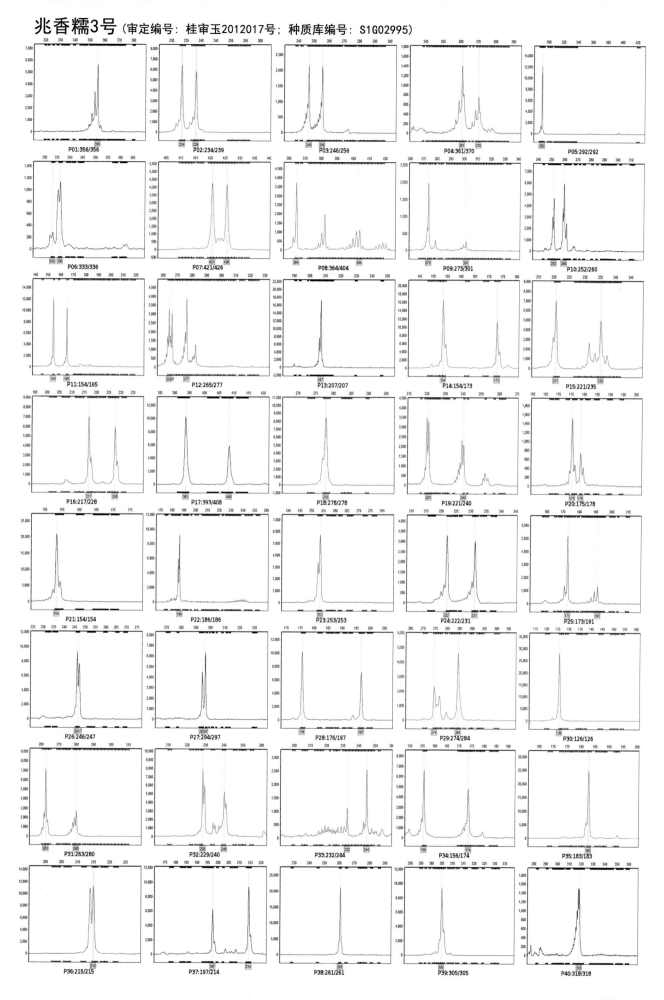

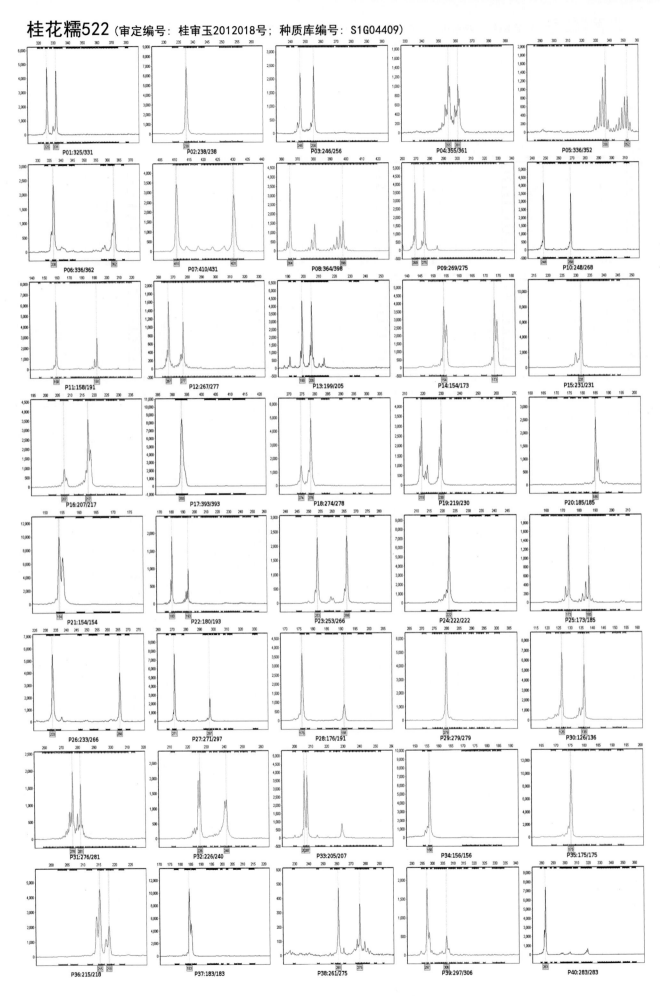

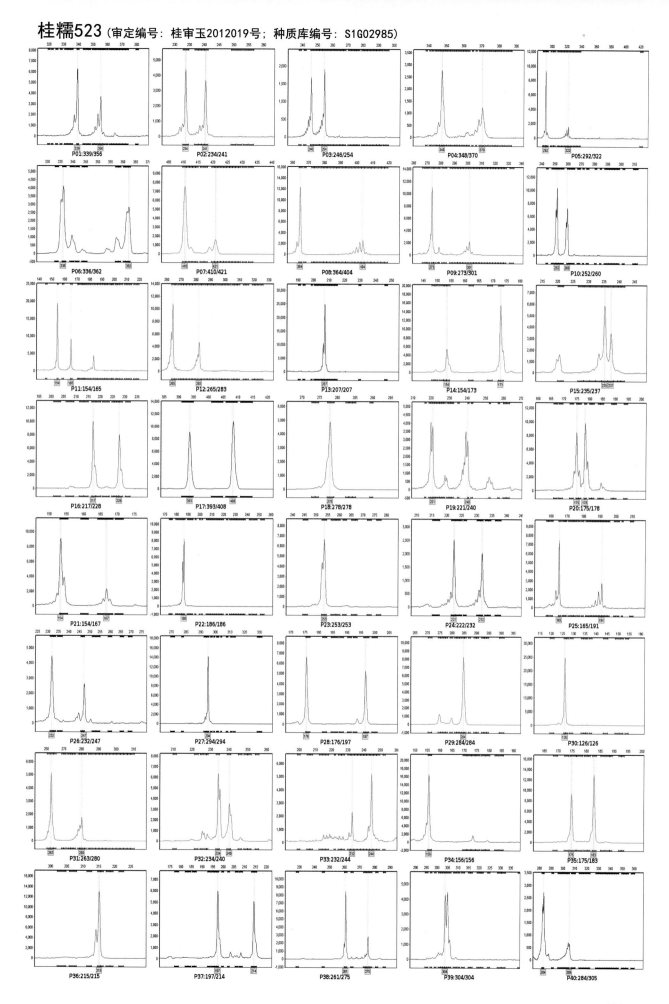

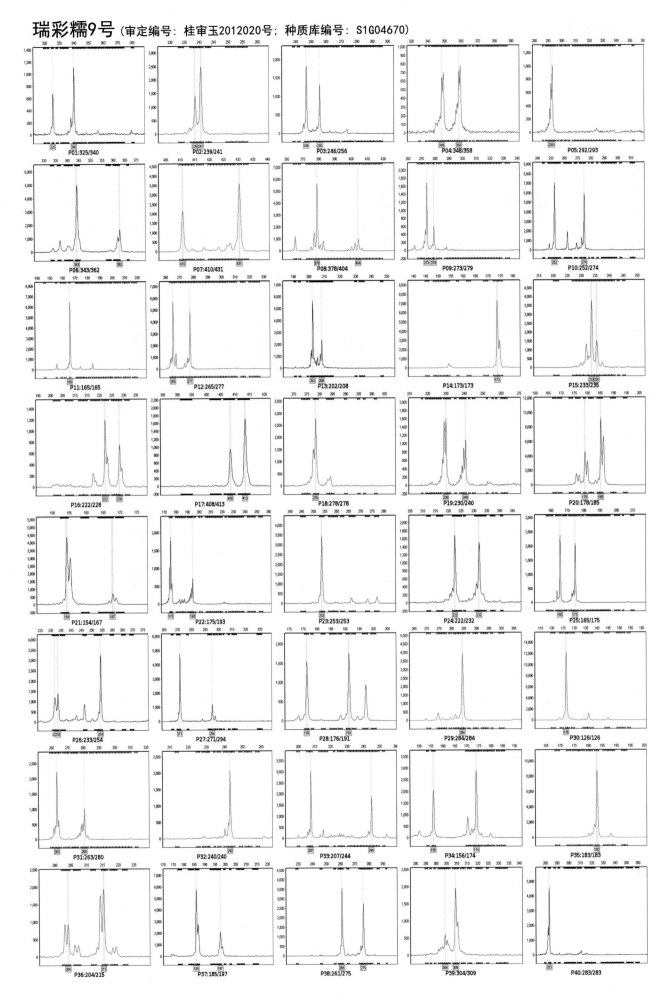

# 河糯1号 (审定编号：桂审玉2012021号；种质库编号：S1G03220)

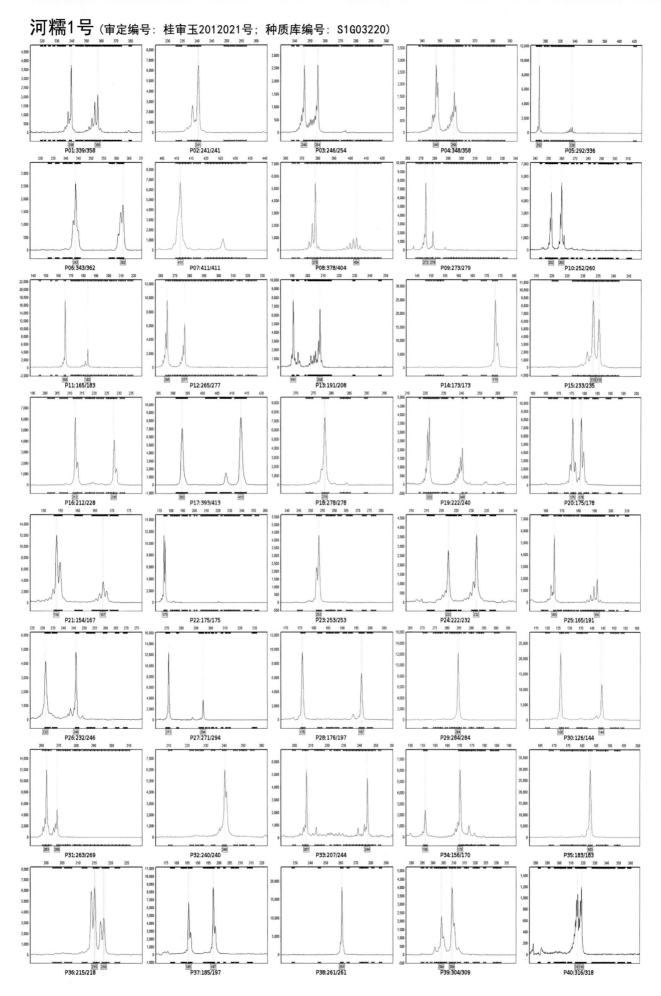

125

# 柳糯168 （审定编号：桂审玉2012022号；种质库编号：S1G03221）

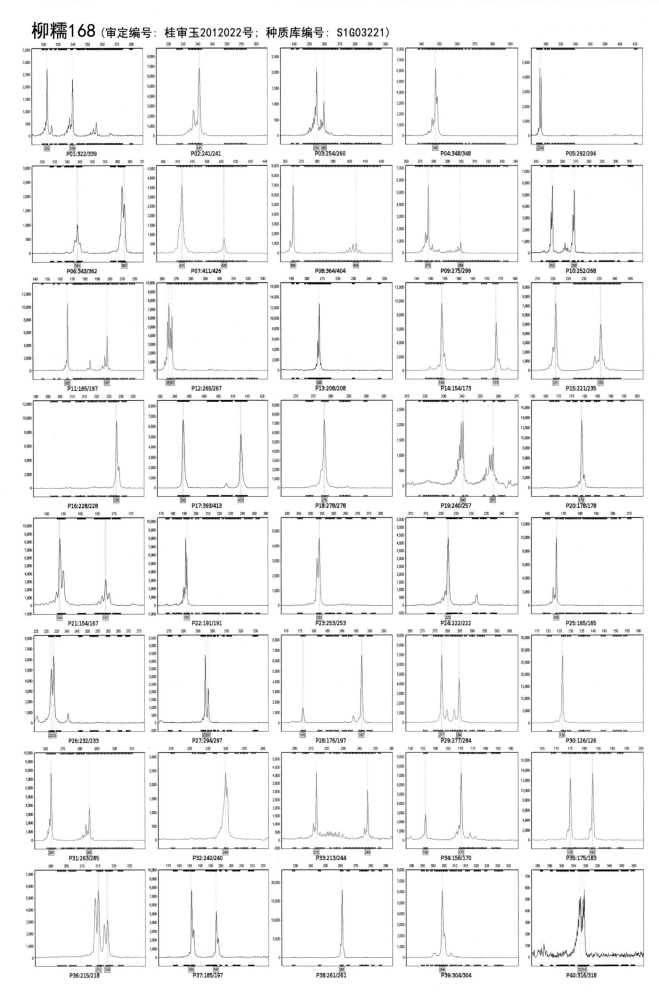

126

# 庆糯1号 （审定编号：桂审玉2013012号；种质库编号：S1G03955）

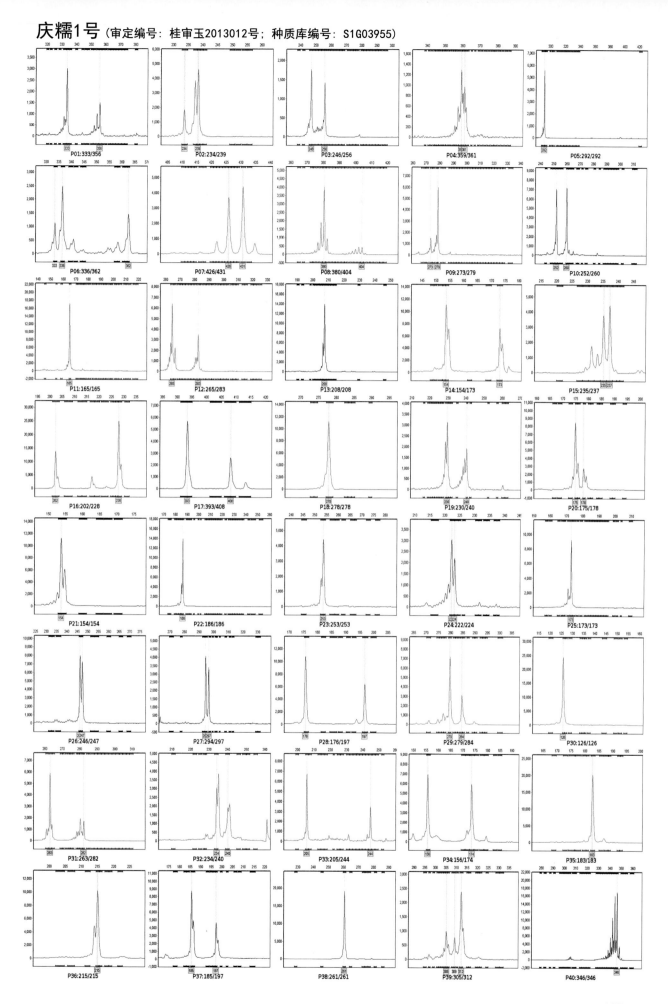

127

# 金彩糯670 （审定编号：桂审玉2013013号，闽审玉2014003；种质库编号：S1G03950）

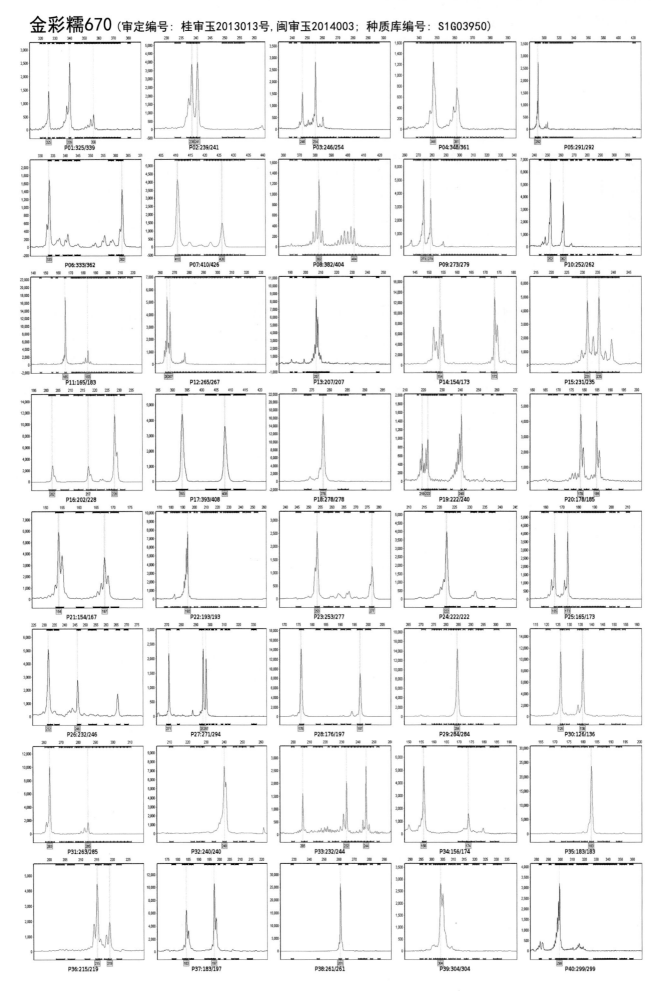

# 亚航糯2号 （审定编号：桂审玉2013014号；种质库编号：S1G04674）

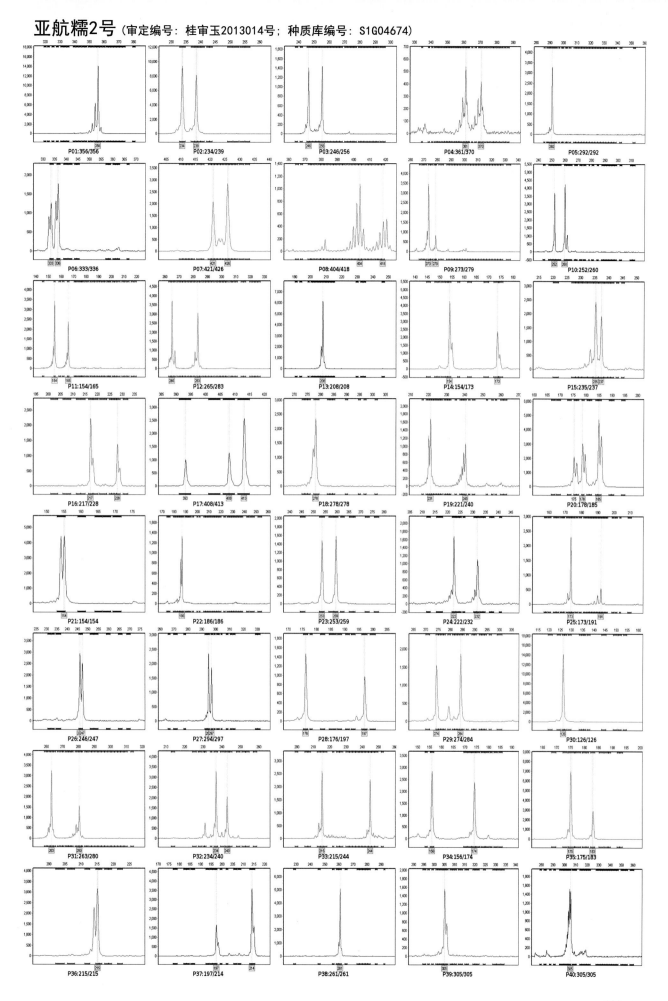

# 极峰甜糯2号 （审定编号：桂审玉2015015号；种质库编号：S1G04798）

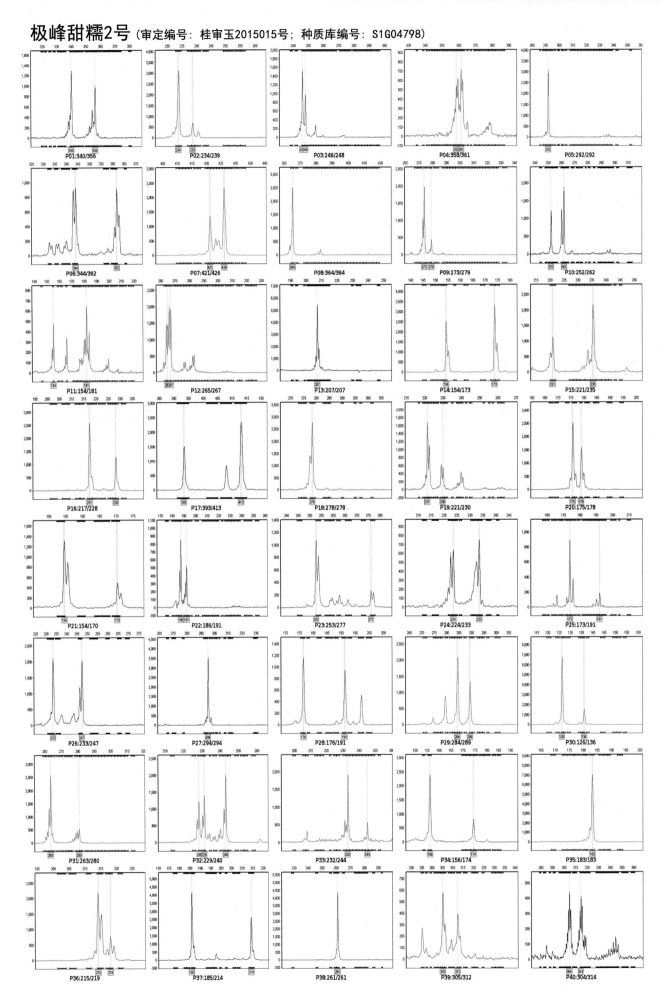

# 珍彩糯1号 (审定编号：桂审玉2015016号；种质库编号：S1G04799)

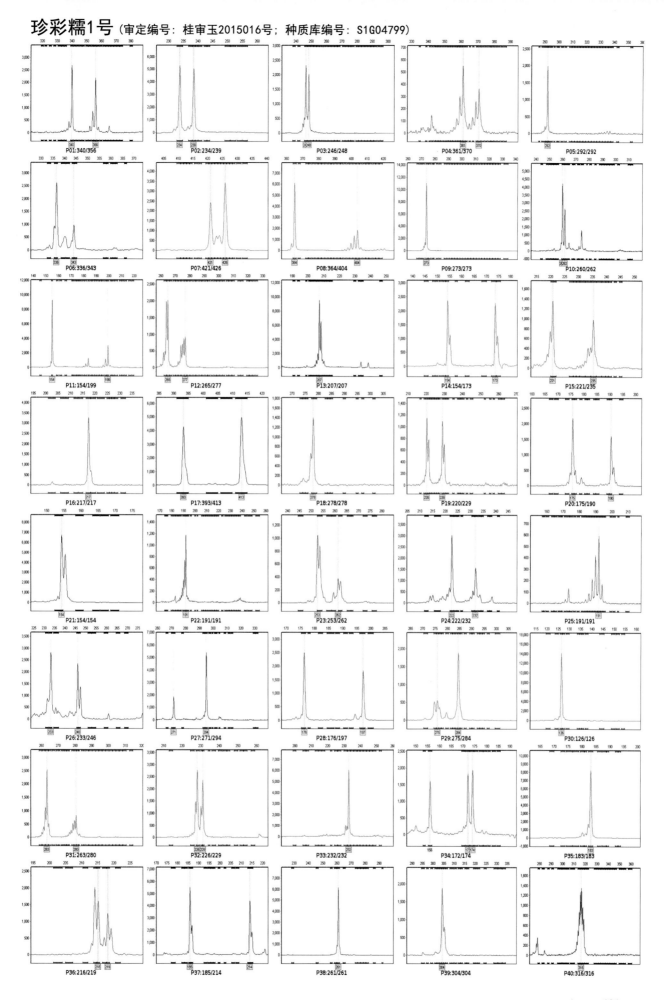

# 暄糯255 （审定编号：桂审玉2015017号；种质库编号：S1G04800）

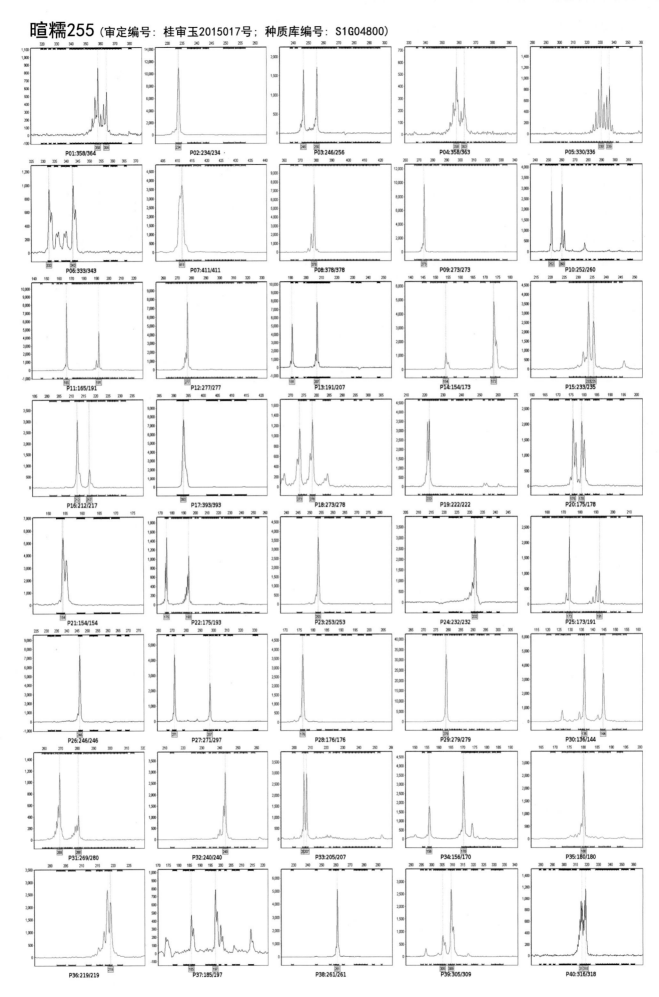

132

# 桂甜糯218（审定编号：桂审玉2016018号；种质库编号：XIN21728）

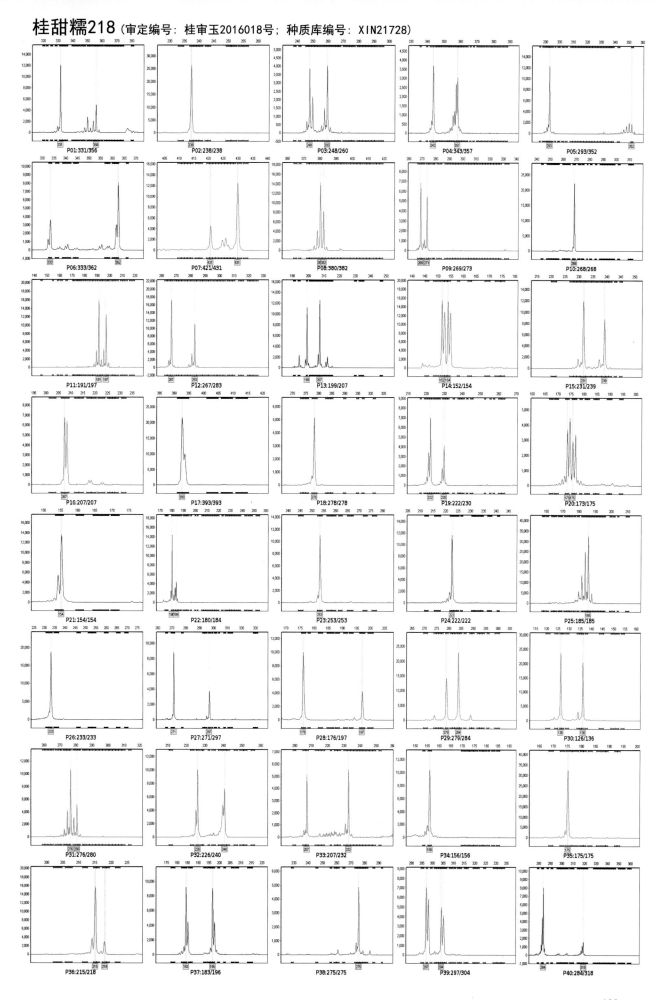

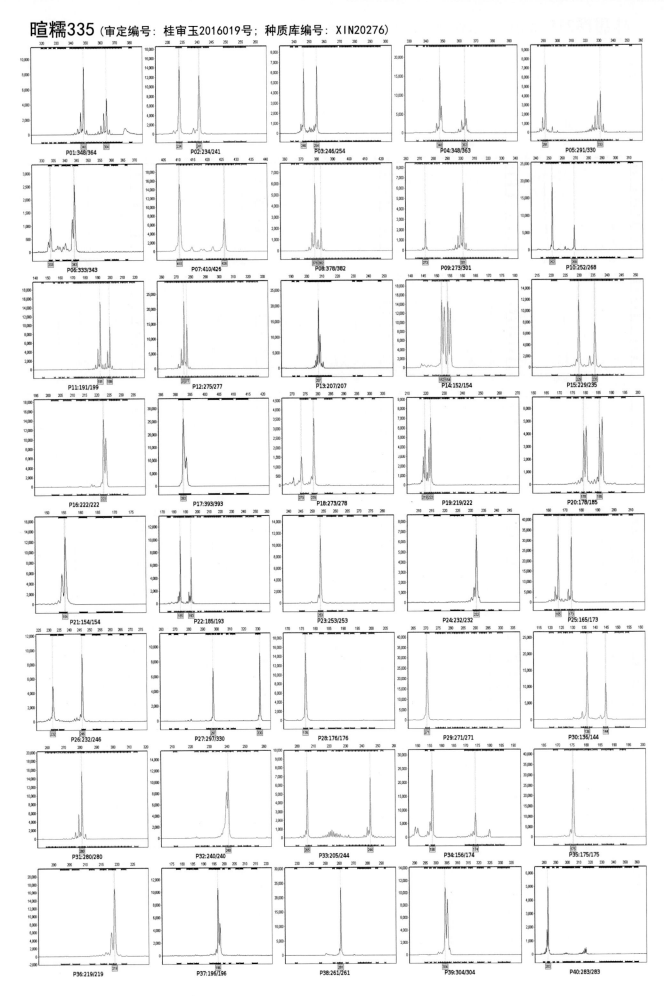

桂糯528（审定编号：桂审玉2016020号；种质库编号：XIN24383）

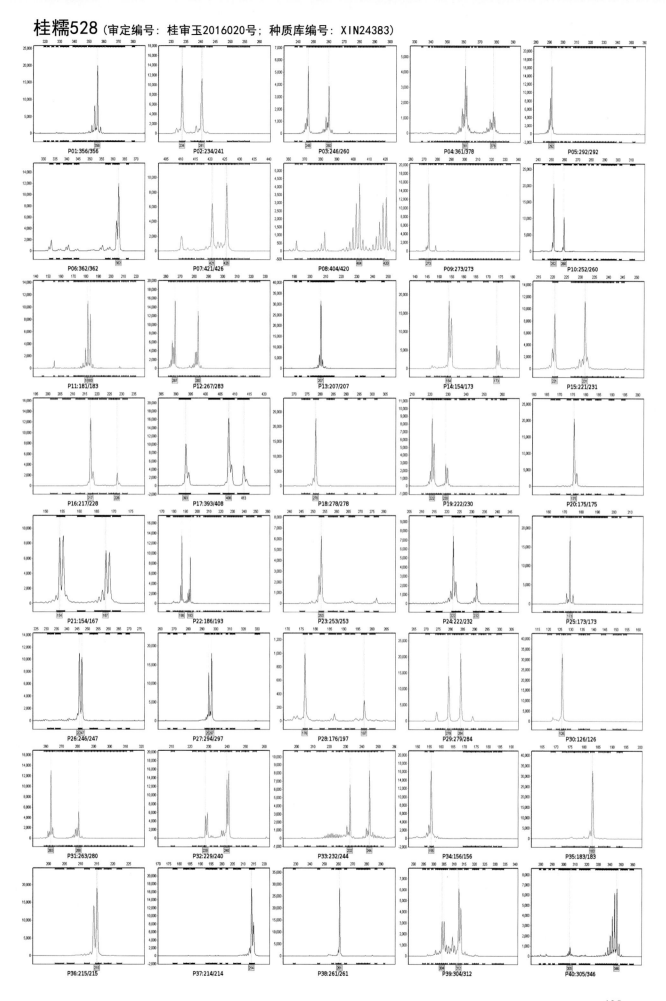

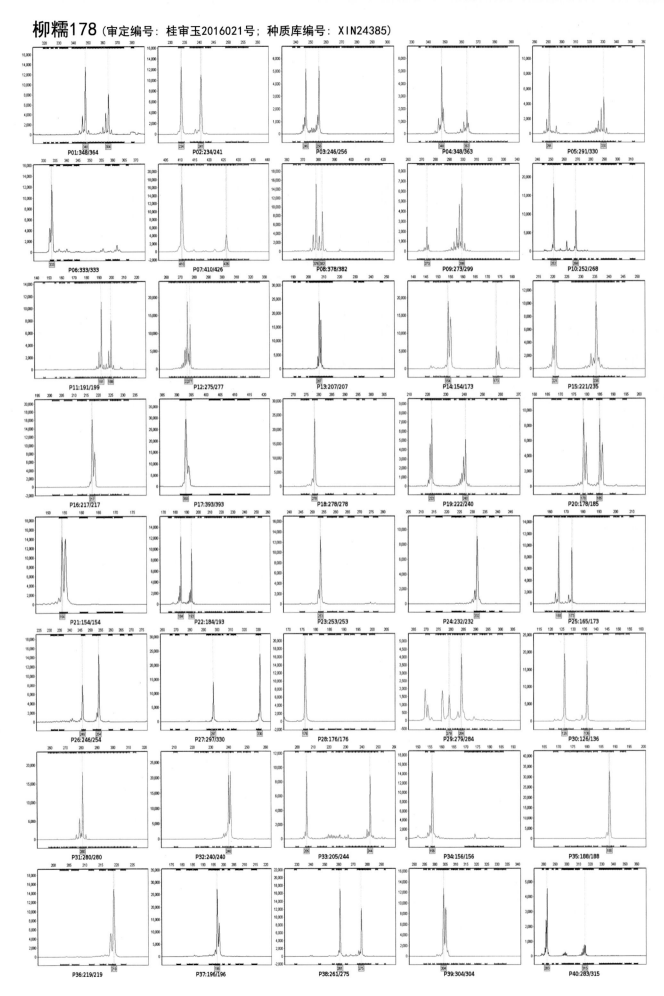

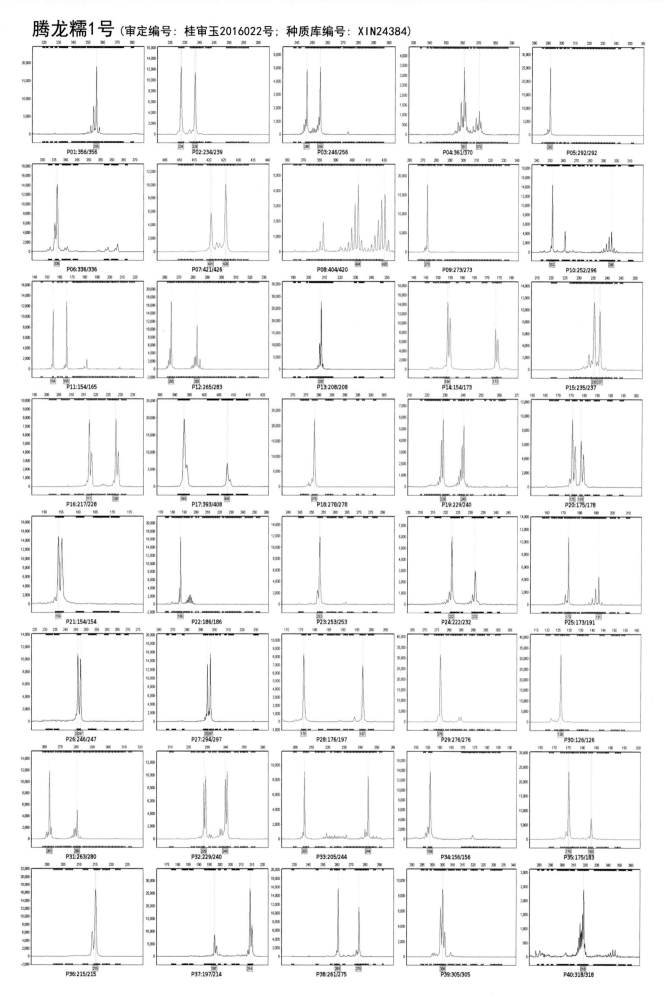

# 天贵糯162（审定编号：桂审玉2016028号；种质库编号：S1G05158）

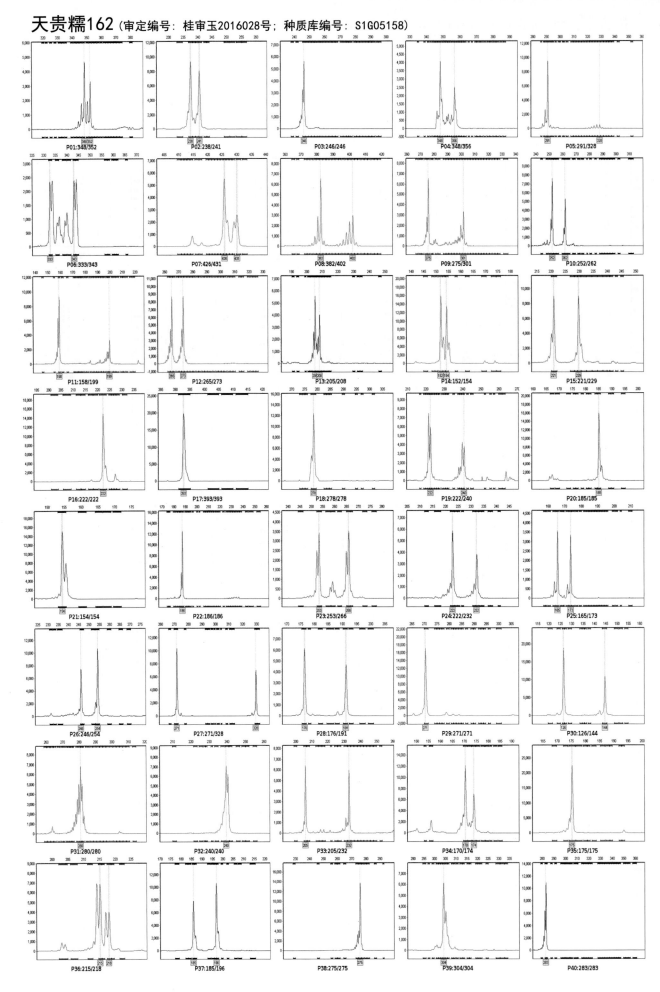

P01:348/352　P02:238/241　P03:246/246　P04:348/356　P05:291/328

P06:333/343　P07:426/431　P08:382/402　P09:275/301　P10:252/262

P11:158/199　P12:265/273　P13:205/208　P14:152/154　P15:221/229

P16:222/222　P17:393/393　P18:278/278　P19:222/240　P20:185/185

P21:154/154　P22:186/186　P23:253/266　P24:222/232　P25:165/173

P26:246/254　P27:271/328　P28:176/191　P29:271/271　P30:126/144

P31:280/280　P32:240/240　P33:205/232　P34:170/174　P35:175/175

P36:215/218　P37:185/196　P38:275/275　P39:304/304　P40:283/283

# 天贵糯169（审定编号：桂审玉2016029号；种质库编号：XIN24409）

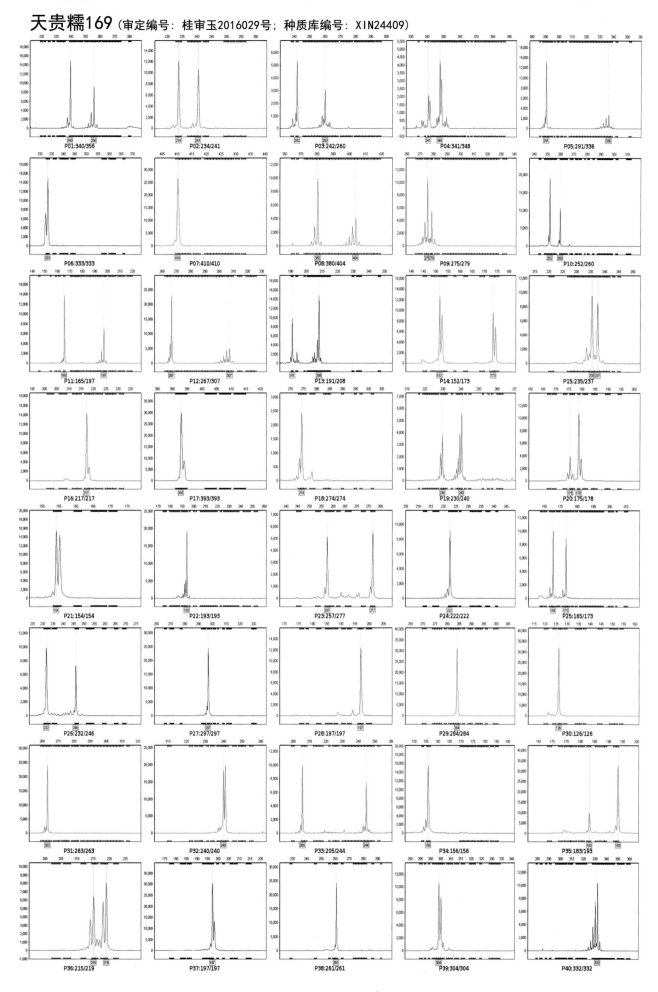

P01:340/356　P02:234/241　P03:242/260　P04:341/348　P05:291/336
P06:333/333　P07:410/410　P08:380/404　P09:275/279　P10:252/260
P11:165/197　P12:267/307　P13:191/208　P14:152/173　P15:235/237
P16:217/217　P17:393/393　P18:274/274　P19:230/240　P20:175/178
P21:154/154　P22:193/193　P23:257/277　P24:222/222　P25:165/173
P26:232/246　P27:297/297　P28:197/197　P29:284/284　P30:126/126
P31:263/263　P32:240/240　P33:205/244　P34:156/156　P35:183/193
P36:215/219　P37:197/197　P38:261/261　P39:304/304　P40:332/332

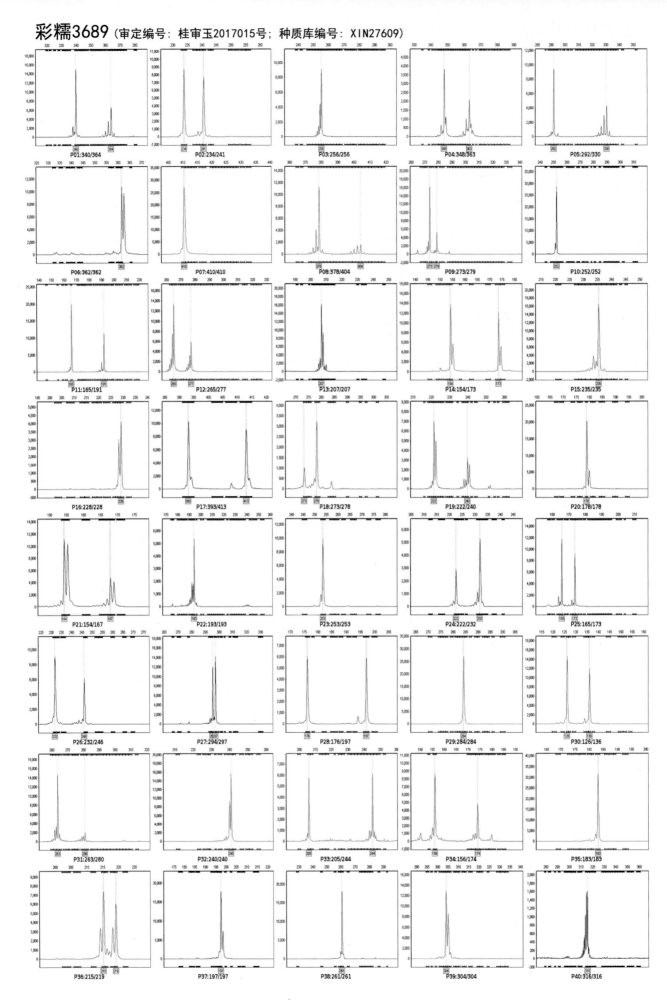

# 暄糯2号 （审定编号：桂审玉2017016号；种质库编号：XIN27603）

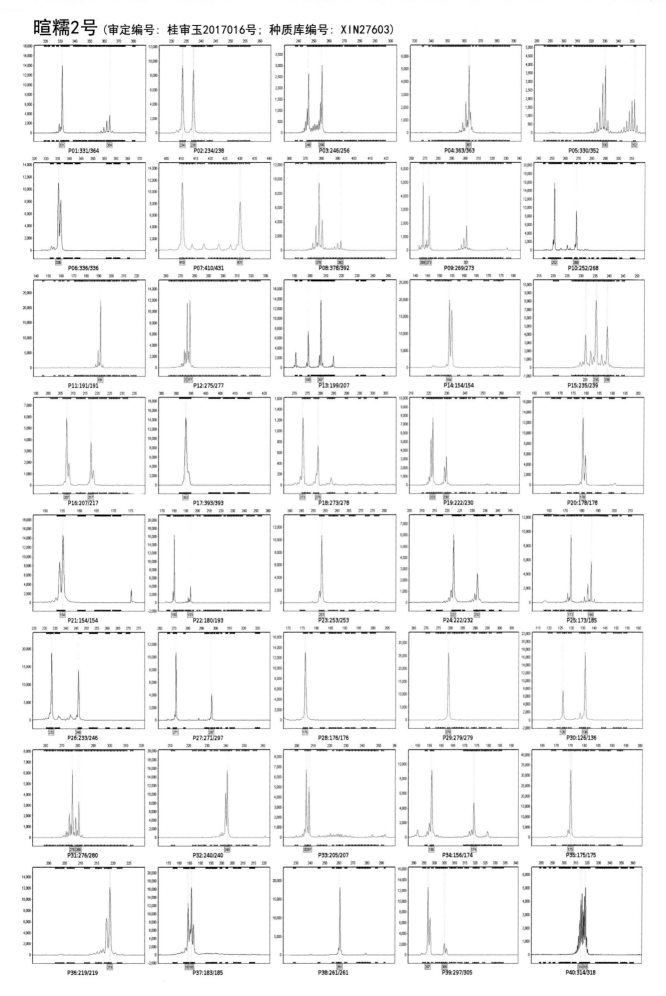

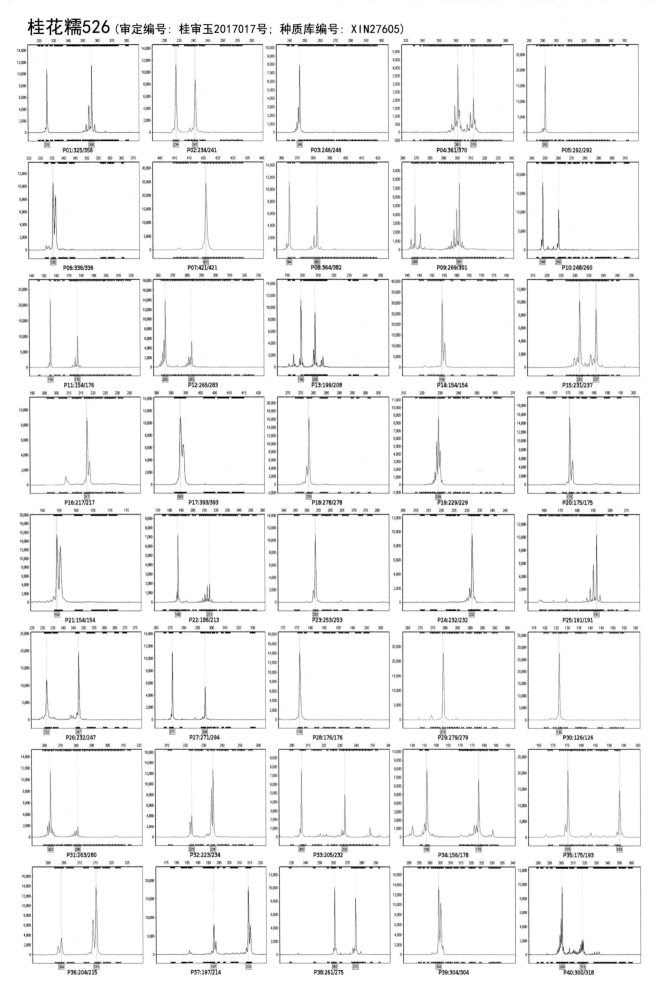

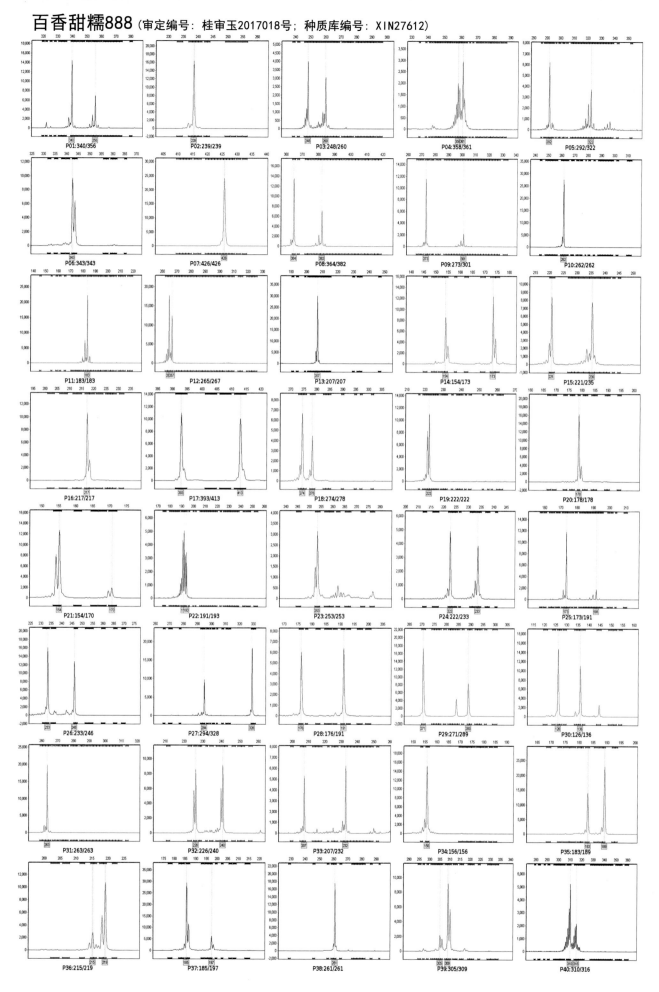

# 桂黑糯219 （审定编号：桂审玉2017019号；种质库编号：XIN27606）

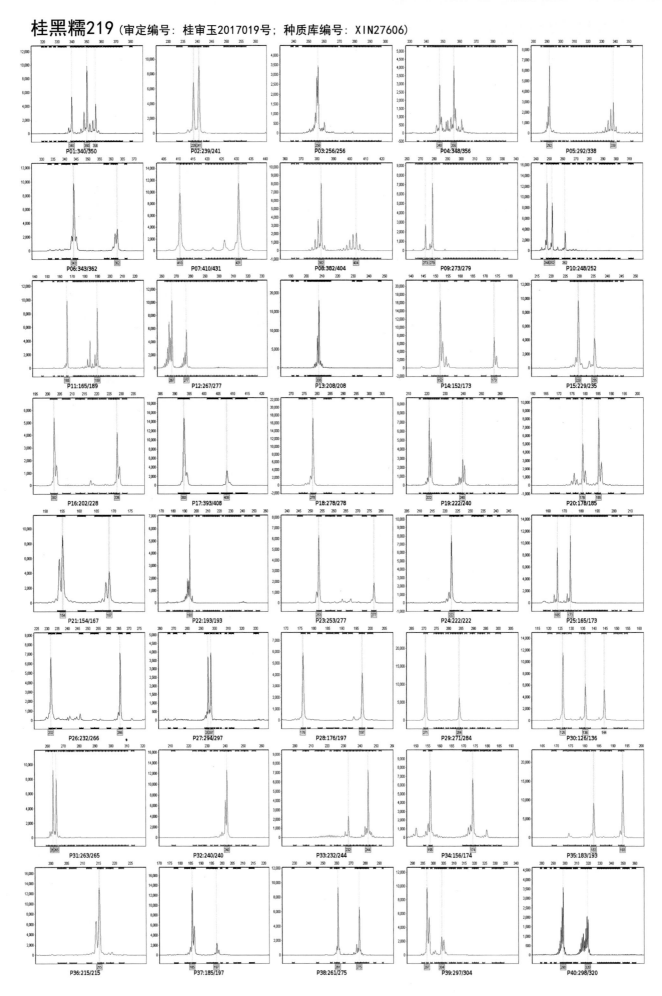

# 绿海花糯3号 （审定编号：桂审玉2017020号；种质库编号：XIN27608）

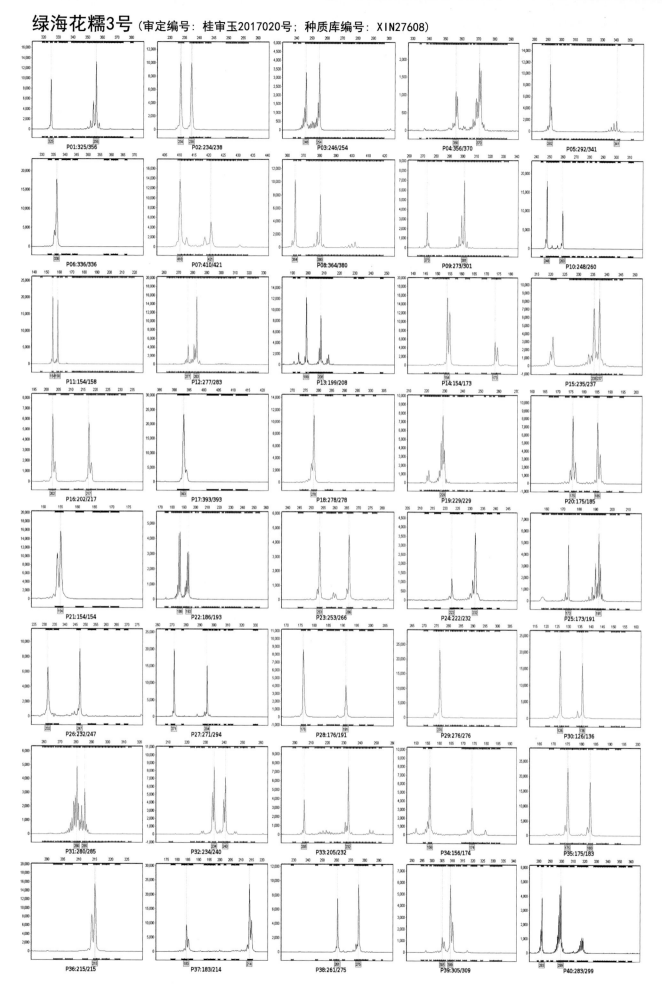

# 桂黑糯609 （审定编号：桂审玉2017021号；种质库编号：XIN27607）

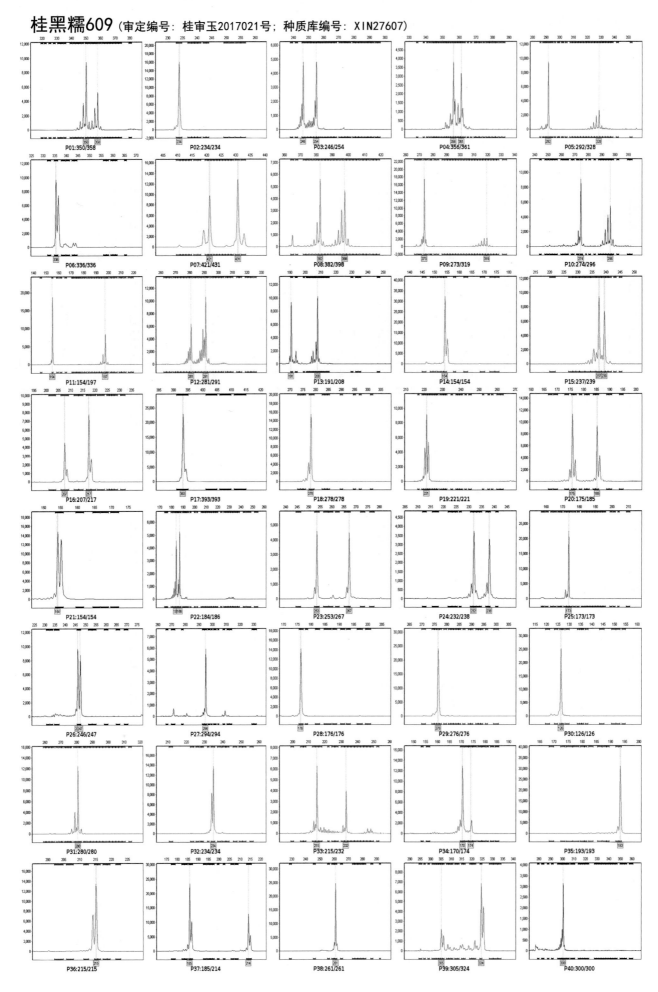

# 万千糯2686 （审定编号：桂审玉2017023号；种质库编号：XIN27610）

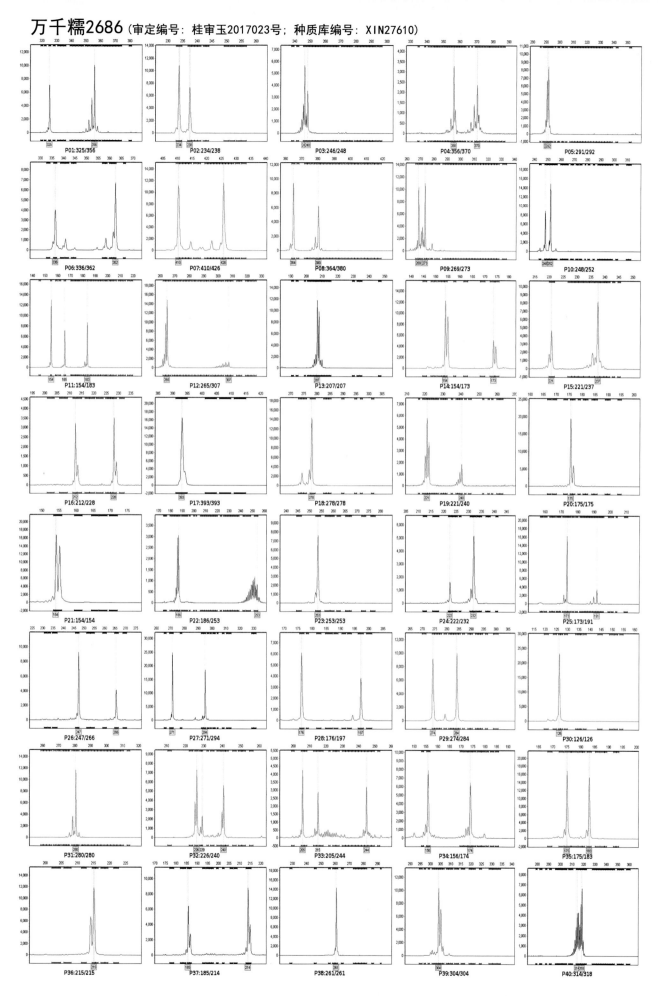

P01:325/356　P02:234/238　P03:246/248　P04:356/370　P05:291/292

P06:336/362　P07:410/426　P08:364/380　P09:269/273　P10:248/252

P11:154/183　P12:265/307　P13:207/207　P14:154/173　P15:221/237

P16:212/228　P17:393/393　P18:278/278　P19:221/240　P20:175/175

P21:154/154　P22:186/253　P23:253/253　P24:222/232　P25:173/191

P26:247/266　P27:271/294　P28:176/197　P29:274/284　P30:126/126

P31:280/280　P32:226/240　P33:205/244　P34:156/174　P35:175/183

P36:215/215　P37:185/214　P38:261/261　P39:304/304　P40:314/318

# 恒糯2号（审定编号：桂审玉2017024号；种质库编号：XIN27602）

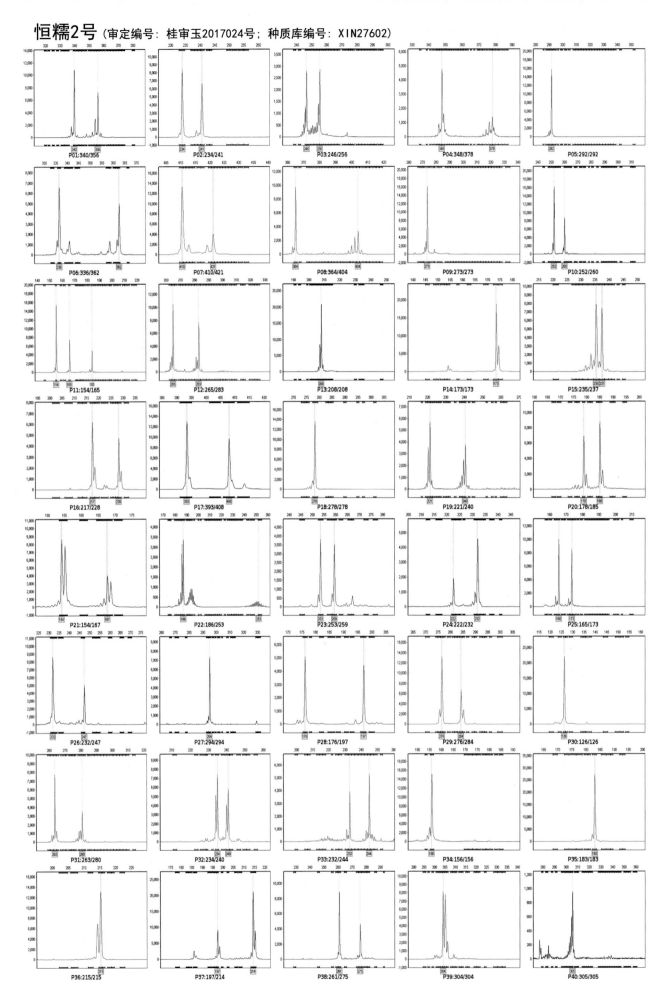

P01:340/356　P02:234/241　P03:246/256　P04:348/378　P05:292/292
P06:336/362　P07:410/421　P08:364/404　P09:273/273　P10:252/260
P11:154/165　P12:265/283　P13:208/208　P14:173/173　P15:235/237
P16:217/228　P17:393/408　P18:278/278　P19:221/240　P20:178/185
P21:154/167　P22:186/253　P23:253/259　P24:222/232　P25:165/173
P26:232/247　P27:294/294　P28:176/197　P29:276/284　P30:126/126
P31:263/280　P32:234/240　P33:232/244　P34:156/156　P35:183/183
P36:215/215　P37:197/214　P38:261/275　P39:304/304　P40:305/305

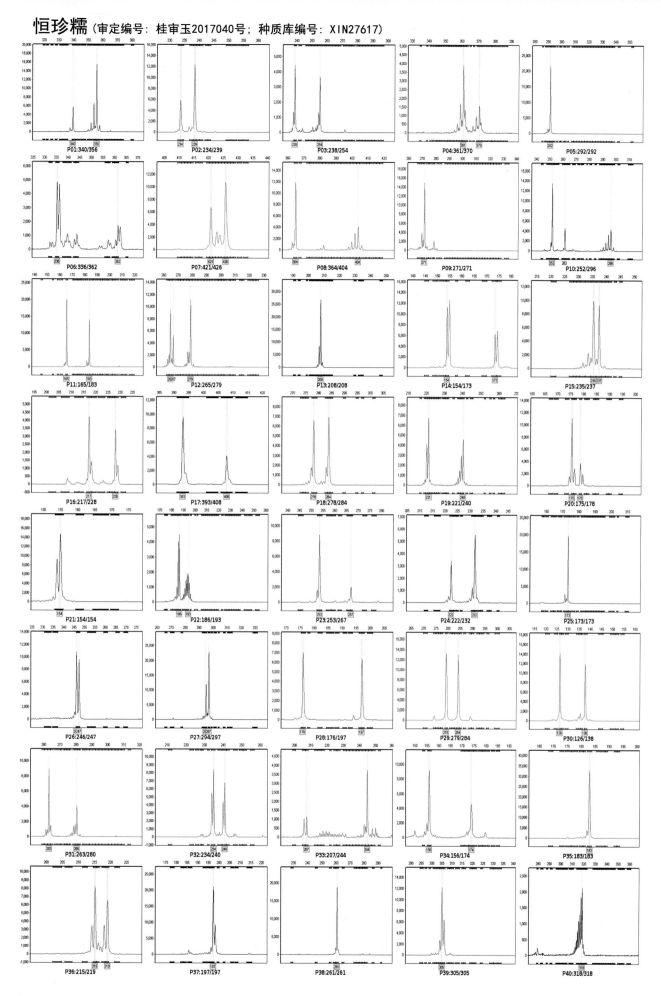

P01:340/356　P02:234/239　P03:238/254　P04:361/370　P05:292/292
P06:336/362　P07:421/426　P08:364/404　P09:271/271　P10:252/296
P11:165/183　P12:265/279　P13:208/208　P14:154/173　P15:235/237
P16:217/228　P17:393/408　P18:278/284　P19:221/240　P20:175/178
P21:154/154　P22:186/193　P23:253/267　P24:222/232　P25:173/173
P26:246/247　P27:294/297　P28:176/197　P29:279/284　P30:126/138
P31:263/280　P32:234/240　P33:207/244　P34:156/174　P35:183/183
P36:215/219　P37:197/197　P38:261/261　P39:305/305　P40:318/318

# 黑糯118 （审定编号：桂审玉2017041号；种质库编号：XIN27616）

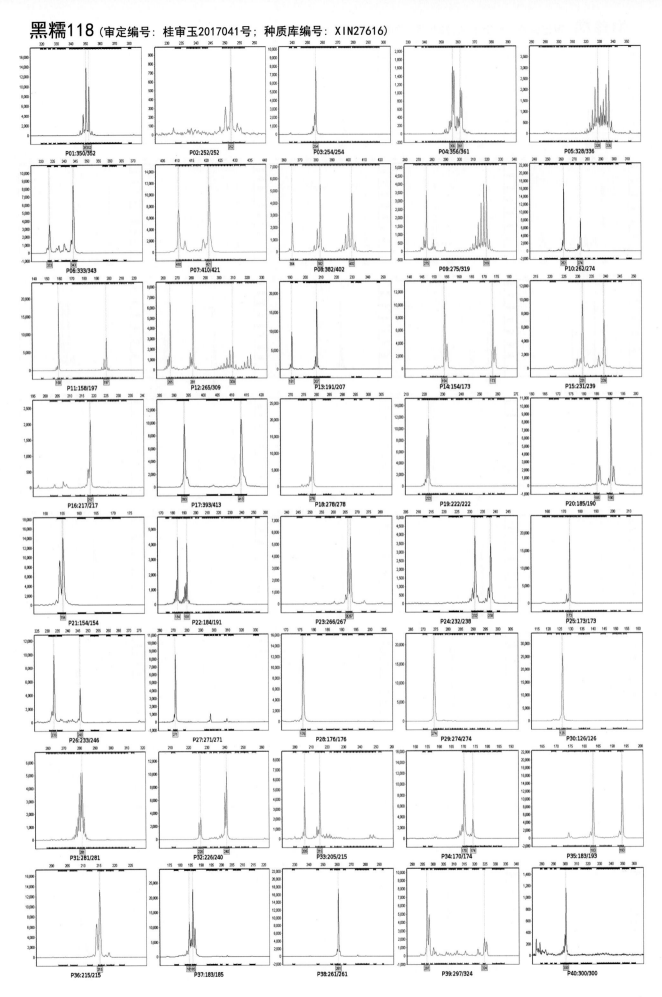

P01:350/352
P02:252/252
P03:254/254
P04:356/361
P05:328/336
P06:333/343
P07:410/421
P08:382/402
P09:275/319
P10:262/274
P11:158/197
P12:265/309
P13:191/207
P14:154/173
P15:231/239
P16:217/217
P17:393/413
P18:278/278
P19:222/222
P20:185/190
P21:154/154
P22:184/191
P23:266/267
P24:232/238
P25:173/173
P26:233/246
P27:271/271
P28:176/176
P29:274/274
P30:126/126
P31:281/281
P32:226/240
P33:205/215
P34:170/174
P35:183/193
P36:215/215
P37:183/185
P38:261/261
P39:297/324
P40:300/300

150

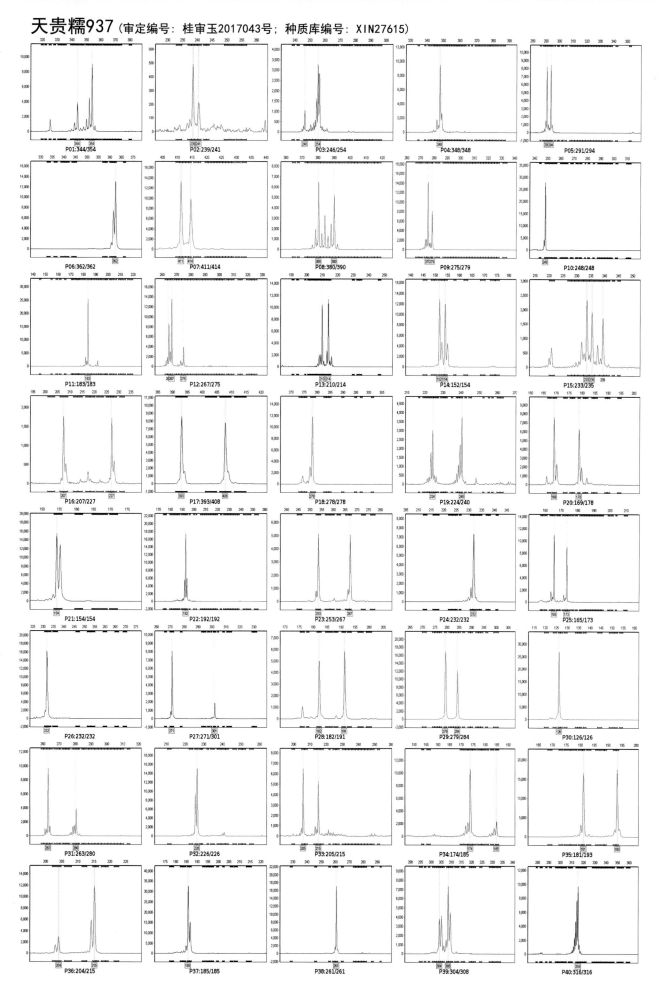

# 中糯510 （审定编号：桂审玉2018014号；种质库编号：S1G06197）

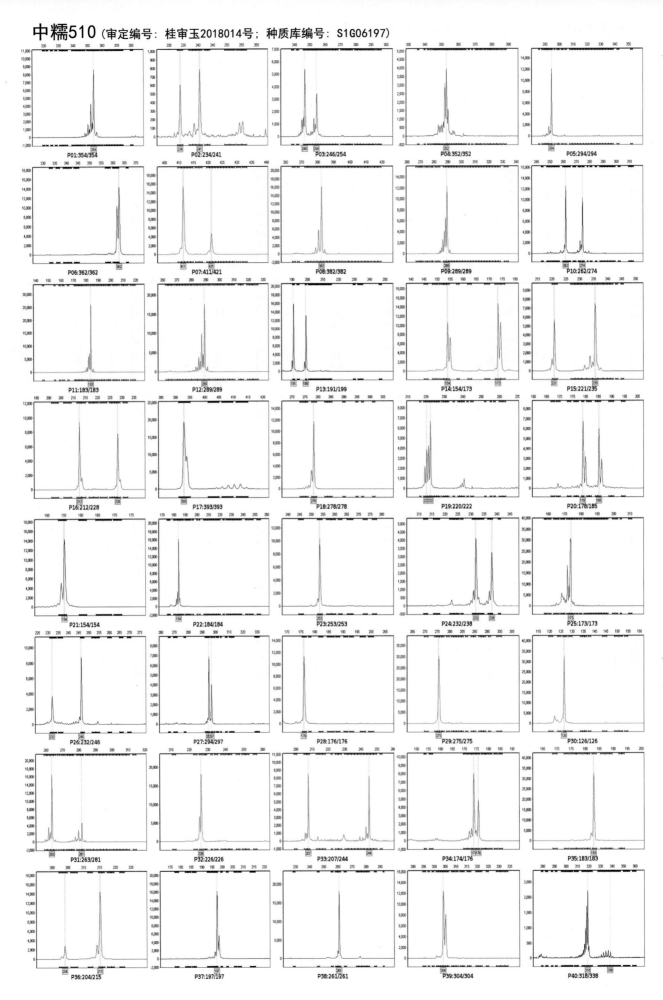

P01:354/354  P02:234/241  P03:246/254  P04:352/352  P05:294/294
P06:362/362  P07:411/421  P08:382/382  P09:289/289  P10:262/274
P11:183/183  P12:289/289  P13:191/199  P14:154/173  P15:221/235
P16:212/228  P17:393/393  P18:278/278  P19:220/222  P20:178/185
P21:154/154  P22:184/184  P23:253/253  P24:232/238  P25:173/173
P26:232/246  P27:294/297  P28:176/176  P29:275/275  P30:126/126
P31:263/281  P32:226/226  P33:207/244  P34:174/176  P35:183/183
P36:204/215  P37:197/197  P38:261/261  P39:304/304  P40:318/338

# 晶美甜糯1802 （审定编号：桂审玉2018015号；种质库编号：S1G06198）

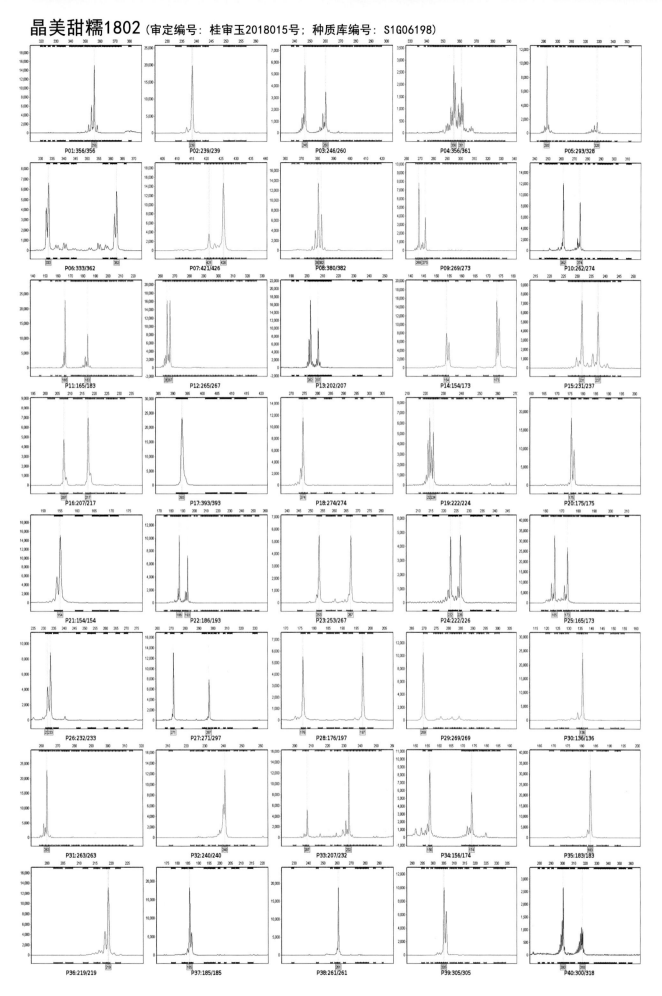

# 惠糯1号 （审定编号：桂审玉2018016号；种质库编号：S1G06199）

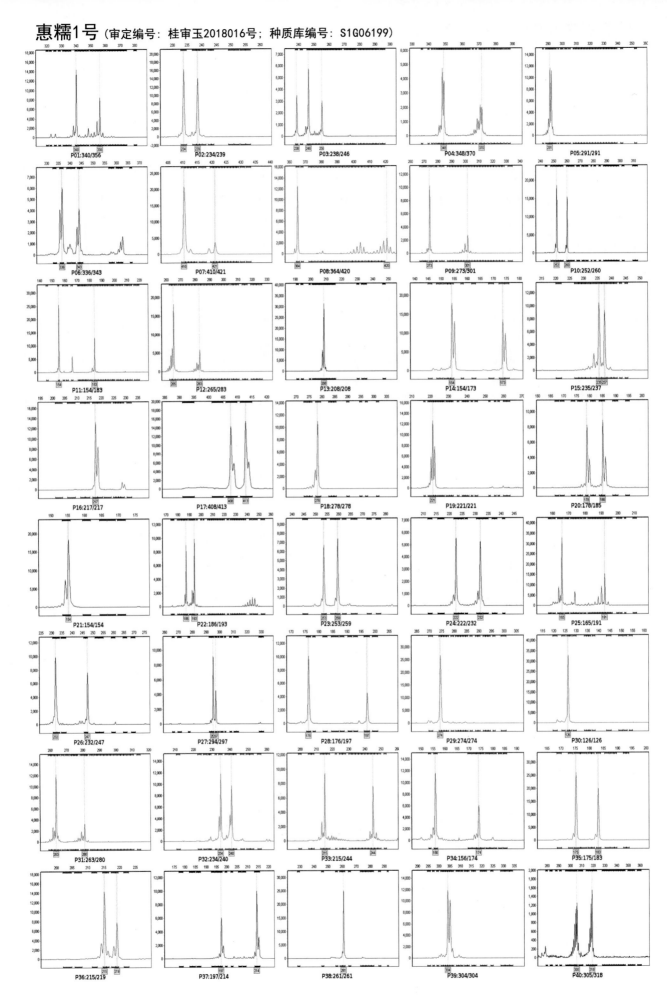

154

# 灵糯1号 （审定编号：桂审玉2018017号；种质库编号：S1G06188）

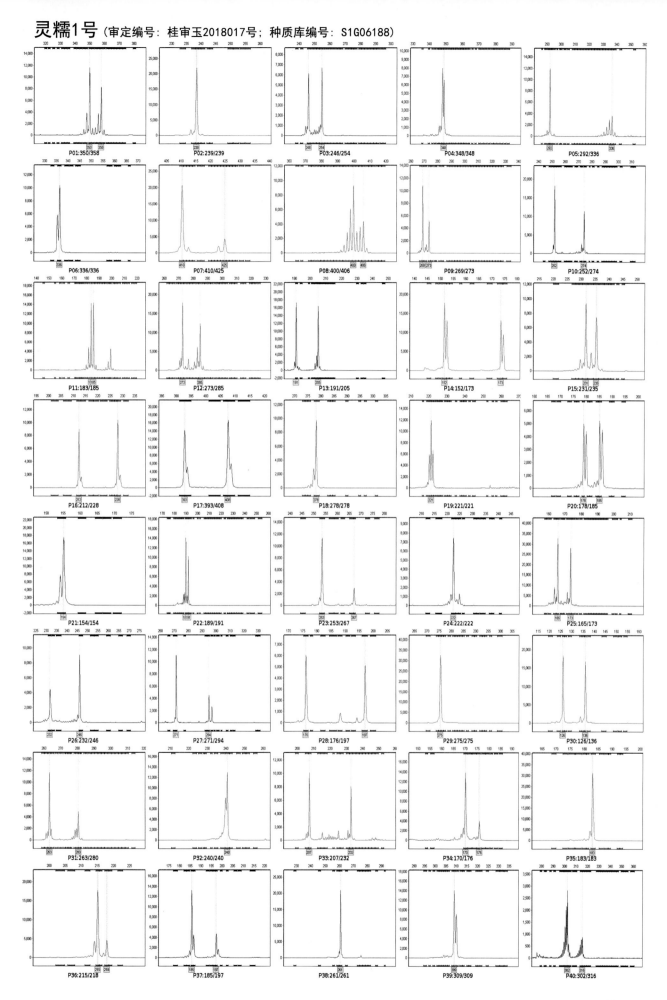

155

# 甜糯1号 （审定编号：桂审玉2018018号；种质库编号：S1G06200）

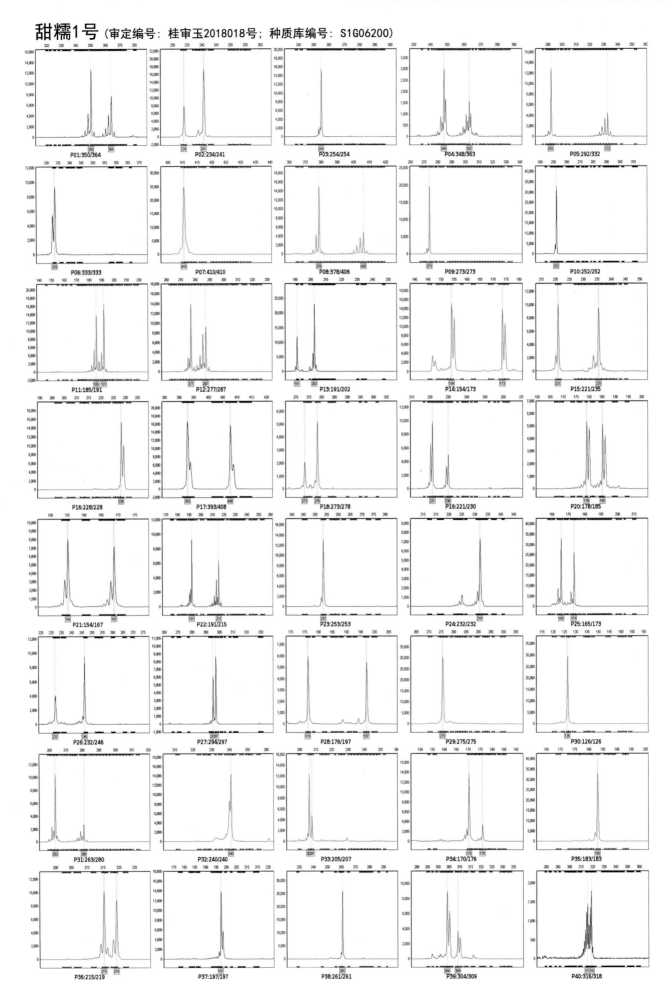

P01:350/364　P02:234/241　P03:254/254　P04:348/363　P05:292/332
P06:333/333　P07:410/410　P08:378/406　P09:273/273　P10:252/252
P11:185/191　P12:277/287　P13:191/202　P14:154/173　P15:221/235
P16:228/228　P17:393/408　P18:273/278　P19:221/230　P20:178/185
P21:154/167　P22:191/215　P23:253/253　P24:232/232　P25:165/173
P26:232/246　P27:294/297　P28:176/197　P29:275/275　P30:126/126
P31:263/280　P32:240/240　P33:205/207　P34:170/176　P35:183/183
P36:215/219　P37:197/197　P38:261/261　P39:304/309　P40:316/318

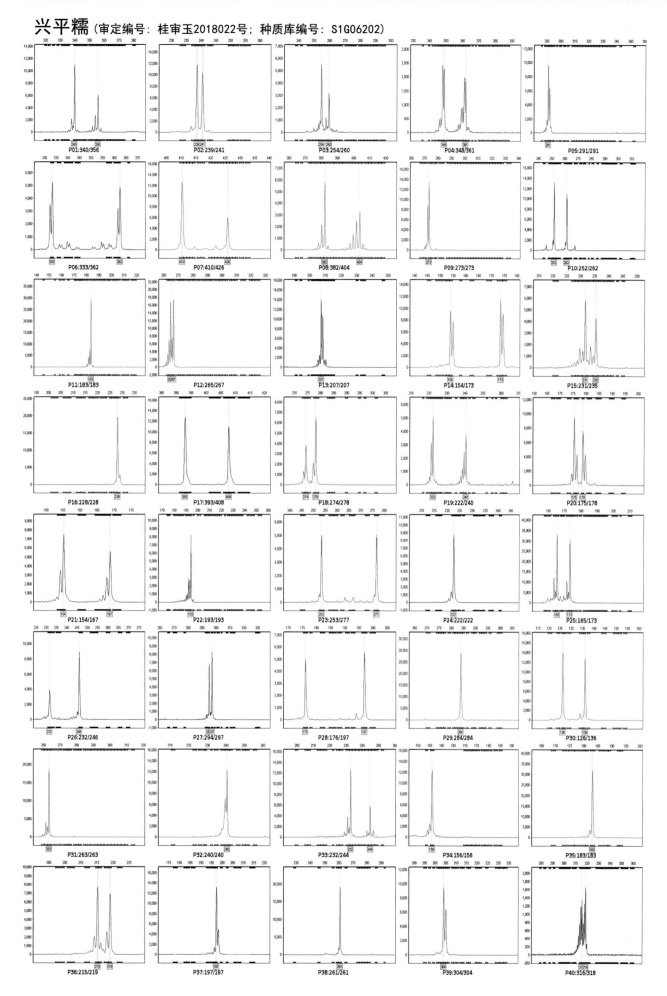

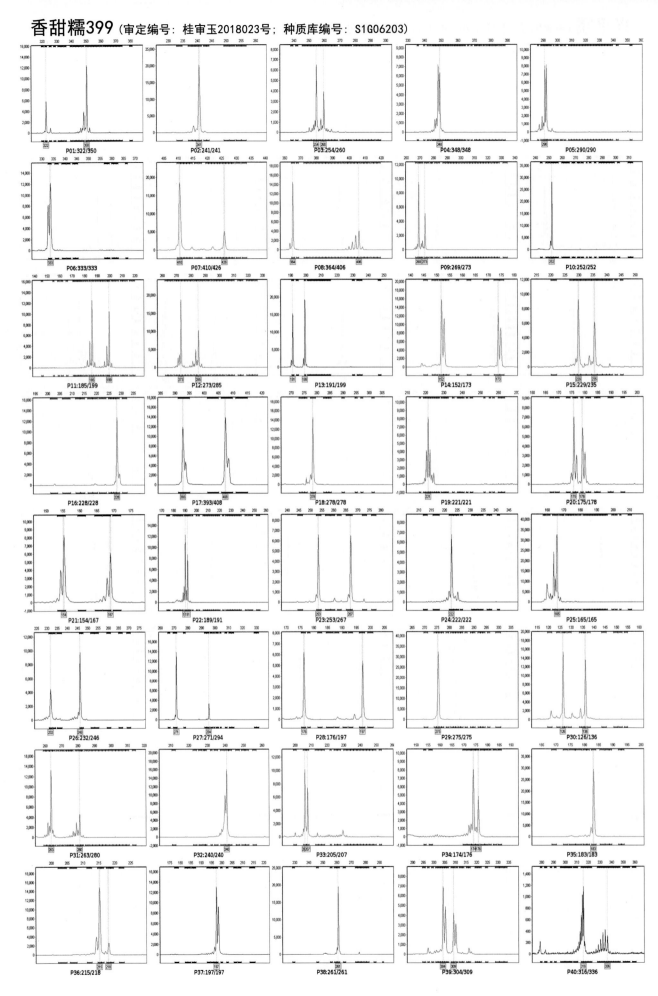

158

# 昊生糯1号 （审定编号：桂审玉2018025号；种质库编号：S1G06205）

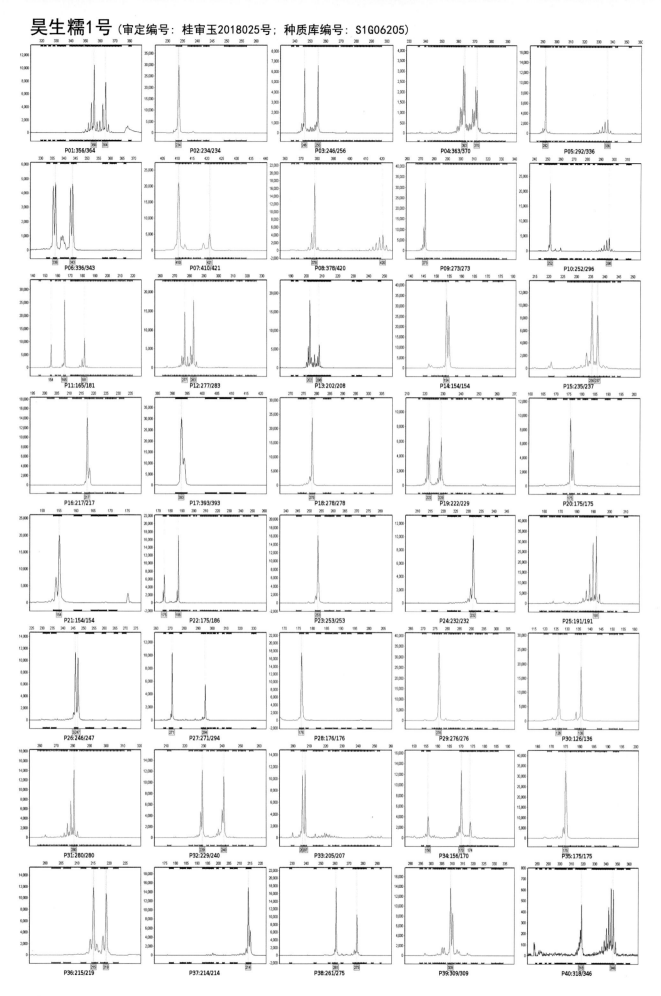

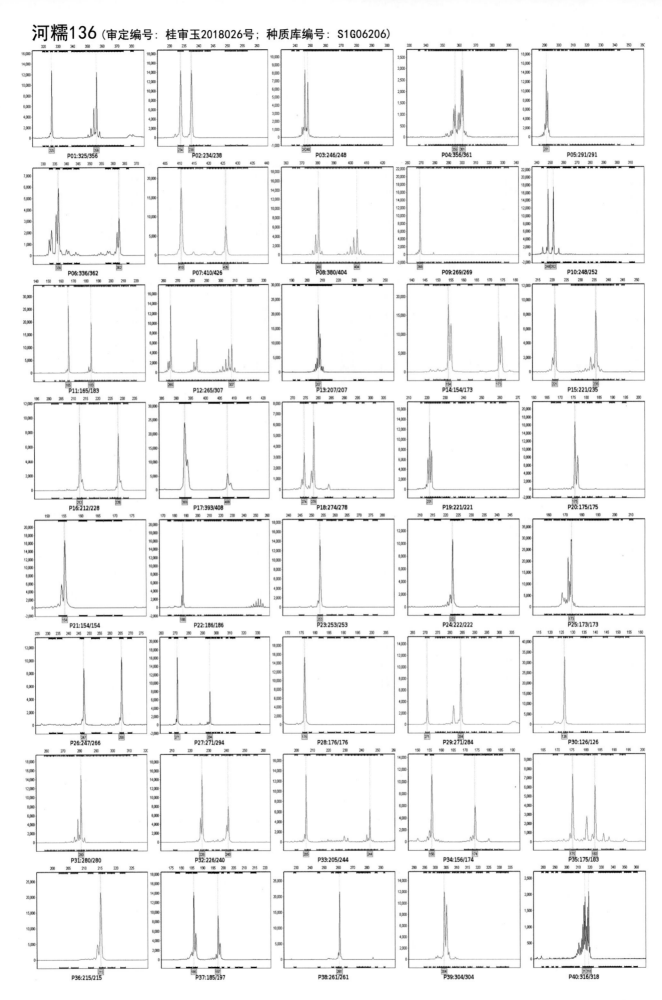

# 桂糯615（审定编号：桂审玉2018027号；种质库编号：S1G06207）

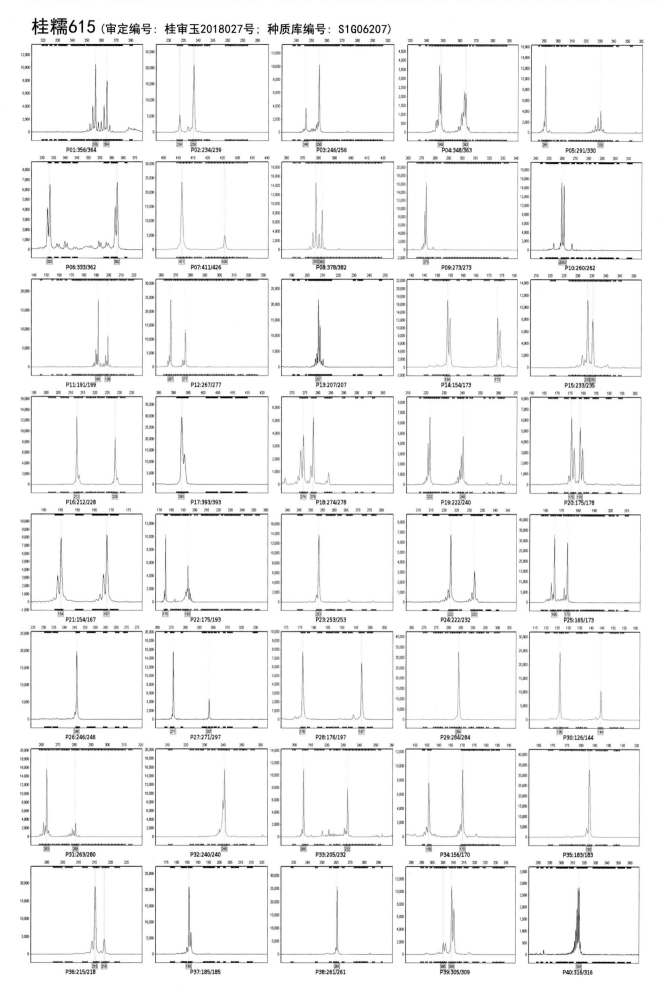

P01:356/364  P02:234/239  P03:246/256  P04:348/363  P05:291/330
P06:333/362  P07:411/426  P08:378/382  P09:273/273  P10:260/262
P11:191/199  P12:267/277  P13:207/207  P14:154/173  P15:233/235
P16:212/228  P17:393/393  P18:274/278  P19:222/240  P20:175/178
P21:154/167  P22:175/193  P23:253/253  P24:222/232  P25:165/173
P26:246/246  P27:271/297  P28:176/197  P29:284/284  P30:126/144
P31:263/280  P32:240/240  P33:205/232  P34:156/170  P35:183/183
P36:215/218  P37:185/185  P38:261/261  P39:305/309  P40:316/316

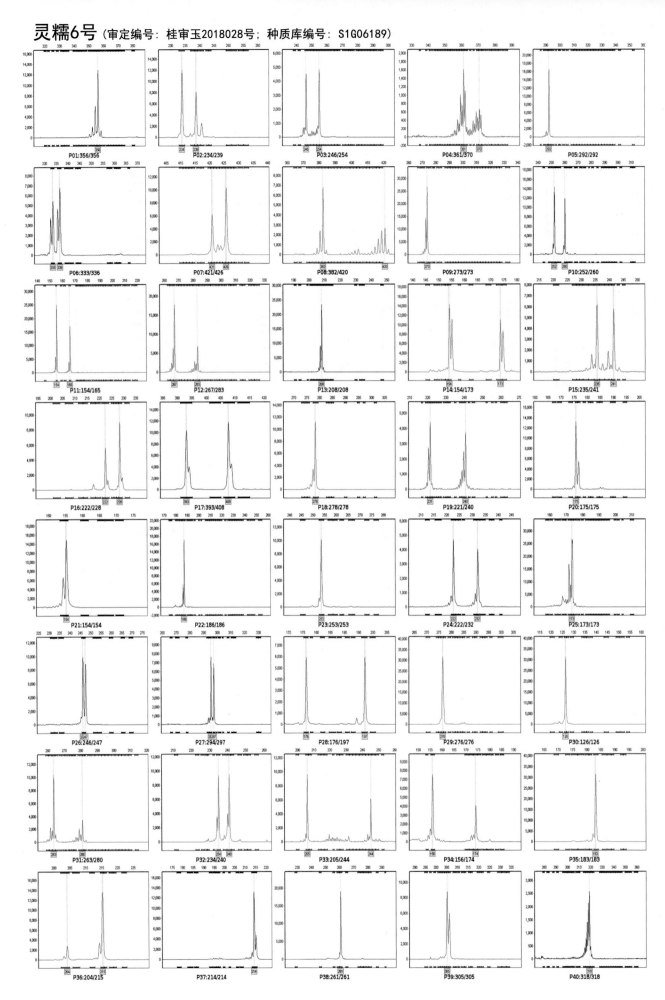

# 百香甜糯999 （审定编号：桂审玉2018029号；种质库编号：S1G06208）

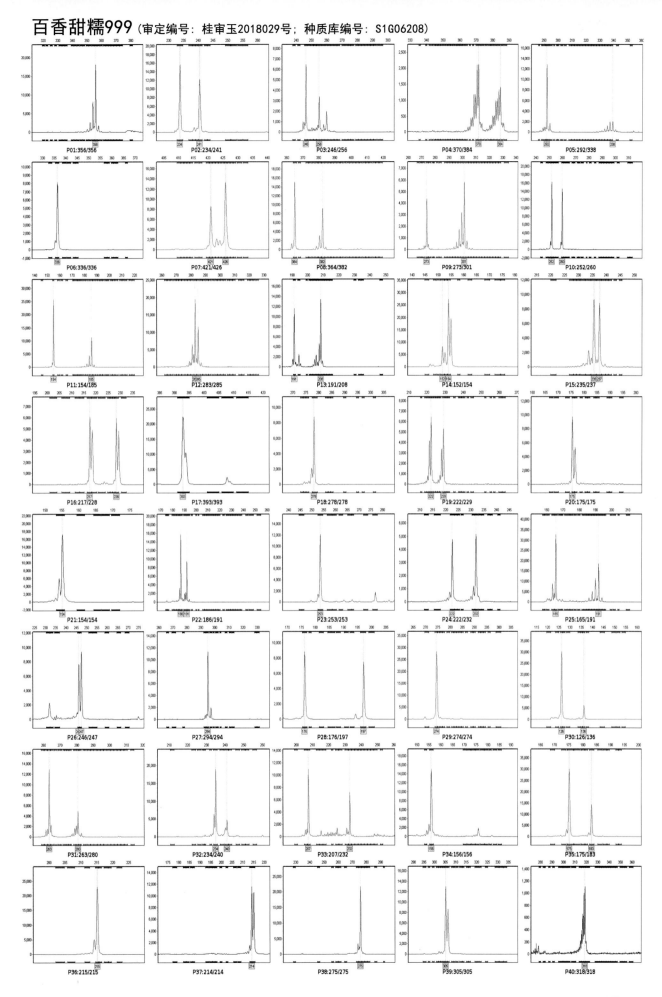

# 惠甜糯828（审定编号：桂审玉2018030号；种质库编号：S1G06209）

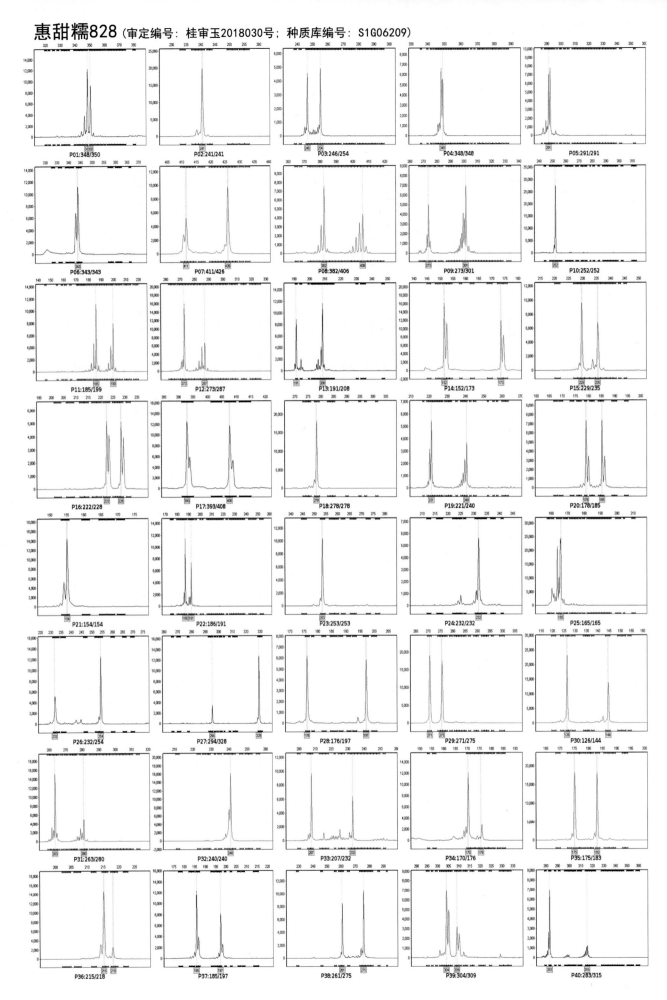

P01:348/350　　P02:241/241　　P03:246/254　　P04:348/348　　P05:291/291

P06:343/343　　P07:411/426　　P08:382/406　　P09:273/301　　P10:252/252

P11:185/199　　P12:273/287　　P13:191/208　　P14:152/173　　P15:229/235

P16:222/228　　P17:393/408　　P18:278/278　　P19:221/240　　P20:178/185

P21:154/154　　P22:186/191　　P23:253/253　　P24:232/232　　P25:165/165

P26:232/254　　P27:294/328　　P28:176/197　　P29:271/275　　P30:126/144

P31:263/280　　P32:240/240　　P33:207/232　　P34:170/176　　P35:175/183

P36:215/218　　P37:185/197　　P38:261/275　　P39:304/309　　P40:283/315

164

河糯612（审定编号：桂审玉2018031号；种质库编号：S1G06210）

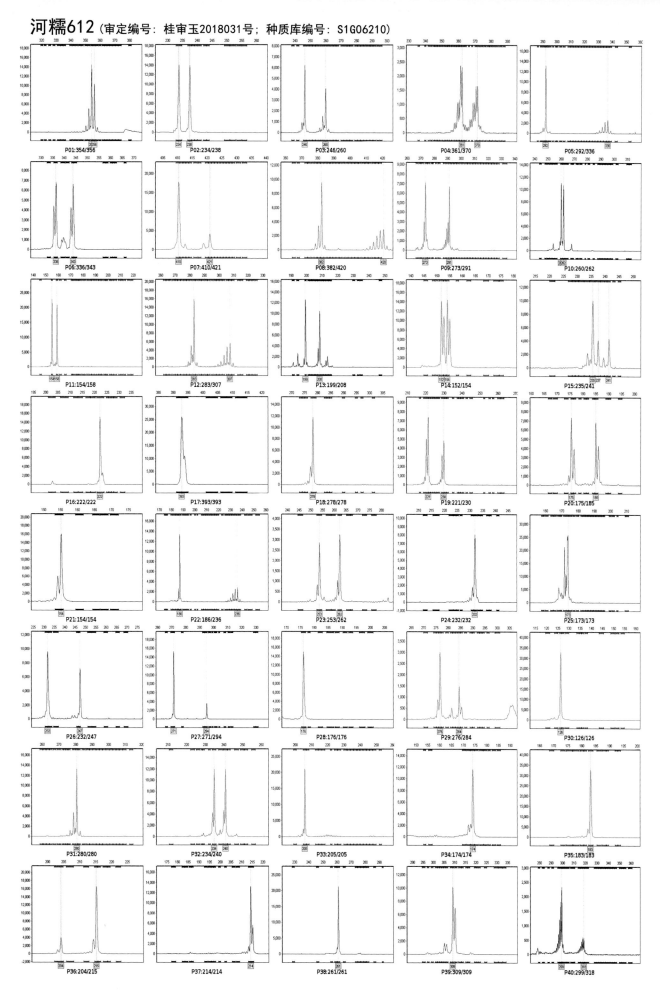

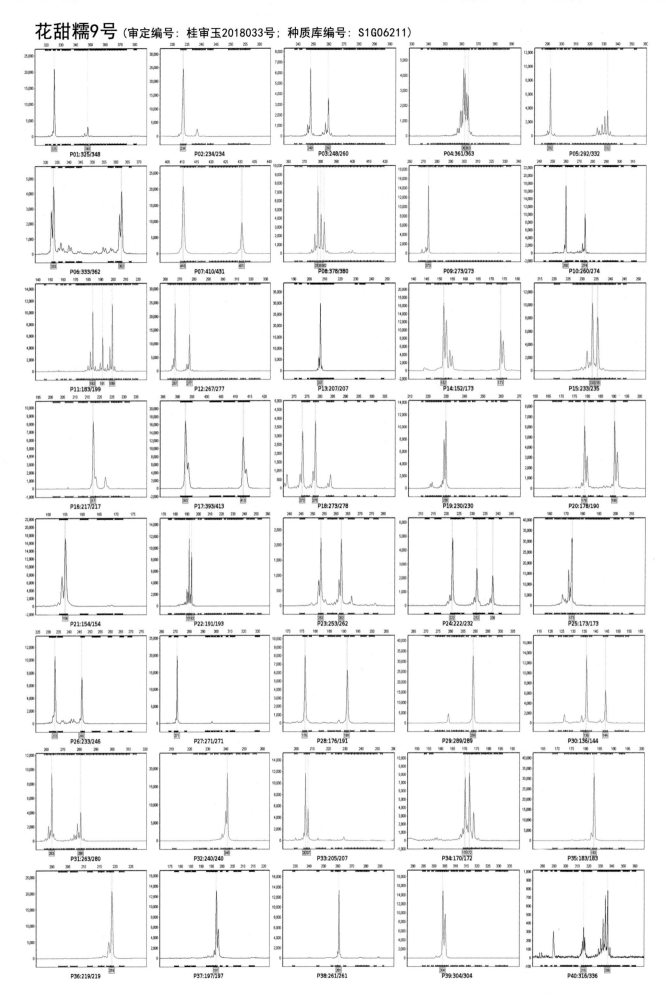

# 金卡糯5号 （审定编号：桂审玉2018055号；种质库编号：S1G06218）

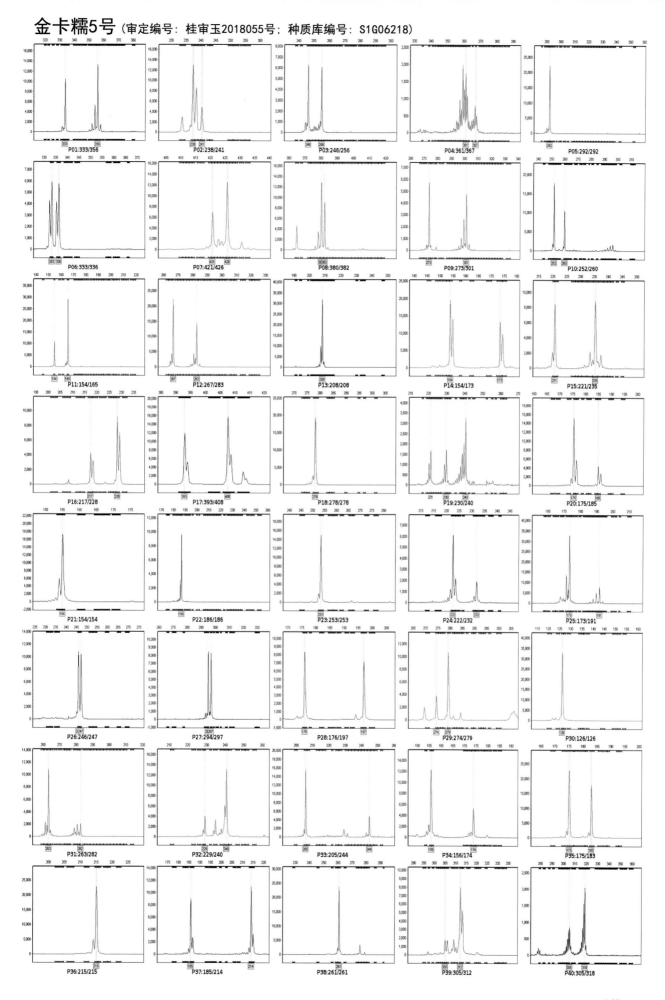

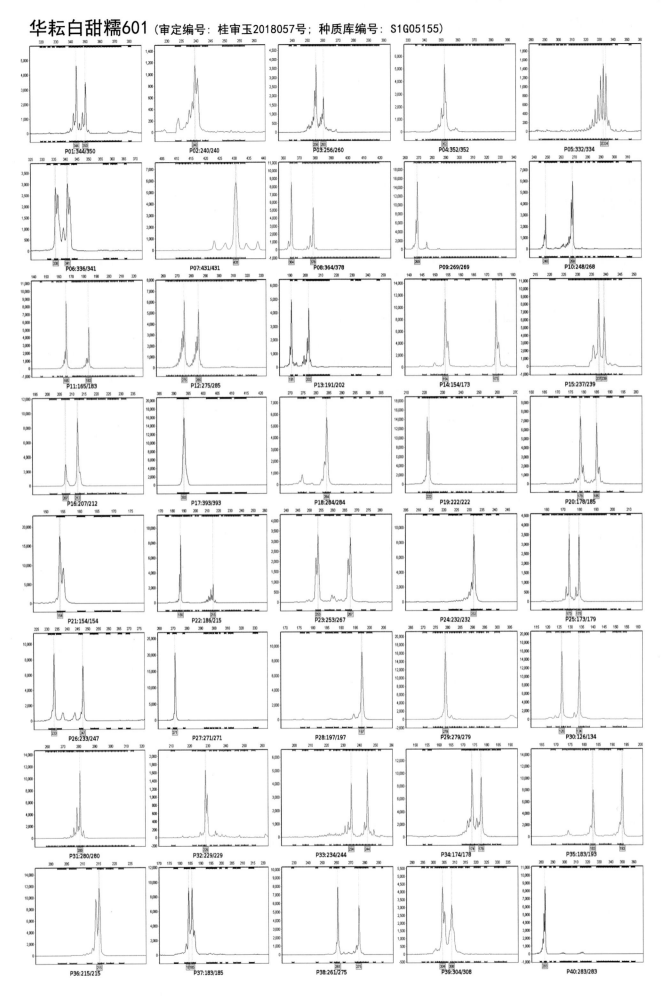

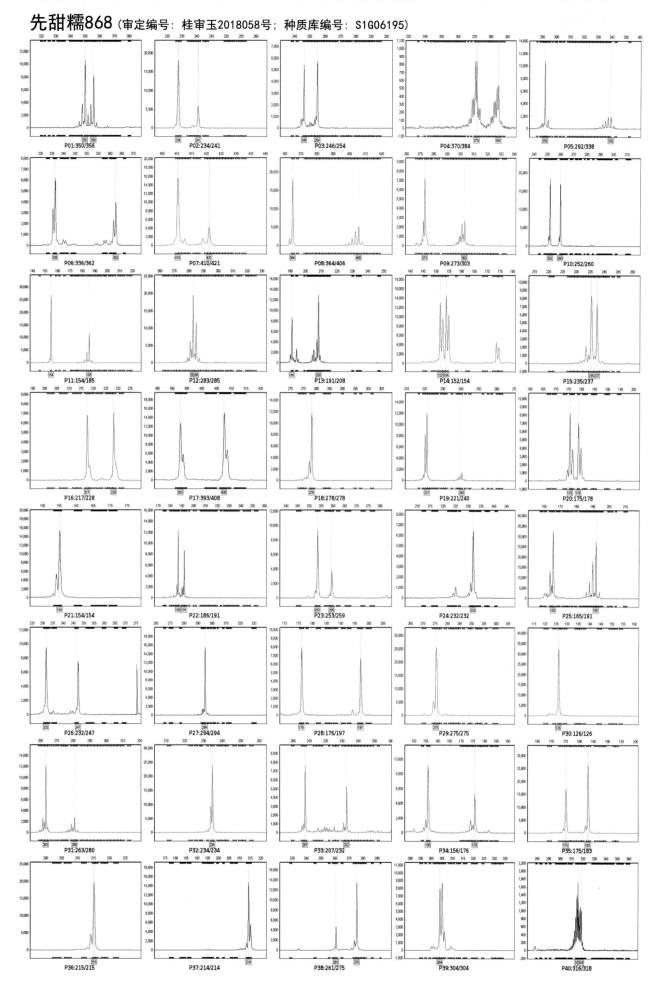

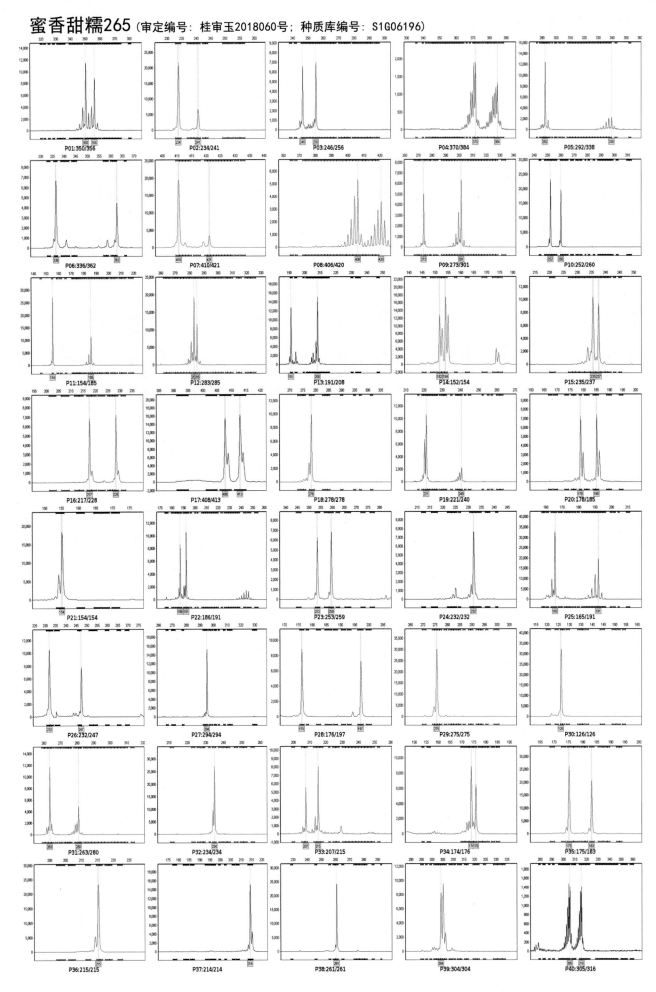

P01:350/356　P02:234/241　P03:246/256　P04:370/384　P05:292/338

P06:336/362　P07:410/421　P08:406/420　P09:273/301　P10:252/260

P11:154/185　P12:283/285　P13:191/208　P14:152/154　P15:235/237

P16:217/228　P17:408/413　P18:278/278　P19:221/240　P20:178/185

P21:154/154　P22:186/191　P23:253/259　P24:232/232　P25:165/191

P26:232/247　P27:294/294　P28:176/197　P29:275/275　P30:126/126

P31:263/280　P32:234/234　P33:207/215　P34:174/176　P35:175/183

P36:215/215　P37:214/214　P38:261/261　P39:304/304　P40:305/316

# 沈糯9号（审定编号：黑审玉2012041；种质库编号：S1G03820）

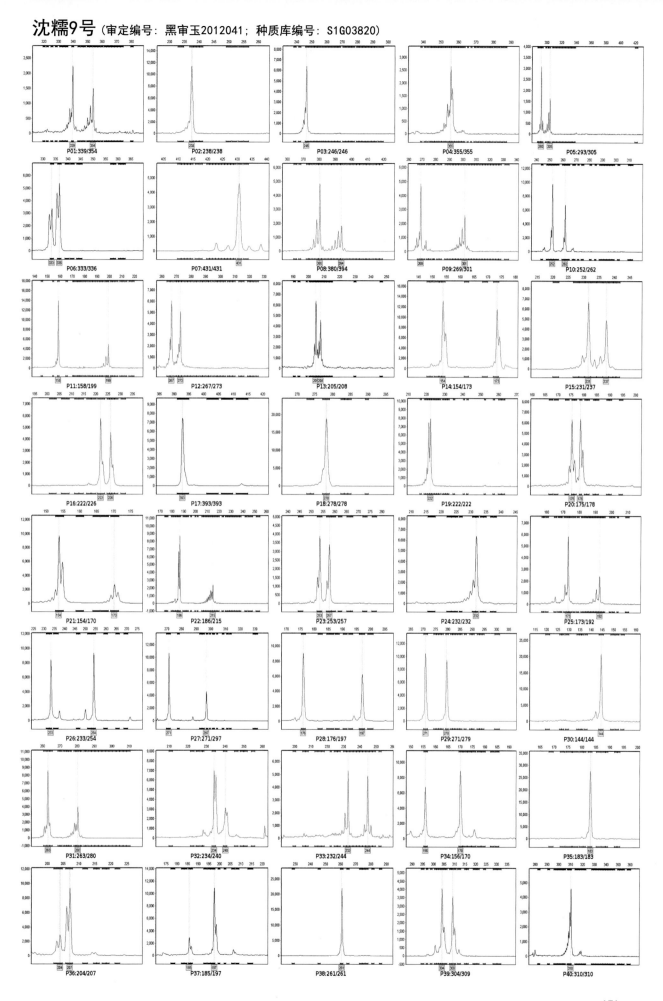

P01:339/354　P02:238/238　P03:246/246　P04:355/355　P05:293/305

P06:333/336　P07:431/431　P08:380/394　P09:269/301　P10:252/262

P11:158/199　P12:267/273　P13:205/208　P14:154/173　P15:231/237

P16:222/226　P17:393/393　P18:278/278　P19:222/222　P20:175/178

P21:154/170　P22:186/215　P23:253/257　P24:232/232　P25:173/192

P26:233/254　P27:271/297　P28:176/197　P29:271/279　P30:144/144

P31:263/280　P32:234/240　P33:232/244　P34:156/170　P35:183/183

P36:204/207　P37:185/197　P38:261/261　P39:304/309　P40:310/310

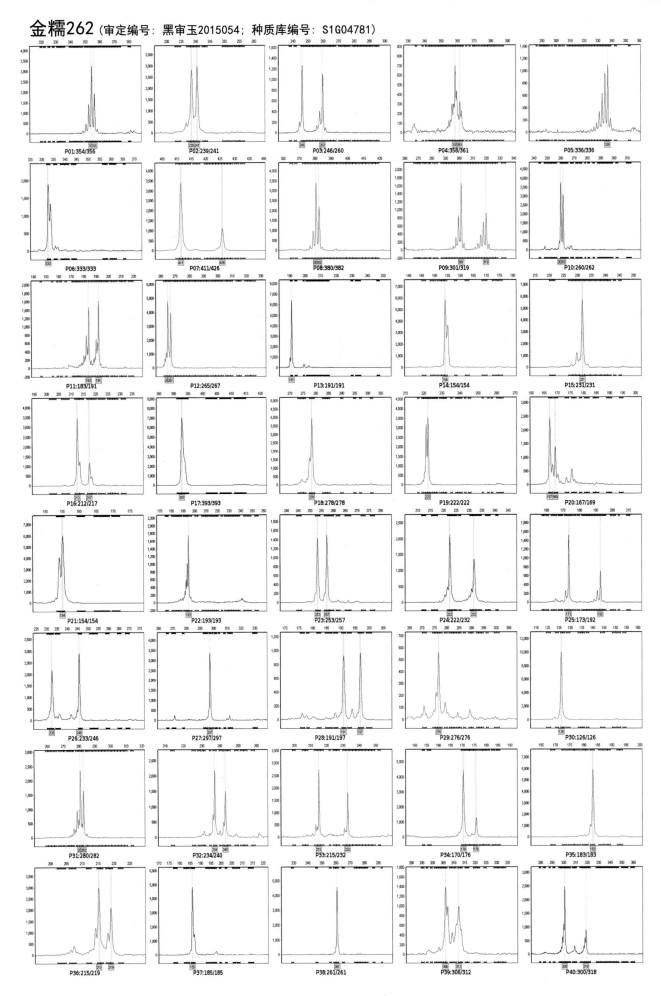

P01:354/356　P02:239/241　P03:246/260　P04:358/361　P05:336/336

P06:333/333　P07:411/426　P08:380/382　P09:301/319　P10:260/262

P11:183/191　P12:265/267　P13:191/191　P14:154/154　P15:231/231

P16:212/217　P17:393/393　P18:278/278　P19:222/222　P20:167/169

P21:154/154　P22:193/193　P23:253/257　P24:222/232　P25:173/192

P26:233/246　P27:297/297　P28:191/197　P29:276/276　P30:126/126

P31:280/282　P32:234/240　P33:215/232　P34:170/176　P35:183/185

P36:215/219　P37:185/185　P38:261/261　P39:306/312　P40:300/318

# 白糯118（审定编号：黑审玉2017046；种质库编号：S1G05785）

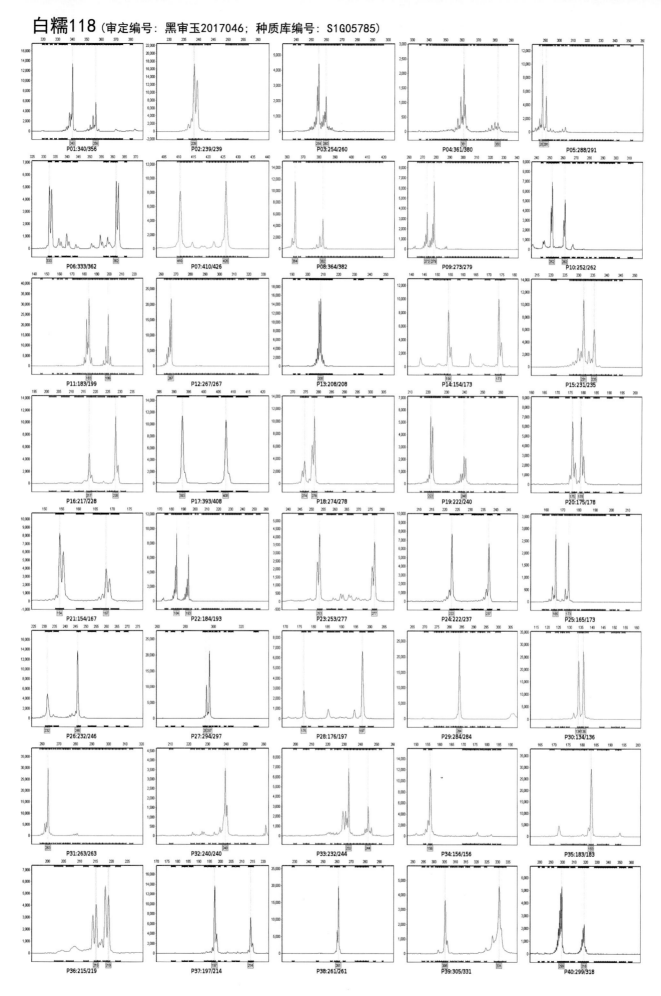

# 花糯3号 （审定编号：黑审玉2017047；种质库编号：S1G05786）

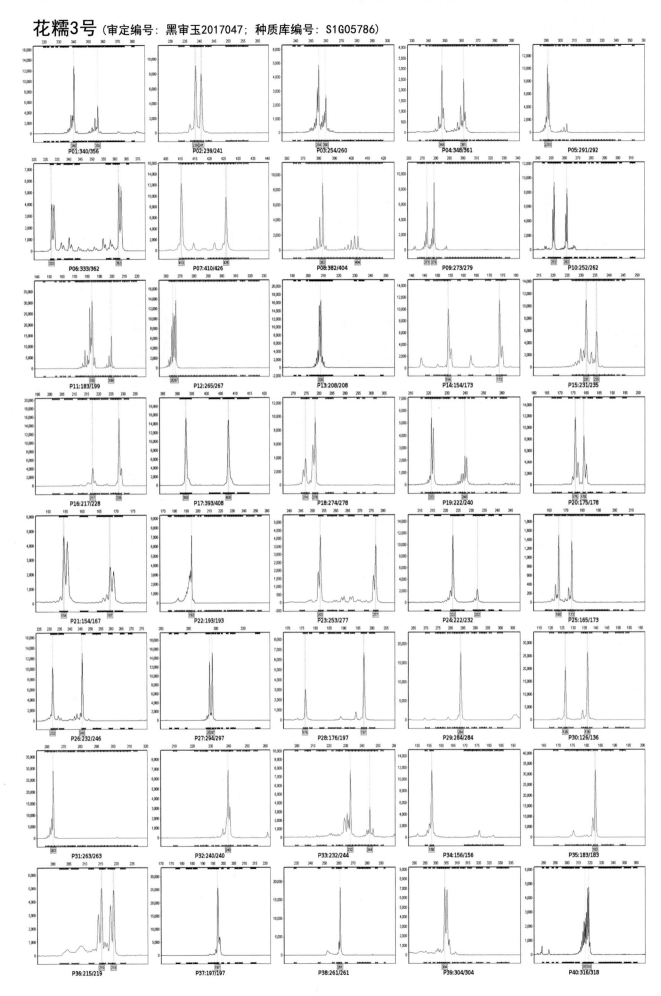

P01:340/356　P02:239/241　P03:254/260　P04:348/361　P05:291/292
P06:333/362　P07:410/426　P08:382/404　P09:273/279　P10:252/262
P11:183/199　P12:265/267　P13:208/208　P14:154/173　P15:231/235
P16:217/228　P17:393/408　P18:274/278　P19:222/240　P20:175/178
P21:154/167　P22:193/193　P23:253/277　P24:222/232　P25:165/173
P26:232/246　P27:294/297　P28:176/197　P29:284/284　P30:126/136
P31:263/263　P32:240/240　P33:232/244　P34:156/156　P35:183/183
P36:215/219　P37:197/197　P38:261/261　P39:304/304　P40:316/318

# 沪紫黑糯1号 (审定编号：沪农品审玉米(2008)第006号，滇审玉米2017047号，湘审玉20190012；种质库编号：S1G01474)

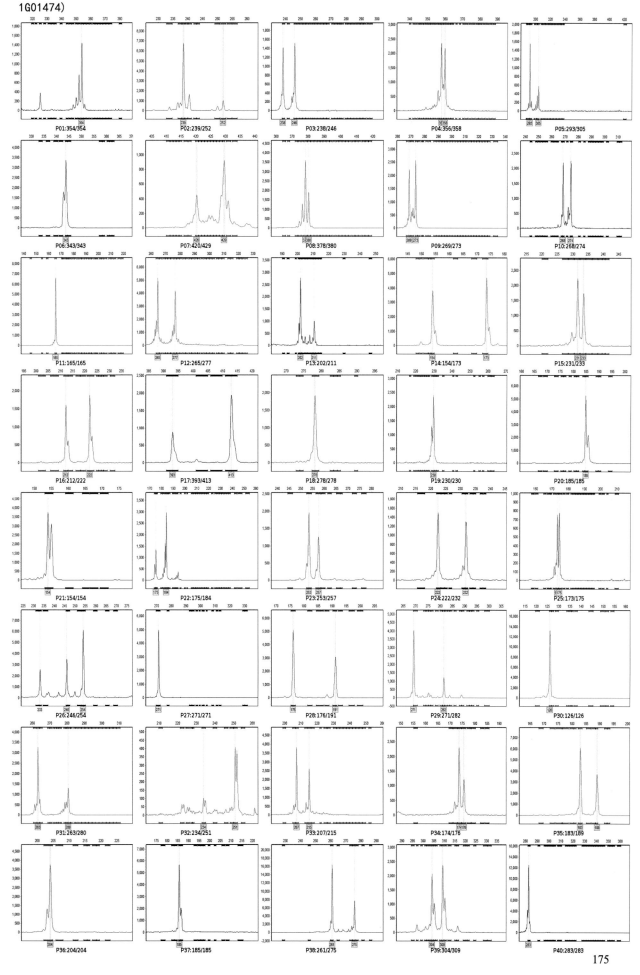

# 脆甜糯6号 （审定编号：沪农品审玉米2010第008号，赣审玉2012005；种质库编号：S1G01478）

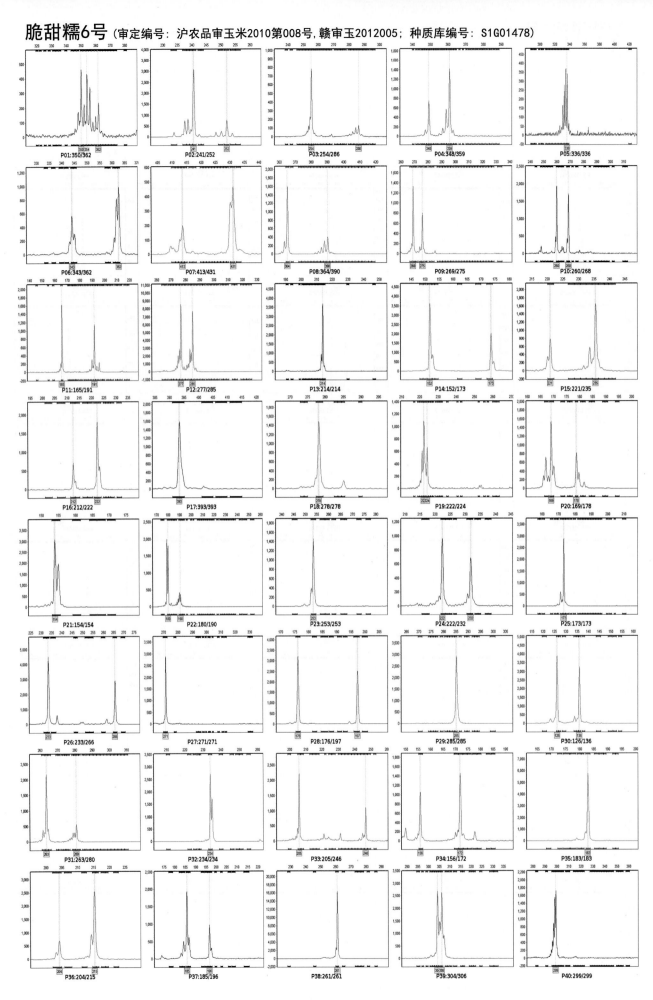

# 彩甜糯617（审定编号：沪农品审玉米2012第001号；种质库编号：S1G03128）

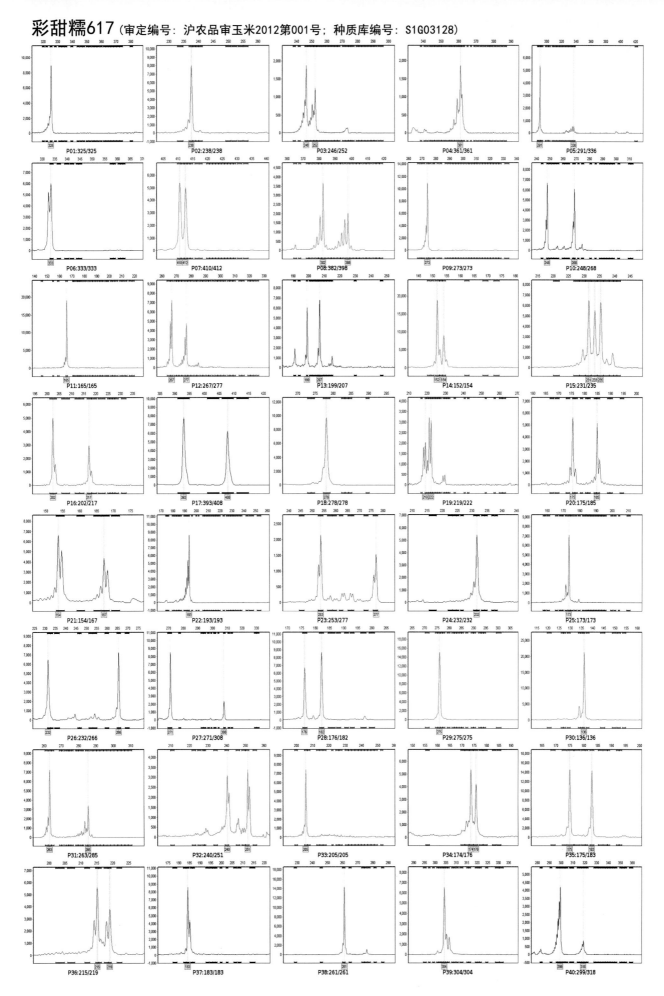

# 华耐糯玉4号 （审定编号：沪农品审玉米2012第002号；种质库编号：S1G02966）

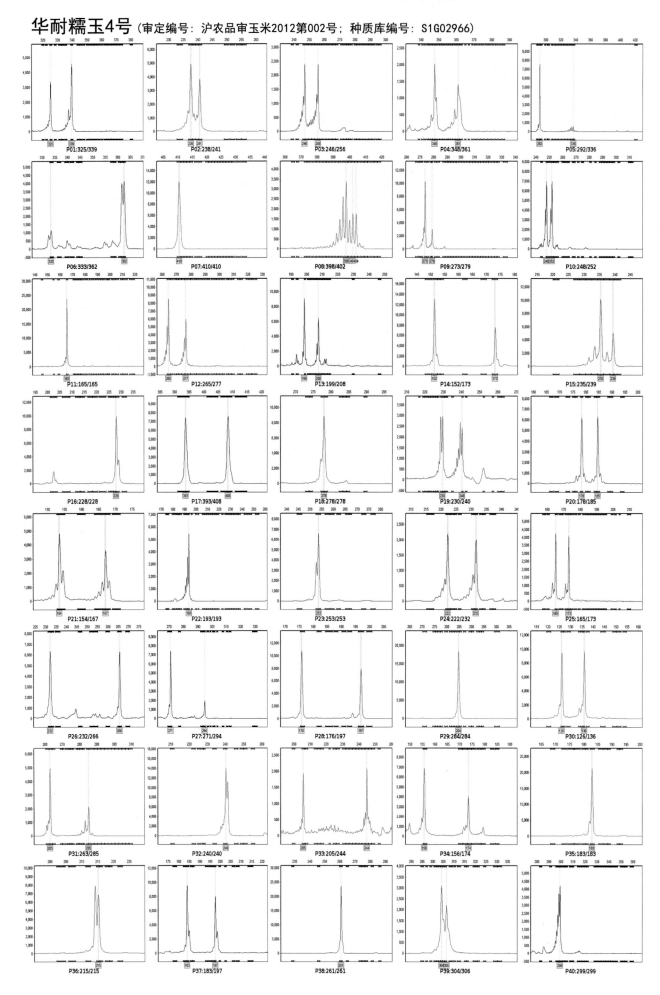

# 彩糯9号 （审定编号：沪农品审玉米2012第003号；种质库编号：S1G04022）

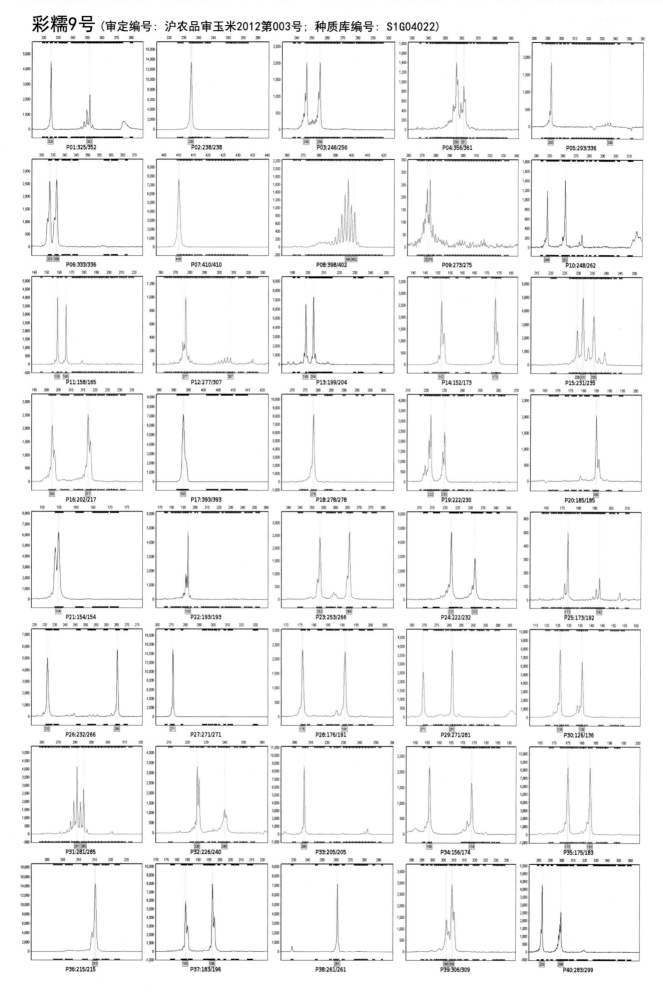

179

申糯6号（审定编号：沪农品审玉米2012第004号；种质库编号：S1G04023）

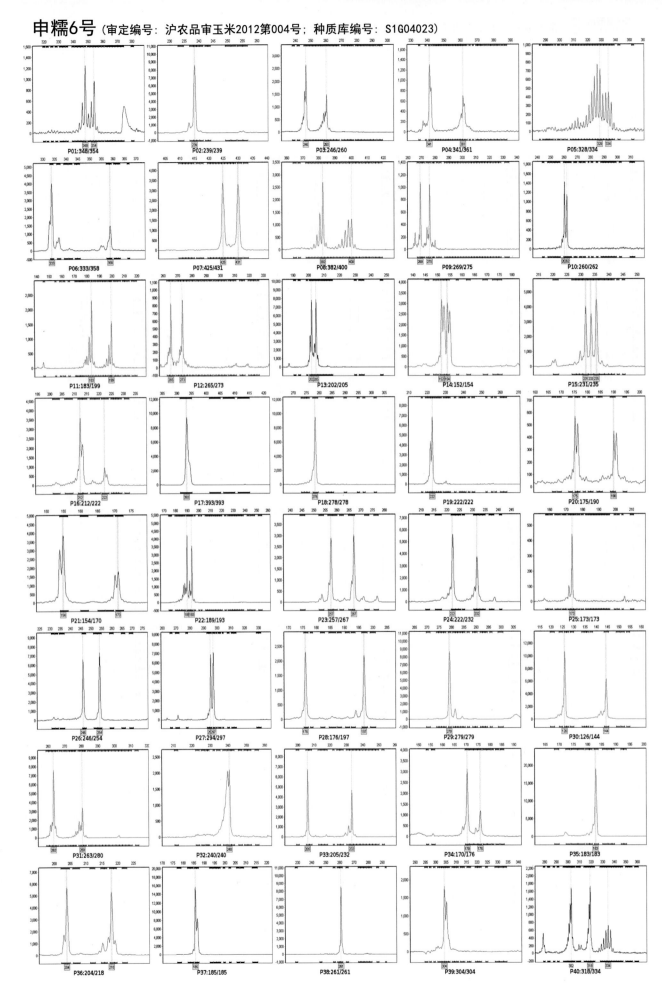

180

# 沪玉糯5号 （审定编号：沪农品审玉米2013第001号；种质库编号：S1G03446）

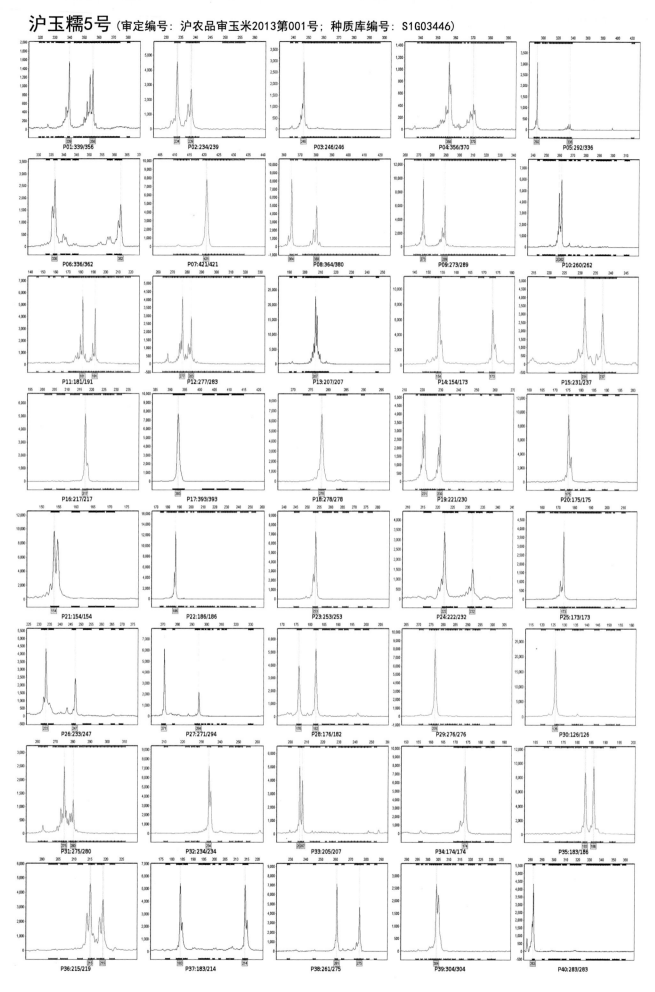

申科糯1号（审定编号：沪农品审玉米2013第002号；种质库编号：S1G03447）

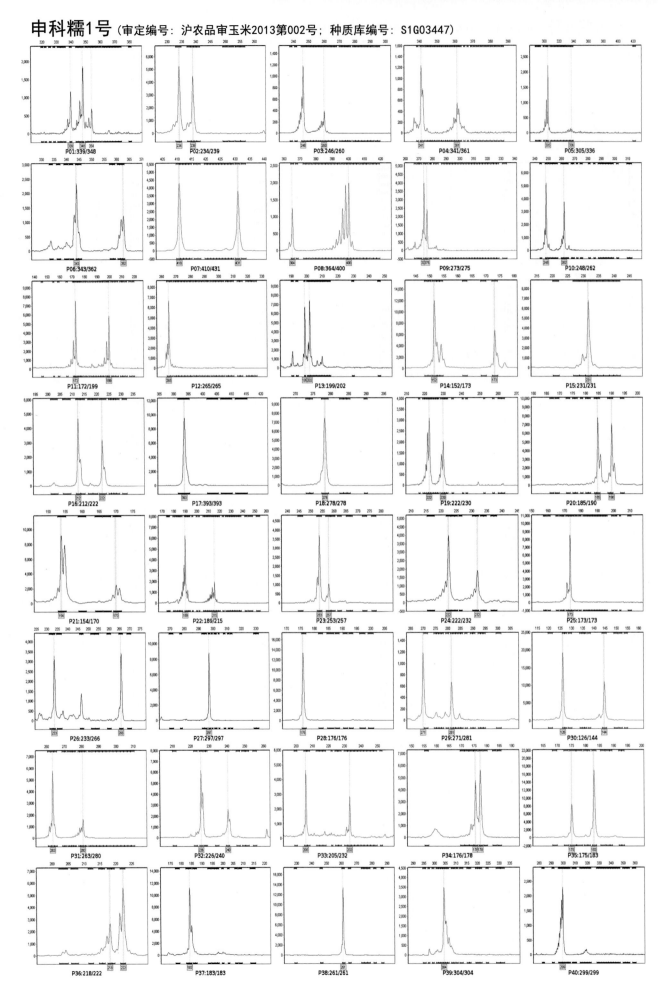

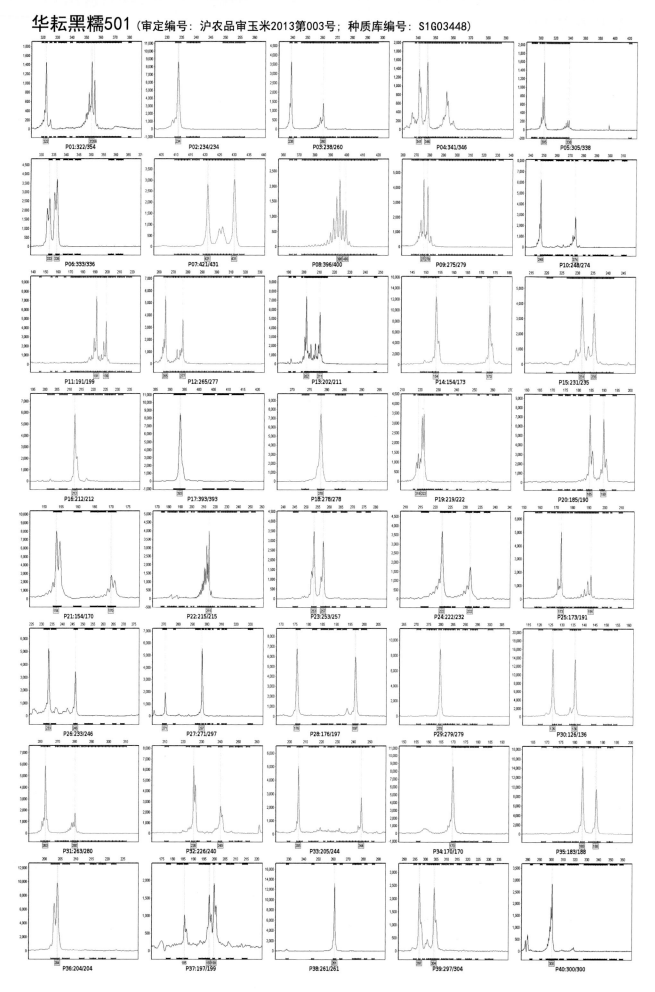

# 苏珍花糯2012 （审定编号：沪农品审玉米2013第005号；种质库编号：S1G03450）

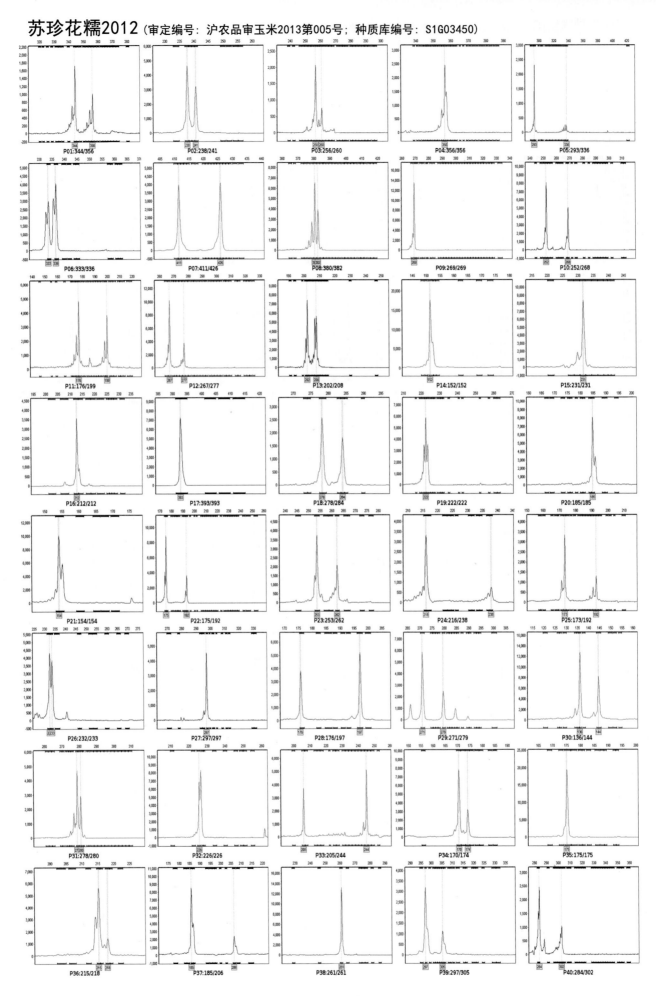

# 佳糯26 （审定编号：沪农品审玉米2013第006号，吉审玉2014046，冀审玉2015015号；种质库编号：S1G03451）

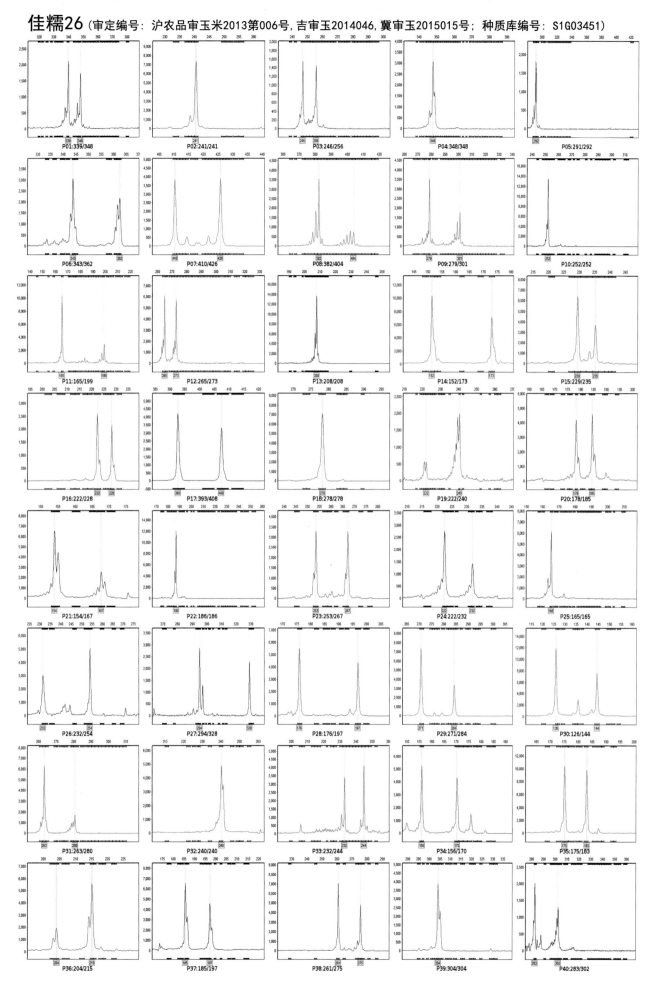

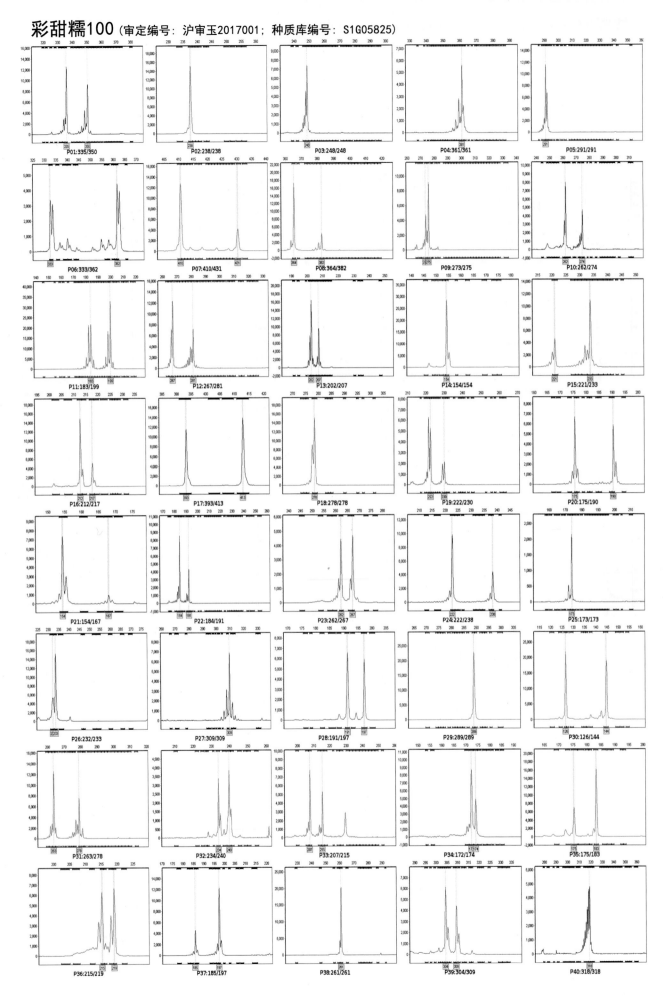

P01:335/350　P02:238/238　P03:248/248　P04:361/361　P05:291/291
P06:333/362　P07:410/431　P08:364/382　P09:273/275　P10:262/274
P11:183/199　P12:267/281　P13:202/207　P14:154/154　P15:221/233
P16:212/217　P17:393/413　P18:278/278　P19:222/230　P20:175/190
P21:154/167　P22:184/191　P23:262/267　P24:222/238　P25:173/173
P26:232/233　P27:309/309　P28:191/197　P29:289/289　P30:126/144
P31:263/278　P32:234/240　P33:207/215　P34:172/174　P35:175/183
P36:215/219　P37:185/197　P38:261/261　P39:304/309　P40:318/318

# 佳彩糯9号（审定编号：沪审玉2017002；种质库编号：S1G05826）

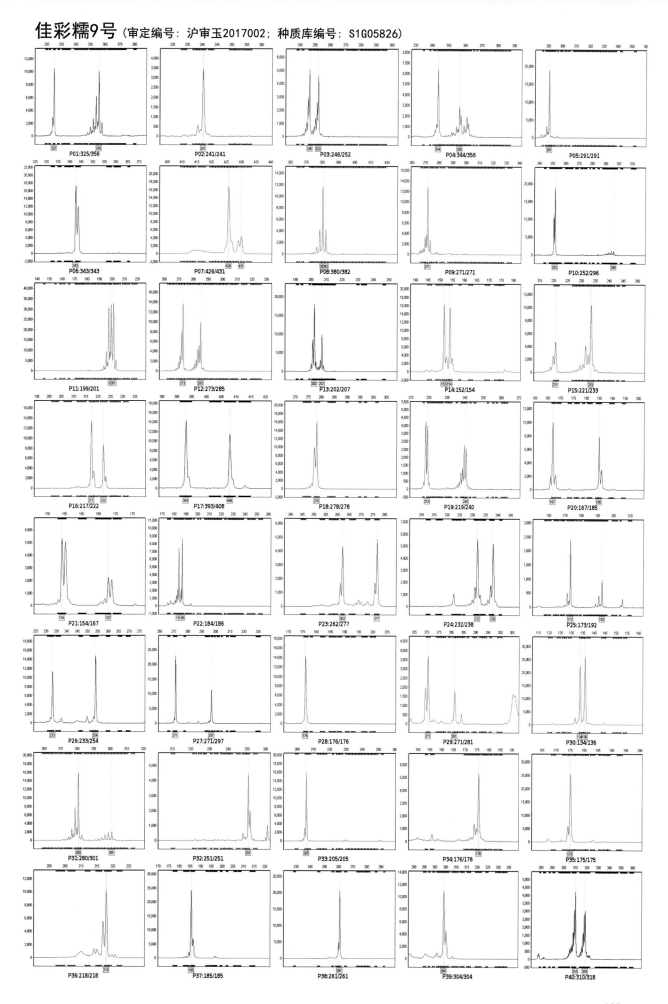

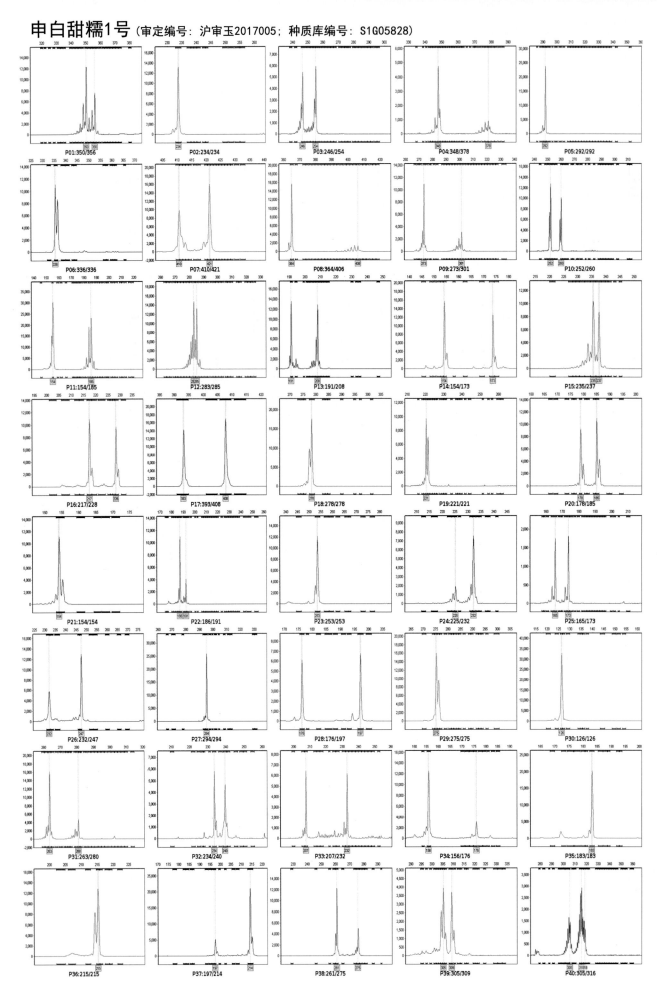

# 绿糯2号 （审定编号：吉审玉2008055，桂审玉2017022号；种质库编号：S1G03385）

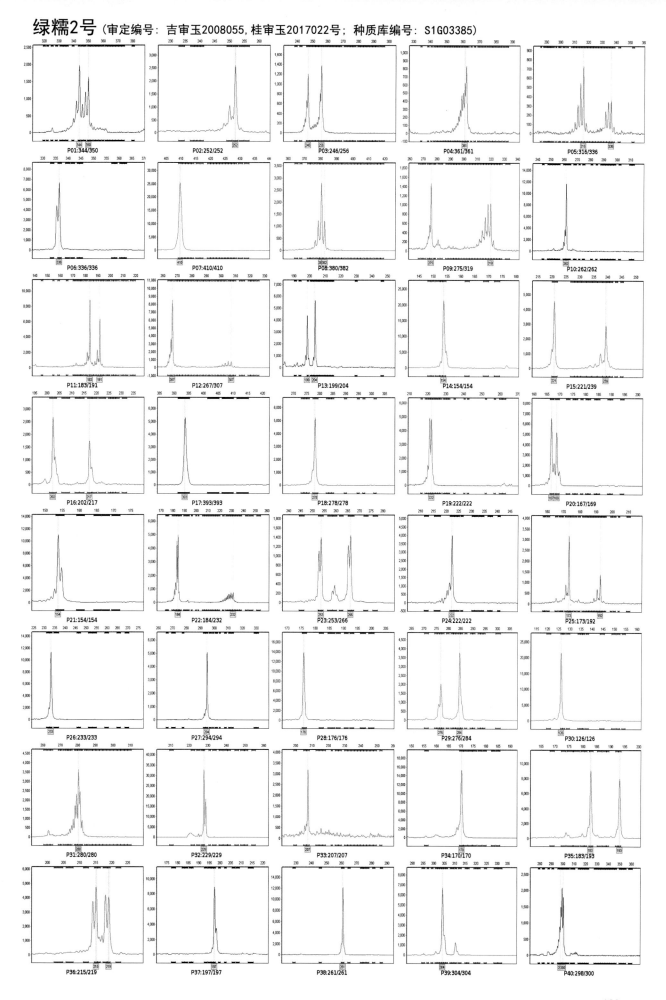

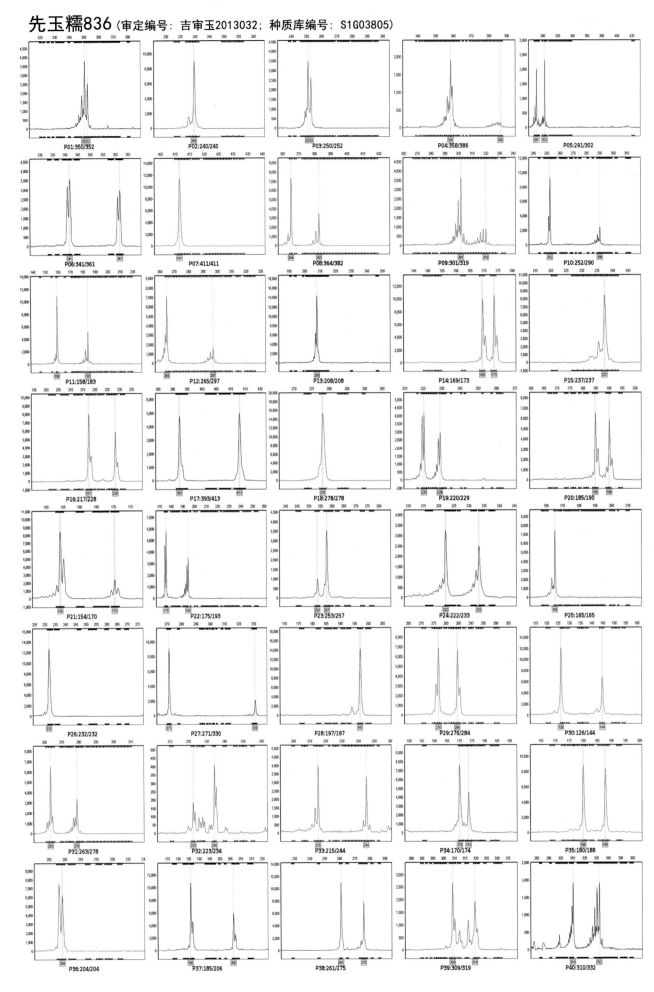

# 中玉糯8号 （审定编号：吉审玉2013033；种质库编号：S1G03806）

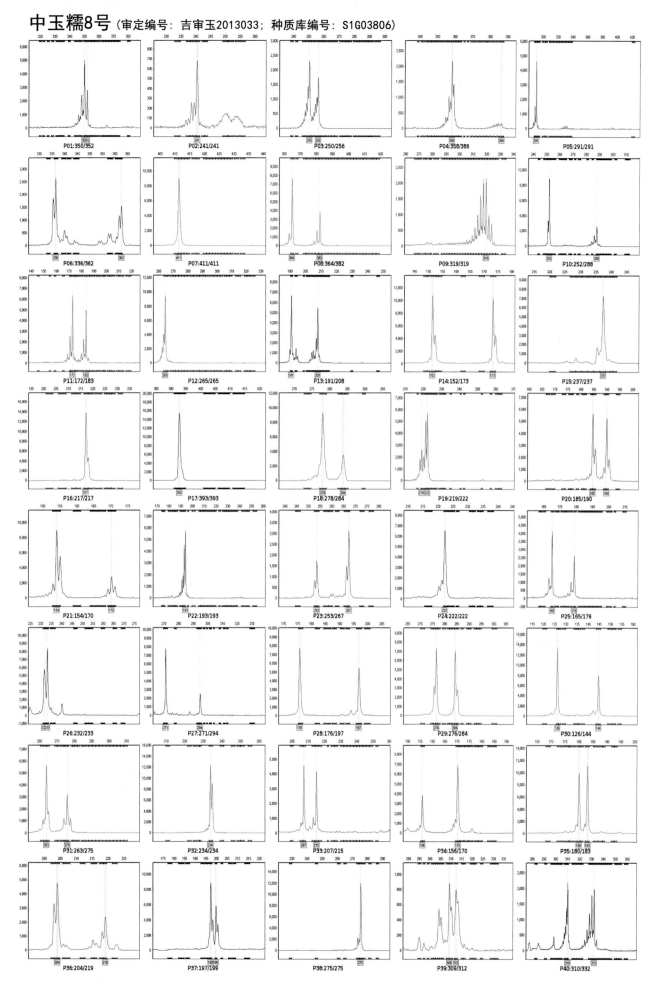

P01:350/352　P02:241/241　P03:250/256　P04:358/386　P05:291/291

P06:336/362　P07:411/411　P08:364/382　P09:319/319　P10:252/288

P11:172/183　P12:265/265　P13:191/208　P14:152/173　P15:237/237

P16:217/217　P17:393/393　P18:278/284　P19:219/222　P20:185/190

P21:154/170　P22:193/193　P23:253/267　P24:222/222　P25:165/179

P26:232/233　P27:271/294　P28:176/197　P29:276/284　P30:126/144

P31:263/275　P32:234/234　P33:207/215　P34:156/170　P35:180/183

P36:204/219　P37:197/199　P38:275/275　P39:309/312　P40:310/332

# 绿糯5号 （审定编号：吉审玉2013035；种质库编号：S1G03807）

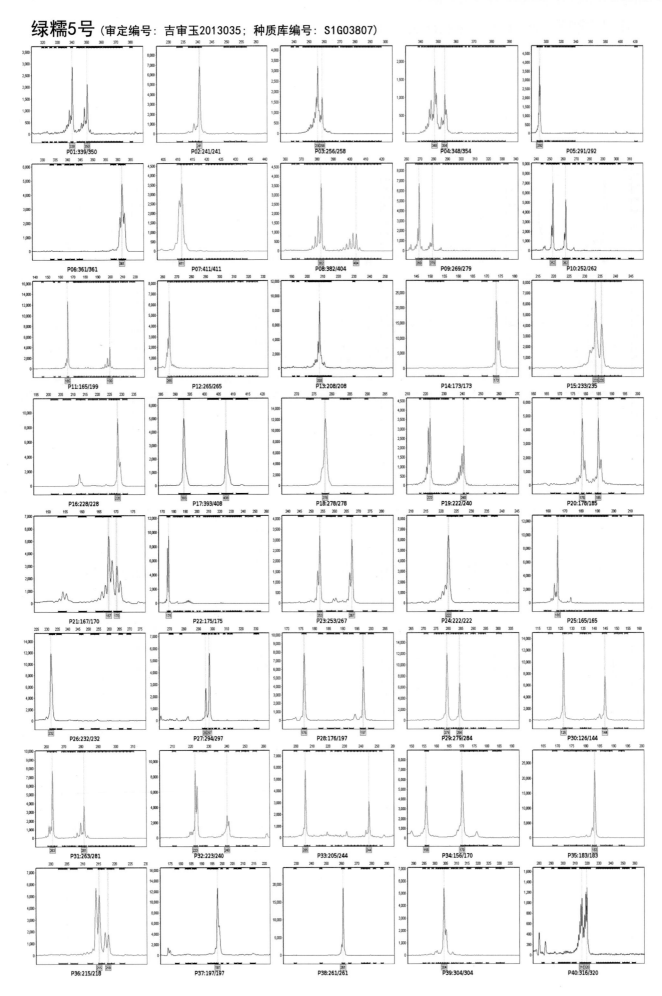

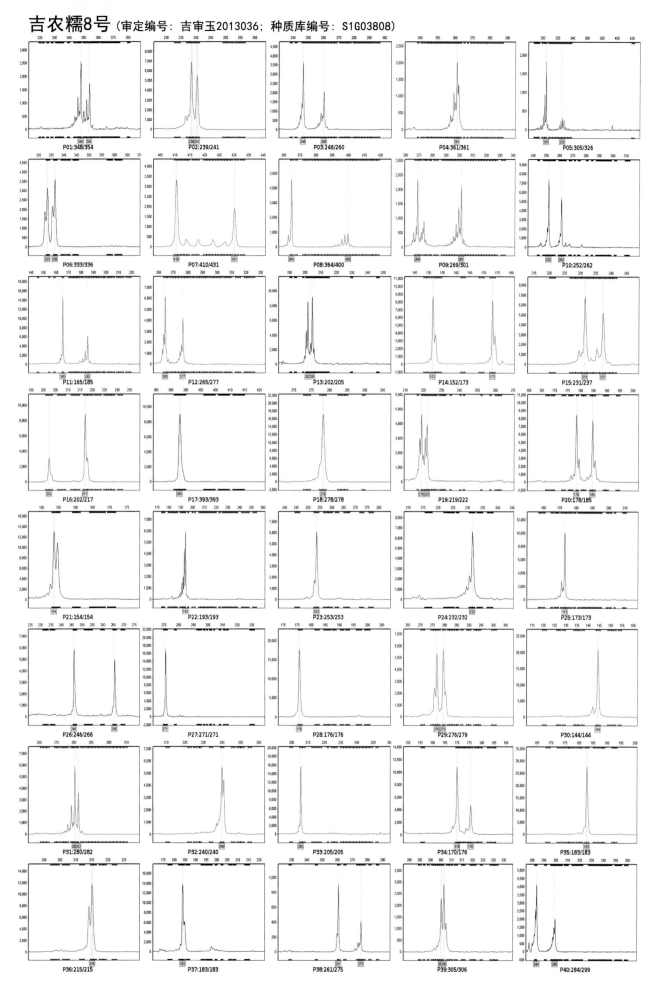

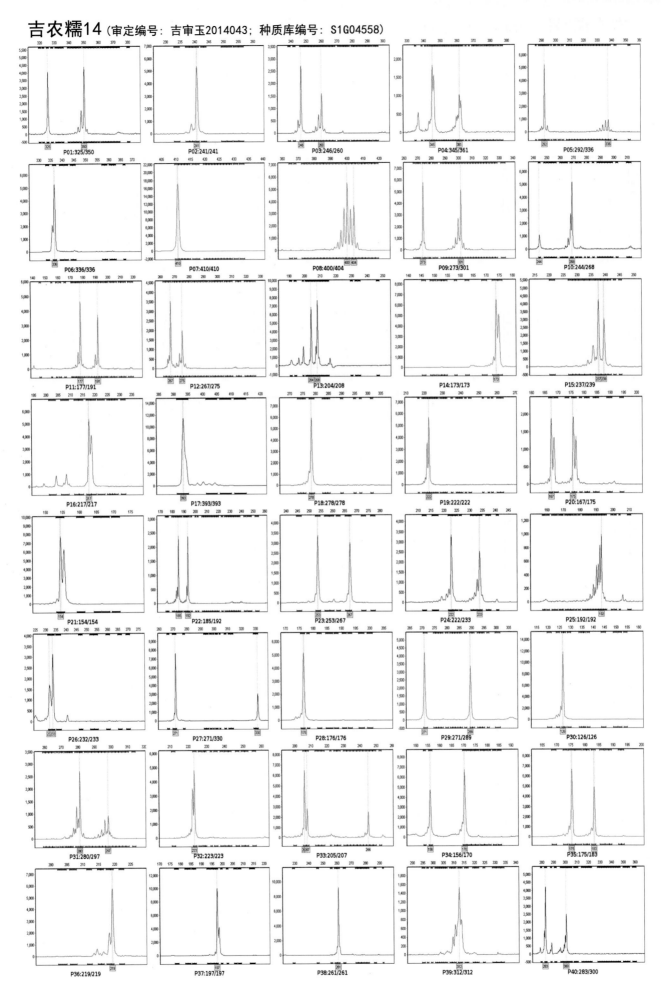

# 吉糯6号 （审定编号：吉审玉2014045；种质库编号：S1G04559）

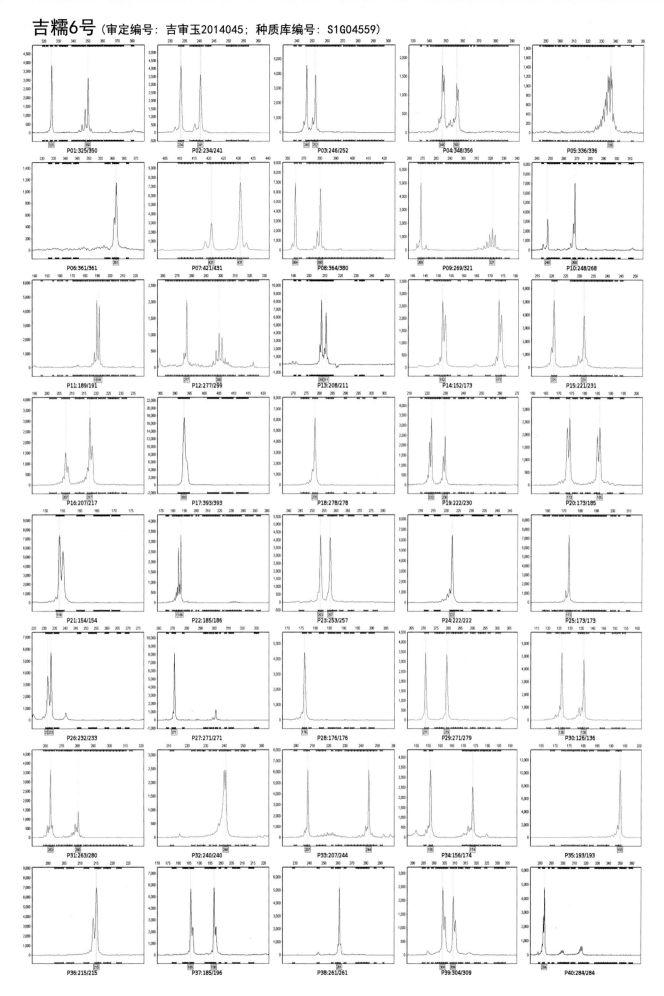

195

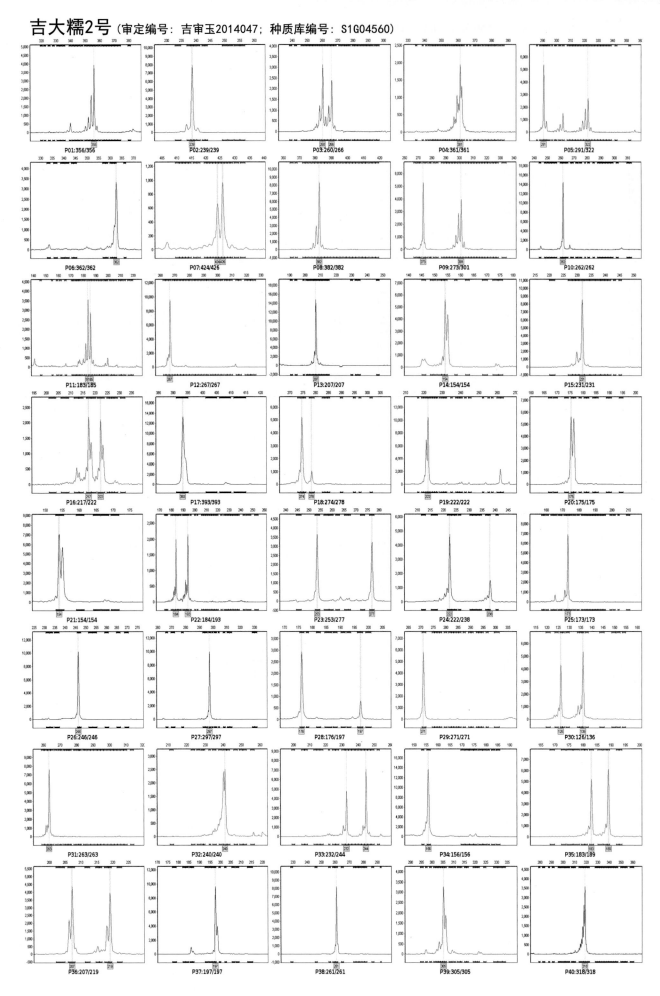

# 金花糯1号（审定编号：吉审玉2014049；种质库编号：S1G04561）

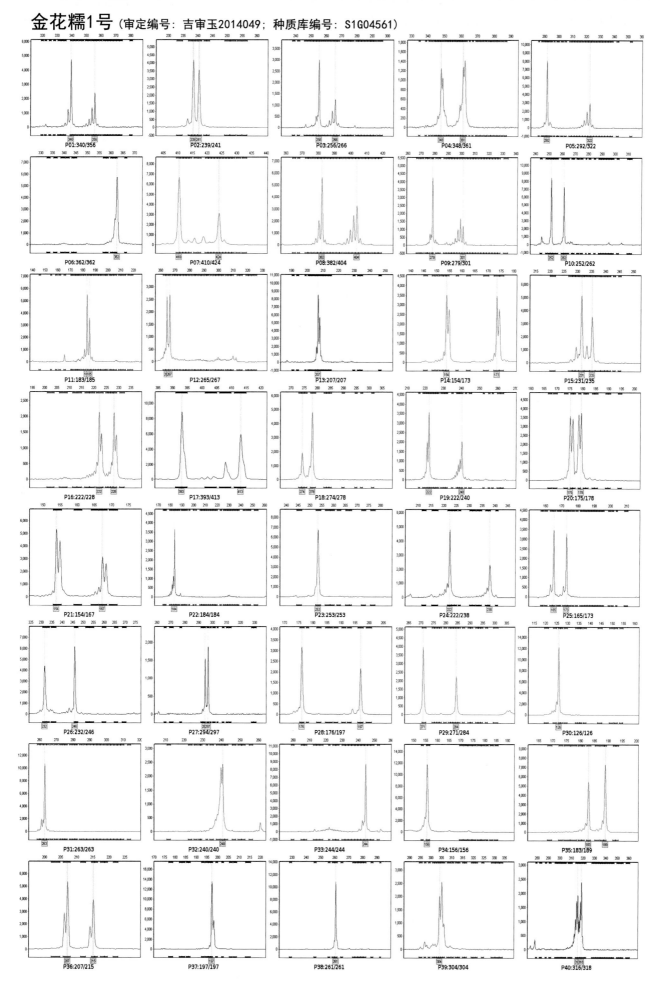

# 春糯9号 （审定编号：吉审玉2016066；种质库编号：S1G05288）

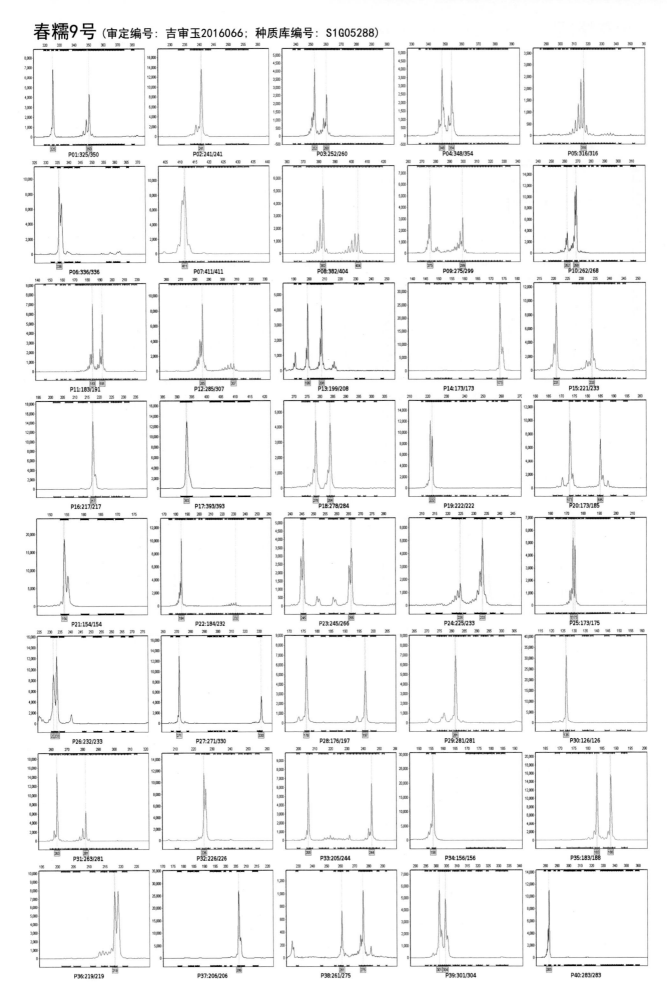

P01:325/350　P02:241/241　P03:252/260　P04:348/354　P05:316/316

P06:336/336　P07:411/411　P08:382/404　P09:275/299　P10:262/268

P11:183/191　P12:285/307　P13:199/208　P14:173/173　P15:221/233

P16:217/217　P17:393/393　P18:278/284　P19:222/222　P20:173/185

P21:154/154　P22:184/232　P23:245/266　P24:225/233　P25:173/175

P26:232/233　P27:271/330　P28:176/197　P29:281/281　P30:126/126

P31:263/281　P32:226/226　P33:205/244　P34:156/156　P35:183/188

P36:219/219　P37:206/206　P38:261/275　P39:301/304　P40:283/283

# 吉农糯111（审定编号：吉审玉20170056；种质库编号：S1G05701）

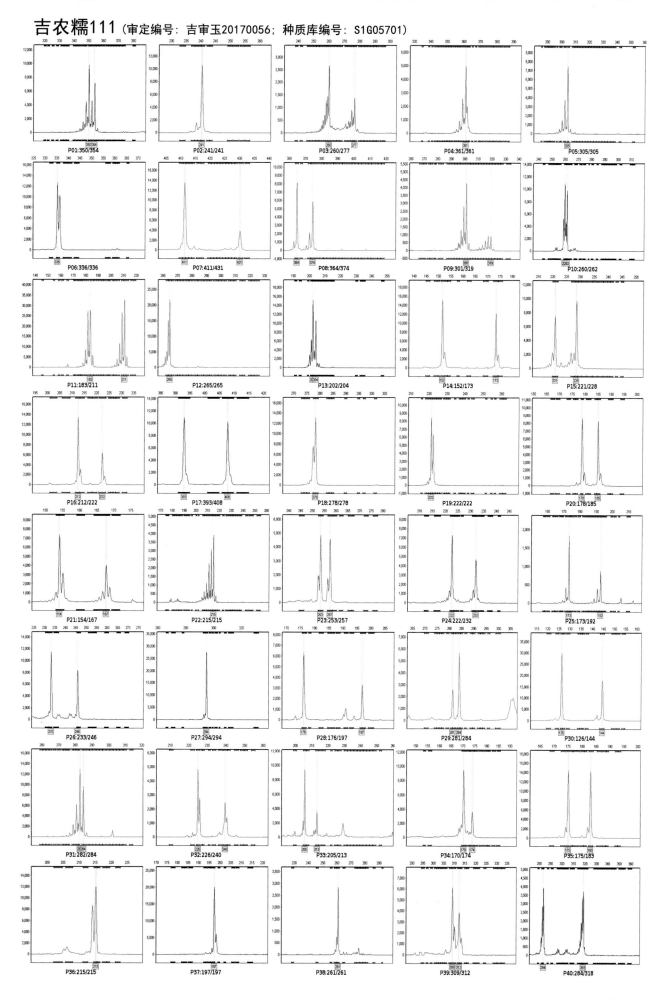

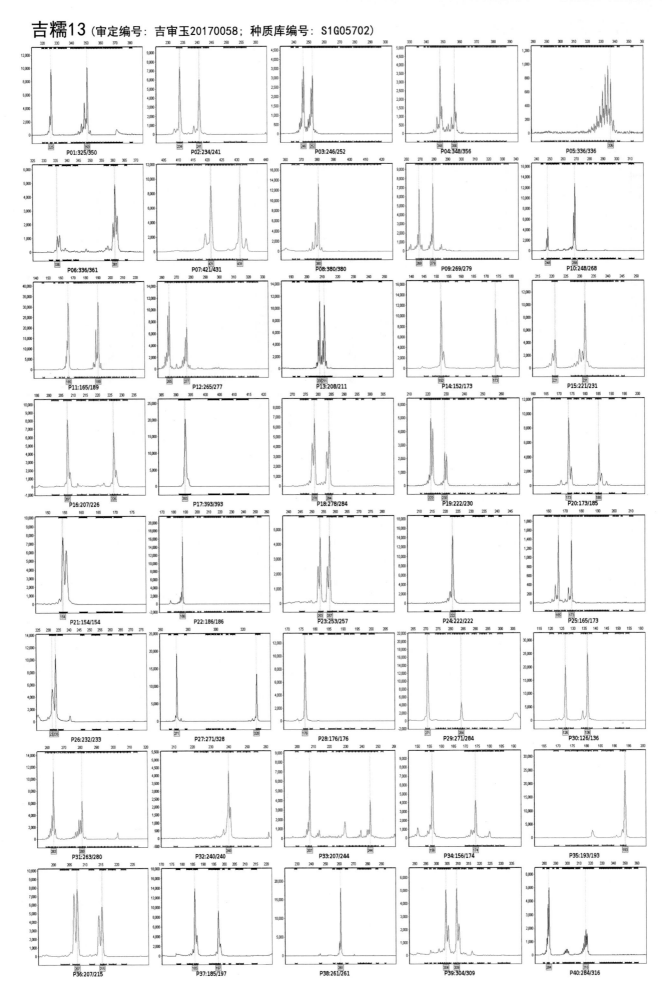

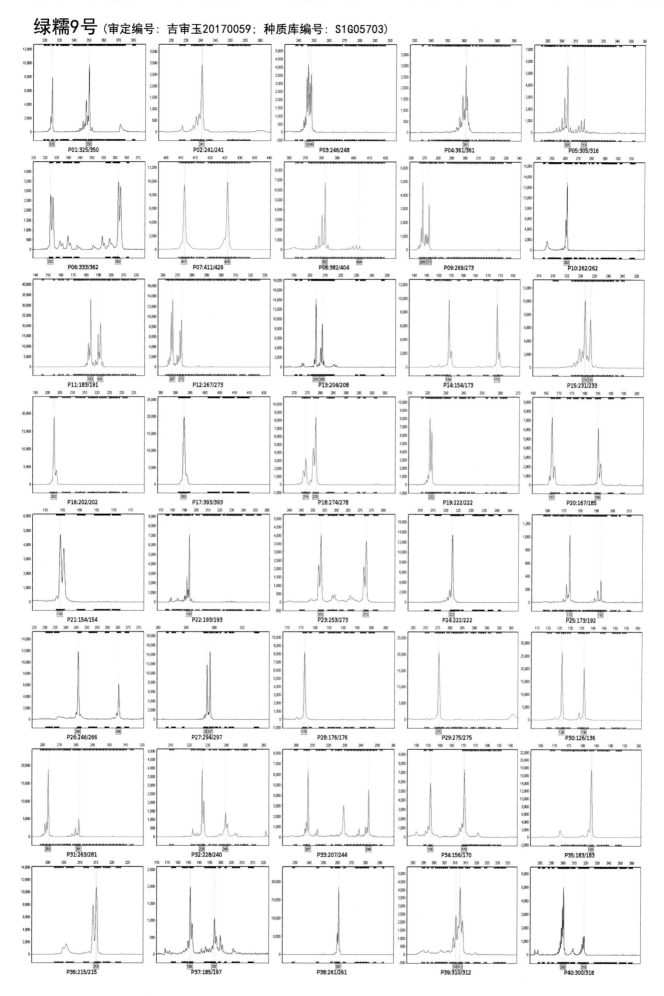

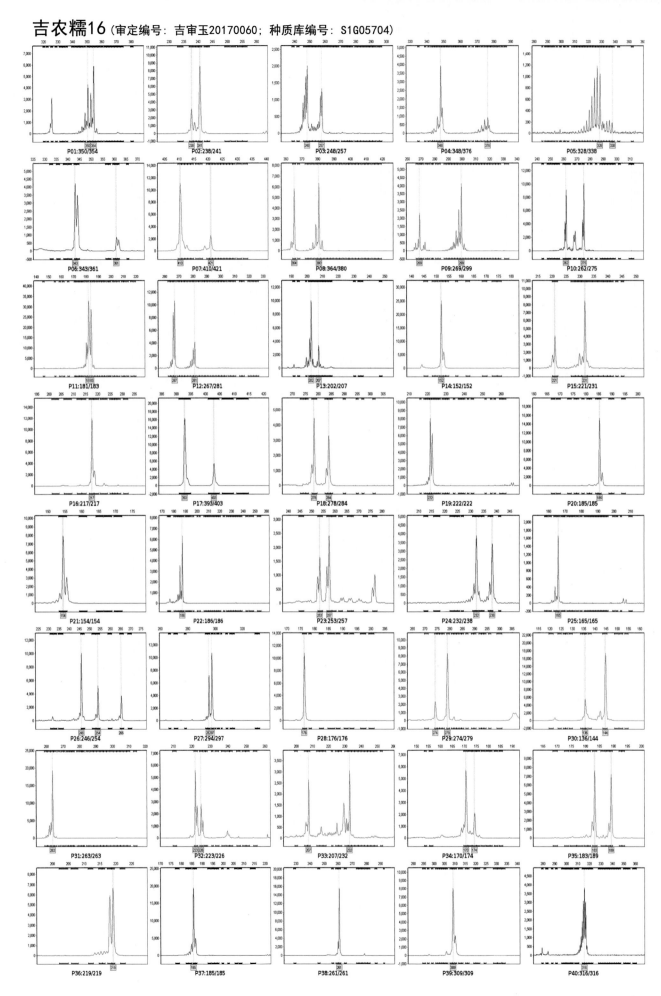

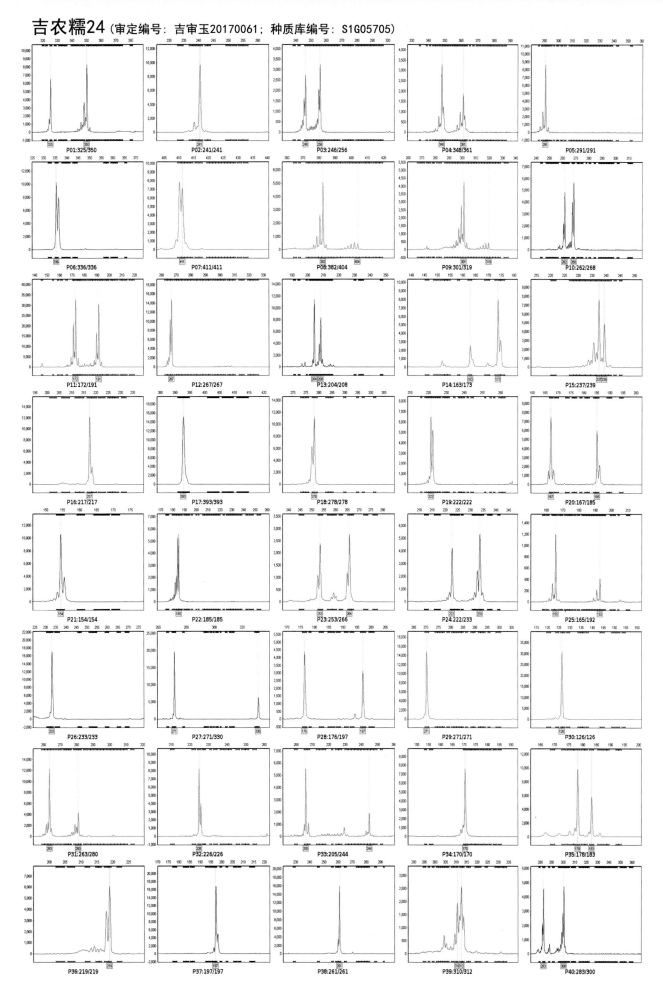

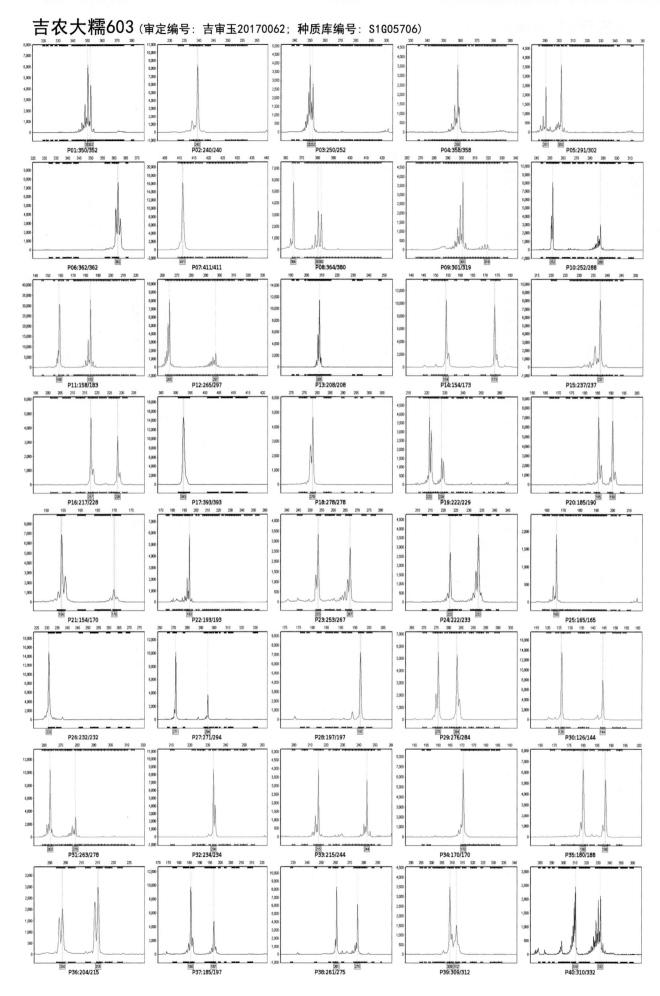

# 绿糯6号 （审定编号：吉审玉20170063；种质库编号：S1G05707）

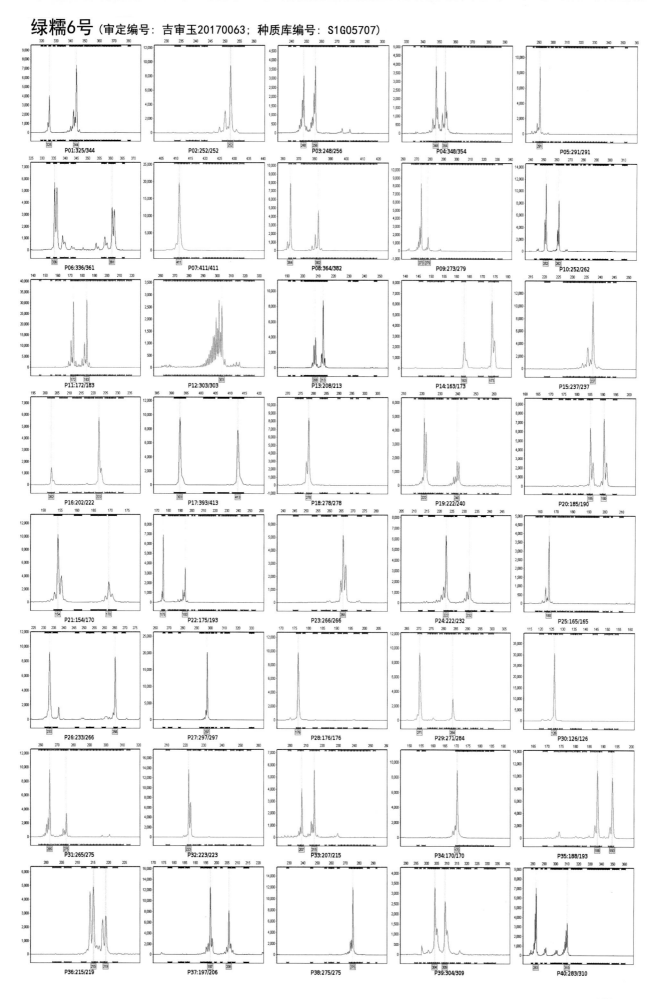

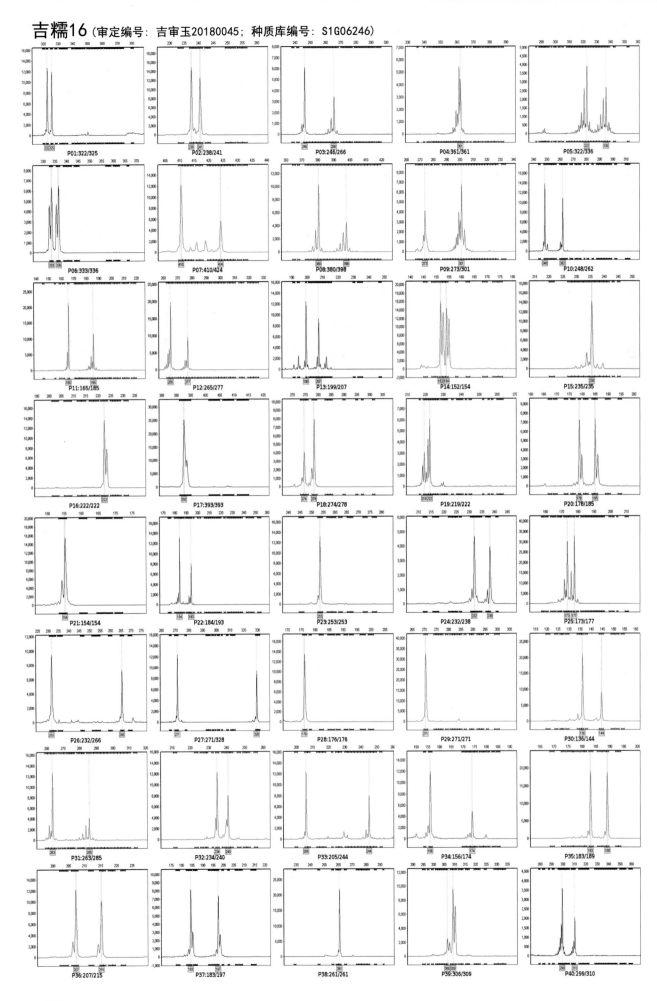

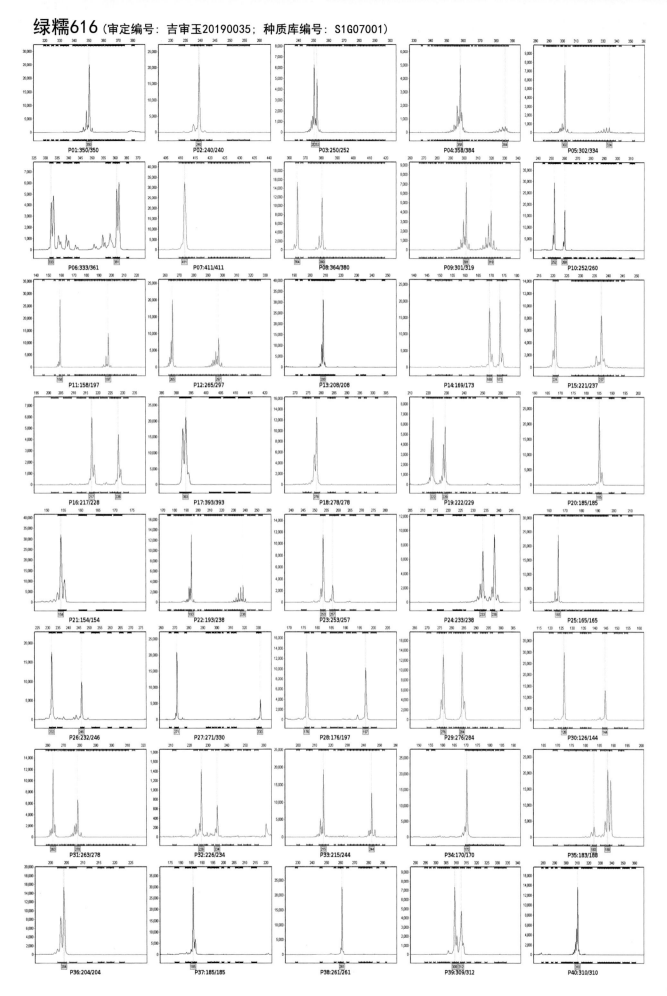

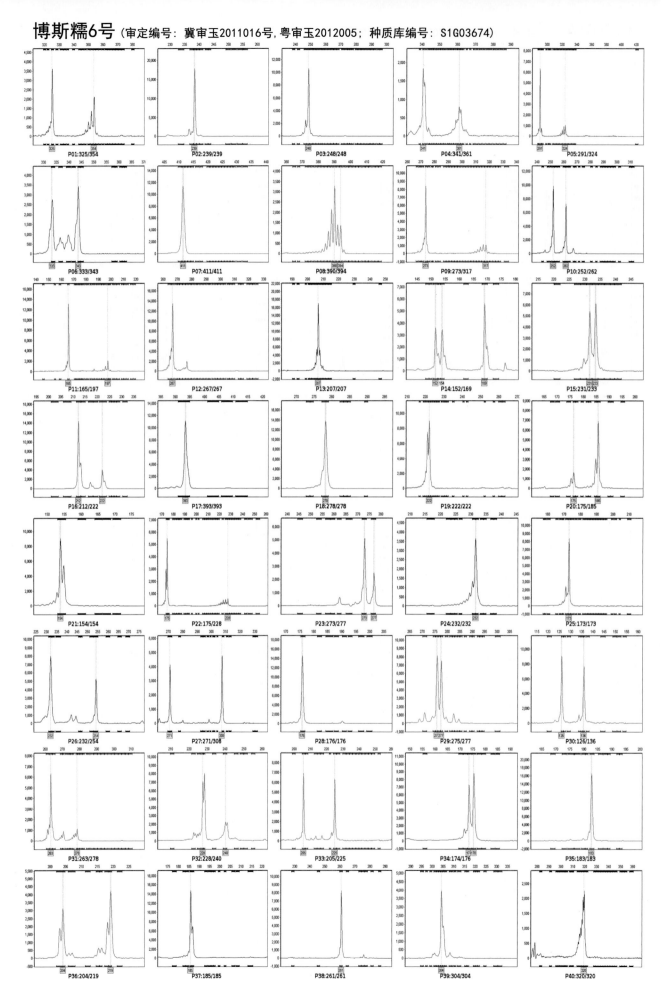

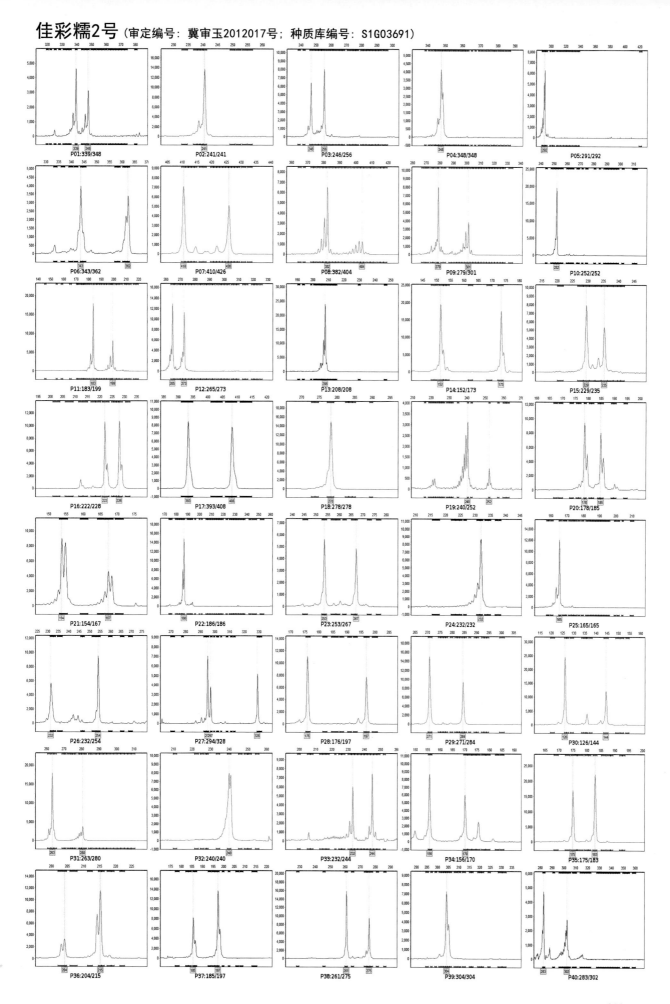

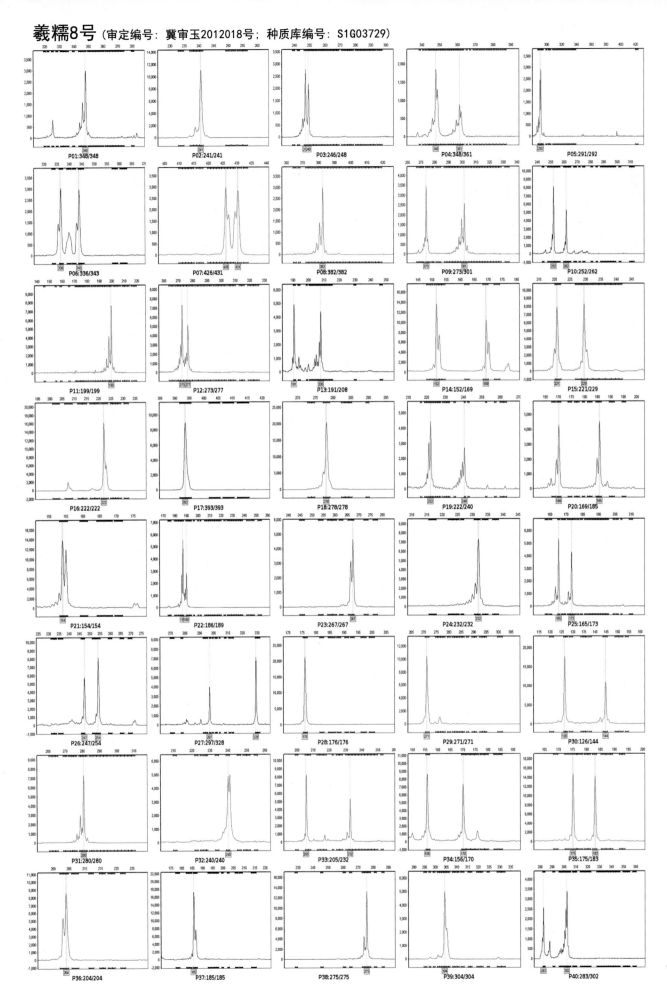

博斯糯9号（审定编号：冀审玉2012019号；种质库编号：S1G03681）

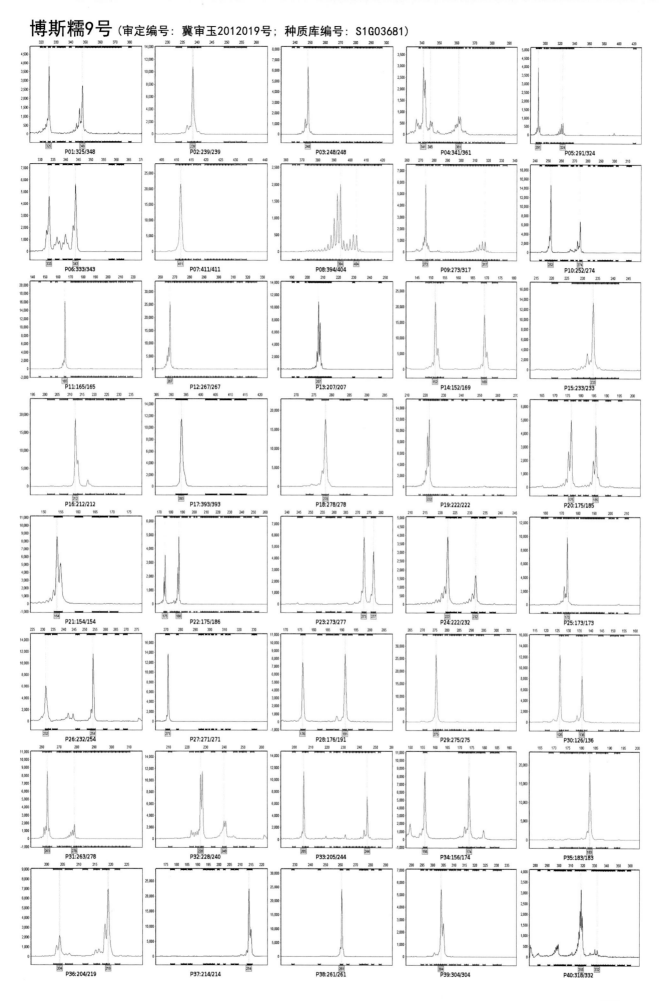

211

先达糯001（审定编号：冀审玉2012020号；种质库编号：S1G03982）

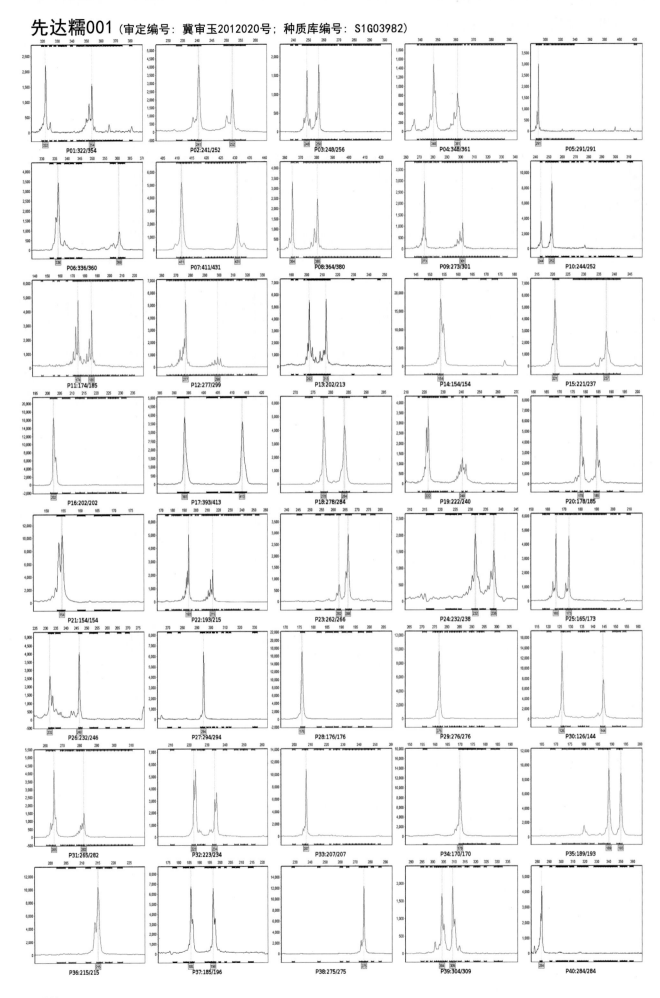

212

# 东糯120（审定编号：冀审玉2012022号；种质库编号：S1G03985）

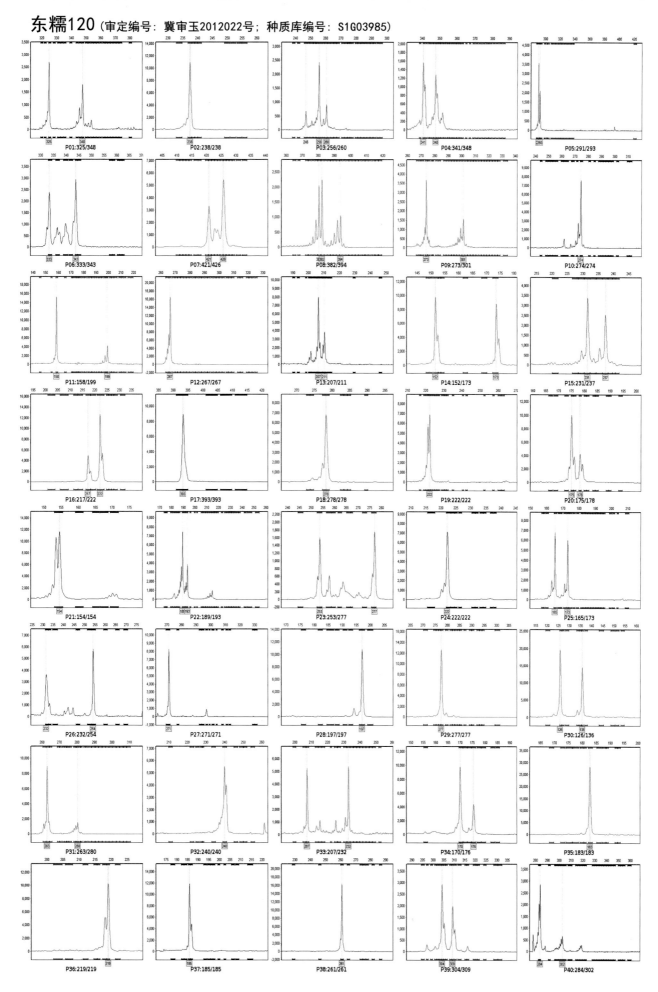

P01:325/348 P02:238/238 P03:256/260 P04:341/348 P05:291/293
P06:333/343 P07:421/426 P08:382/394 P09:273/301 P10:274/274
P11:158/199 P12:267/267 P13:207/211 P14:152/173 P15:231/237
P16:217/222 P17:393/393 P18:278/278 P19:222/222 P20:175/178
P21:154/154 P22:189/193 P23:253/277 P24:222/222 P25:165/173
P26:232/254 P27:271/271 P28:197/197 P29:277/277 P30:126/136
P31:263/280 P32:240/240 P33:207/232 P34:170/176 P35:183/183
P36:219/219 P37:185/185 P38:261/261 P39:304/309 P40:284/302

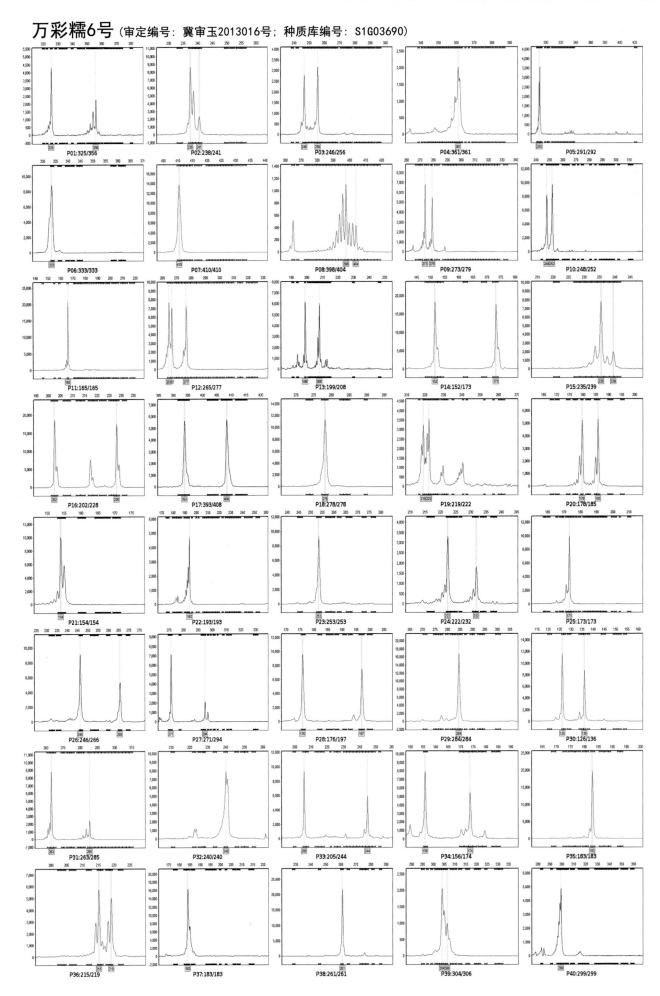

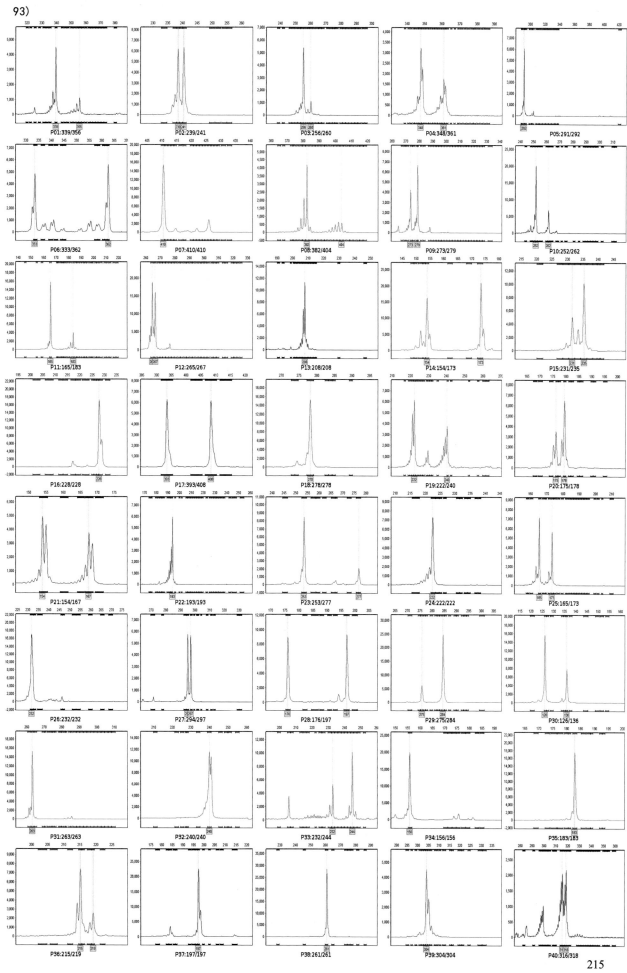

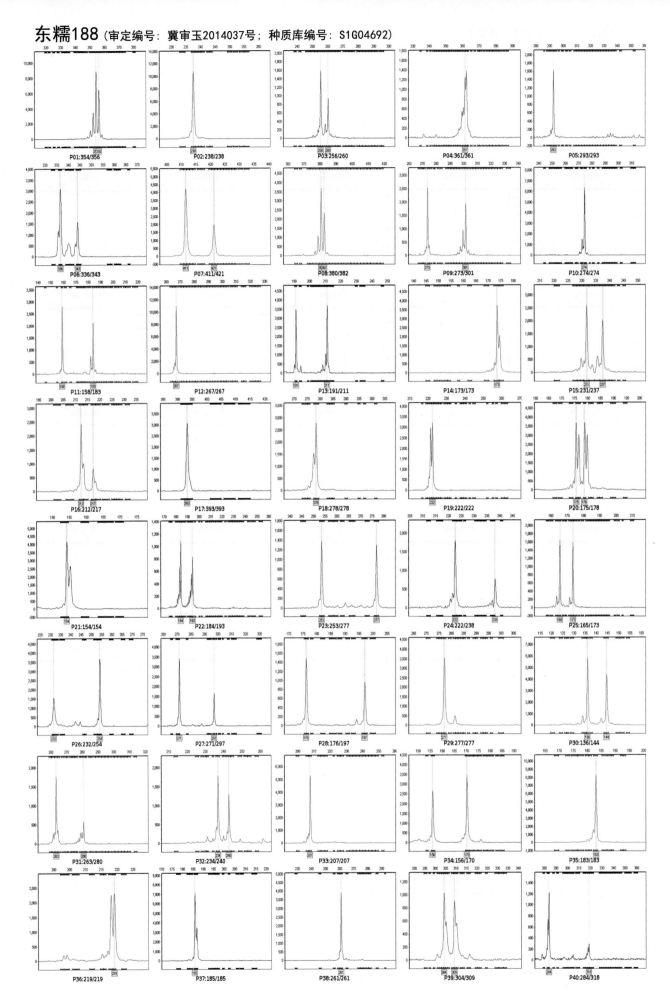

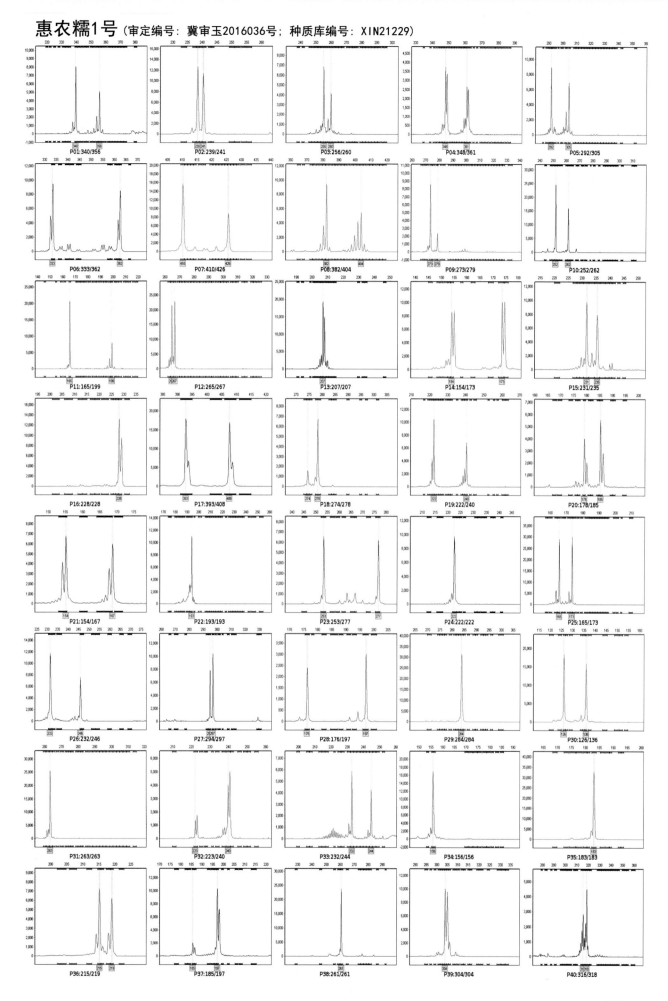

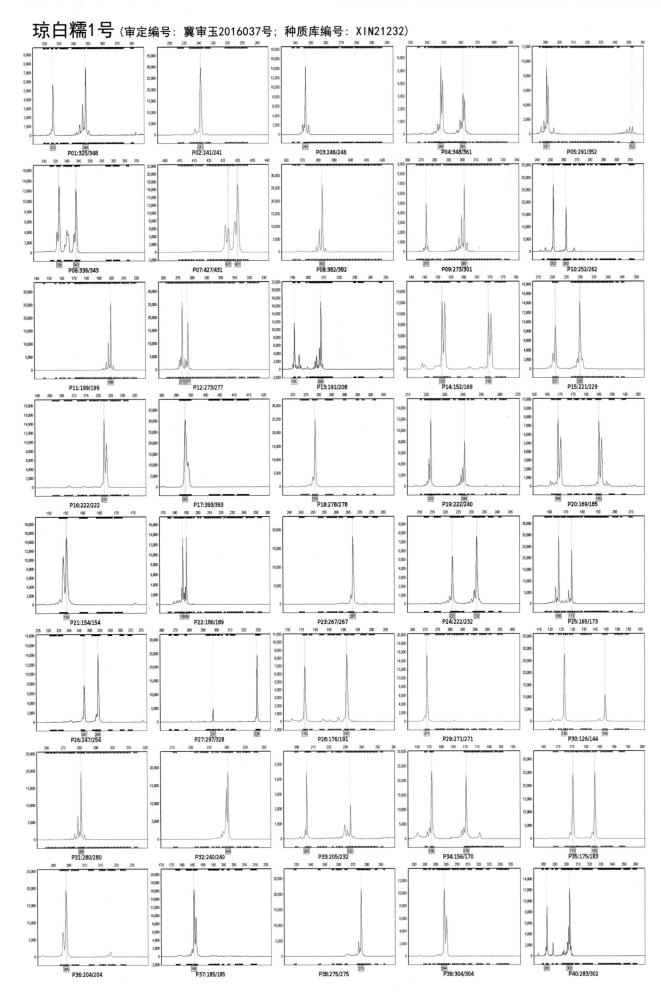

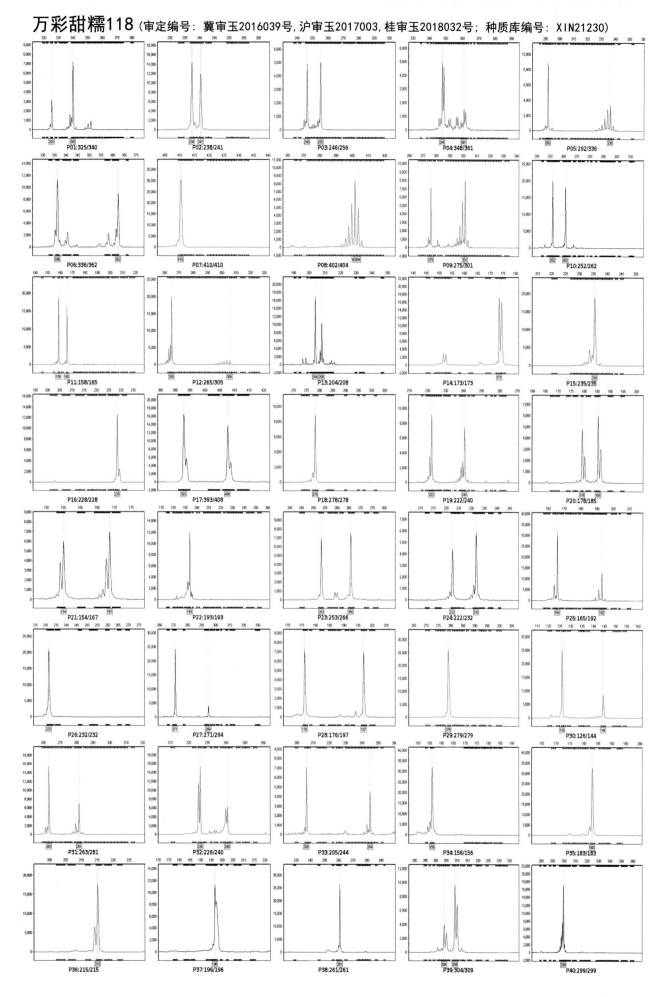

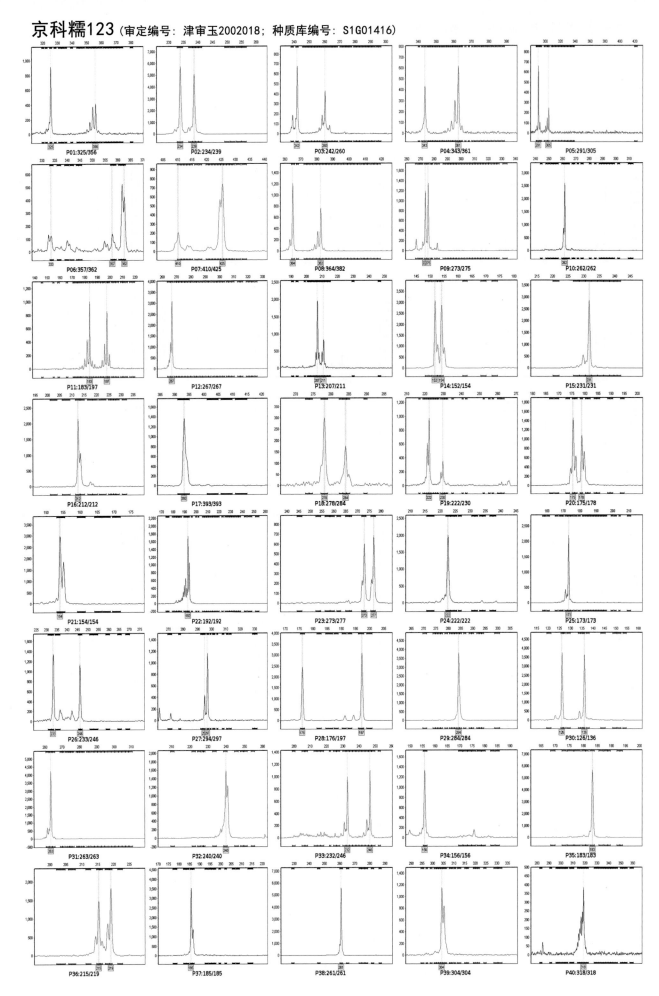

# 燕禾金紫黑糯（审定编号：津审玉2006012，蒙审玉2012031号；种质库编号：S1G01973）

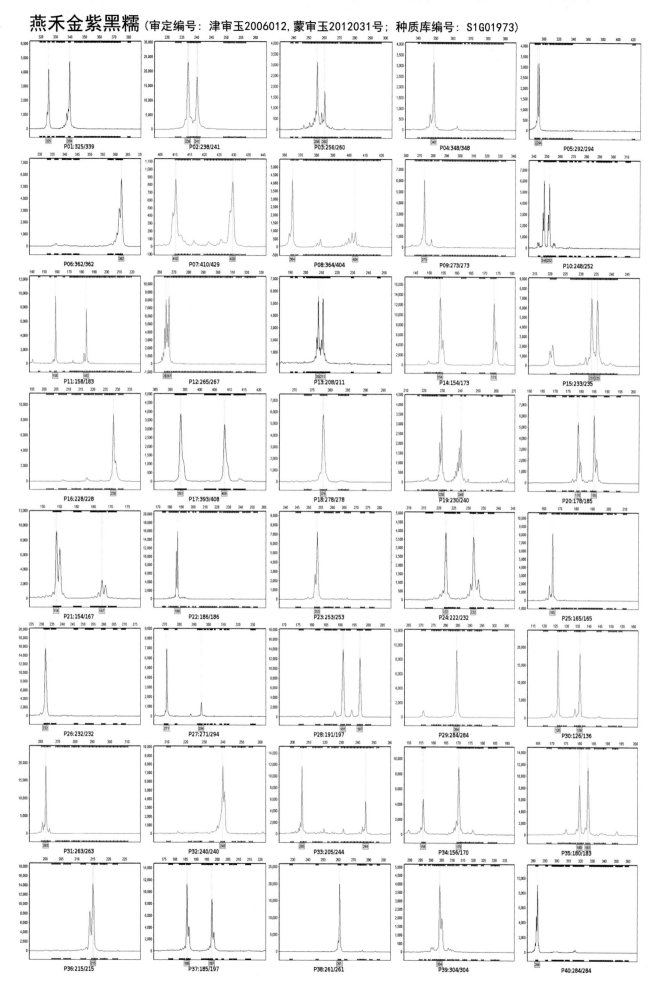

景糯318 （审定编号：津审玉2007015，蒙审玉2009001号，滇审玉米2011015号，吉审玉2014048；种质库编号：S1G0 0471）

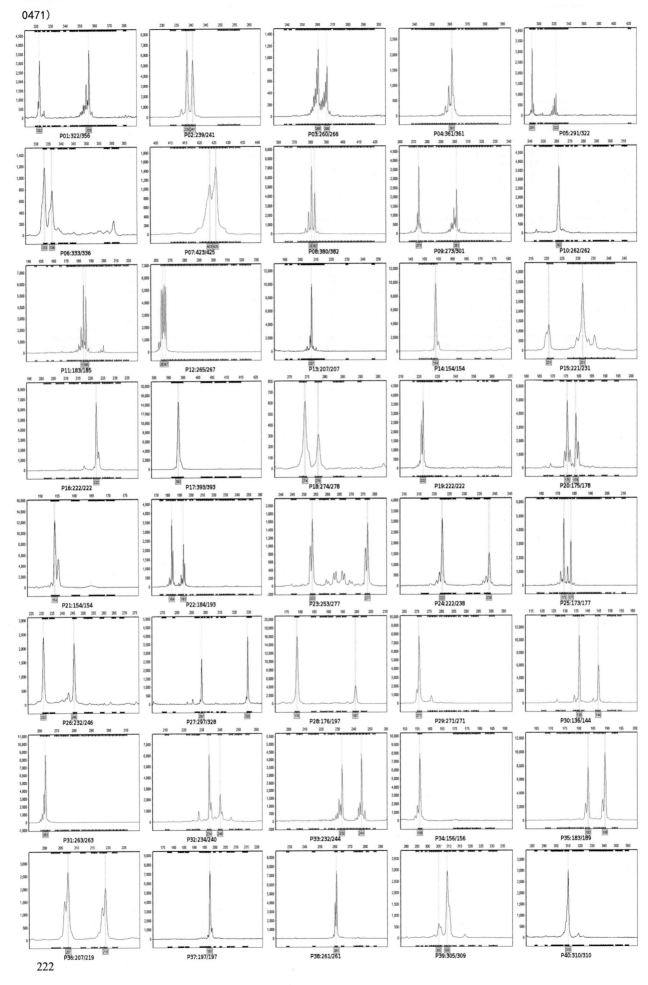

# 航玉糯8号 （审定编号：津审玉2011008，粤审玉2013001，黔审玉2014009号；种质库编号：S1G03095）

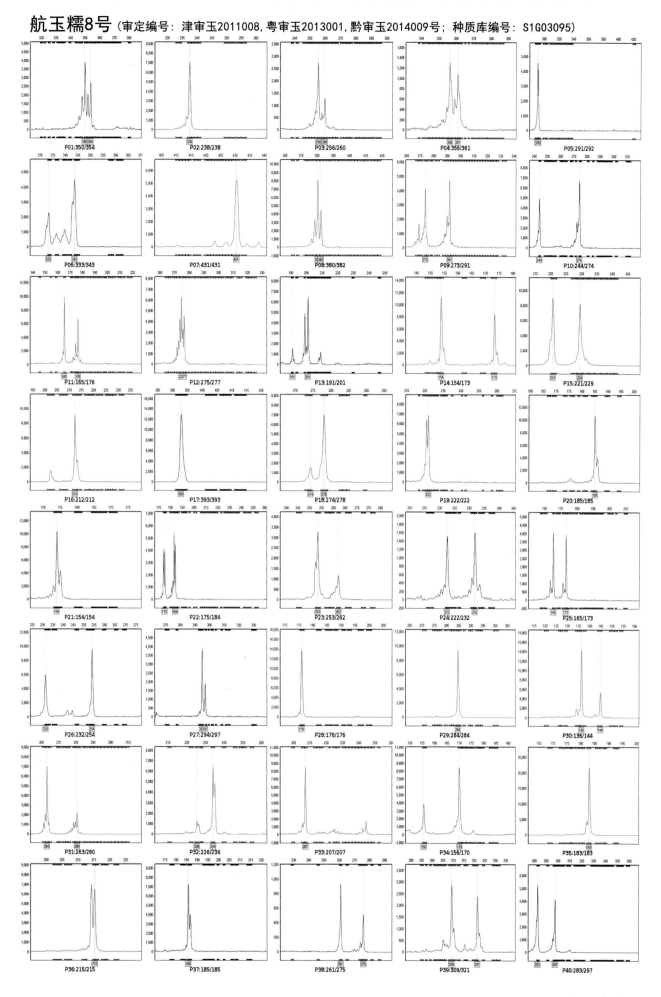

P01:350/354　P02:238/238　P03:256/260　P04:356/361　P05:291/292
P06:333/343　P07:431/431　P08:380/382　P09:273/291　P10:244/274
P11:165/176　P12:275/277　P13:191/201　P14:154/173　P15:221/229
P16:212/212　P17:393/393　P18:274/278　P19:222/222　P20:185/185
P21:154/154　P22:175/184　P23:253/262　P24:222/232　P25:165/173
P26:232/254　P27:294/297　P28:176/176　P29:284/284　P30:136/144
P31:263/280　P32:226/234　P33:207/207　P34:156/170　P35:183/183
P36:215/215　P37:185/185　P38:261/275　P39:309/321　P40:283/297

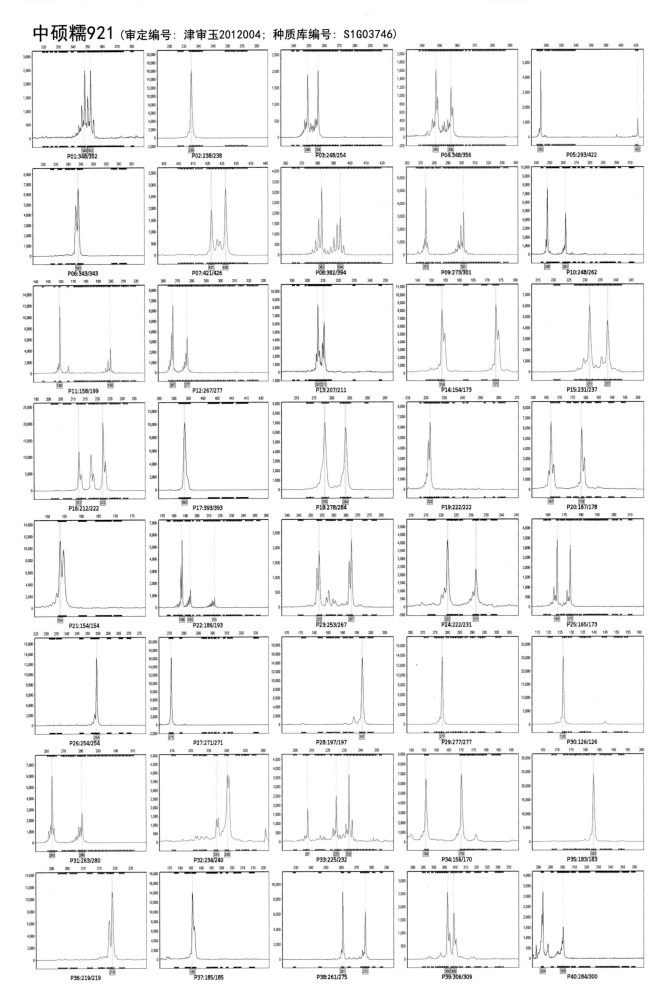

# 景颇早糯 （审定编号：津审玉2013008，冀审玉20170089；种质库编号：S1G04417）

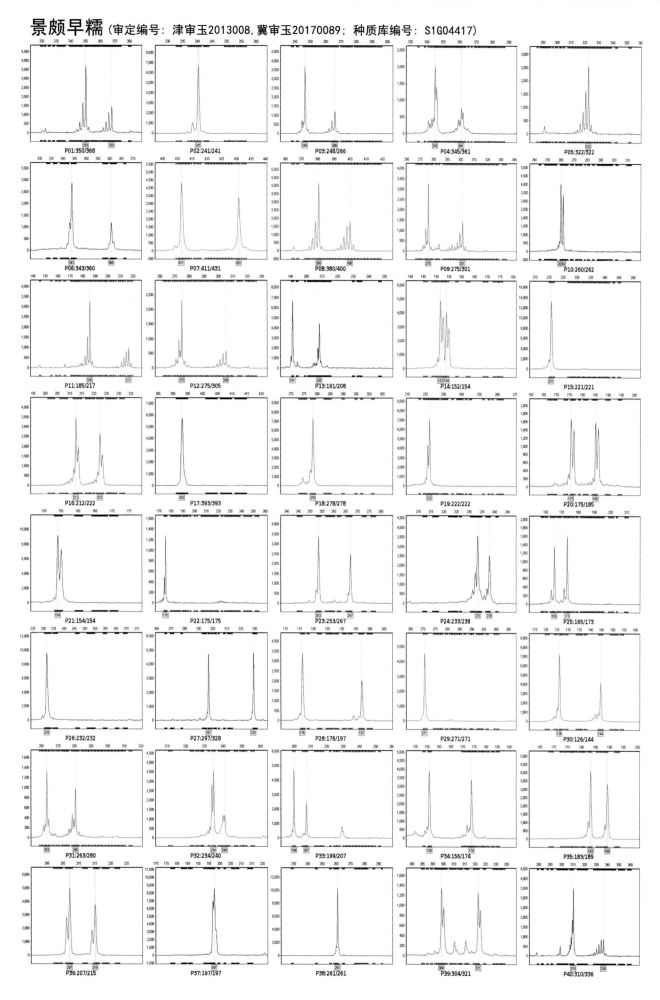

P01:350/368　P02:241/241　P03:246/266　P04:345/361　P05:322/322

P06:343/360　P07:411/431　P08:380/400　P09:275/301　P10:260/262

P11:185/217　P12:275/305　P13:191/208　P14:152/154　P15:221/221

P16:212/222　P17:393/393　P18:278/278　P19:222/222　P20:175/185

P21:154/154　P22:175/175　P23:253/267　P24:233/238　P25:165/173

P26:232/232　P27:297/328　P28:176/197　P29:271/271　P30:126/144

P31:263/280　P32:234/240　P33:199/207　P34:156/174　P35:183/189

P36:207/215　P37:197/197　P38:261/261　P39:304/321　P40:310/336

225

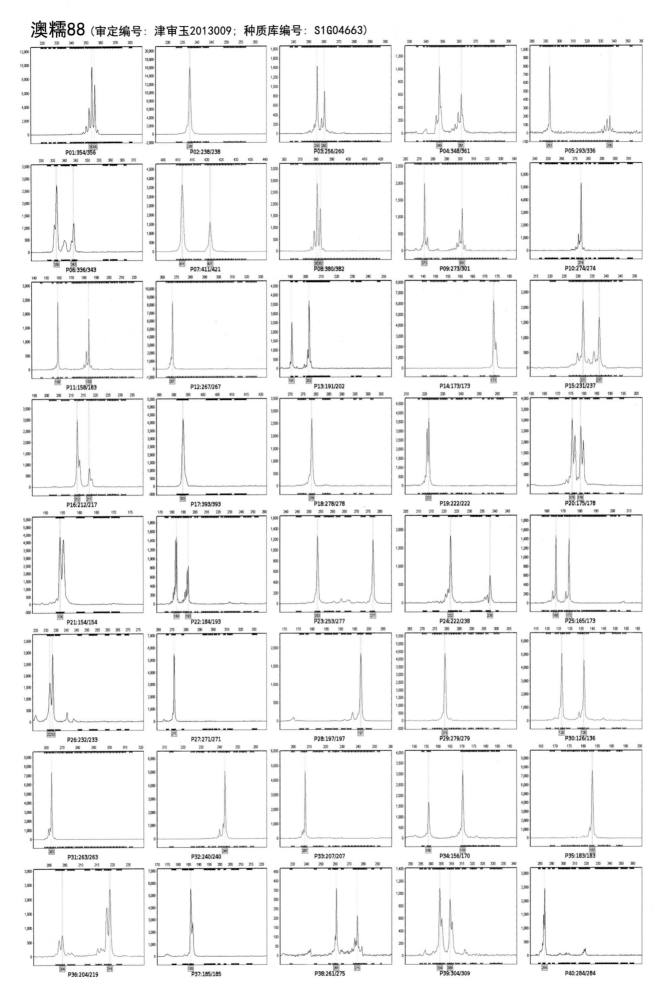

# 龙耘糯1号 （审定编号：津审玉2013010；种质库编号：S1G04418）

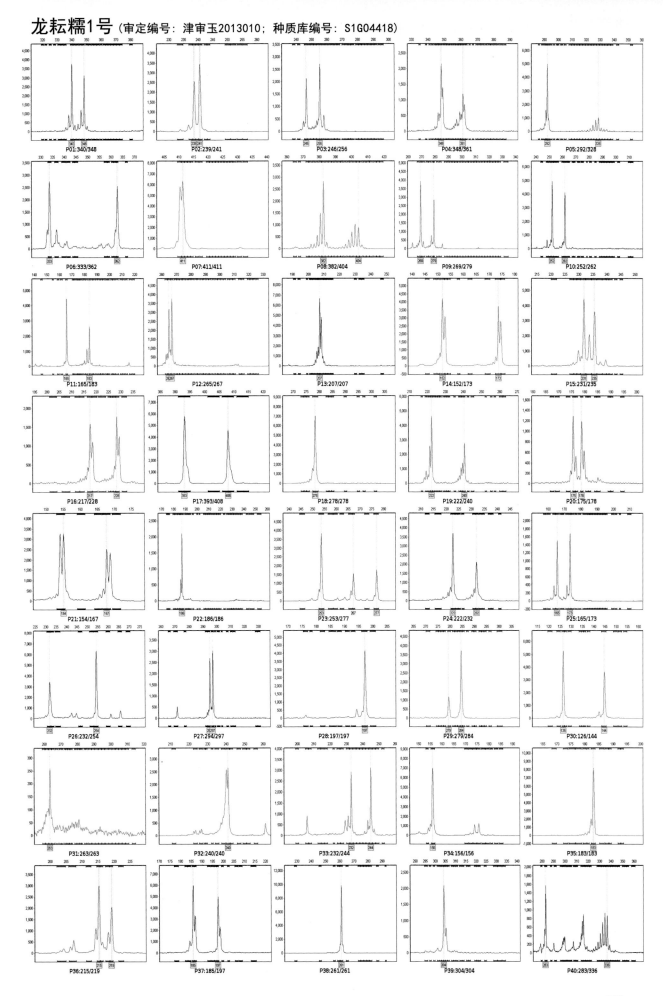

# 津糯215 （审定编号：津审玉2016002；种质库编号：S1G05204）

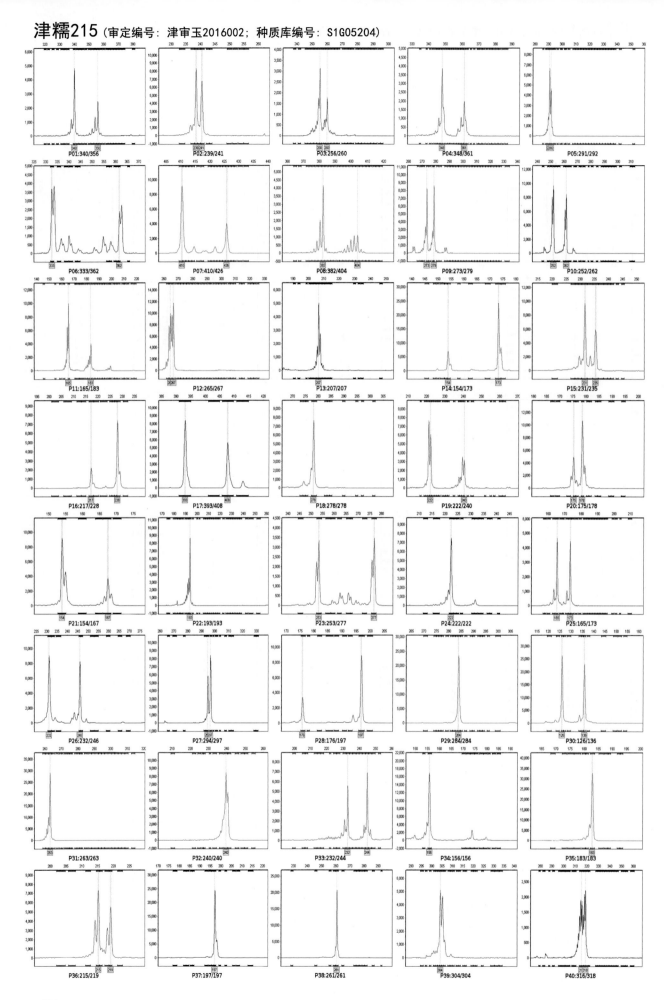

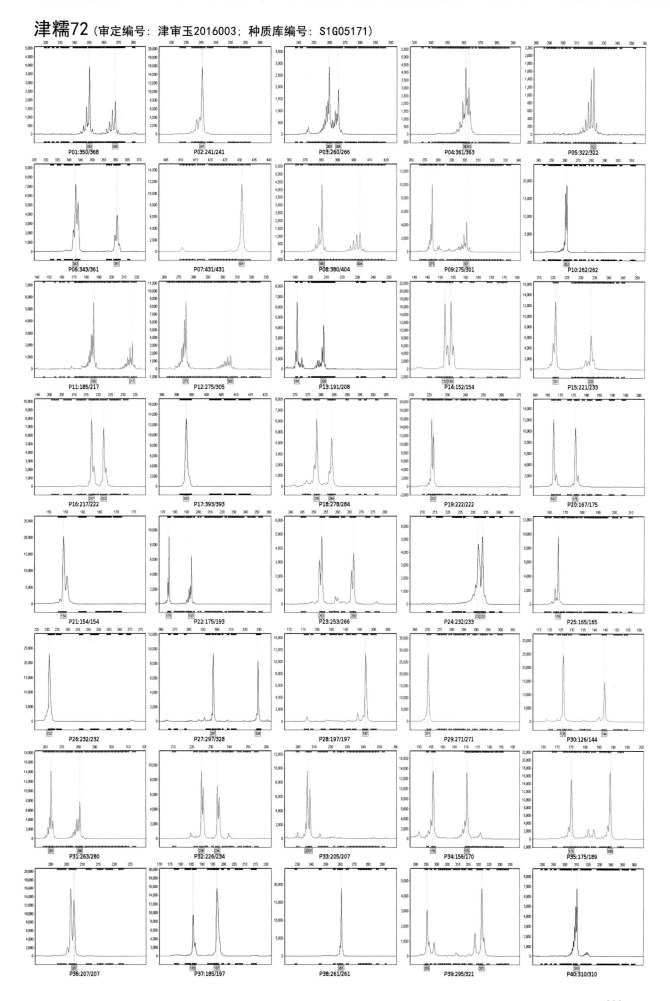

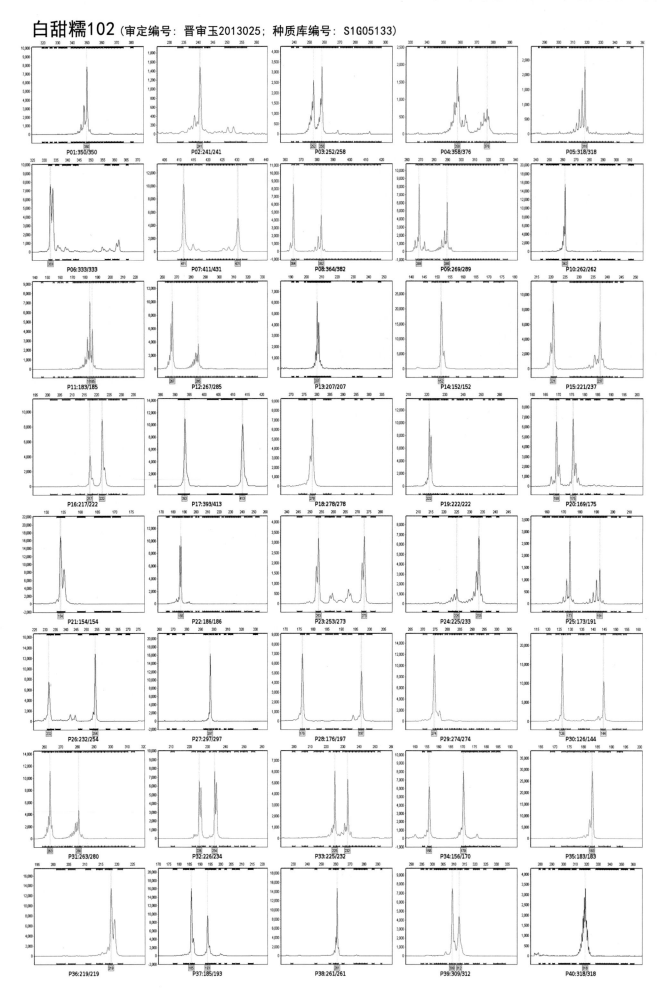

# 晋糯10（审定编号：晋审玉2014020；种质库编号：S1G04285）

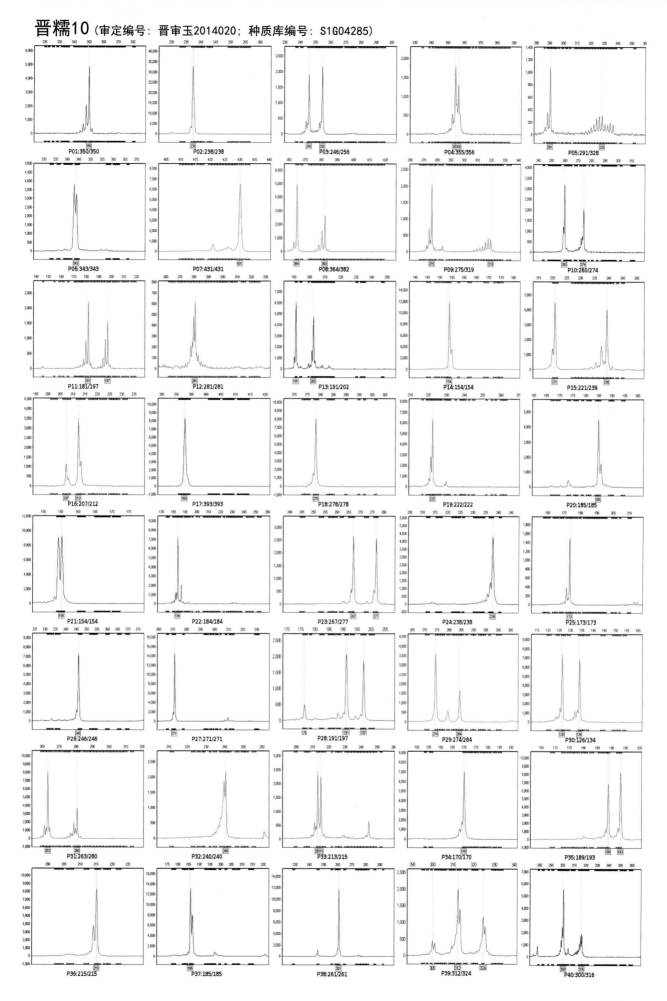

P01:350/350  P02:238/238  P03:246/256  P04:355/356  P05:291/328

P06:343/343  P07:431/431  P08:364/382  P09:275/319  P10:260/274

P11:181/197  P12:281/281  P13:191/202  P14:154/154  P15:221/239

P16:207/212  P17:393/393  P18:278/278  P19:222/222  P20:185/185

P21:154/154  P22:184/184  P23:267/277  P24:238/238  P25:173/173

P26:246/246  P27:271/271  P28:191/197  P29:274/284  P30:126/134

P31:263/280  P32:240/240  P33:213/215  P34:170/170  P35:189/193

P36:215/215  P37:185/185  P38:261/261  P39:312/324  P40:300/316

# 黑甜糯631 （审定编号：晋审玉20170045；种质库编号：S1G05822）

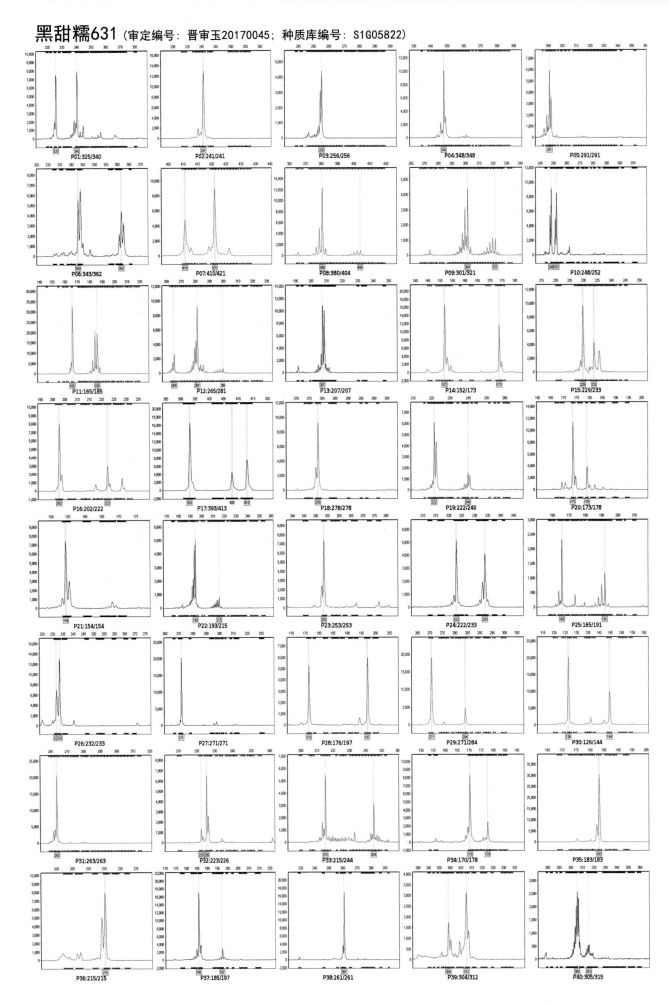

P01:325/340　P02:241/241　P03:256/256　P04:348/348　P05:291/291

P06:343/362　P07:410/421　P08:380/404　P09:301/321　P10:248/252

P11:165/185　P12:265/281　P13:207/207　P14:152/173　P15:229/233

P16:202/222　P17:393/413　P18:278/278　P19:222/240　P20:173/178

P21:154/154　P22:193/215　P23:253/253　P24:222/233　P25:165/191

P26:232/233　P27:271/271　P28:176/197　P29:271/284　P30:126/144

P31:263/263　P32:223/226　P33:215/244　P34:170/178　P35:183/183

P36:215/215　P37:185/197　P38:261/261　P39:304/312　P40:305/315

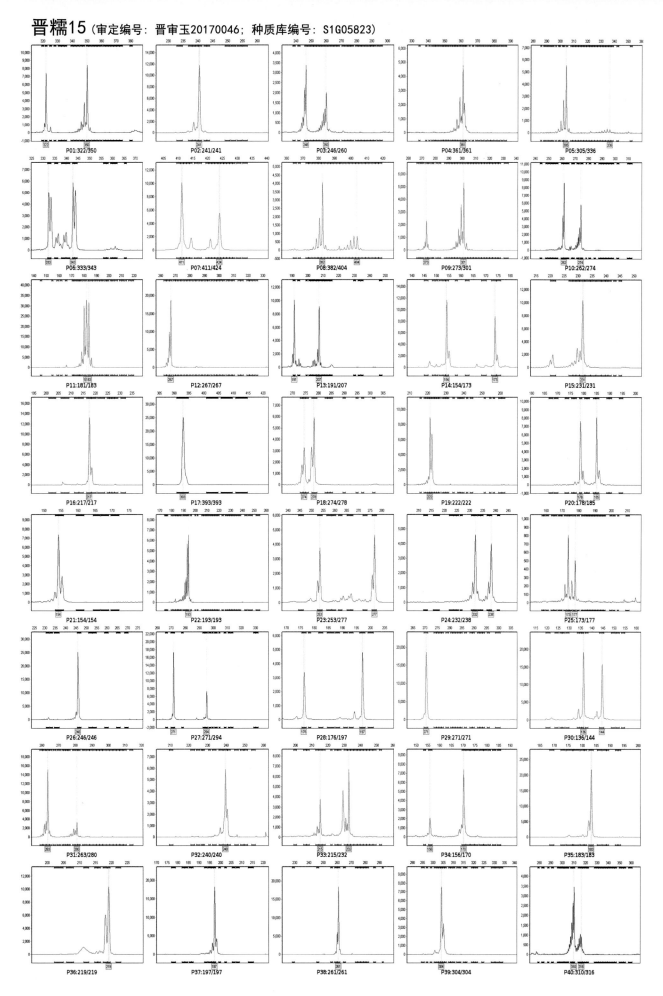

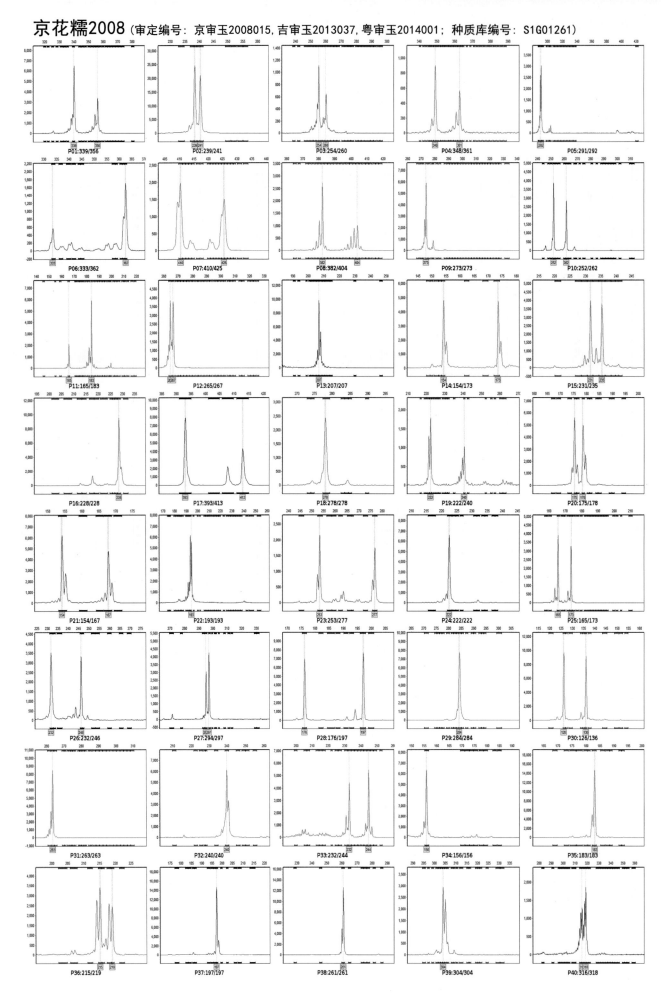

中糯321（审定编号：京审玉2012007；种质库编号：S1G03299）

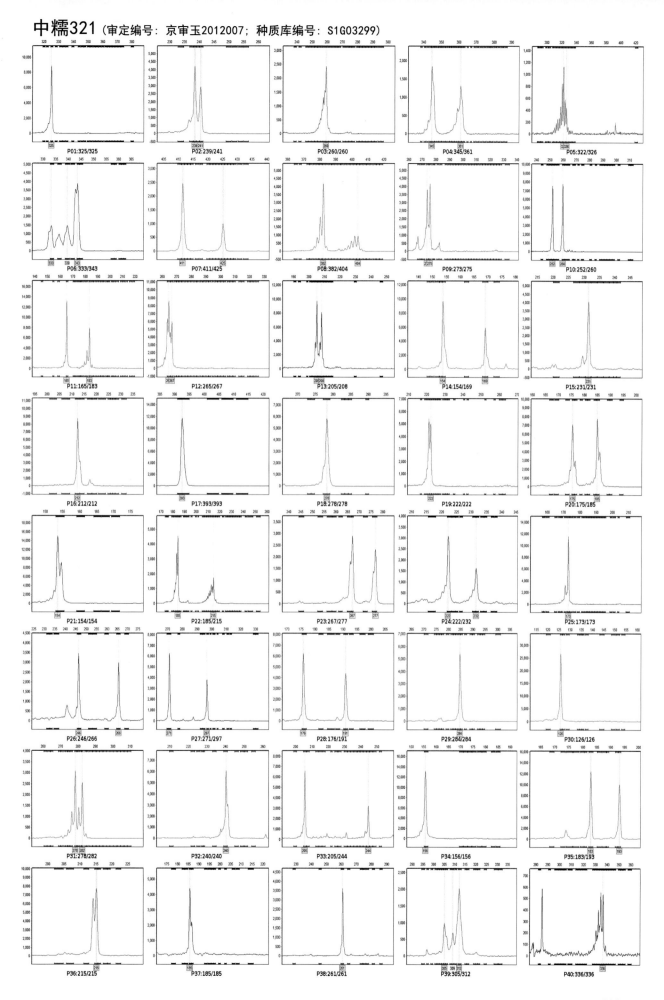

# 京科糯928 （审定编号：京审玉2013012, 渝审玉2014012； 种质库编号：S1G03609）

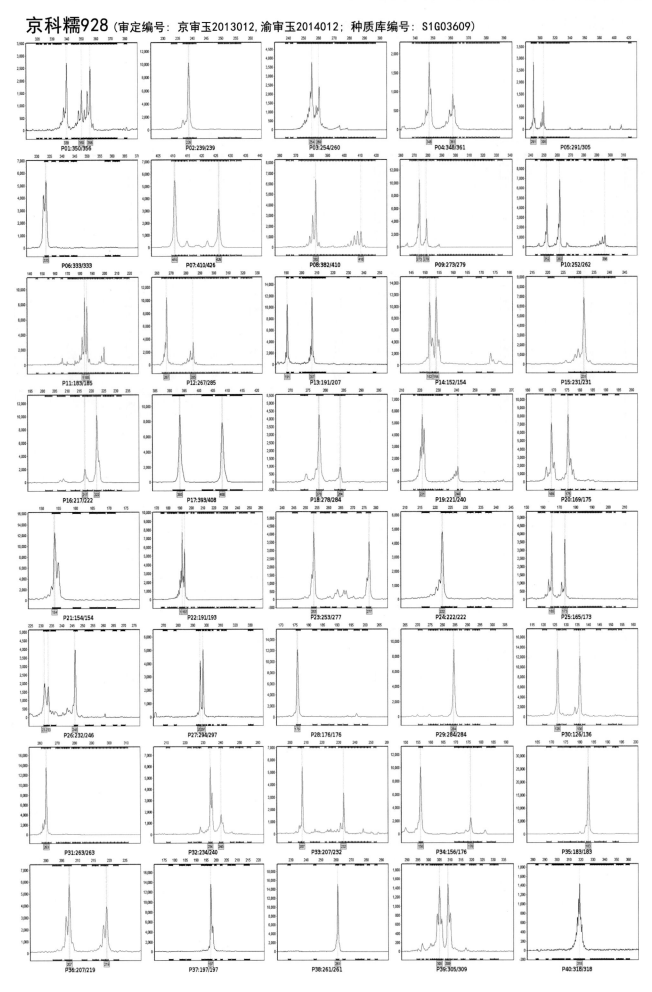

# 北白糯601（审定编号：京审玉2013014；种质库编号：S1G03611）

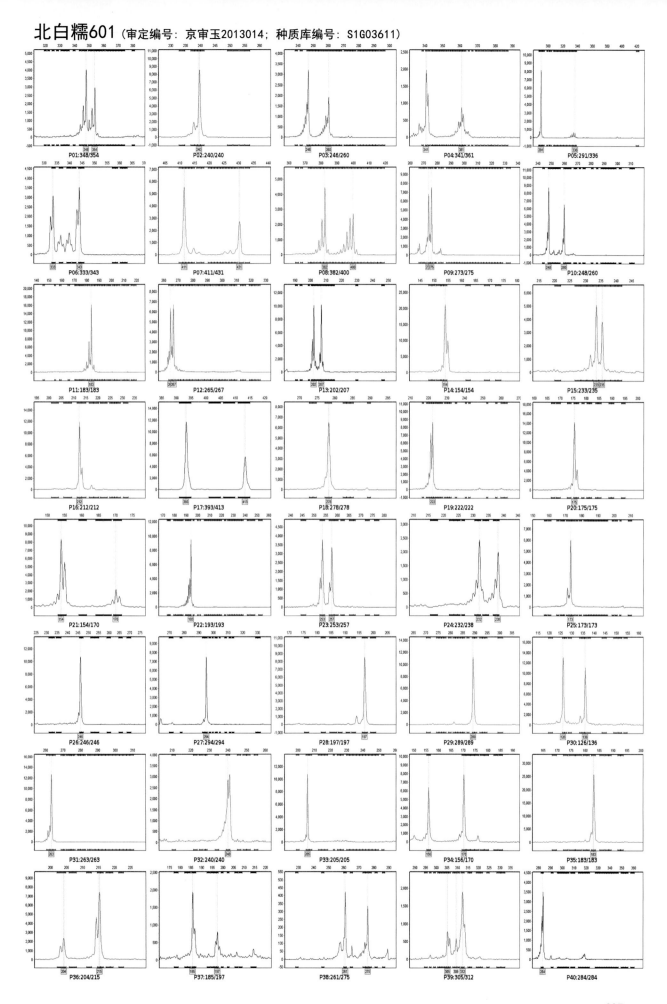

P01:348/354  P02:240/240  P03:246/260  P04:341/361  P05:291/336
P06:333/343  P07:411/431  P08:382/400  P09:273/275  P10:248/260
P11:183/183  P12:265/267  P13:202/207  P14:154/154  P15:233/235
P16:212/212  P17:393/413  P18:278/278  P19:222/222  P20:175/175
P21:154/170  P22:193/193  P23:253/257  P24:232/238  P25:173/173
P26:246/246  P27:294/294  P28:197/197  P29:289/289  P30:126/136
P31:263/263  P32:240/240  P33:205/205  P34:156/170  P35:183/183
P36:204/215  P37:185/197  P38:261/275  P39:305/312  P40:284/284

# 彩甜糯627 （审定编号：京审玉20170015，黔审玉2017021，渝审玉20170017；种质库编号：XIN24348）

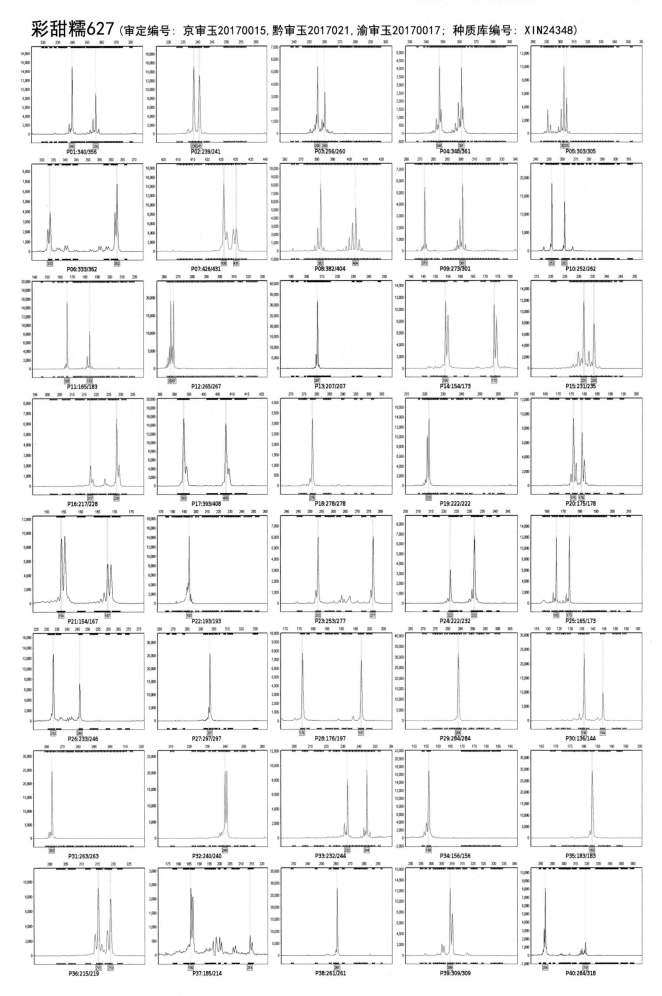

# 海糯8号 （审定编号：辽审玉[2009]455号，京审玉20190019，湘审玉20190008；种质库编号：S1G03073）

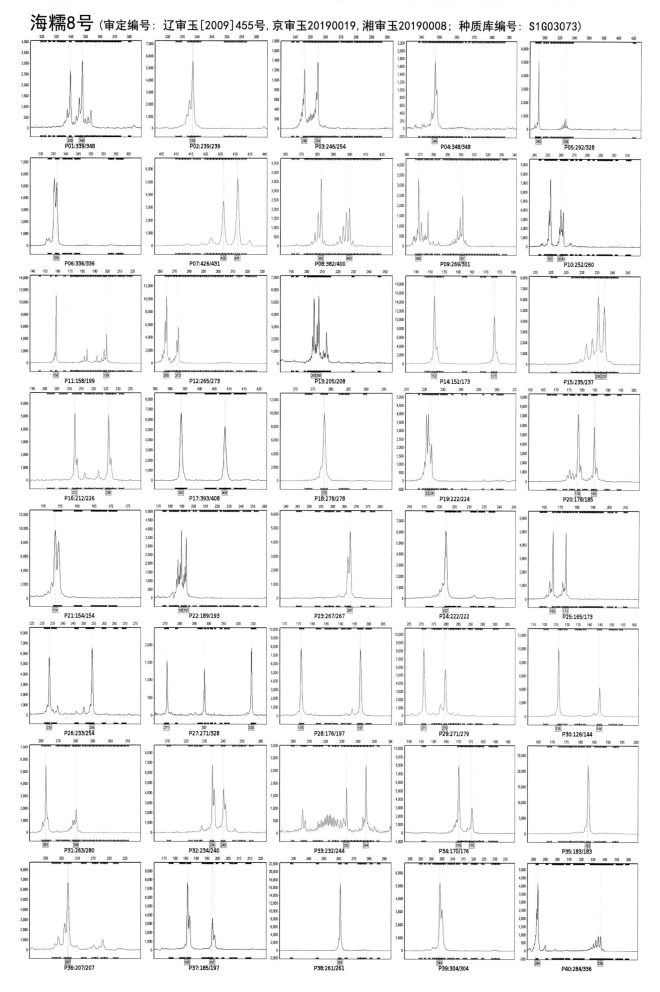

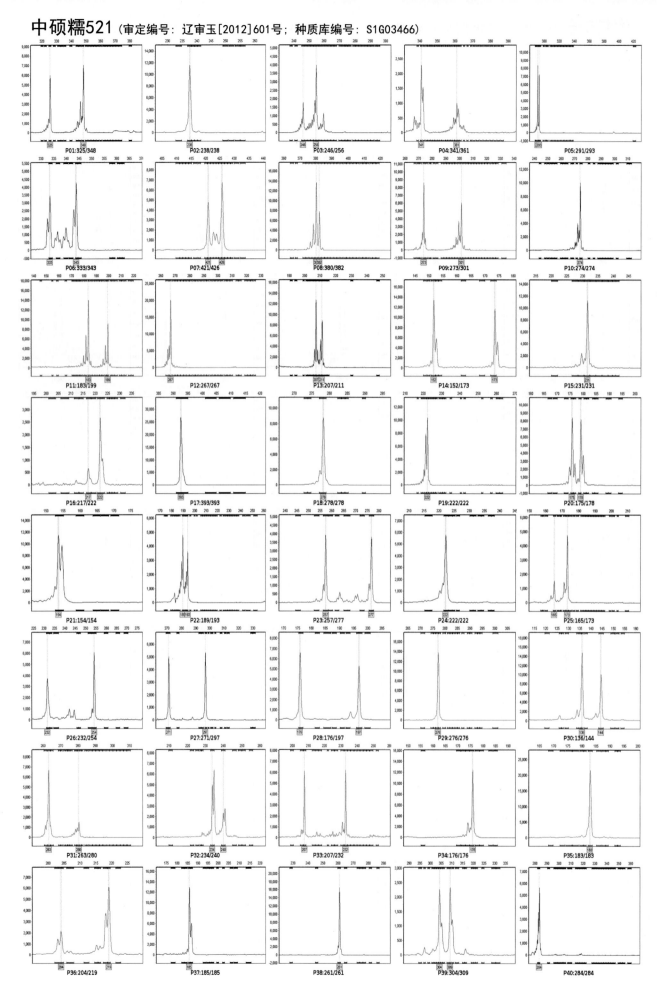

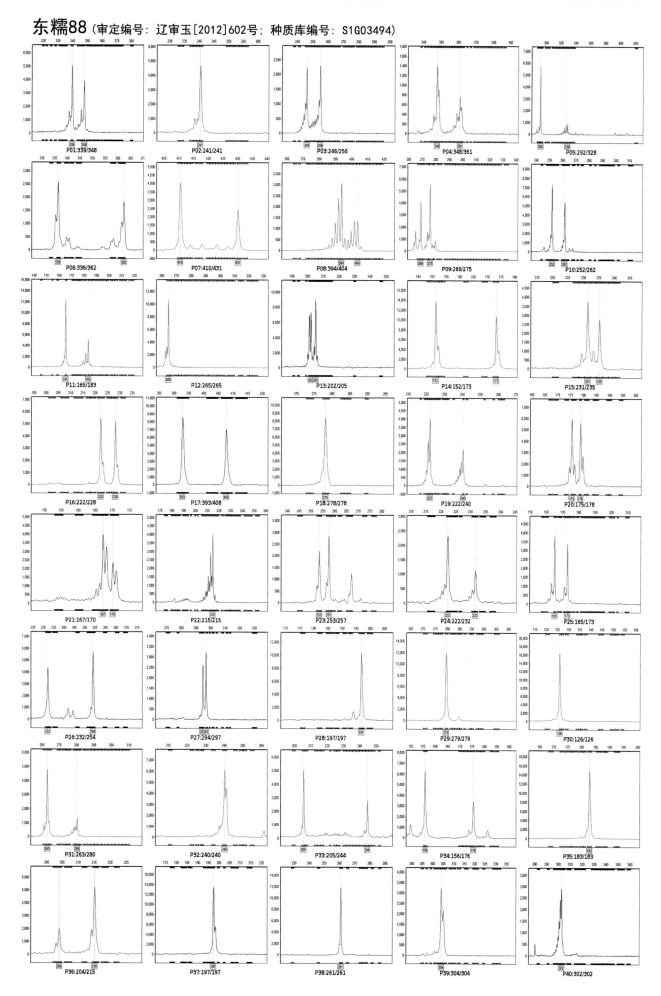

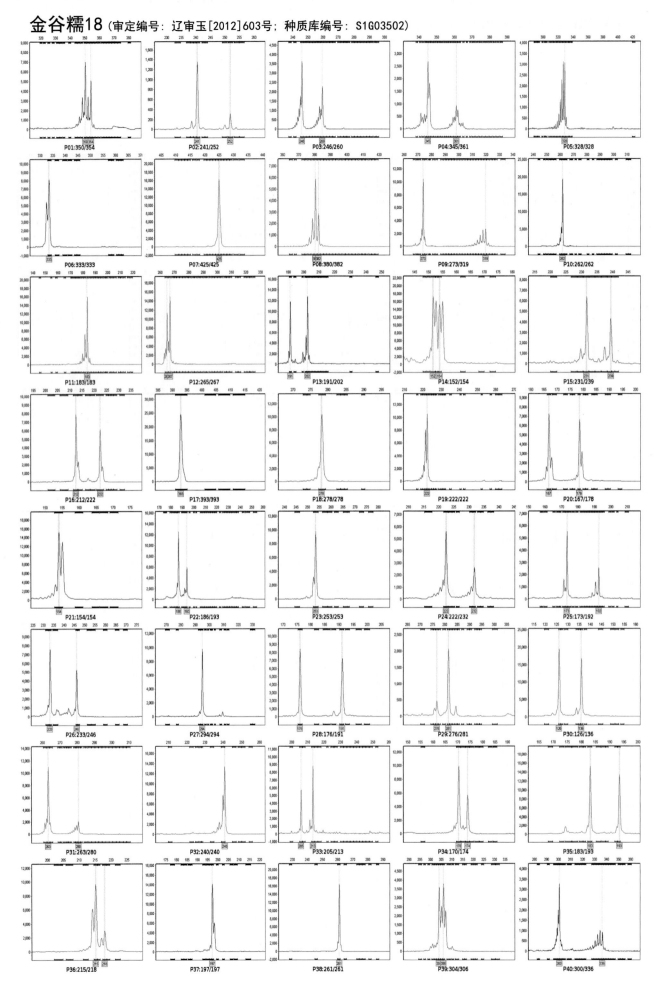

# 沈糯10 （审定编号：辽审玉[2012]604号；种质库编号：S1G03501）

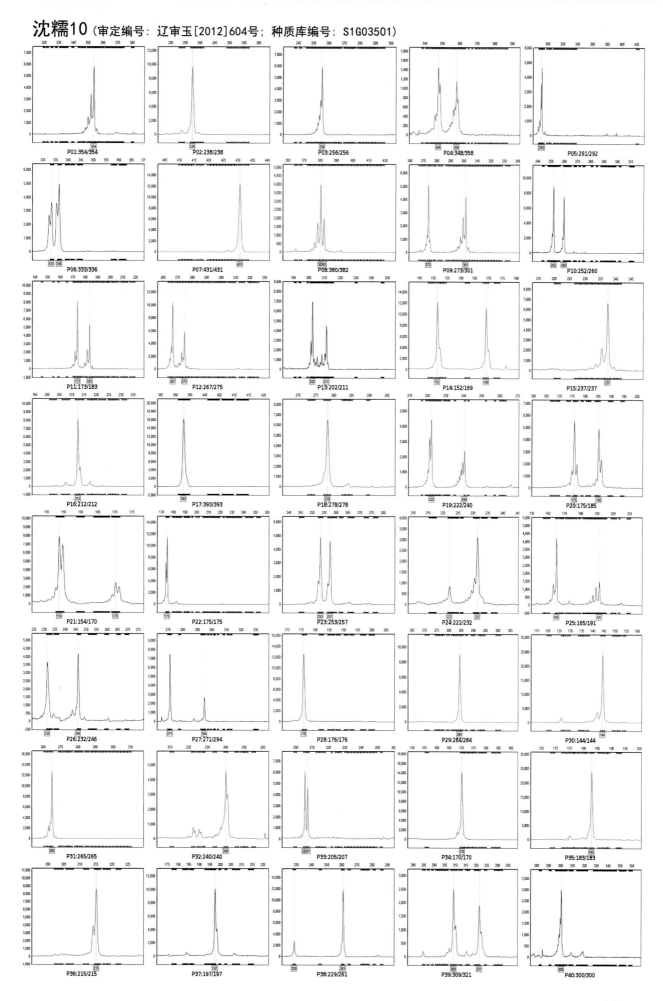

# 奉糯天香（审定编号：辽审玉2013034，冀审玉20170088；种质库编号：S1G04454）

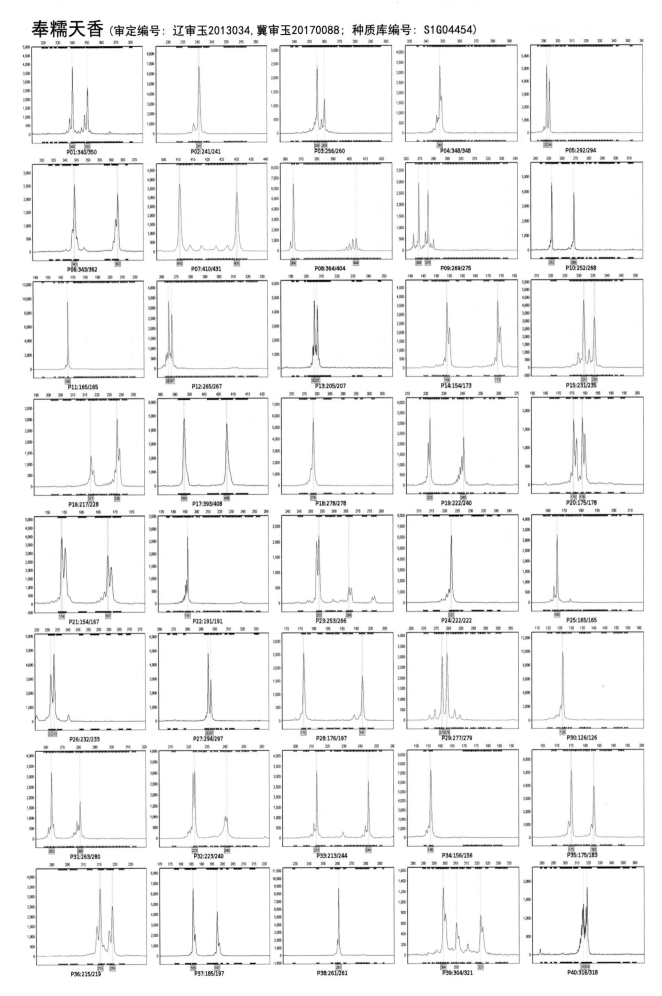

244

# 沈糯13 （审定编号：辽审玉2013035；种质库编号：S1G04462）

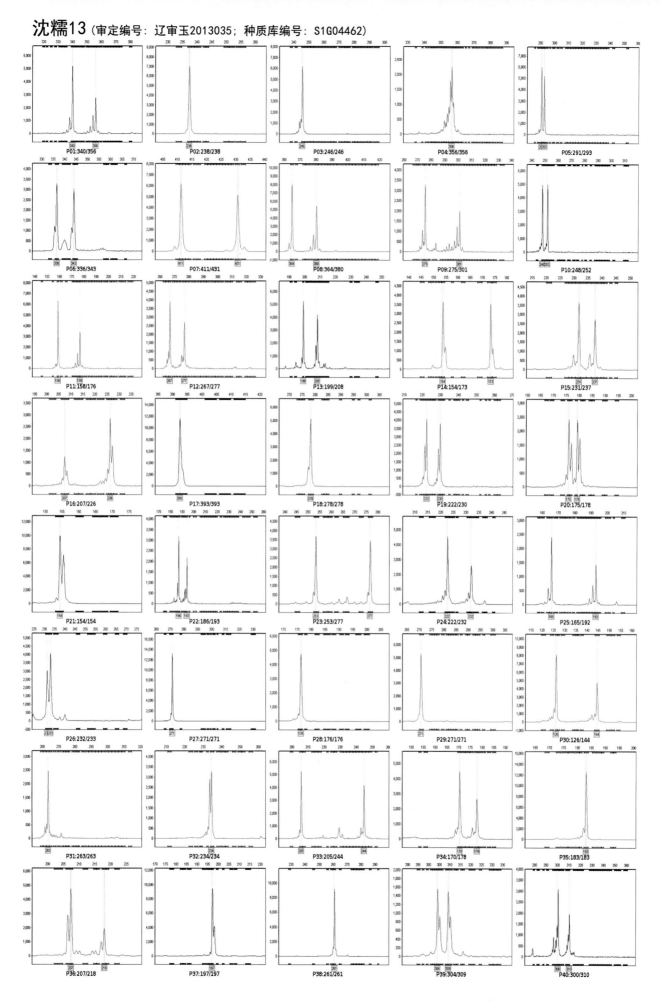

# 北花糯1号 （审定编号：辽审玉2013036；种质库编号：S1G04452）

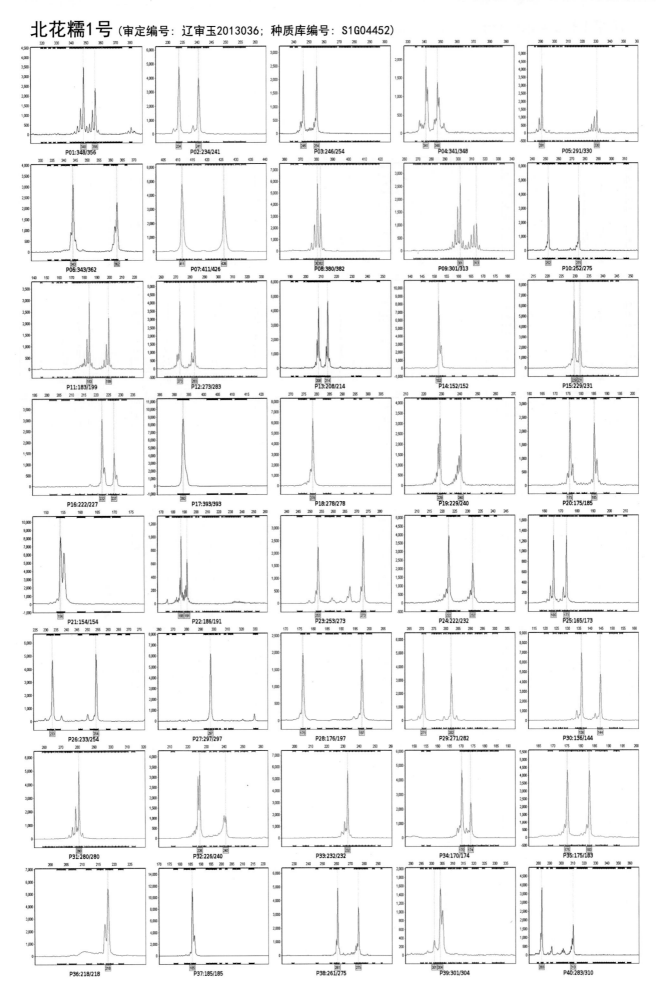

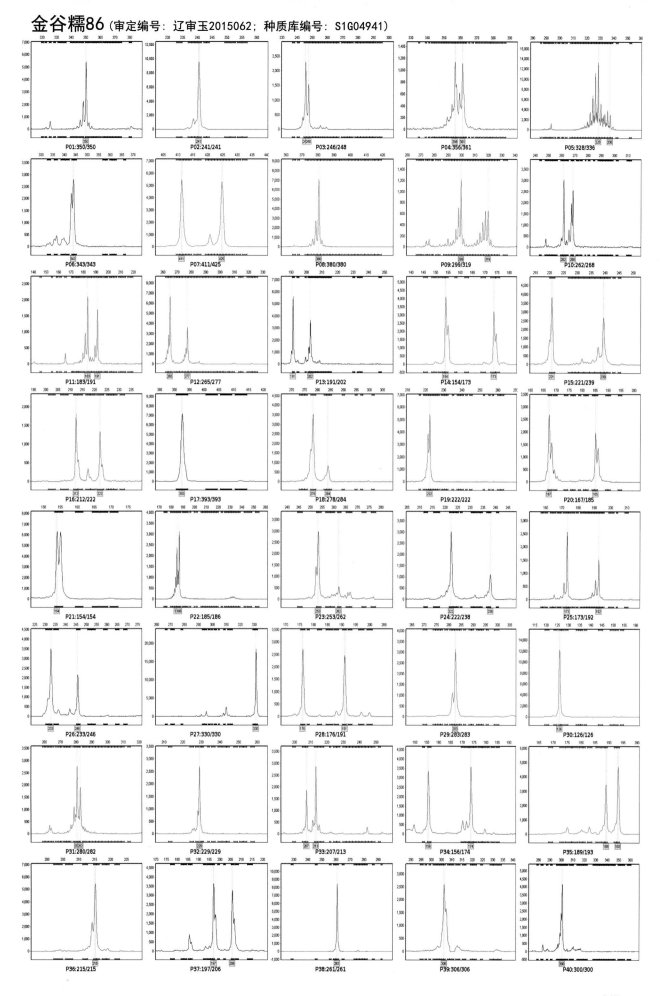

# 维糯6号 （审定编号：辽审玉2015063，渝审玉20170022；种质库编号：S1G04942）

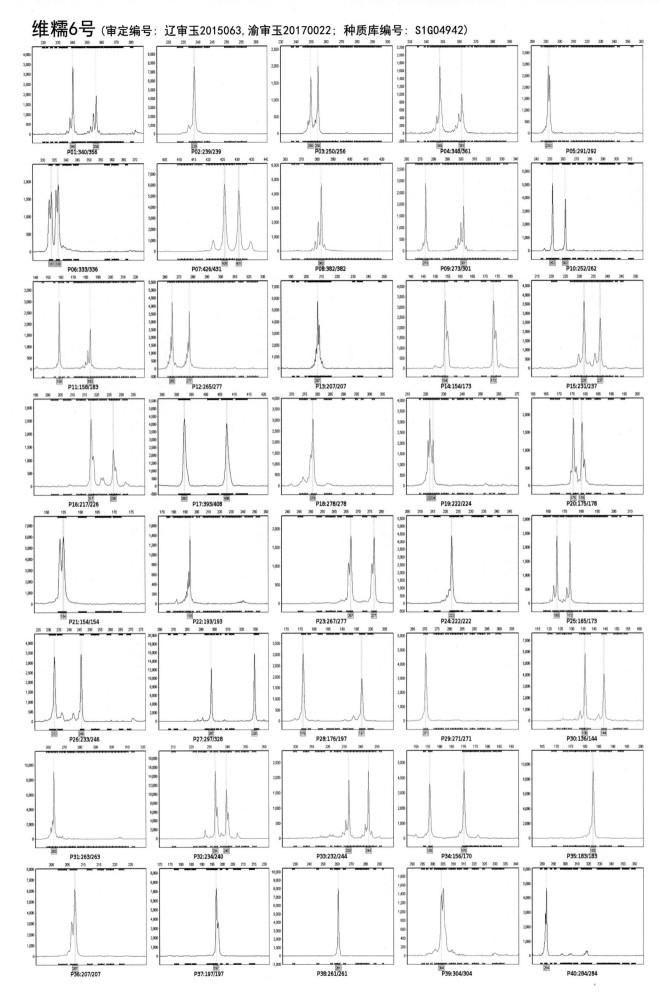

248

# 奉糯99 （审定编号：辽审玉2017095；种质库编号：XIN28068）

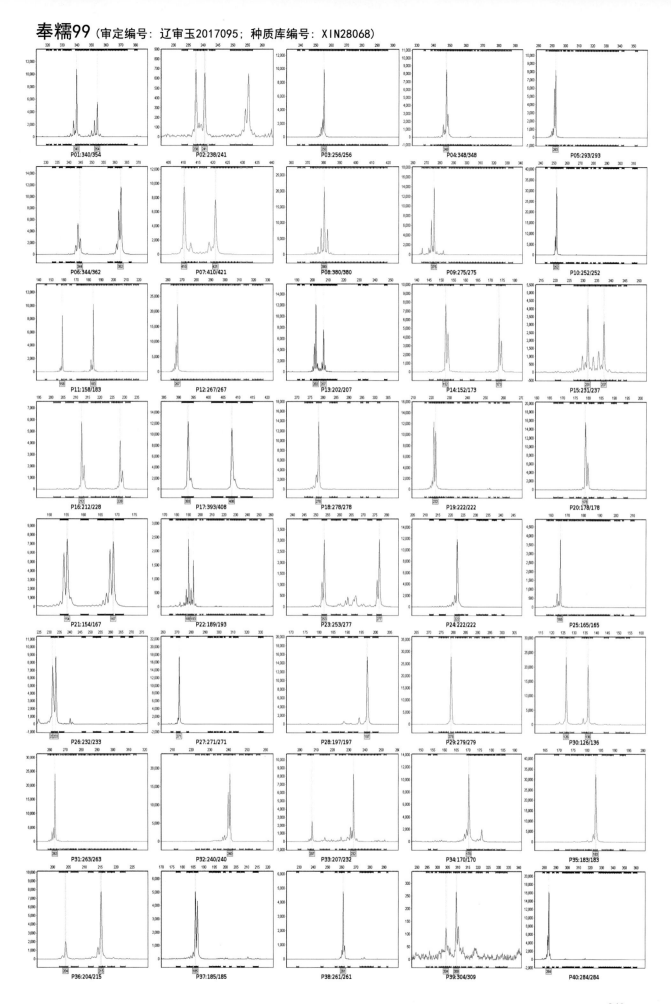

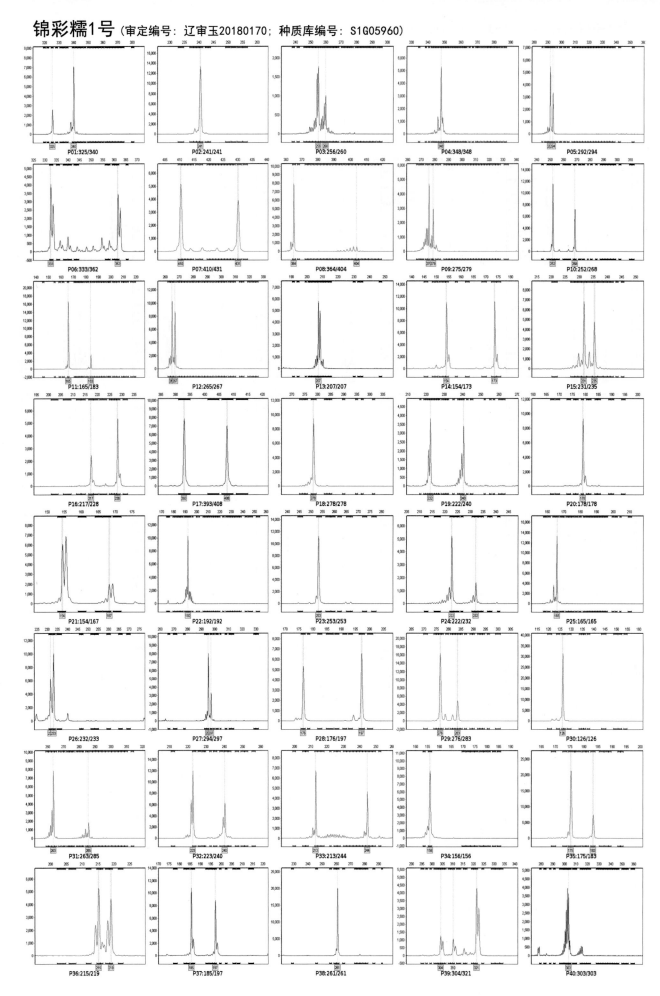

沈糯15（审定编号：辽审玉20180171；种质库编号：S1G05961）

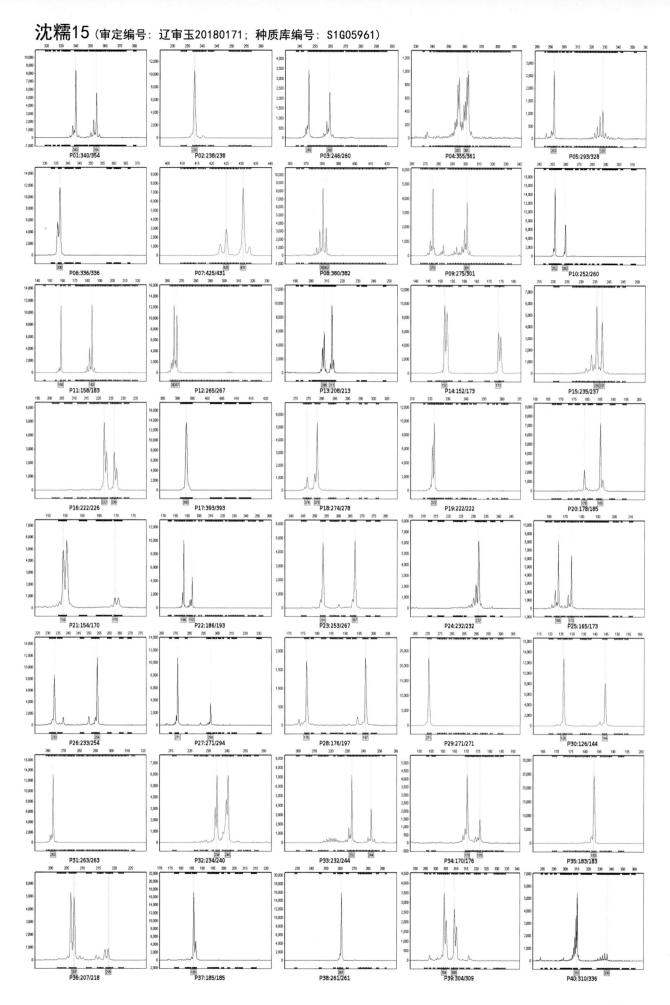

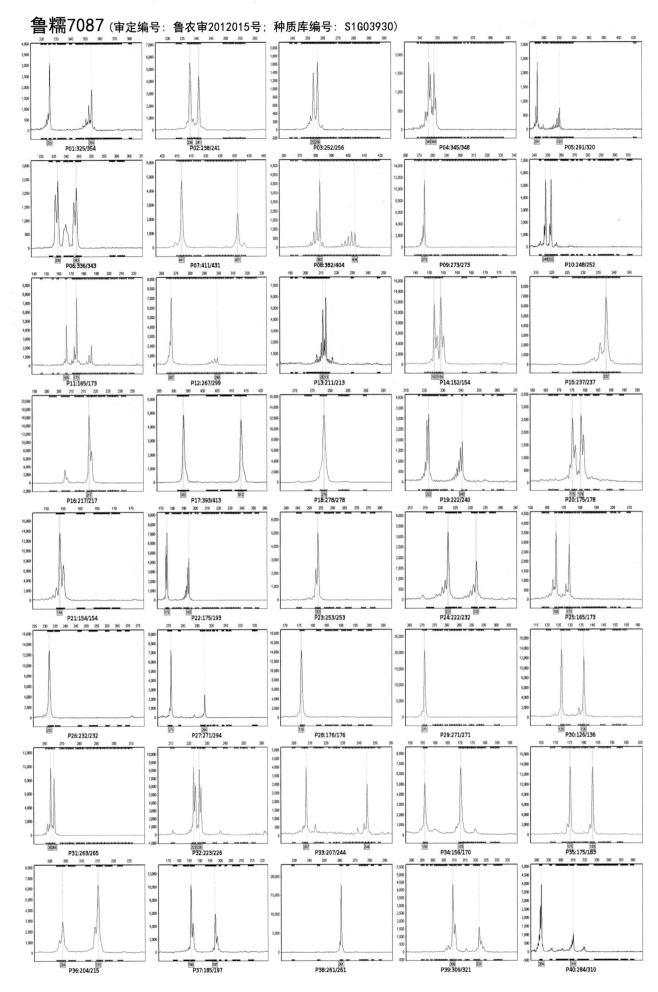

# 西星红糯4号 （审定编号：鲁农审2012016号；种质库编号：S1G03926）

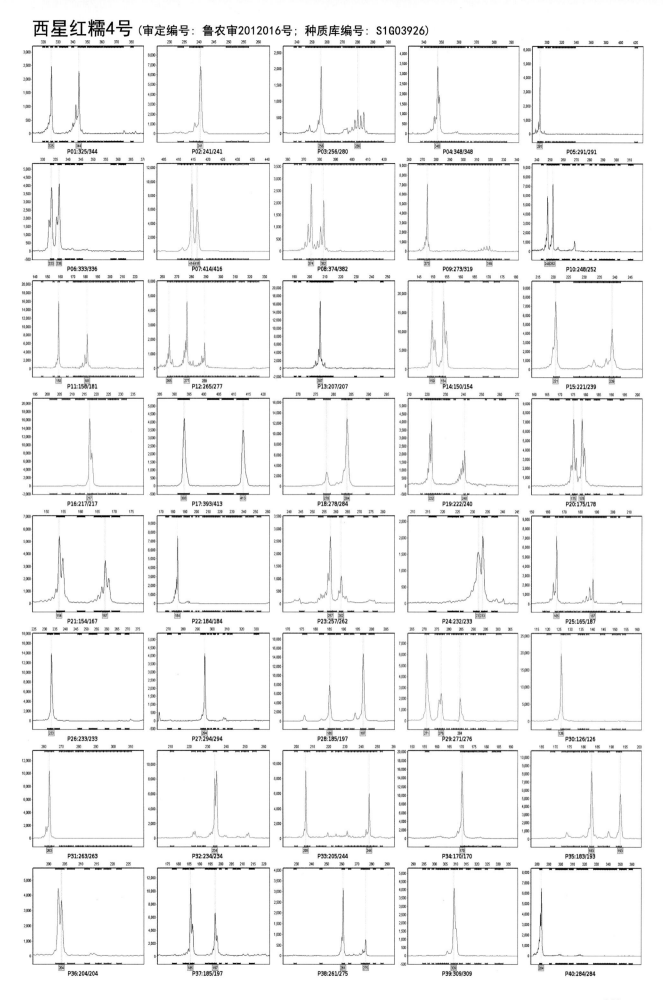

# 金王花糯2号 （审定编号：鲁农审2013015号；种质库编号：S1G03935）

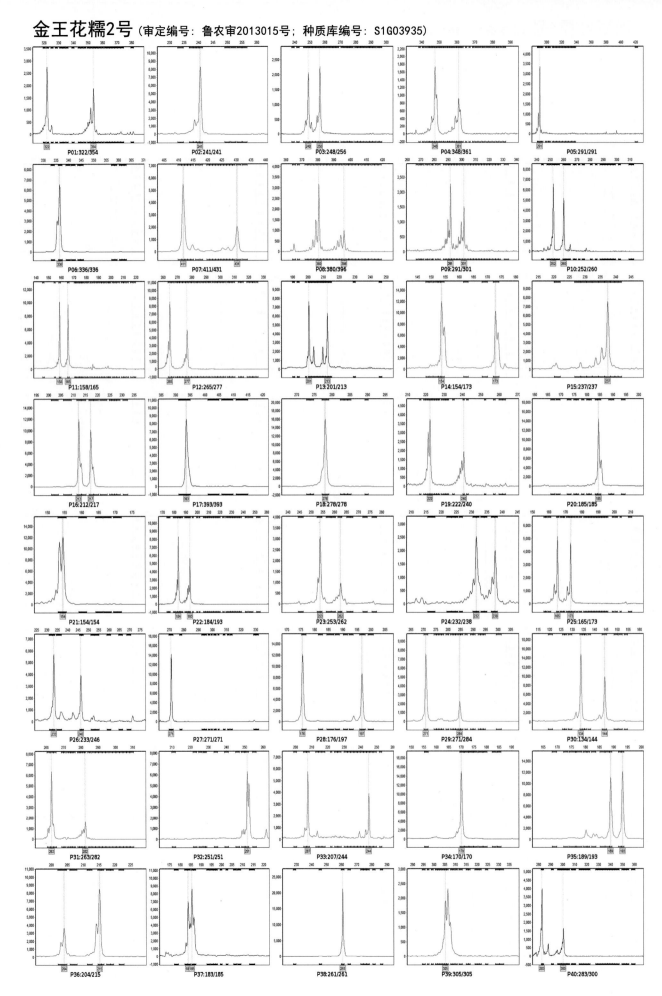

# 金王紫糯1号 (审定编号：鲁农审2013017号；种质库编号：S1G03934)

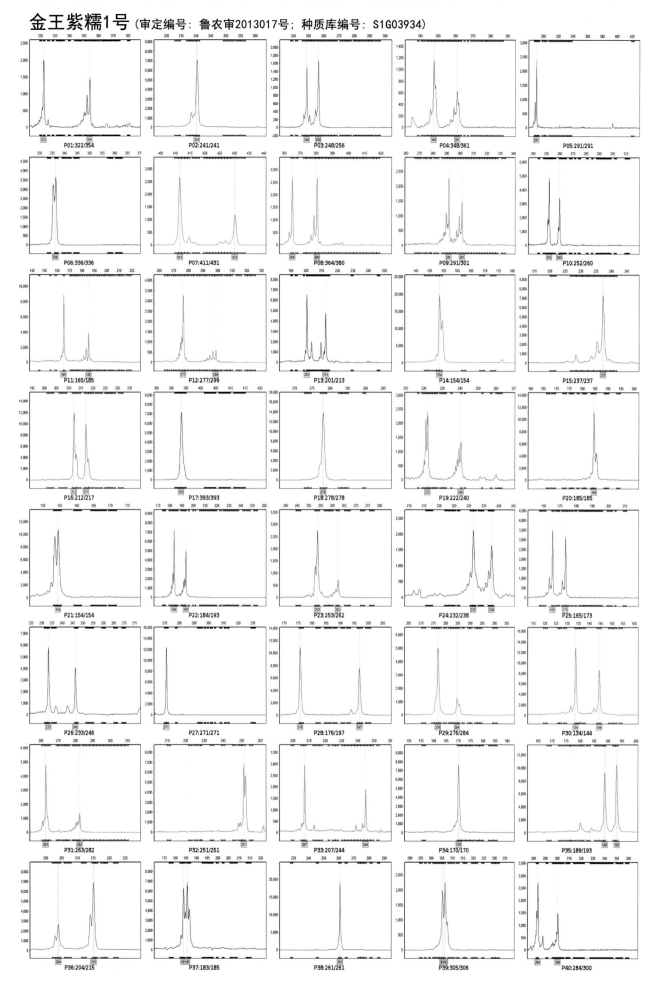

P01:322/354  P02:241/241  P03:248/256  P04:348/361  P05:291/291

P06:336/336  P07:411/431  P08:364/380  P09:291/301  P10:252/260

P11:165/185  P12:277/299  P13:201/213  P14:154/154  P15:237/237

P16:212/217  P17:393/393  P18:278/278  P19:222/240  P20:185/185

P21:154/154  P22:184/193  P23:253/262  P24:232/238  P25:165/173

P26:233/246  P27:271/271  P28:176/197  P29:276/284  P30:134/144

P31:263/282  P32:251/251  P33:207/244  P34:170/170  P35:189/193

P36:204/215  P37:183/185  P38:261/261  P39:305/306  P40:284/300

济糯33（审定编号：鲁审玉20170034；种质库编号：S1G06186）

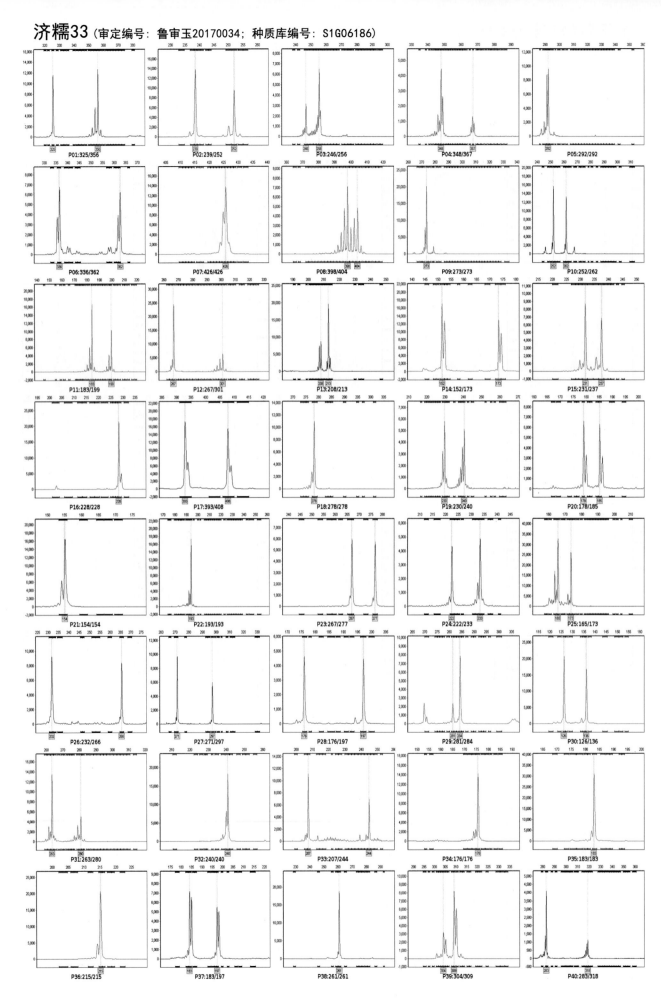

P01:325/356  P02:239/252  P03:246/256  P04:348/367  P05:292/292
P06:336/362  P07:426/426  P08:398/404  P09:273/273  P10:252/262
P11:183/199  P12:267/301  P13:208/213  P14:152/173  P15:231/237
P16:228/228  P17:393/408  P18:278/278  P19:230/240  P20:178/185
P21:154/154  P22:193/193  P23:267/277  P24:222/233  P25:165/173
P26:232/266  P27:271/297  P28:176/197  P29:281/284  P30:126/136
P31:263/280  P32:240/240  P33:207/244  P34:176/176  P35:183/183
P36:215/215  P37:183/197  P38:261/261  P39:304/309  P40:283/318

256

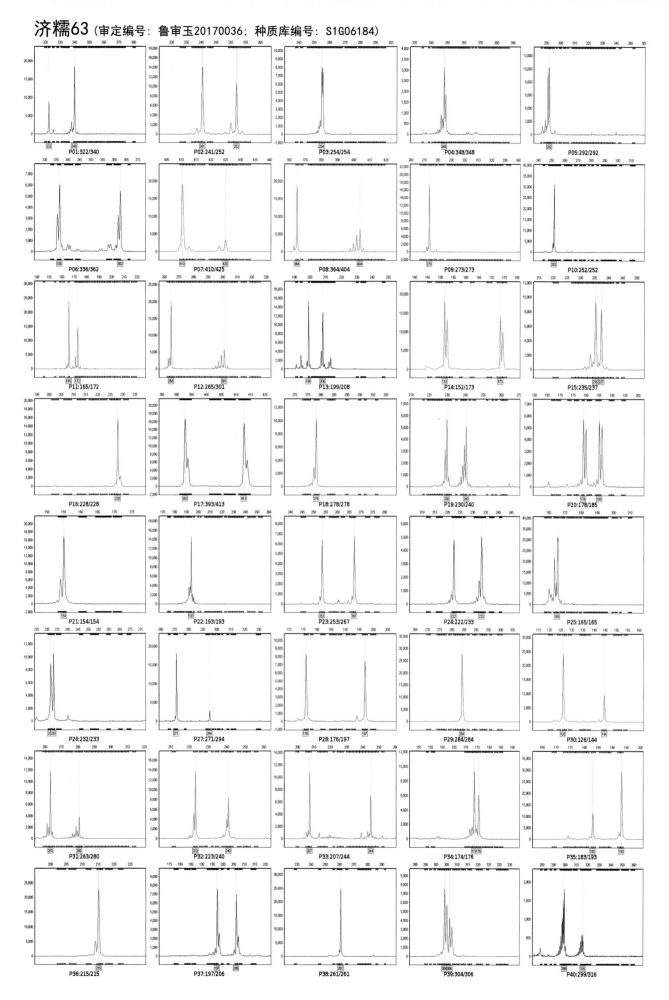

彩糯168（审定编号：蒙审玉2012028号；种质库编号：S1G05408）

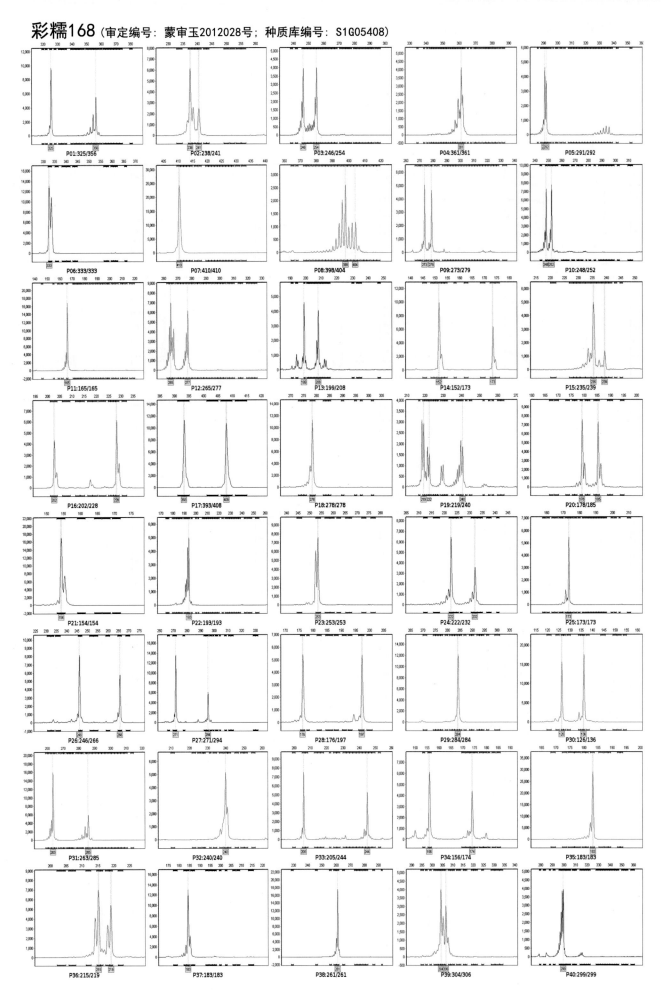

P01:325/356　P02:238/241　P03:246/254　P04:361/361　P05:291/292
P06:333/333　P07:410/410　P08:398/404　P09:273/279　P10:248/252
P11:165/165　P12:265/277　P13:199/208　P14:152/173　P15:235/239
P16:202/228　P17:393/408　P18:278/278　P19:219/240　P20:178/185
P21:154/154　P22:193/193　P23:253/253　P24:222/232　P25:173/173
P26:246/266　P27:271/294　P28:176/197　P29:284/284　P30:126/136
P31:263/285　P32:240/240　P33:205/244　P34:156/174　P35:183/183
P36:215/219　P37:183/183　P38:261/261　P39:304/306　P40:299/299

# 真金糯100（审定编号：蒙审玉2012029号；种质库编号：S1G05410）

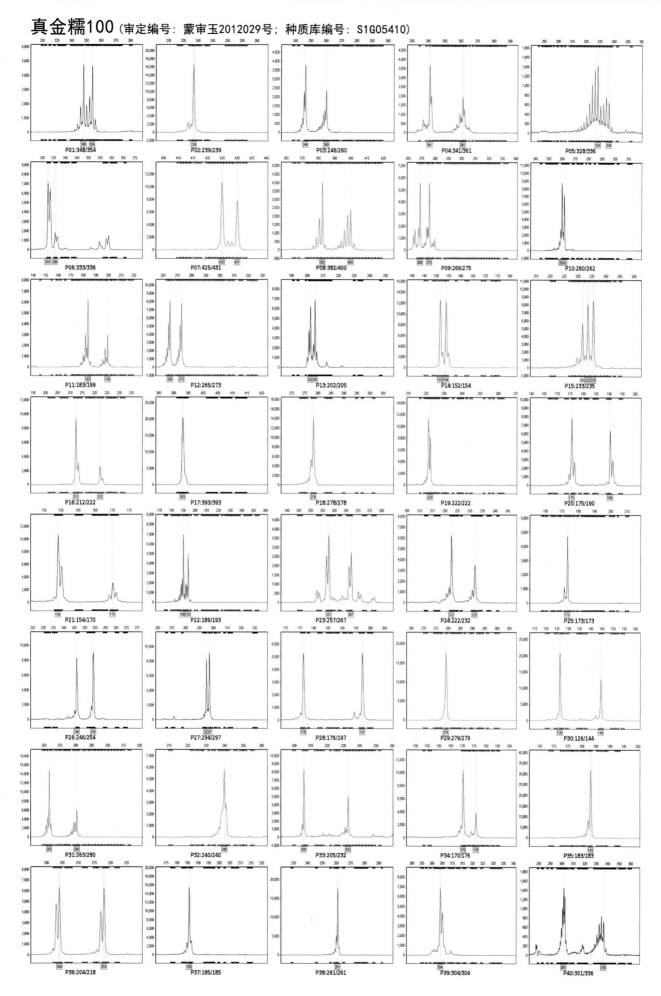

P01:348/354 P02:239/239 P03:246/260 P04:341/361 P05:328/336
P06:333/336 P07:425/431 P08:382/400 P09:269/275 P10:260/262
P11:183/199 P12:265/273 P13:202/205 P14:152/154 P15:233/235
P16:212/222 P17:393/393 P18:278/278 P19:222/222 P20:175/190
P21:154/170 P22:189/193 P23:257/267 P24:222/232 P25:173/173
P26:246/254 P27:294/297 P28:176/197 P29:279/279 P30:126/144
P31:263/280 P32:240/240 P33:205/232 P34:170/176 P35:183/183
P36:204/218 P37:185/185 P38:261/261 P39:304/304 P40:301/336

259

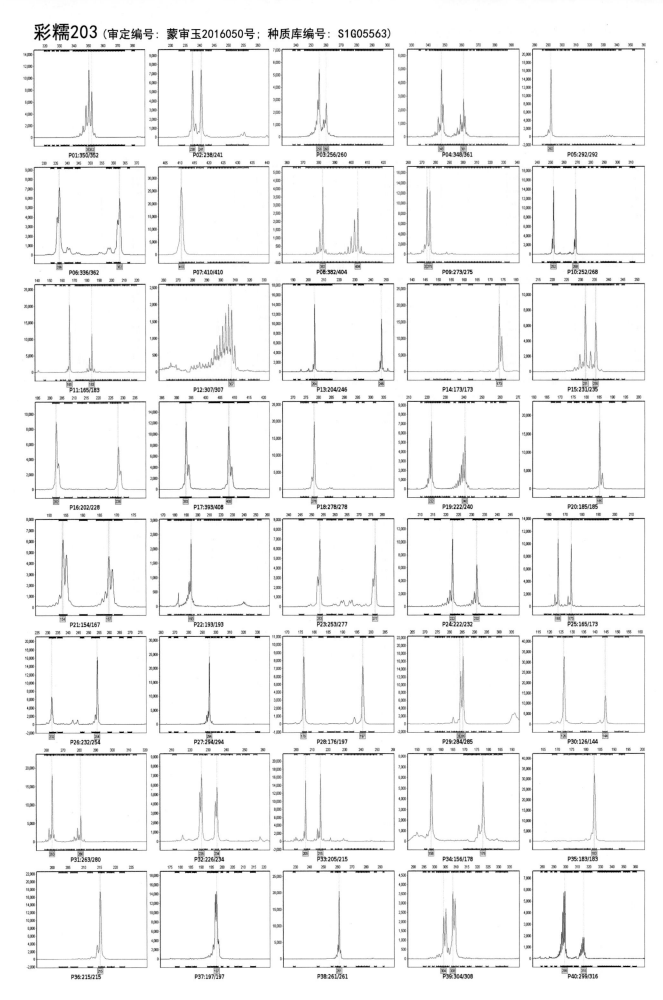

# 同糯1号（审定编号：蒙审玉2016051号；种质库编号：S1G05564）

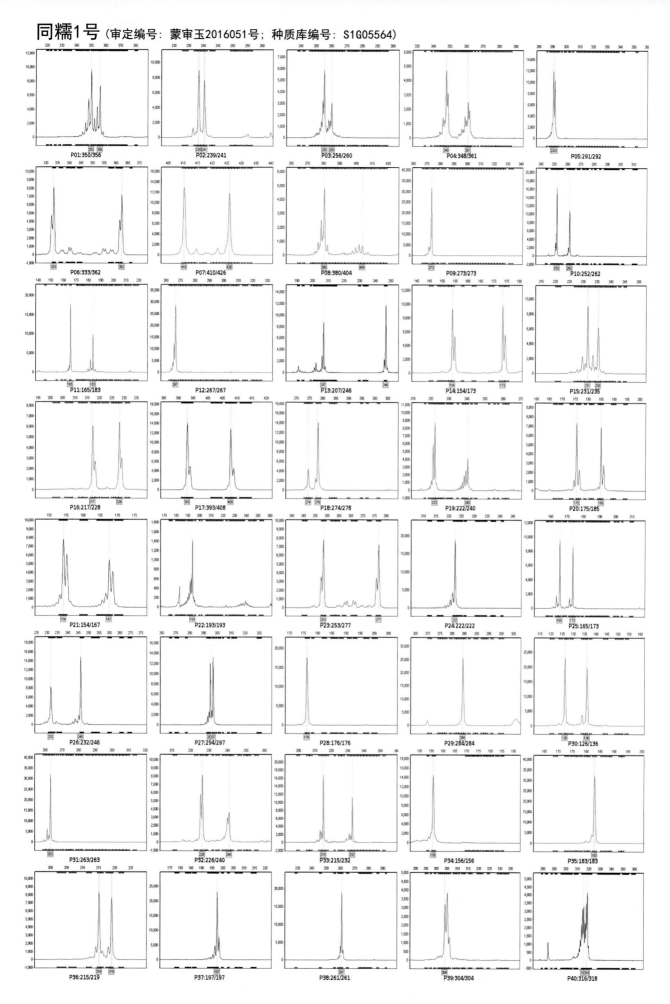

# 禾甜糯1号（审定编号：蒙审玉2016052号；种质库编号：S1G05565）

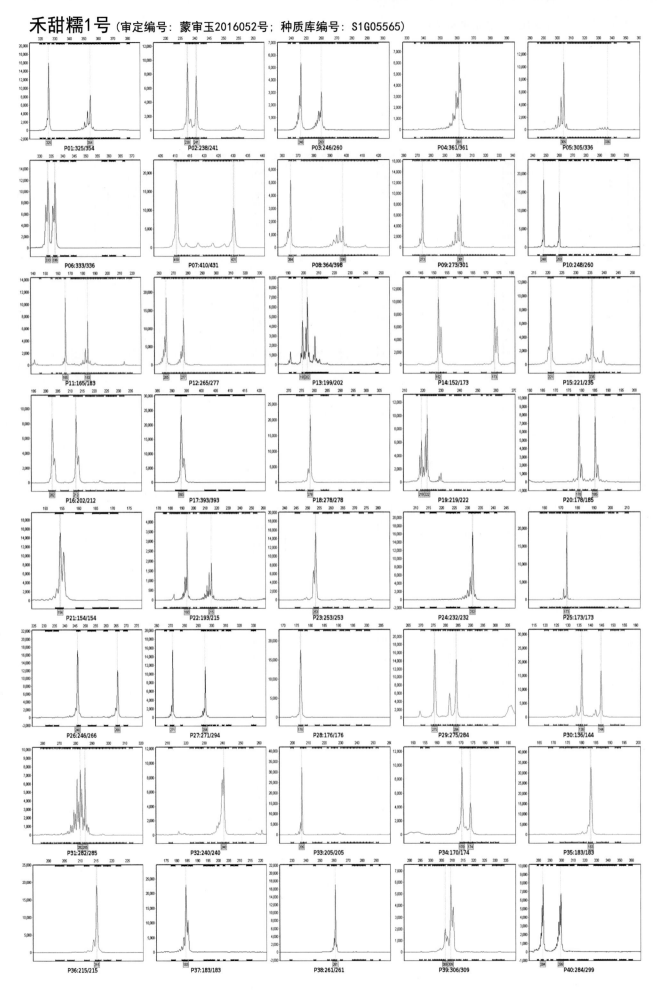

P01:325/354　P02:238/241　P03:246/260　P04:361/361　P05:305/336

P06:333/336　P07:410/431　P08:364/398　P09:273/301　P10:248/260

P11:165/183　P12:265/277　P13:199/202　P14:152/173　P15:221/235

P16:202/212　P17:393/393　P18:278/278　P19:219/222　P20:178/185

P21:154/154　P22:193/215　P23:253/253　P24:232/232　P25:173/173

P26:246/266　P27:271/294　P28:176/176　P29:275/284　P30:136/144

P31:282/285　P32:240/240　P33:205/205　P34:170/174　P35:183/183

P36:215/215　P37:183/183　P38:261/261　P39:306/309　P40:284/299

262

# 晶彩花糯5号 （审定编号：闽审玉2015002；种质库编号：S1G05056）

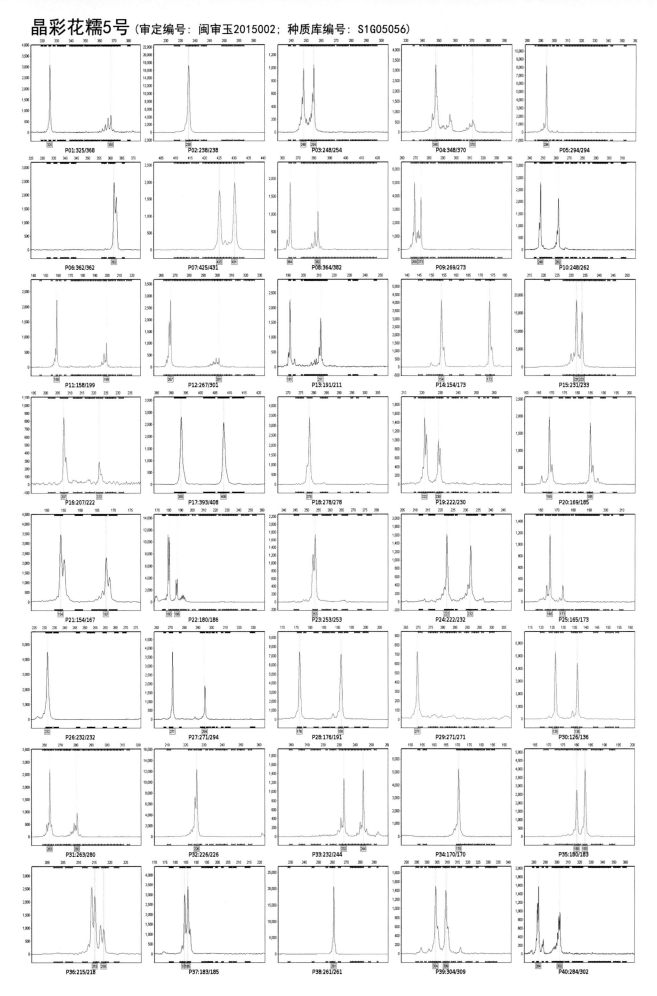

# 耕耘白糯 （审定编号：闽审玉2016004；种质库编号：S1G05714）

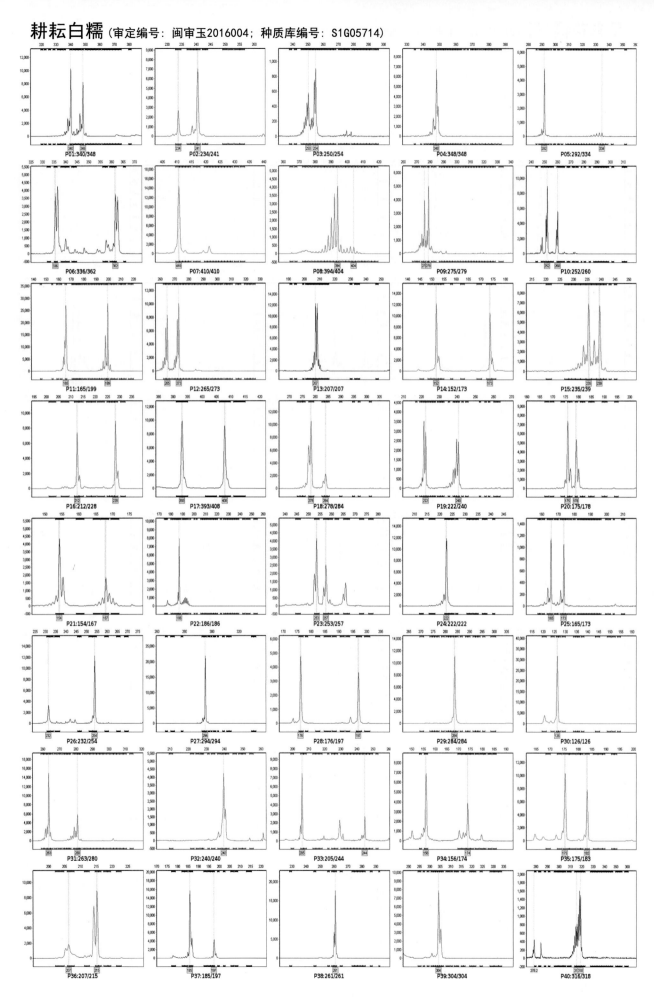

P01:340/348  P02:234/241  P03:250/254  P04:348/348  P05:292/334

P06:336/362  P07:410/410  P08:394/404  P09:275/279  P10:252/260

P11:165/199  P12:265/273  P13:207/207  P14:152/173  P15:235/239

P16:212/228  P17:393/408  P18:278/284  P19:222/240  P20:175/178

P21:154/167  P22:186/186  P23:253/257  P24:222/222  P25:165/173

P26:232/254  P27:294/294  P28:176/197  P29:284/284  P30:126/126

P31:263/280  P32:240/240  P33:205/244  P34:156/174  P35:175/183

P36:207/215  P37:185/197  P38:261/261  P39:304/304  P40:316/318

264

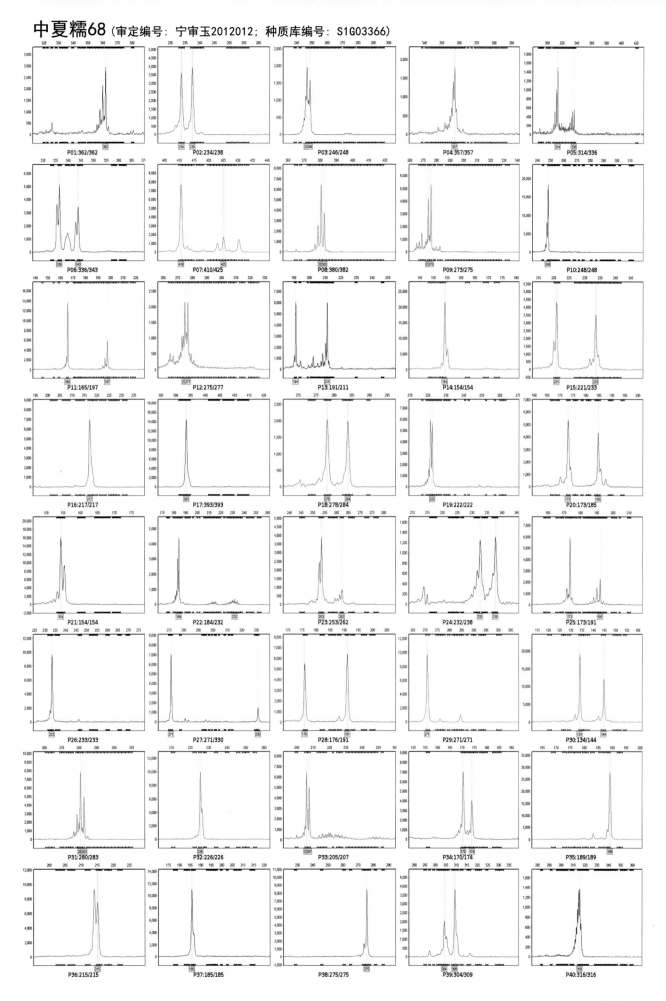

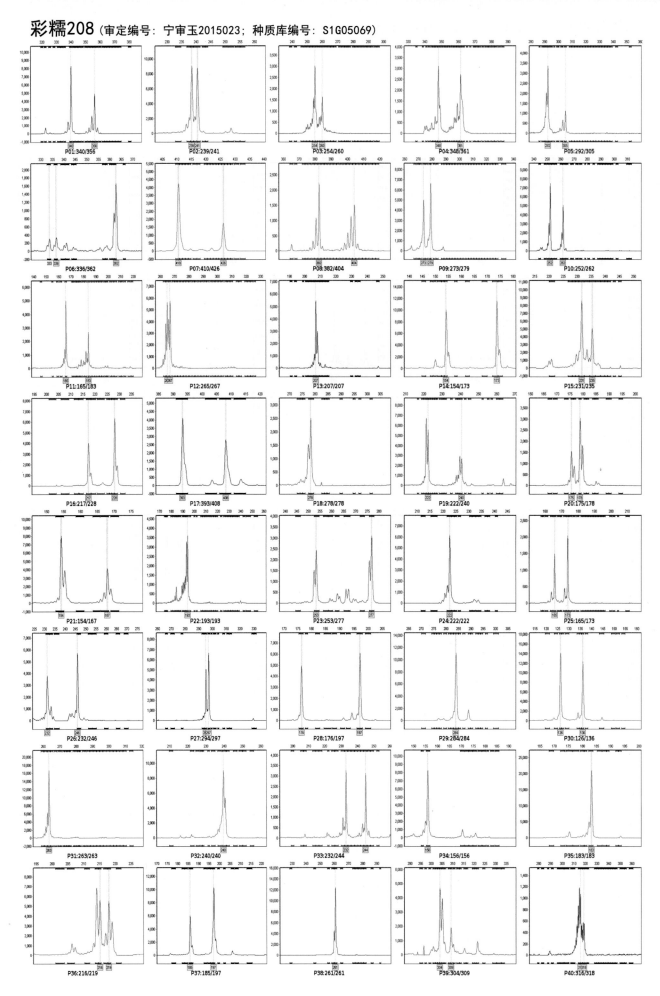

P01:340/356 P02:239/241 P03:254/260 P04:348/361 P05:292/305
P06:336/362 P07:410/426 P08:382/404 P09:273/279 P10:252/262
P11:165/183 P12:265/267 P13:207/207 P14:154/173 P15:231/235
P16:217/228 P17:393/408 P18:278/278 P19:222/240 P20:175/178
P21:154/167 P22:193/193 P23:253/277 P24:222/222 P25:165/173
P26:232/246 P27:294/297 P28:176/197 P29:284/284 P30:126/136
P31:263/263 P32:240/240 P33:232/244 P34:156/156 P35:183/183
P36:216/219 P37:185/197 P38:261/261 P39:304/309 P40:316/318

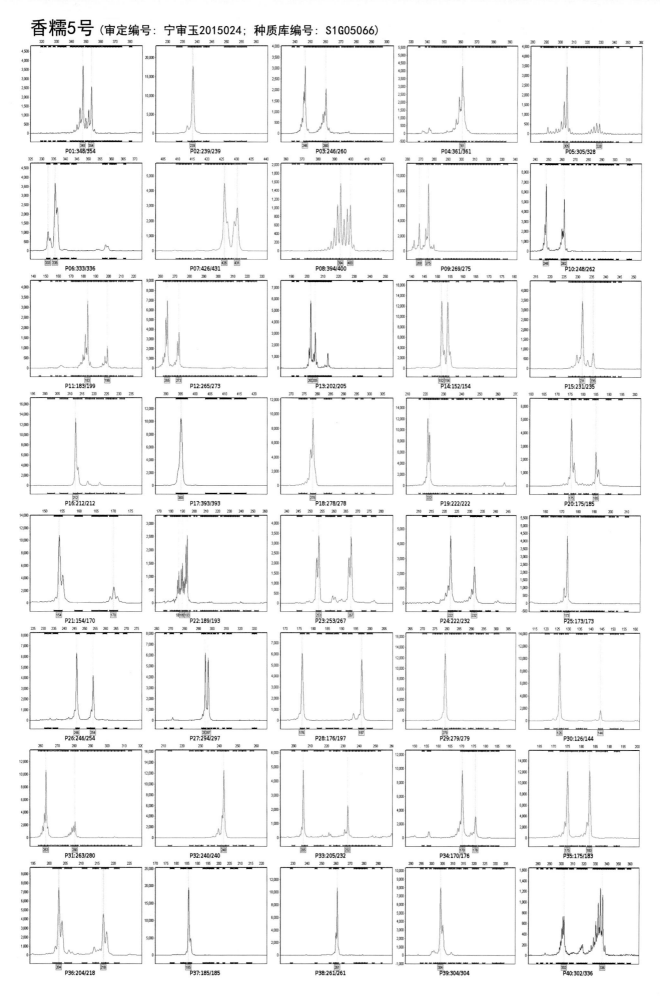

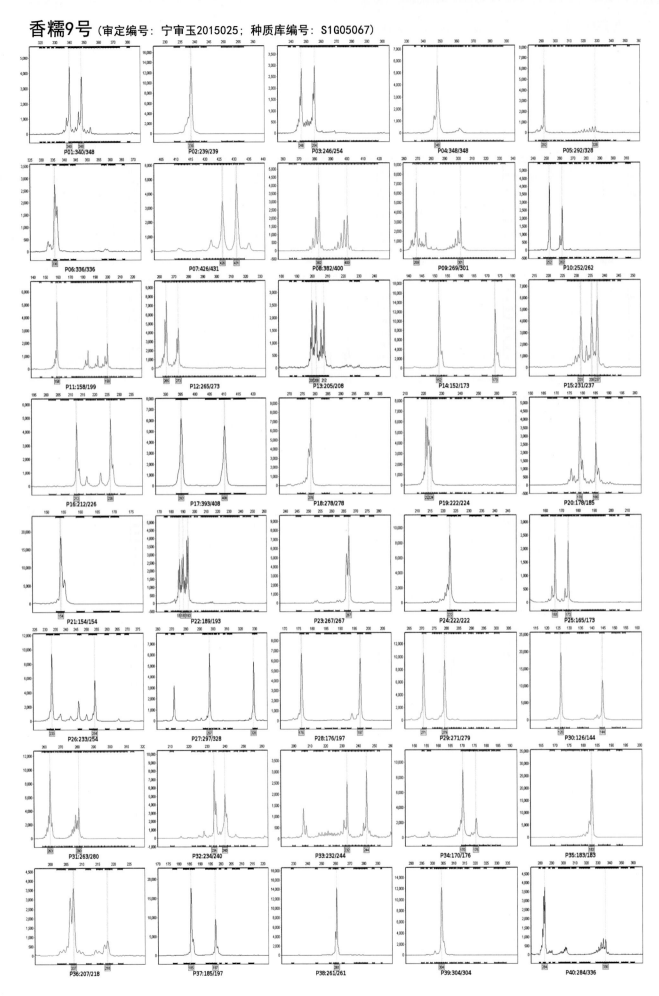

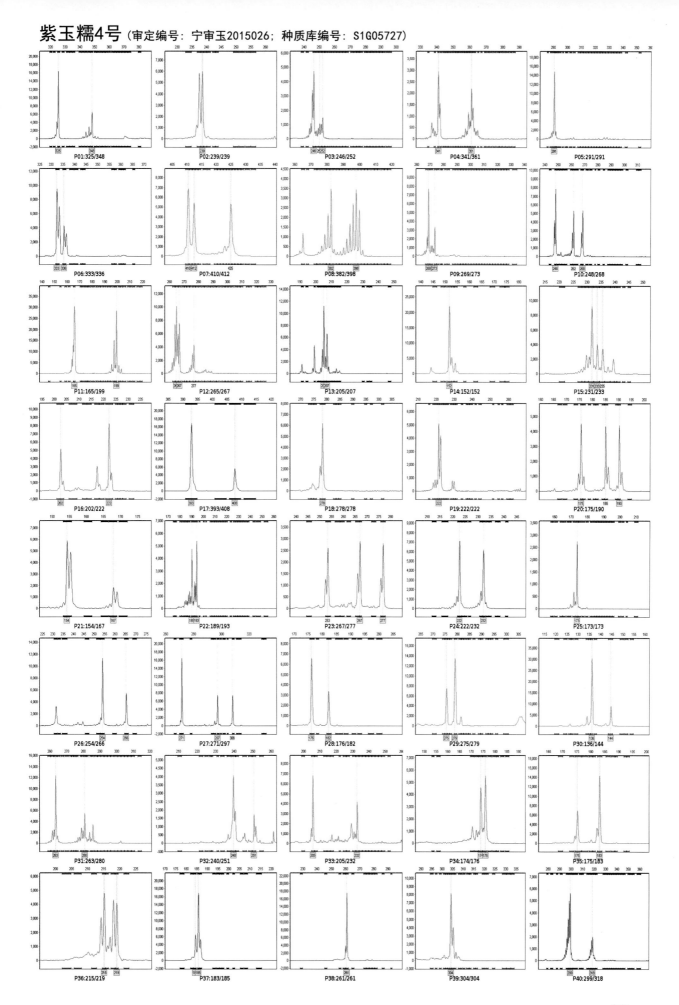

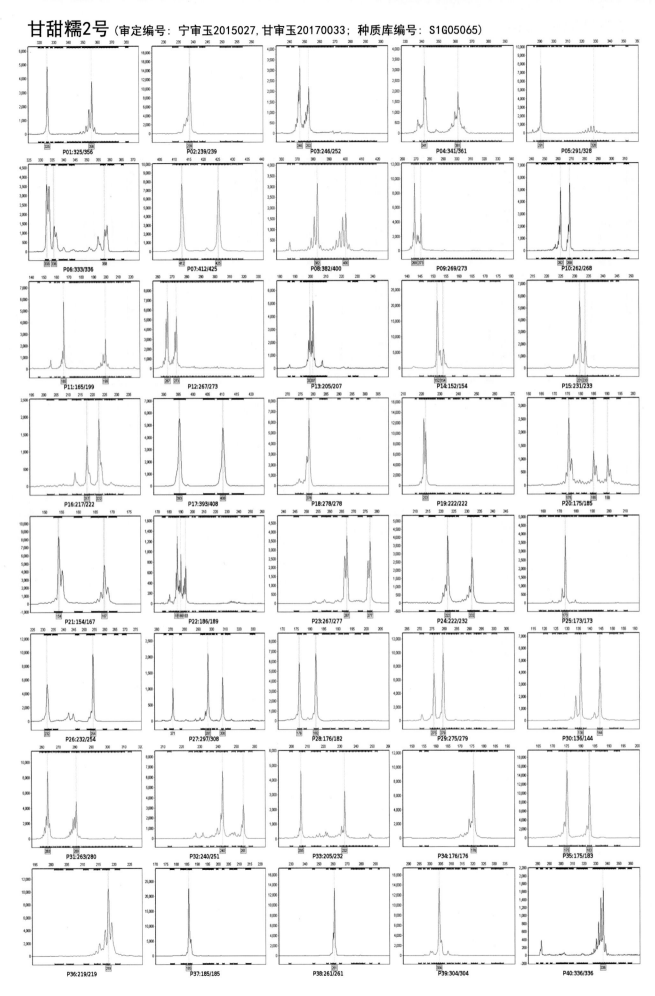

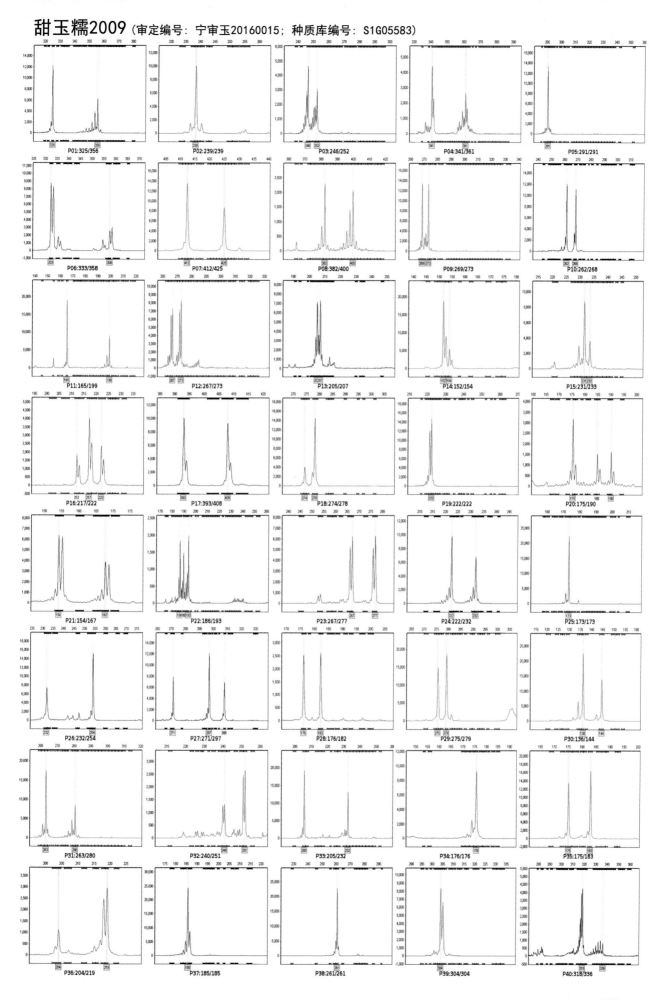

# 金都糯1号 （审定编号：黔审玉2012018号；种质库编号：S1G03568）

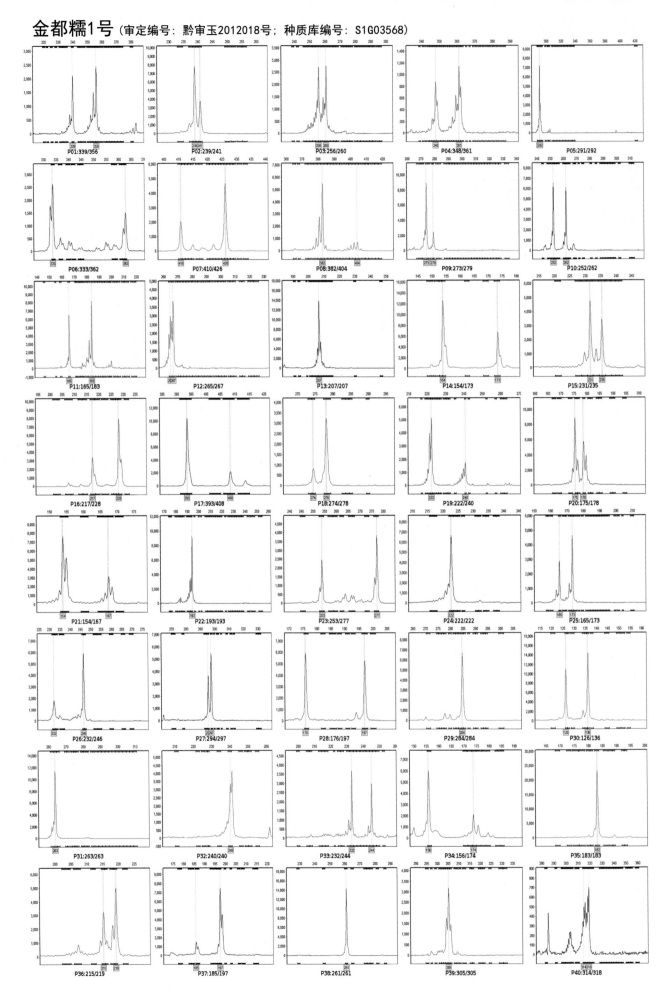

272

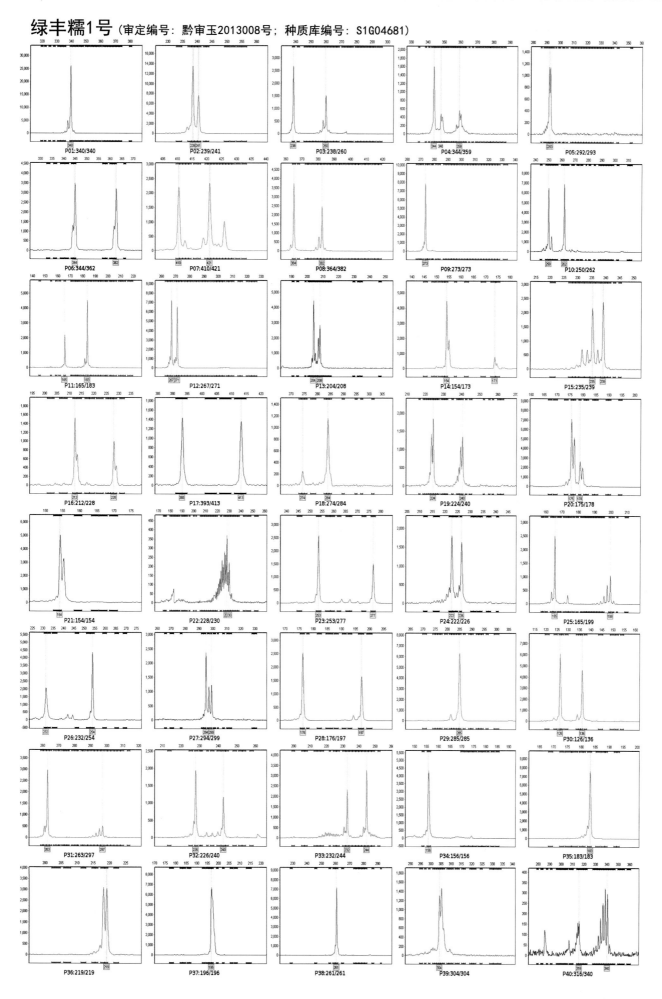

# 筑糯9号 (审定编号：黔审玉2013009号, 渝审玉20170020；种质库编号：XIN26218)

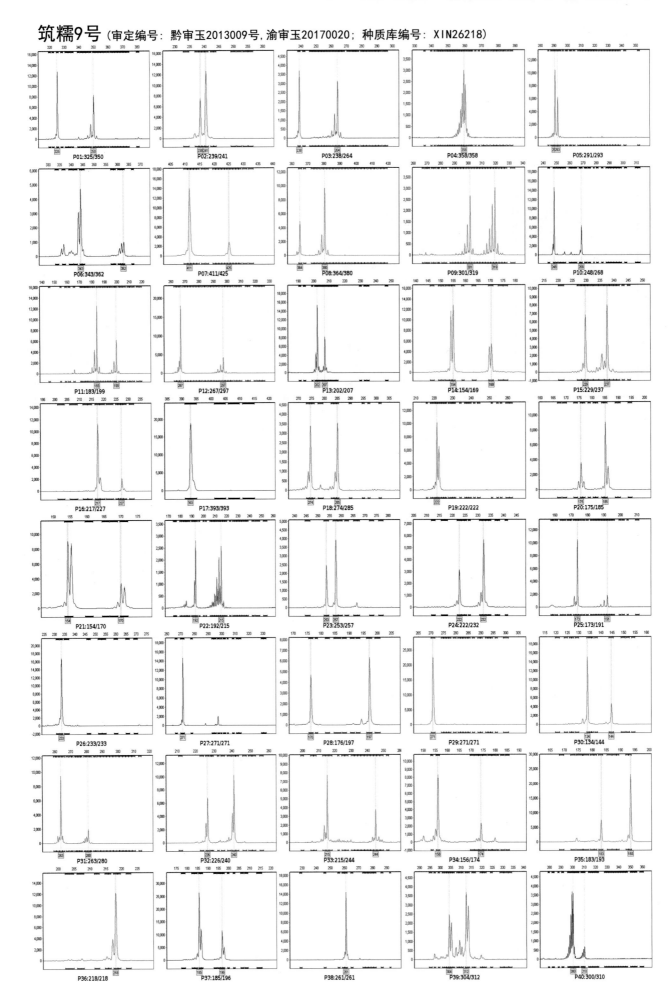

274

# 黔糯868 （审定编号：黔审玉2014011号，渝审玉2015009；种质库编号：S1G04487）

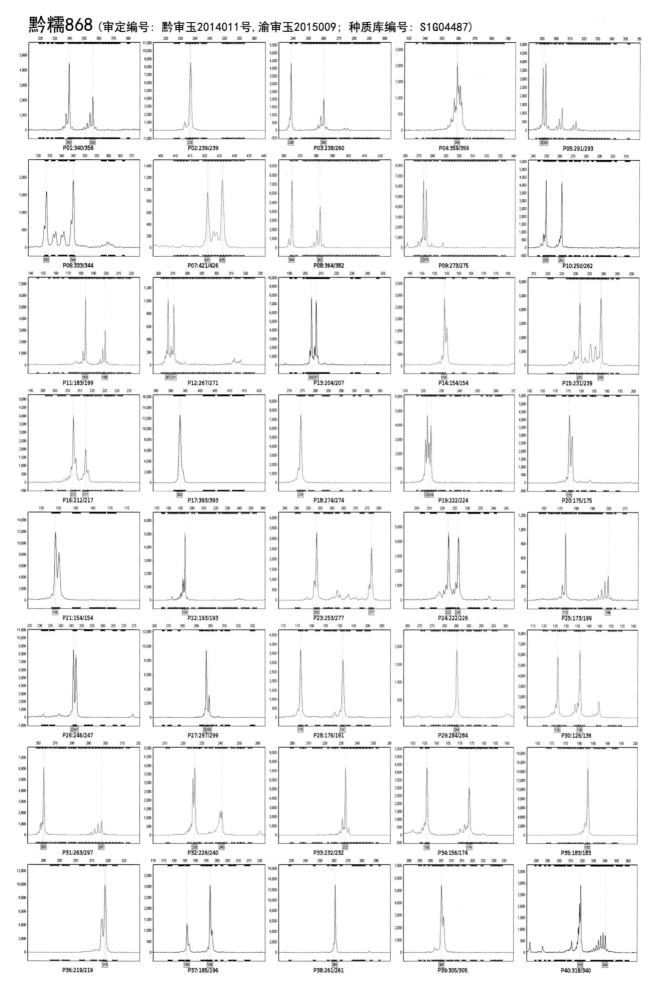

# 遵糯6号 (审定编号：黔审玉2014012号；种质库编号：S1G04488)

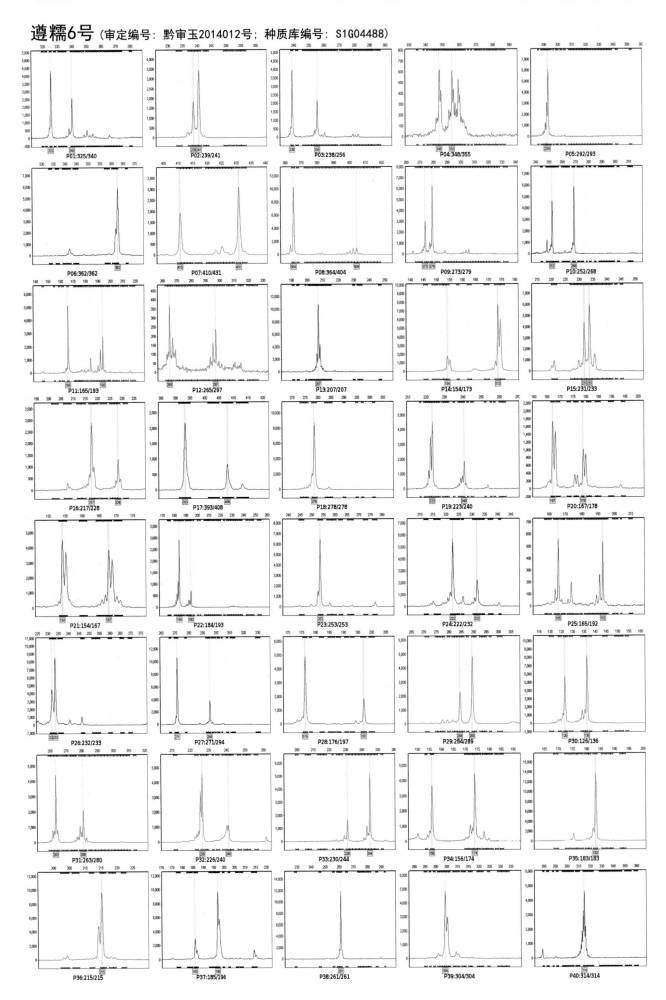

276

# 筑糯11（审定编号：黔审玉2015017号；种质库编号：S1G04970）

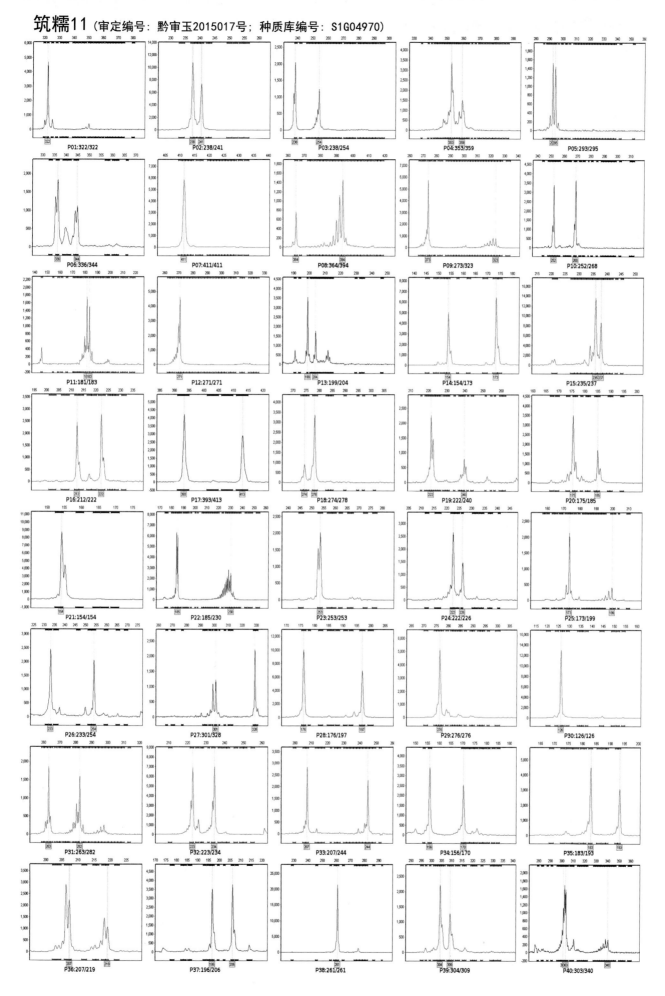

# 筑甜糯1号 （审定编号：黔审玉2015018号；种质库编号：S1G04971）

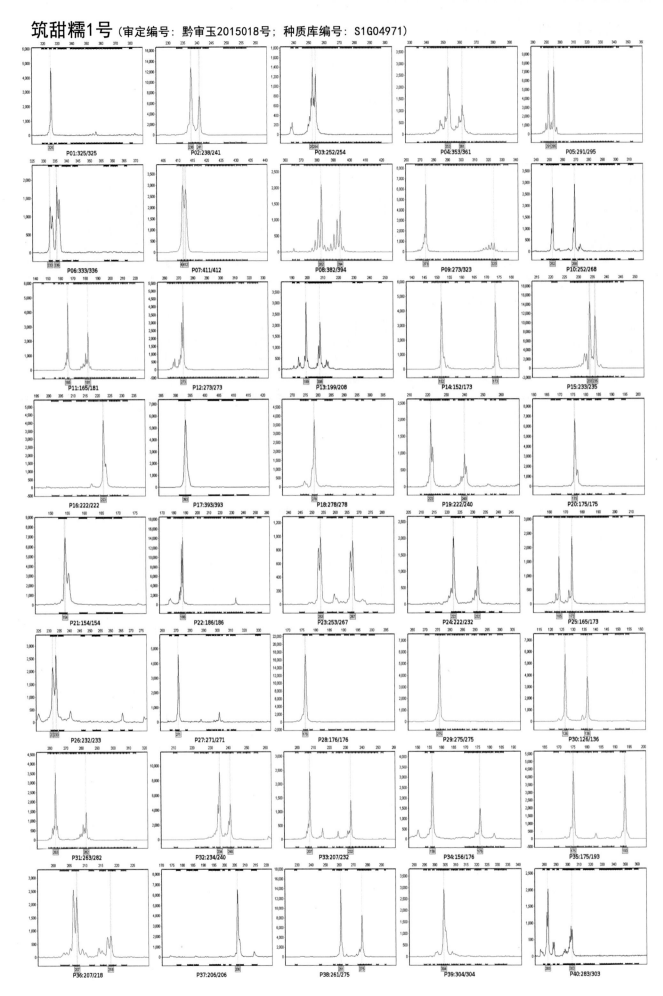

# 兴农糯3号 （审定编号：黔审玉2016015号；种质库编号：XIN19938）

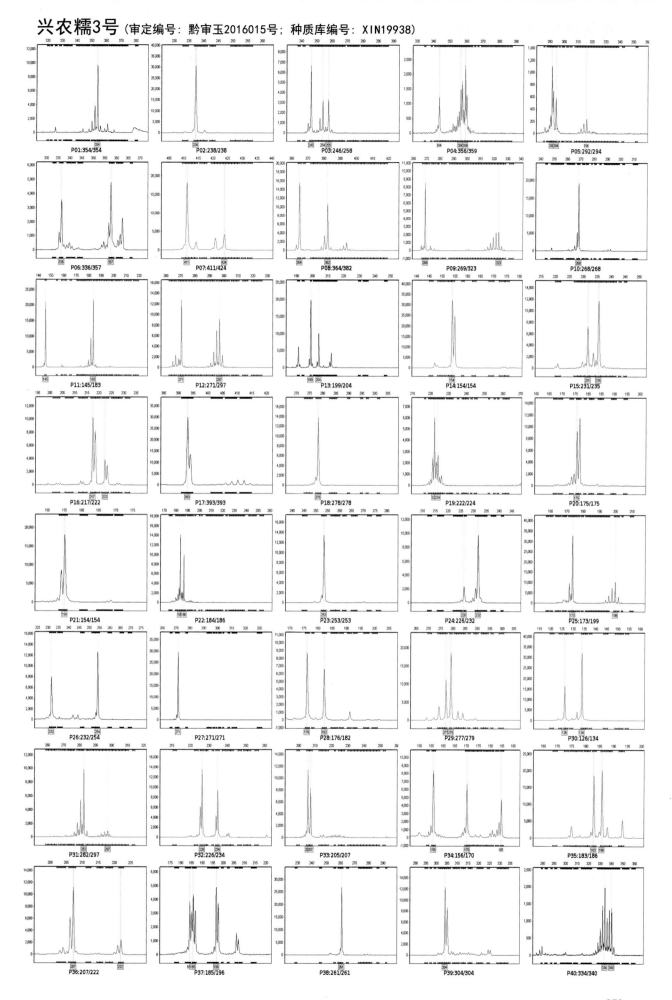

金莲花甜糯（审定编号：黔审玉2017018；种质库编号：XIN20506）

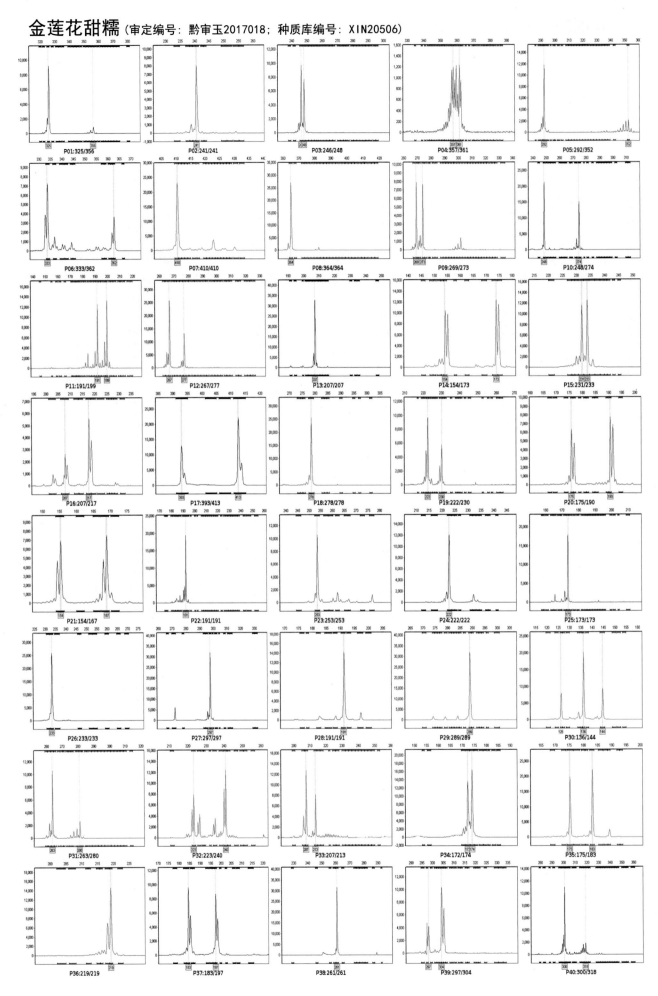

280

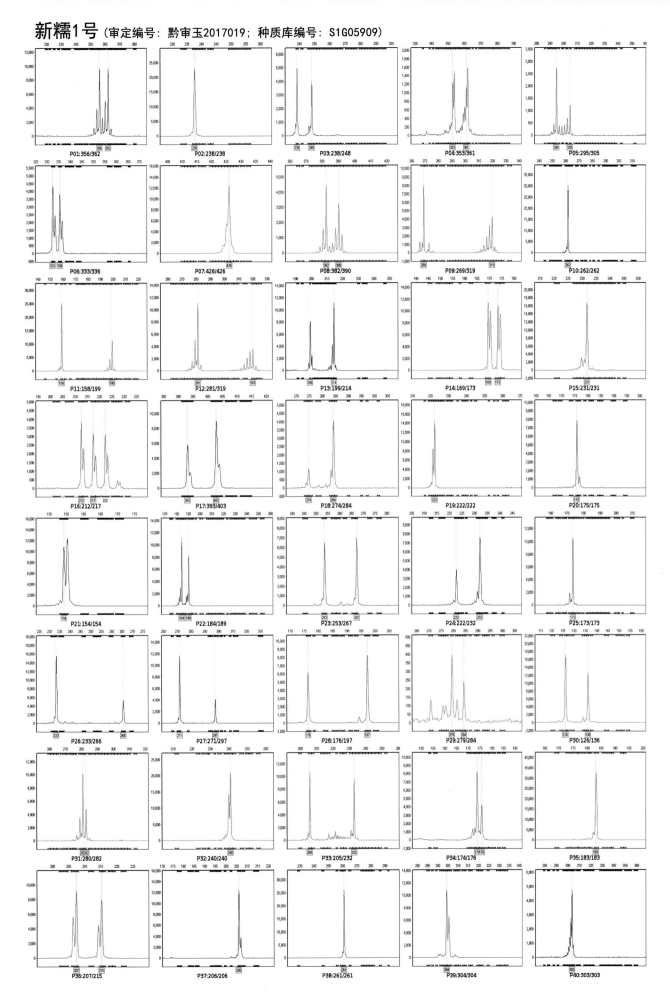

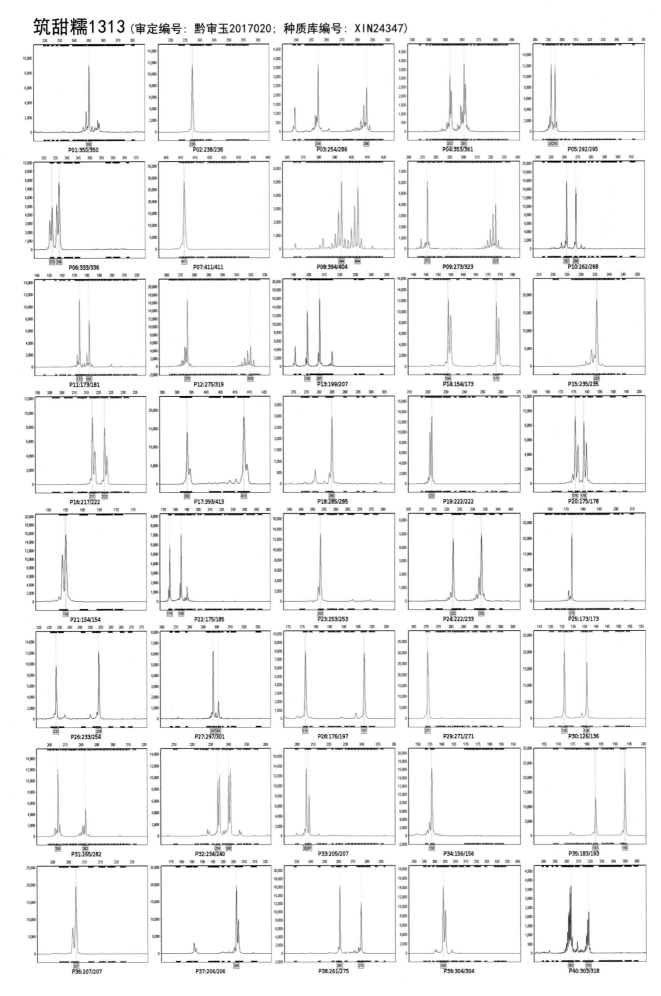

**翔糯2000** (审定编号：黔审玉20190036；种质库编号：S1G05917)

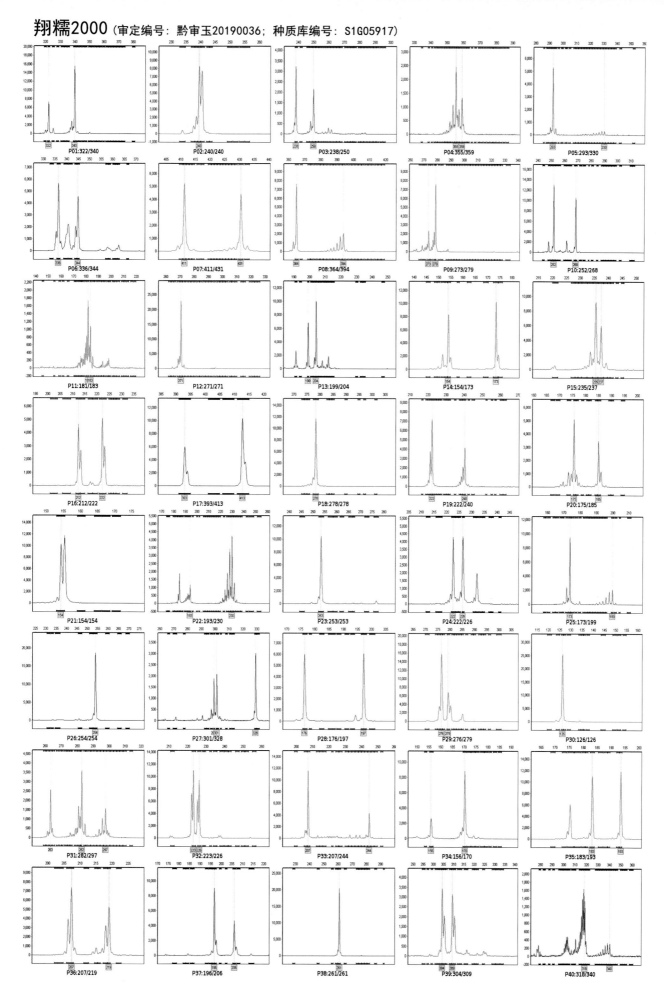

# 翔糯2018 （审定编号：黔审玉20190037；种质库编号：S1G05918）

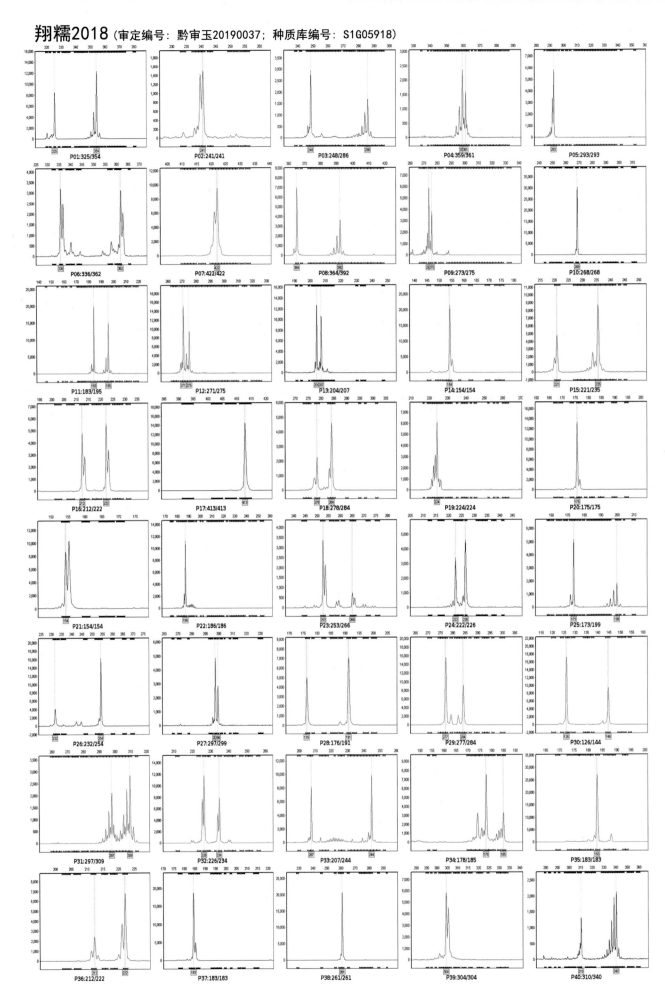

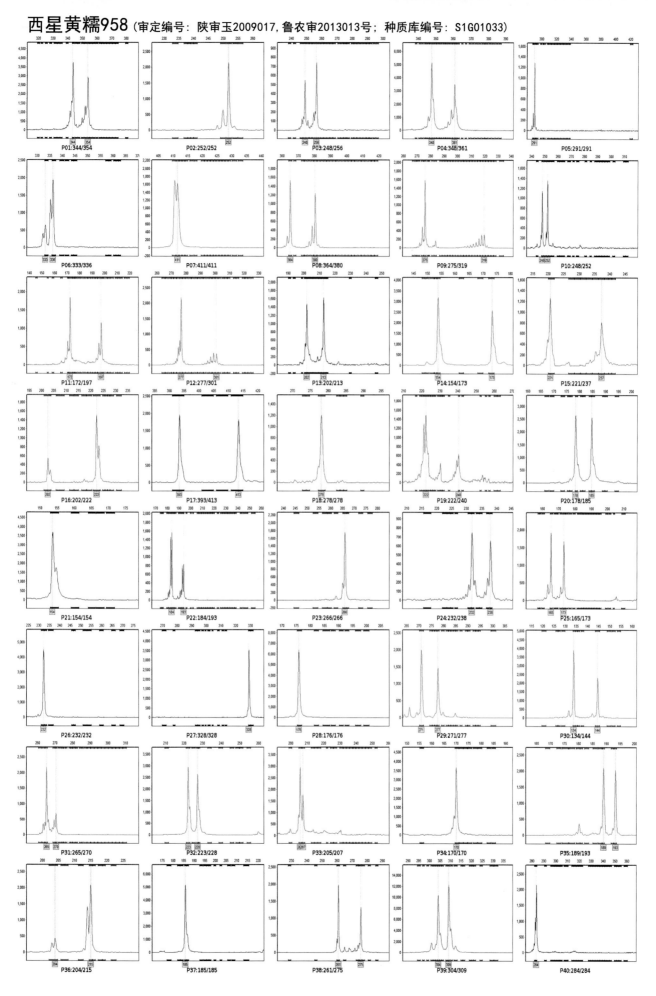

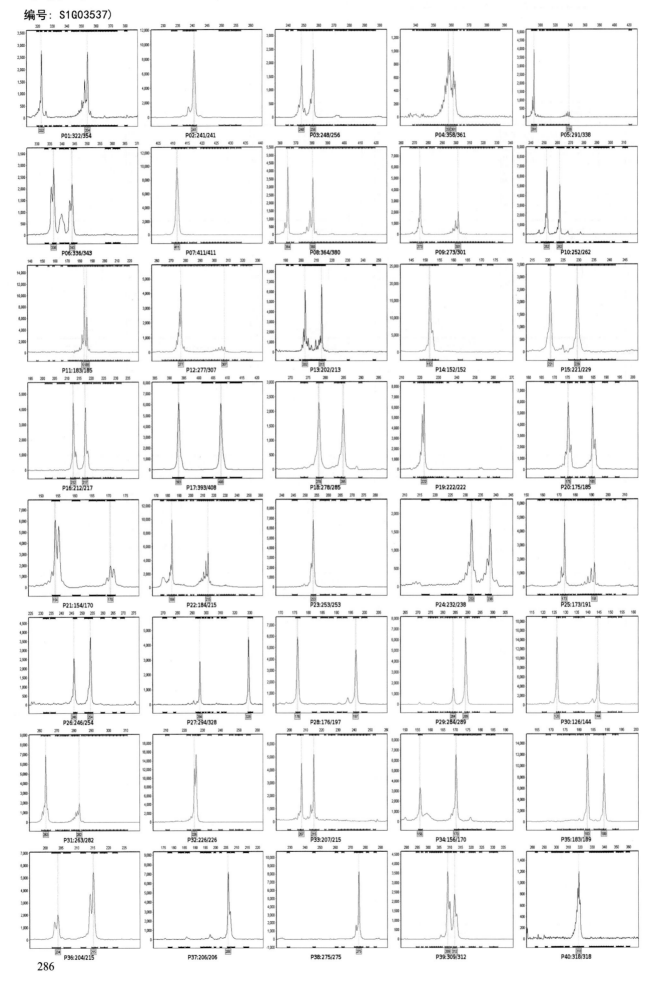

P01:322/354　P02:241/241　P03:248/256　P04:358/361　P05:291/338

P06:336/343　P07:411/411　P08:364/380　P09:273/301　P10:252/262

P11:183/185　P12:277/307　P13:202/213　P14:152/152　P15:221/229

P16:212/217　P17:393/408　P18:278/285　P19:222/222　P20:175/185

P21:154/170　P22:184/215　P23:253/253　P24:232/238　P25:173/191

P26:246/254　P27:294/328　P28:176/197　P29:284/289　P30:126/144

P31:263/282　P32:226/226　P33:207/215　P34:156/170　P35:183/189

P36:204/215　P37:206/206　P38:275/275　P39:309/312　P40:318/318

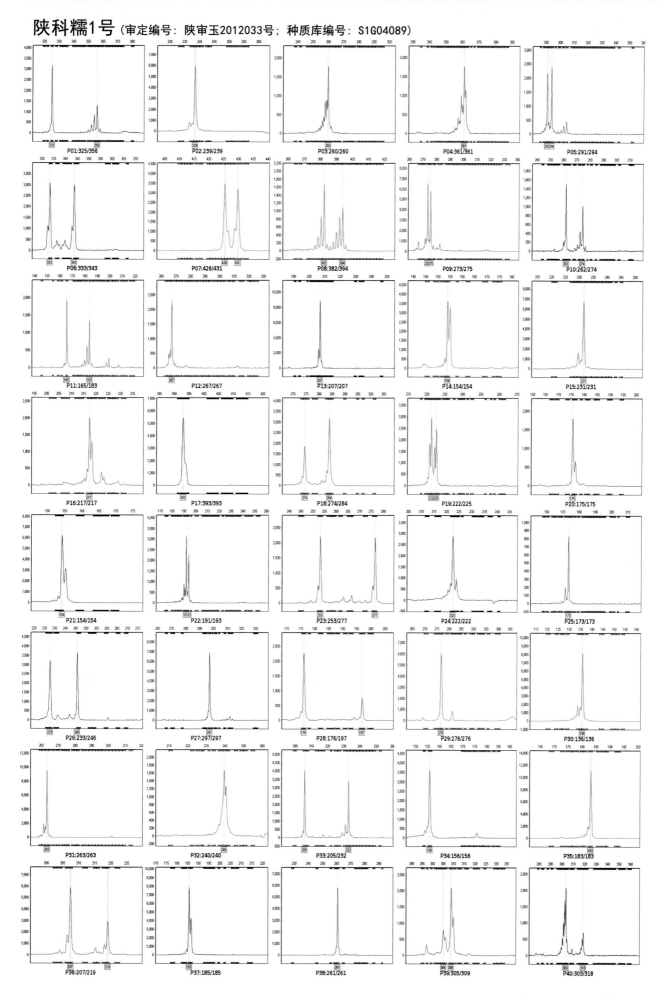

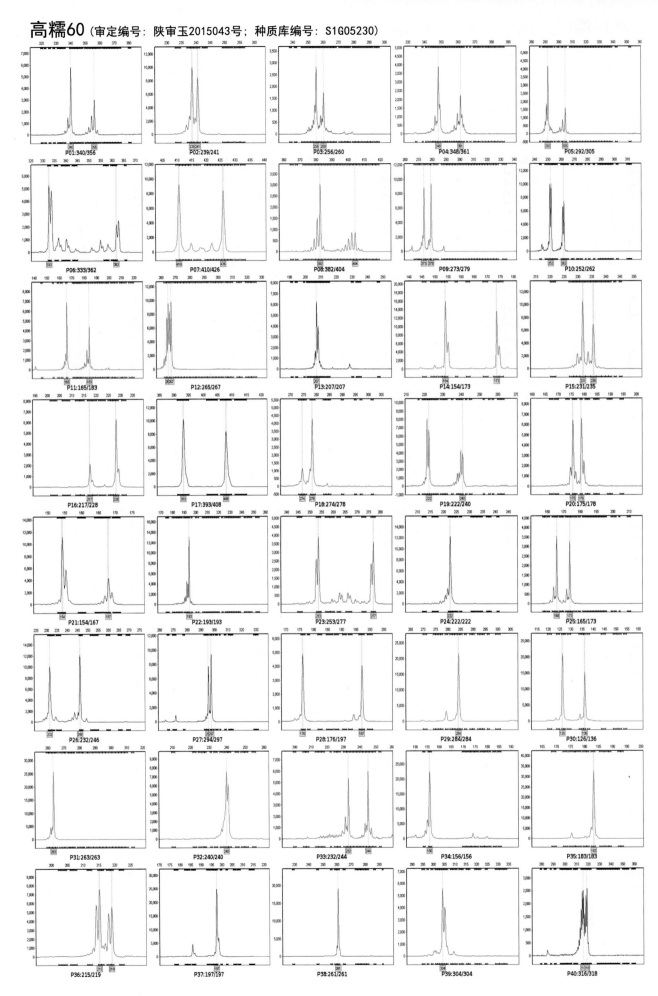

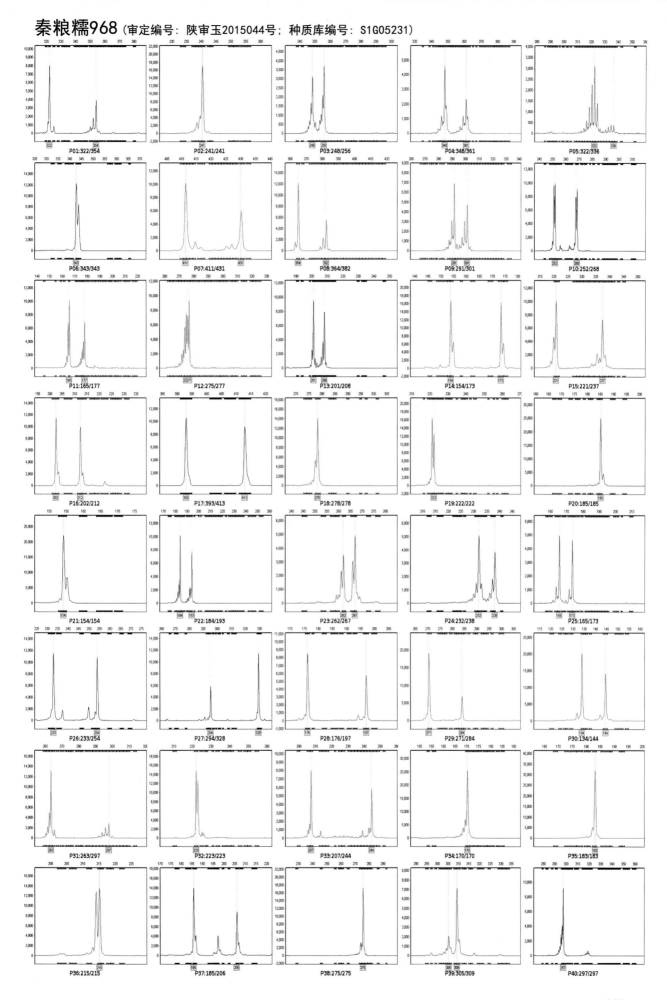

# 晋糯5号 （审定编号：陕审玉2015045号；种质库编号：S1G05232）

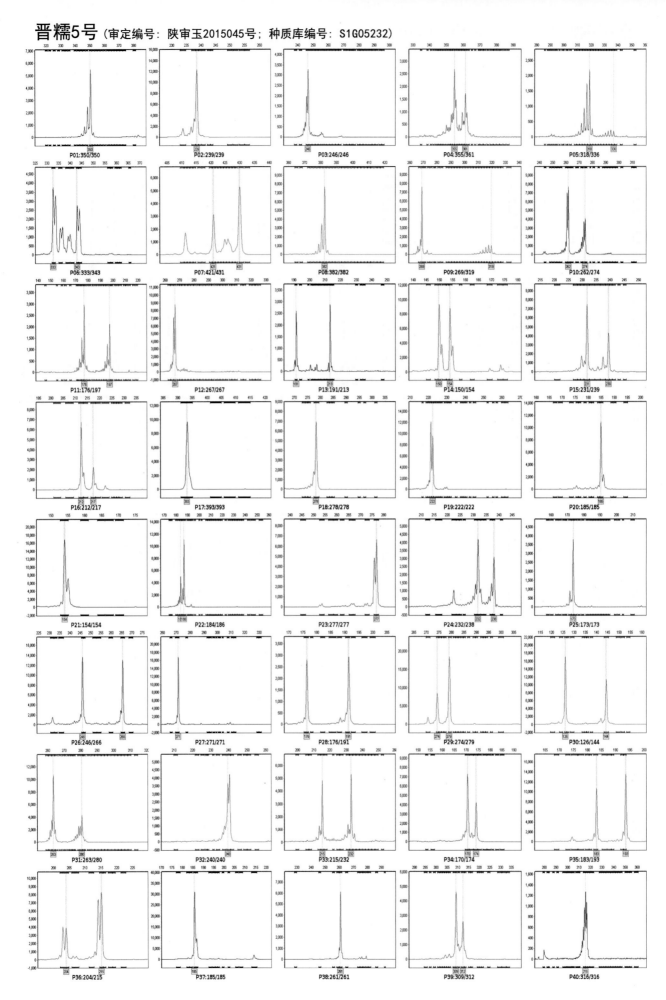

# 苏科糯5号 （审定编号：苏审玉201205； 种质库编号：S1G04232）

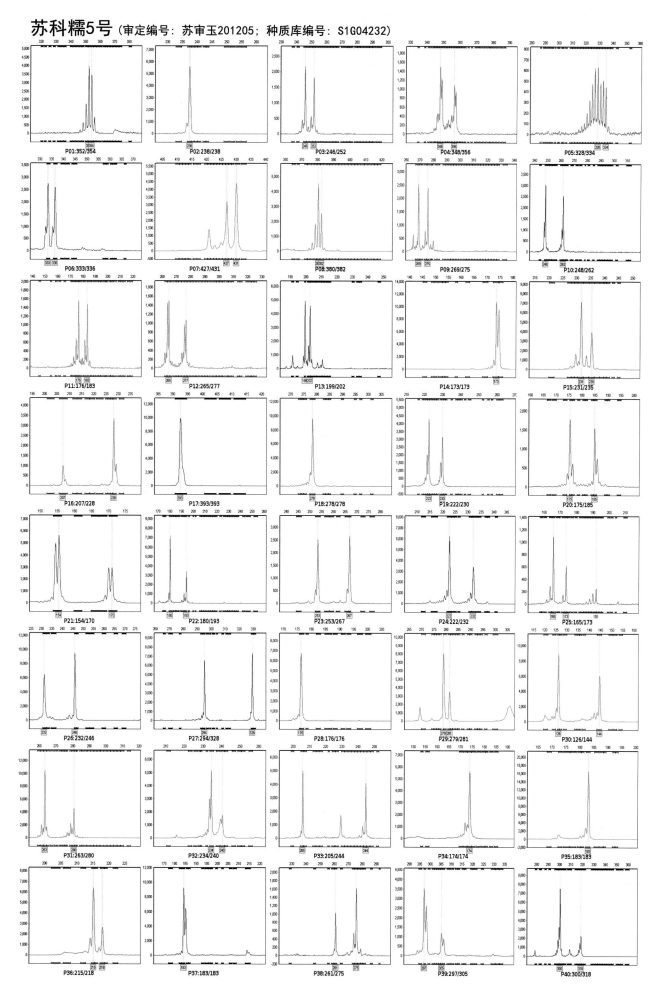

P01:352/354　P02:238/238　P03:246/252　P04:348/356　P05:328/334

P06:333/336　P07:427/431　P08:380/382　P09:269/275　P10:248/262

P11:176/183　P12:265/277　P13:199/202　P14:173/173　P15:231/235

P16:207/228　P17:393/393　P18:278/278　P19:222/230　P20:175/185

P21:154/170　P22:180/193　P23:253/267　P24:222/232　P25:165/173

P26:232/246　P27:294/328　P28:176/176　P29:279/281　P30:126/144

P31:263/280　P32:234/240　P33:205/244　P34:174/174　P35:183/183

P36:215/218　P37:183/183　P38:261/275　P39:297/305　P40:300/318

291

# 长江花糯2号（审定编号：苏审玉201206；种质库编号：S1G04233）

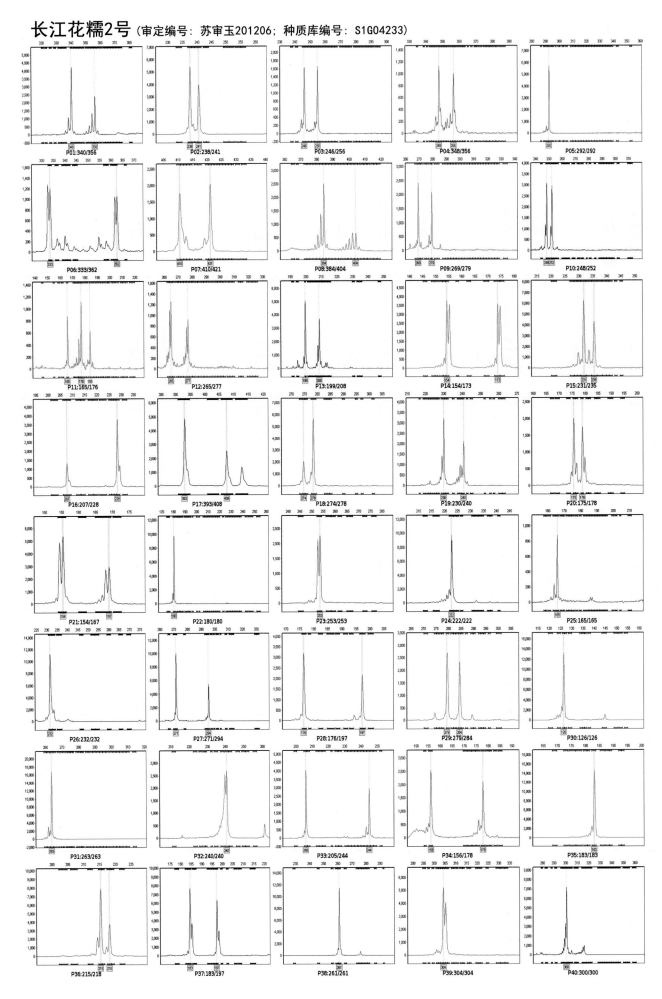

# 苏科糯6号 （审定编号：苏审玉201407；种质库编号：S1G05109）

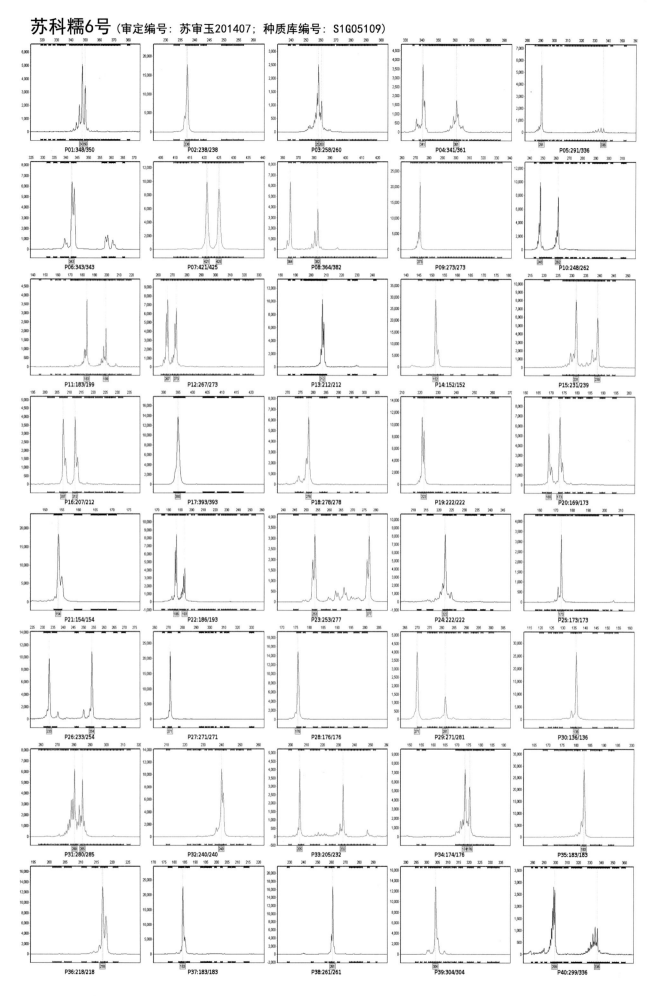

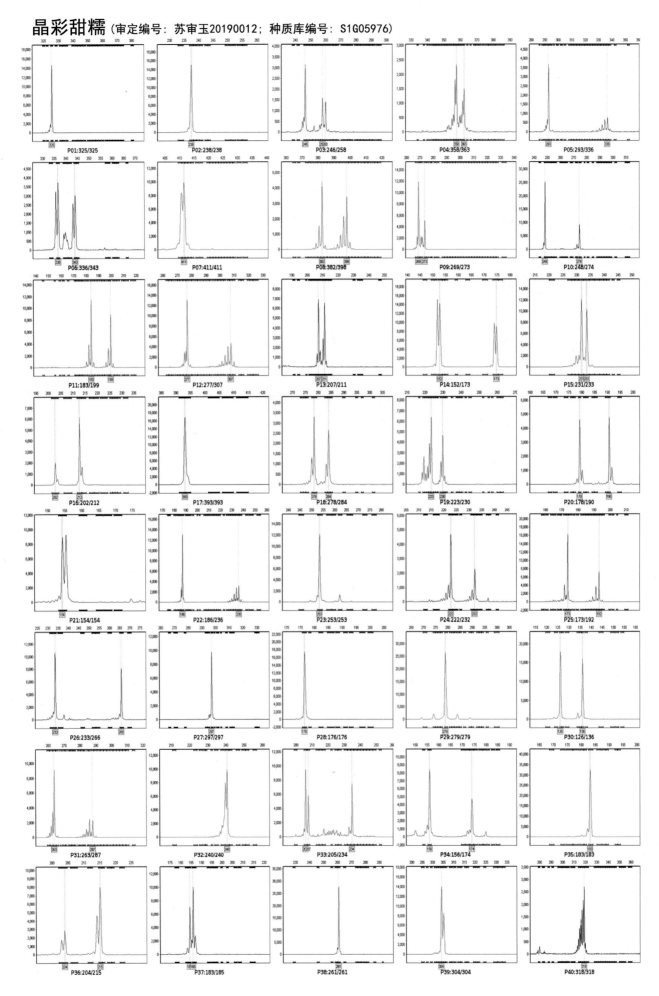

# 晶白甜糯（审定编号：苏审玉20190013；种质库编号：S1G05977）

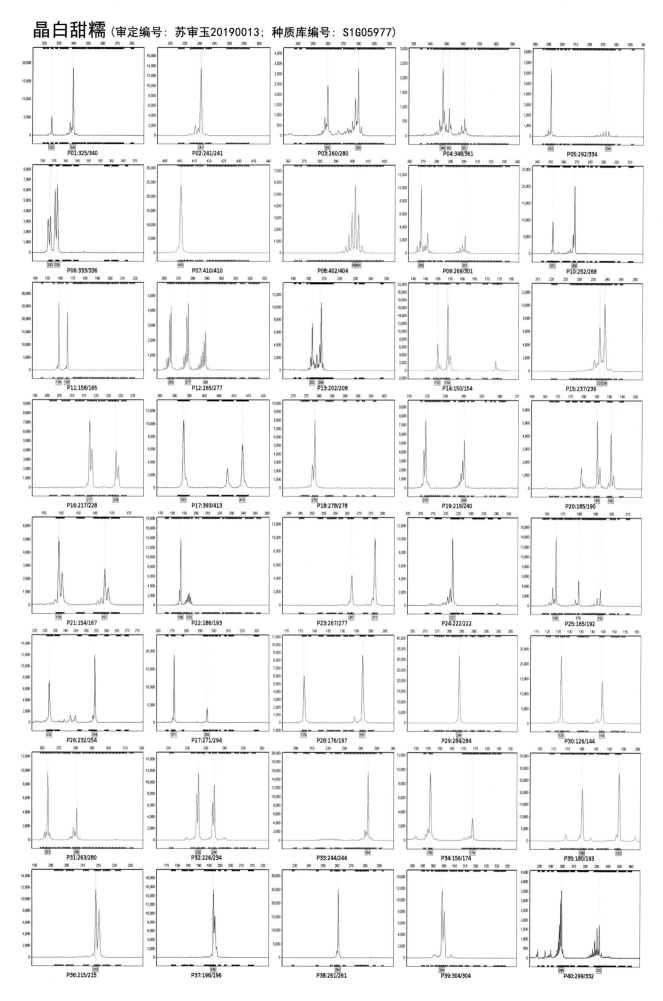

苏科糯1505 （审定编号：苏审玉20190015；种质库编号：S1G05979）

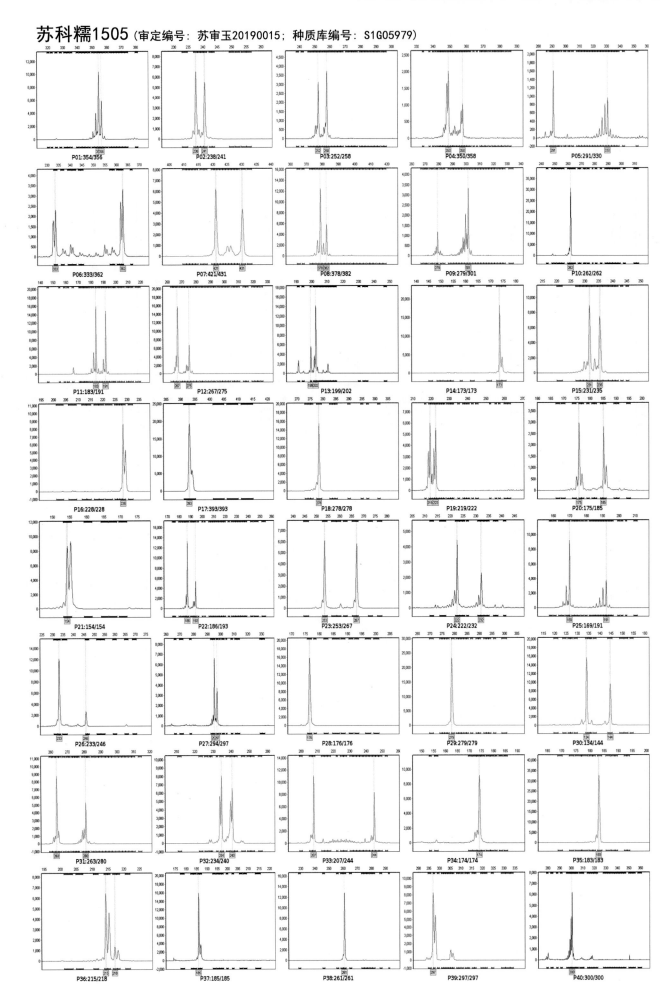

皖糯5号（审定编号：皖玉2013010；种质库编号：S1G04735）

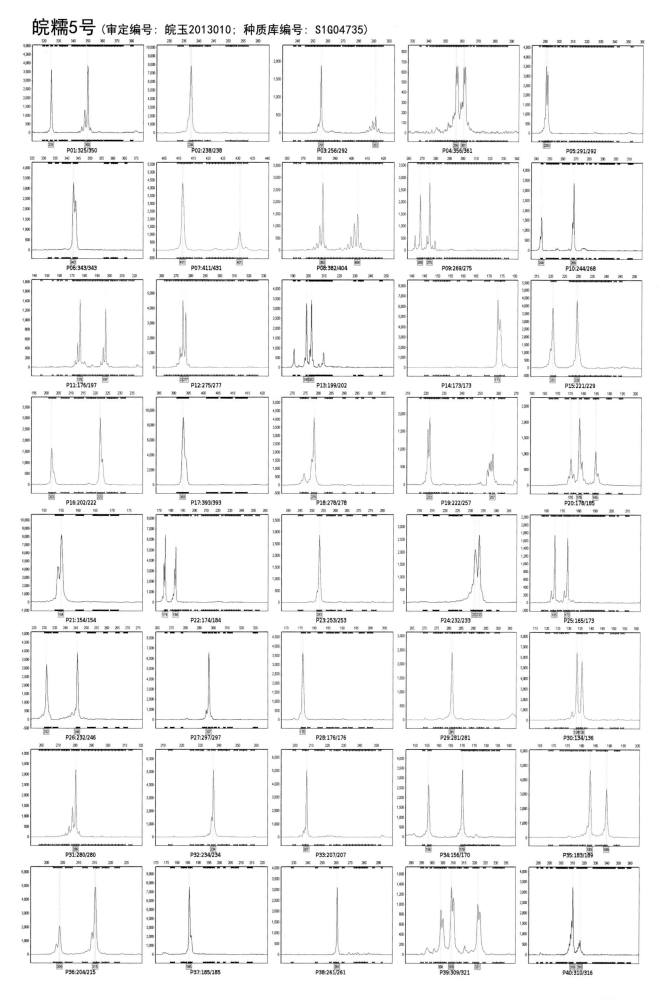

白糯玉808（审定编号：湘审玉2012007；种质库编号：S1G04661）

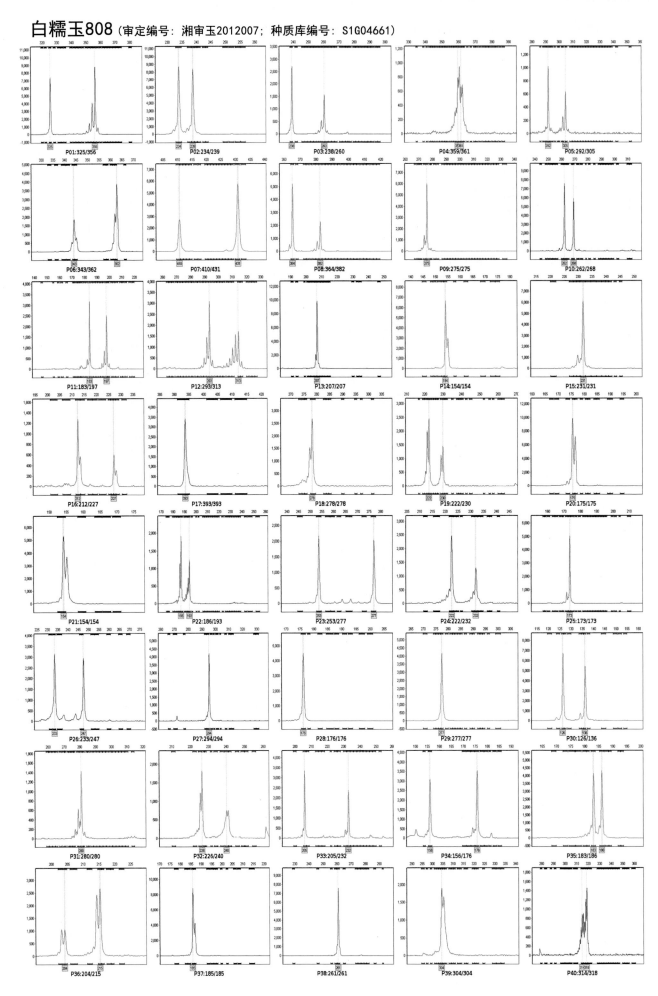

298

# 中花糯3318（审定编号：湘审玉2014007；种质库编号：S1G04659）

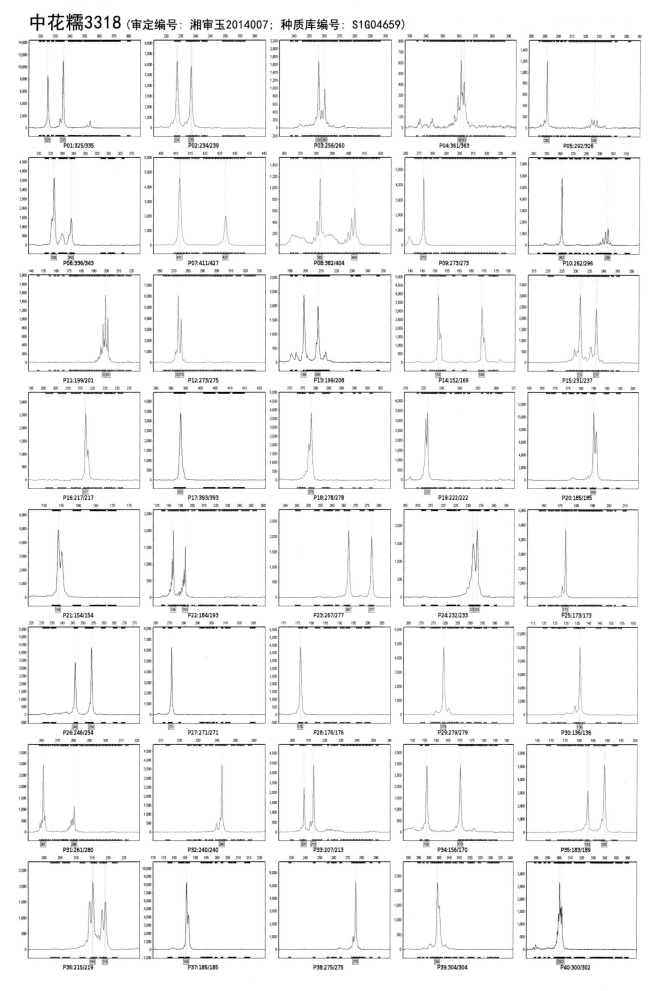

科玉糯2号（审定编号：新审玉2014年49号；种质库编号：S1G04638）

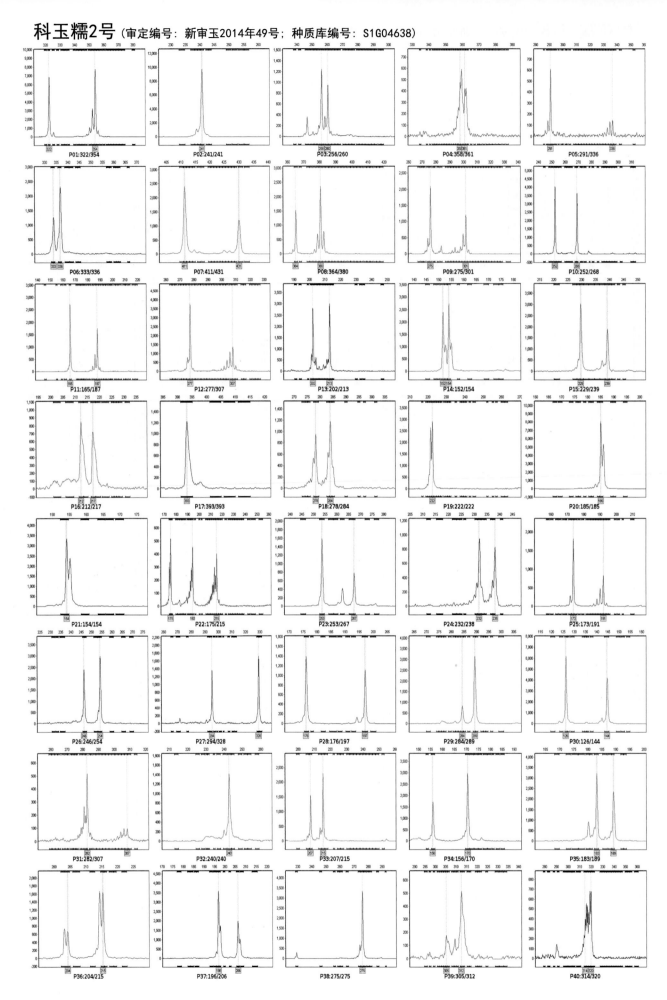

P01:322/354　P02:241/241　P03:256/260　P04:358/361　P05:291/336
P06:333/336　P07:411/431　P08:364/380　P09:275/301　P10:252/268
P11:165/187　P12:277/307　P13:202/213　P14:152/154　P15:229/239
P16:212/217　P17:393/393　P18:278/284　P19:222/222　P20:185/185
P21:154/154　P22:175/215　P23:253/267　P24:232/238　P25:173/191
P26:246/254　P27:294/328　P28:176/197　P29:284/289　P30:126/144
P31:282/307　P32:240/240　P33:207/215　P34:156/170　P35:183/189
P36:204/215　P37:196/206　P38:275/275　P39:305/312　P40:314/320

# 新糯玉16 （审定编号：新审玉2014年54号；种质库编号：S1G04640）

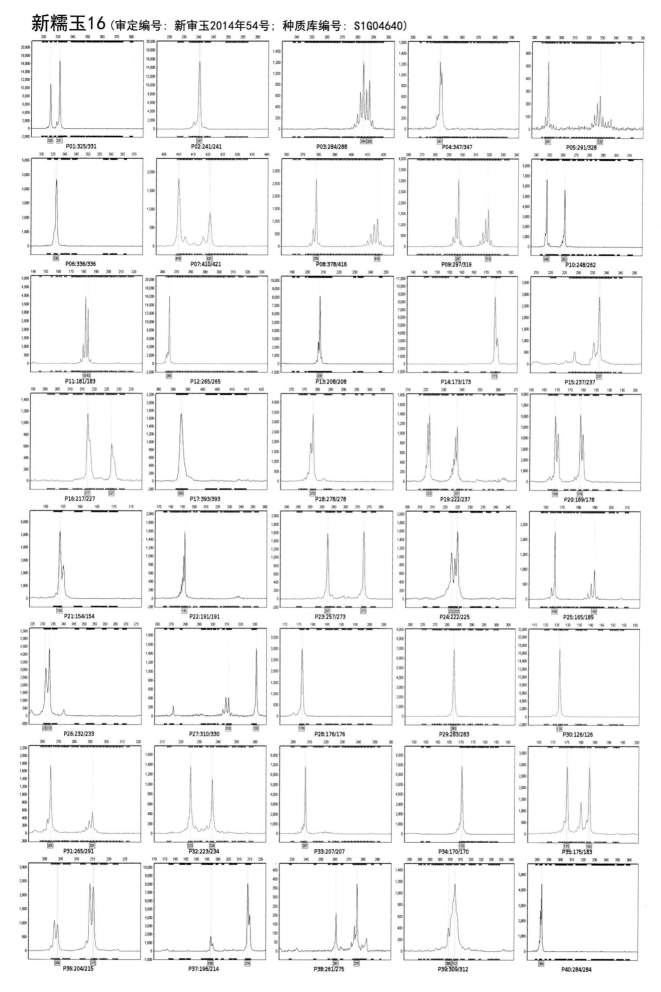

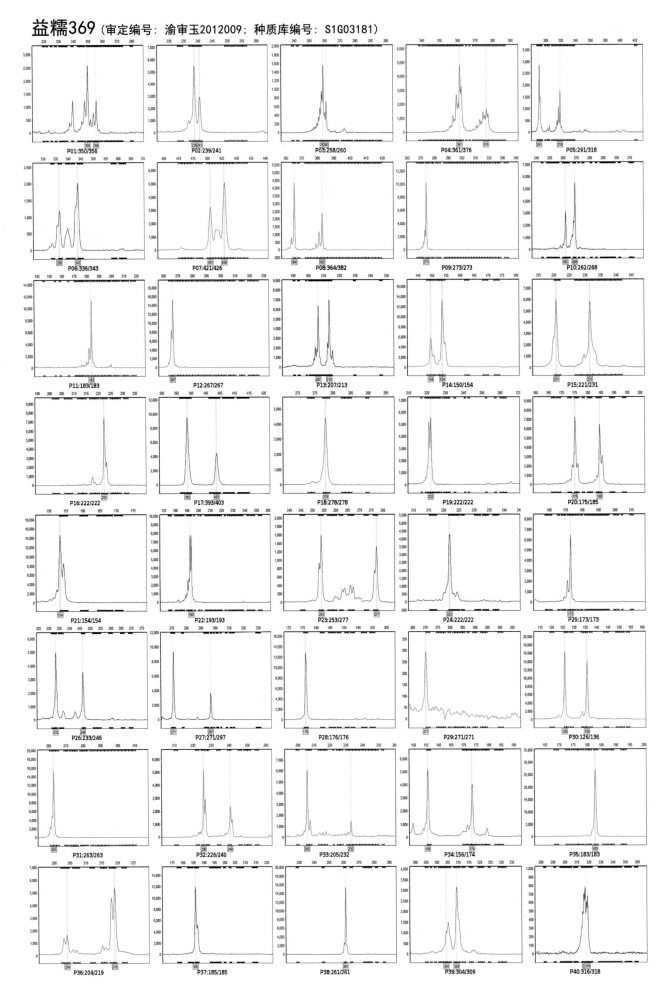

# 玉糯918（审定编号：渝审玉2013004；种质库编号：S1G03560）

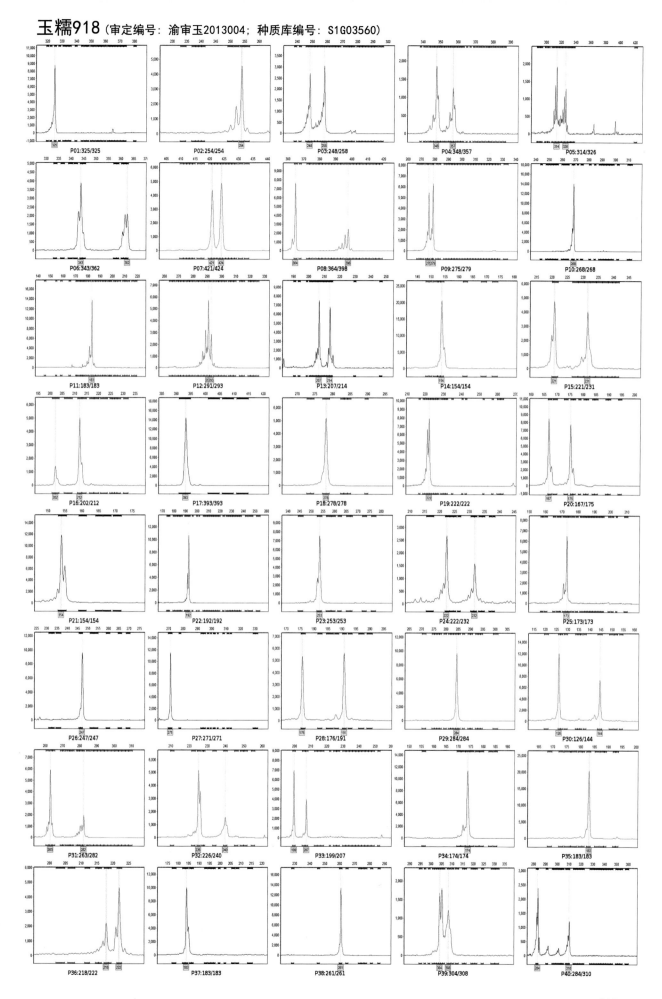

P01:325/325  P02:254/254  P03:248/258  P04:348/357  P05:314/326

P06:343/362  P07:421/424  P08:364/398  P09:275/279  P10:268/268

P11:183/183  P12:291/293  P13:207/214  P14:154/154  P15:221/231

P16:202/212  P17:393/393  P18:278/278  P19:222/222  P20:167/175

P21:154/154  P22:192/192  P23:253/253  P24:222/232  P25:173/173

P26:247/247  P27:271/271  P28:176/191  P29:284/284  P30:126/144

P31:263/282  P32:226/240  P33:199/207  P34:174/174  P35:183/183

P36:218/222  P37:183/183  P38:261/261  P39:304/308  P40:284/310

# 玉糯520（审定编号：渝审玉2013005；种质库编号：S1G03561）

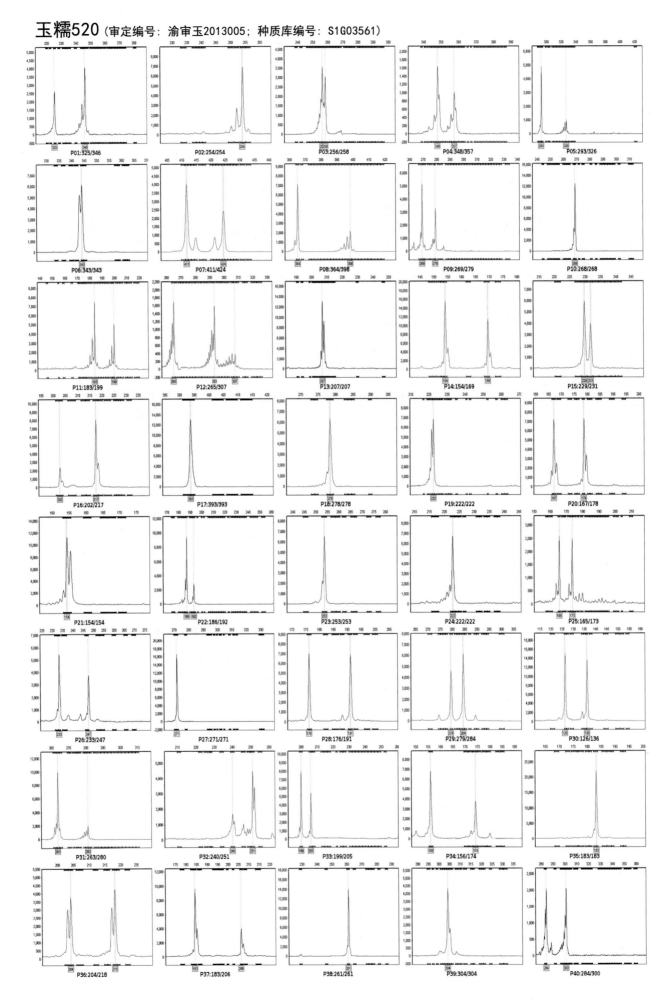

304

# 紫糯66 （审定编号：渝审玉2014010；种质库编号：S1G04959）

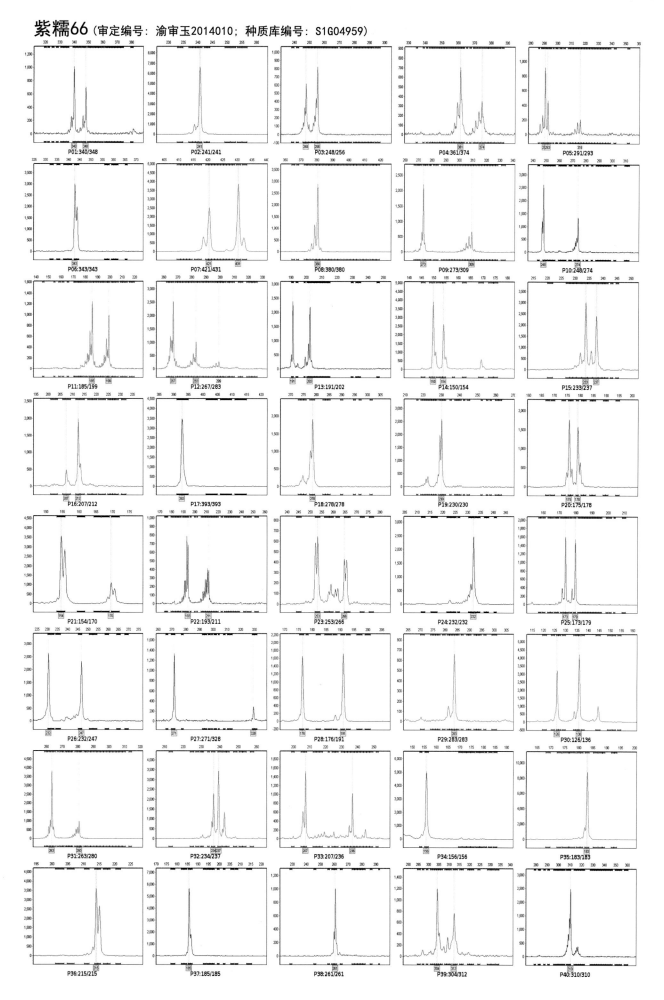

渝糯20（审定编号：渝审玉2014011；种质库编号：S1G04433）

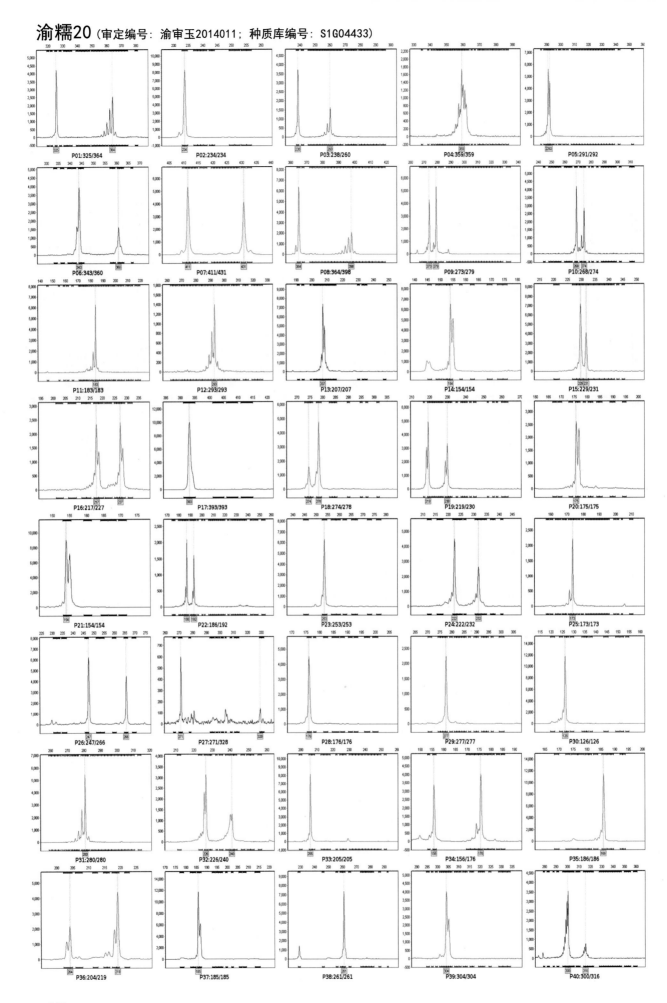

渝糯30（审定编号：渝审玉2015005；种质库编号：S1G04841）

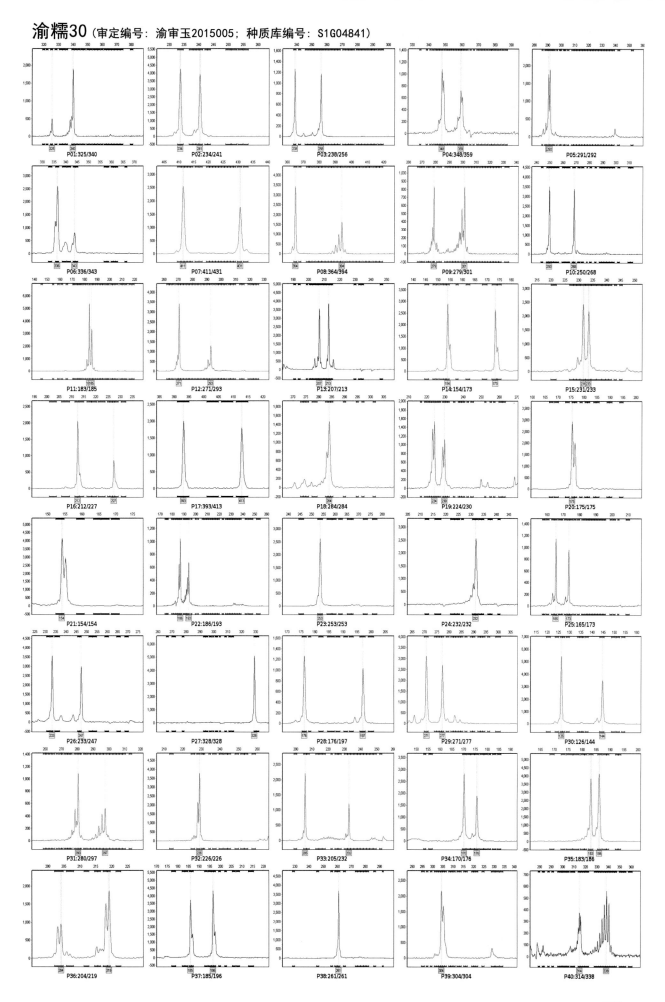

# 绿糯199 （审定编号：渝审玉2015007；种质库编号：S1G04842）

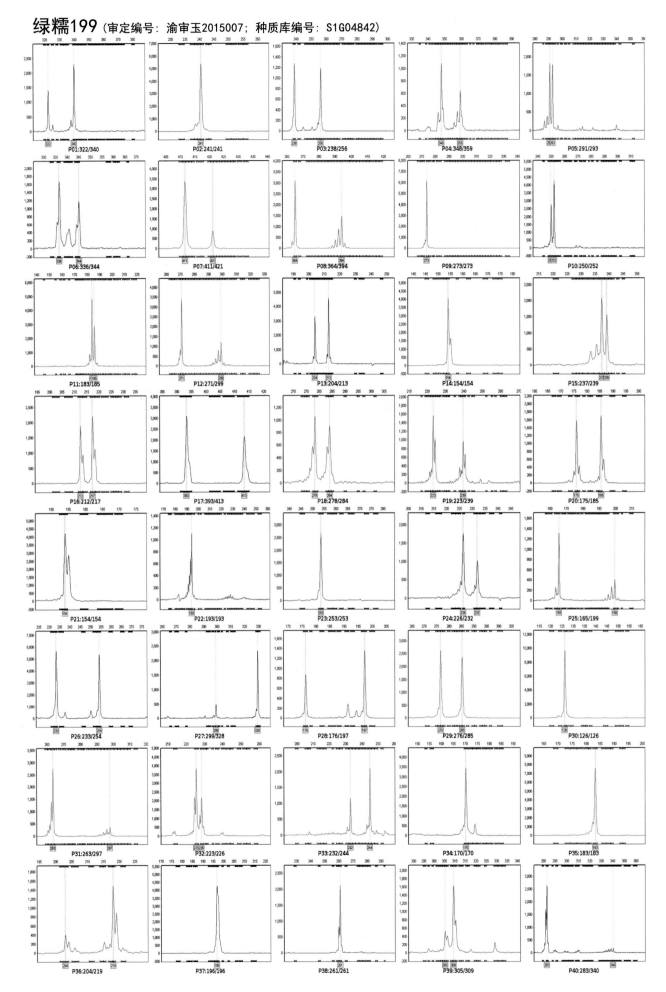

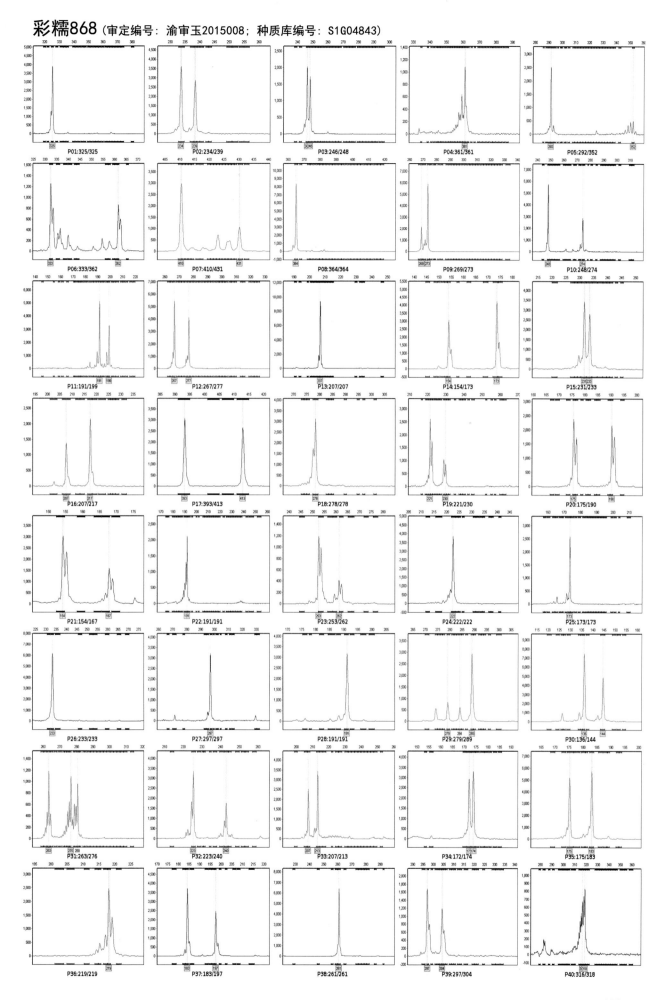

# 西大糯2号 （审定编号：渝审玉2016010；种质库编号：XIN19952）

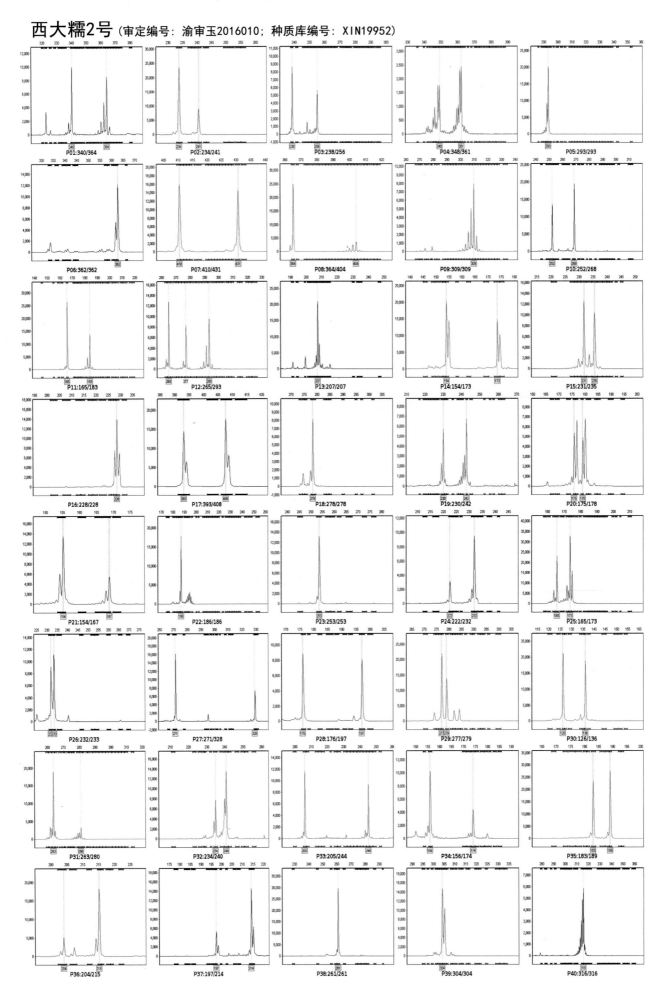

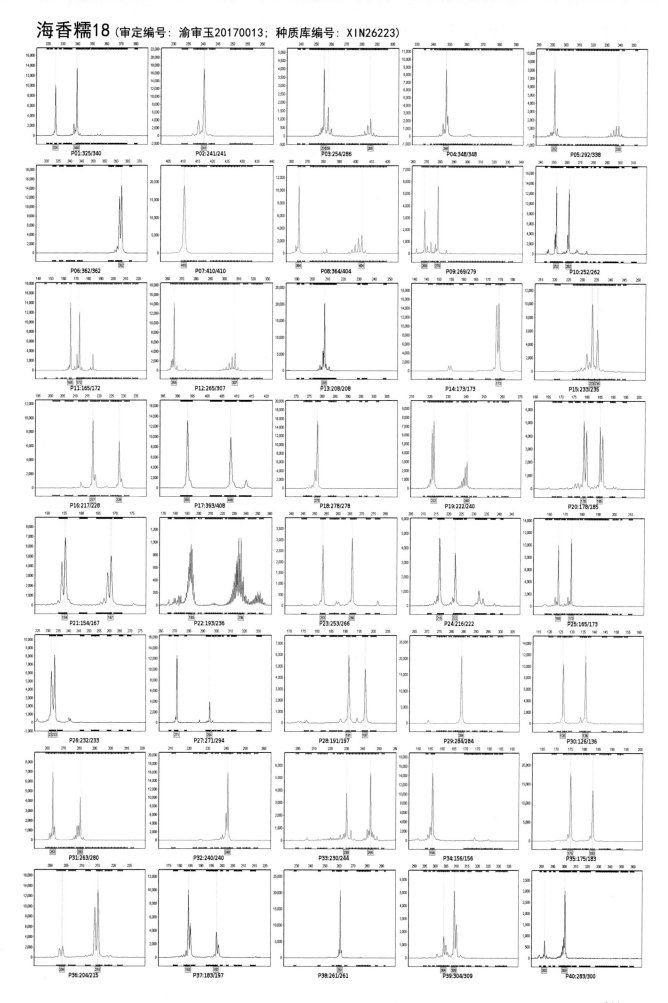

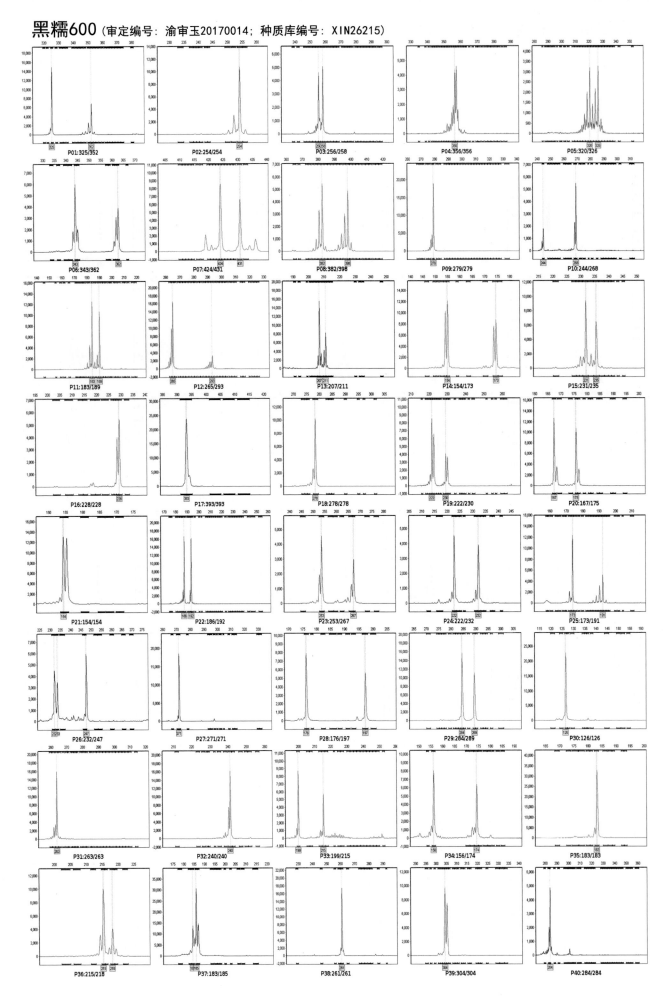

# 兴彩甜糯8号（审定编号：渝审玉20170016；种质库编号：XIN26217）

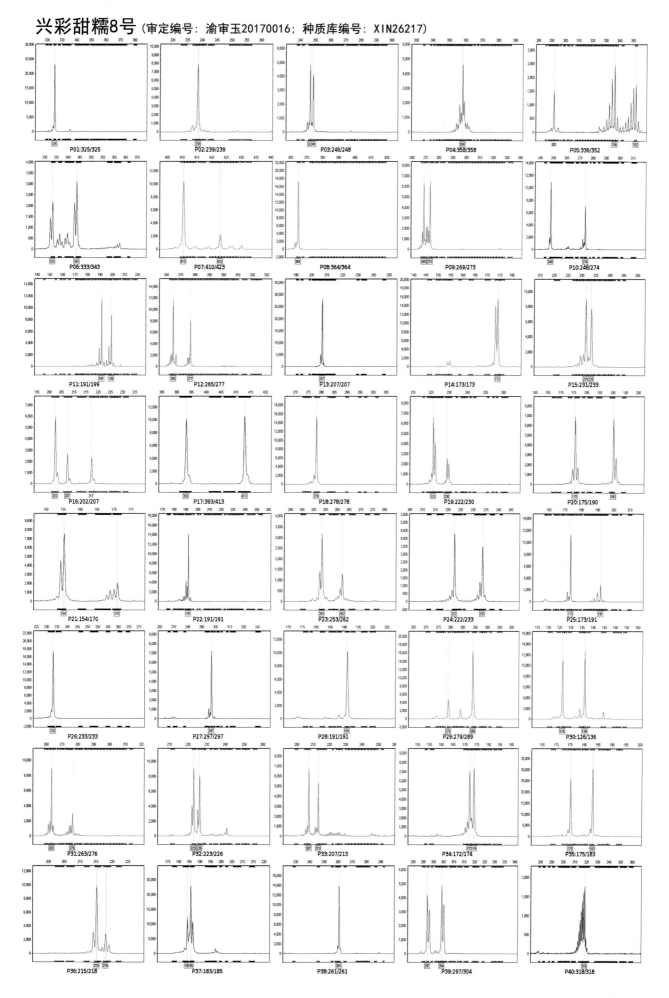

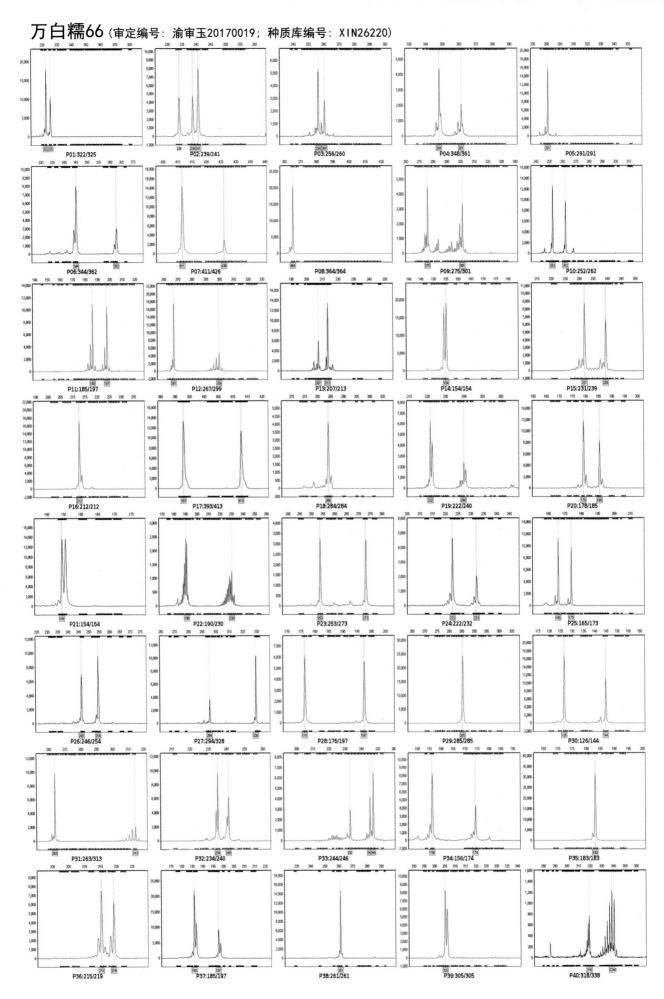

# 玉香糯88（审定编号：渝审玉20170021；种质库编号：XIN26214）

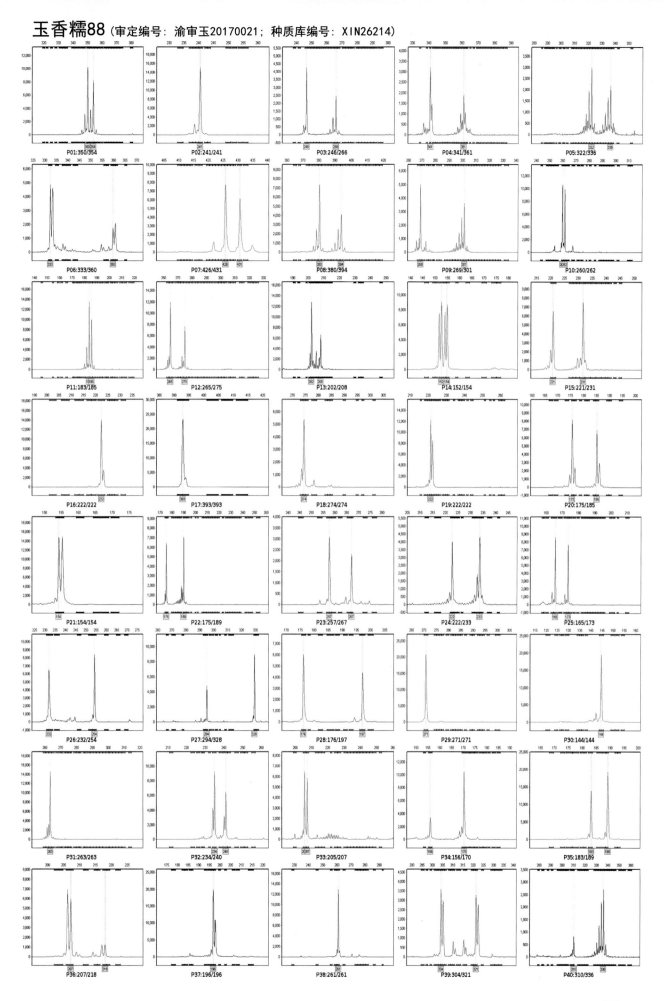

315

# 晶晶糯（审定编号：粤审玉2012001；种质库编号：S1G04627）

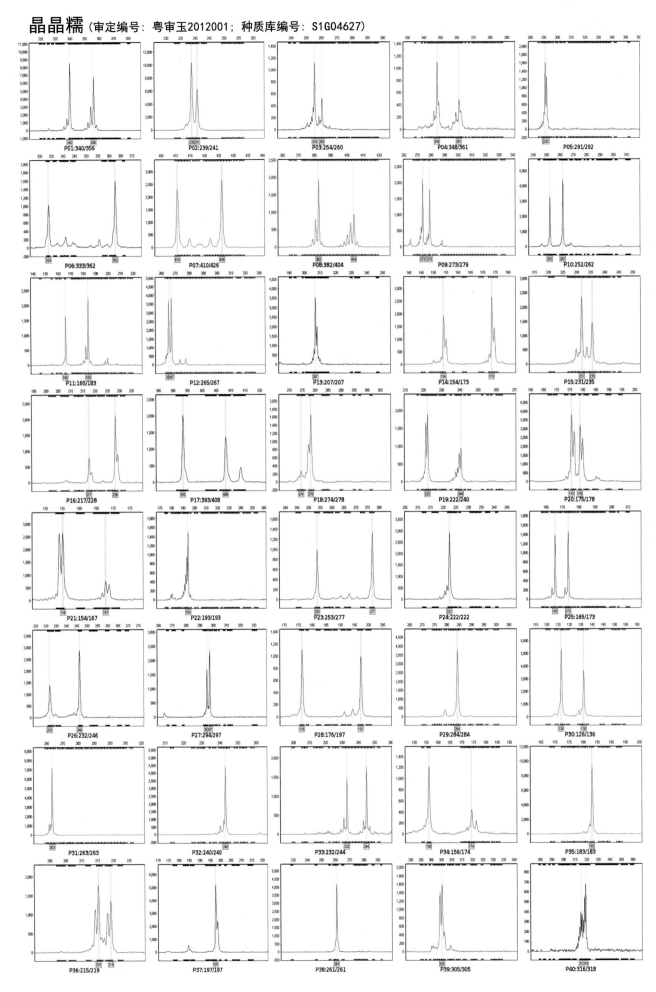

P01:340/356　P02:239/241　P03:254/260　P04:348/361　P05:291/292

P06:333/362　P07:410/426　P08:382/404　P09:273/279　P10:252/262

P11:165/183　P12:265/267　P13:207/207　P14:154/173　P15:231/235

P16:217/228　P17:393/408　P18:274/278　P19:222/240　P20:175/178

P21:154/167　P22:193/193　P23:253/277　P24:222/222　P25:165/173

P26:232/246　P27:294/297　P28:176/197　P29:284/284　P30:126/136

P31:263/263　P32:240/240　P33:232/244　P34:156/174　P35:183/183

P36:215/219　P37:197/197　P38:261/261　P39:305/305　P40:316/318

316

# 银白玉糯 (审定编号：粤审玉2012002；种质库编号：S1G03162)

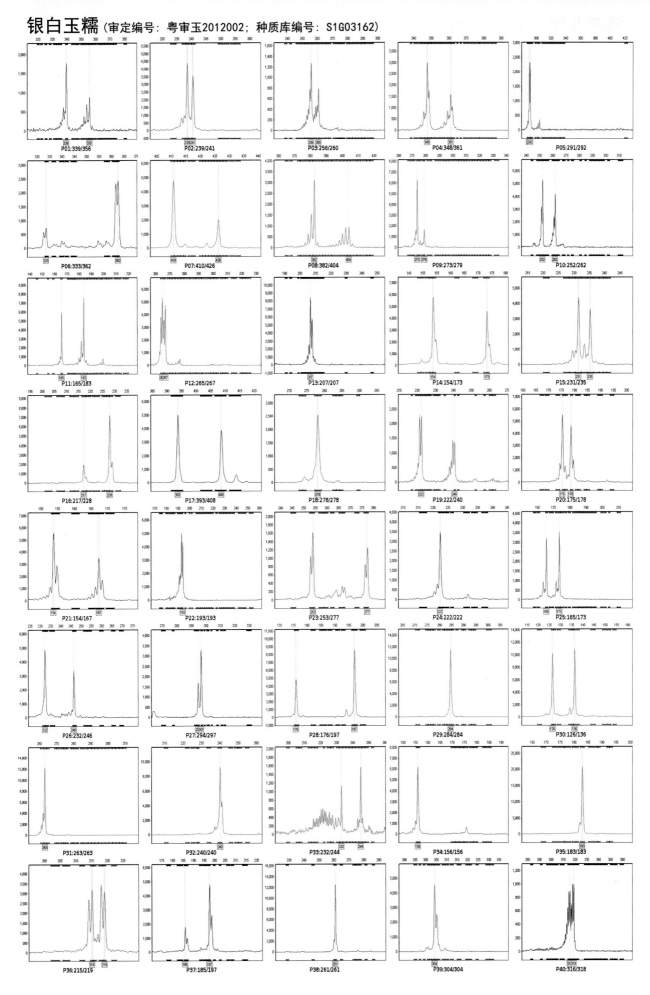

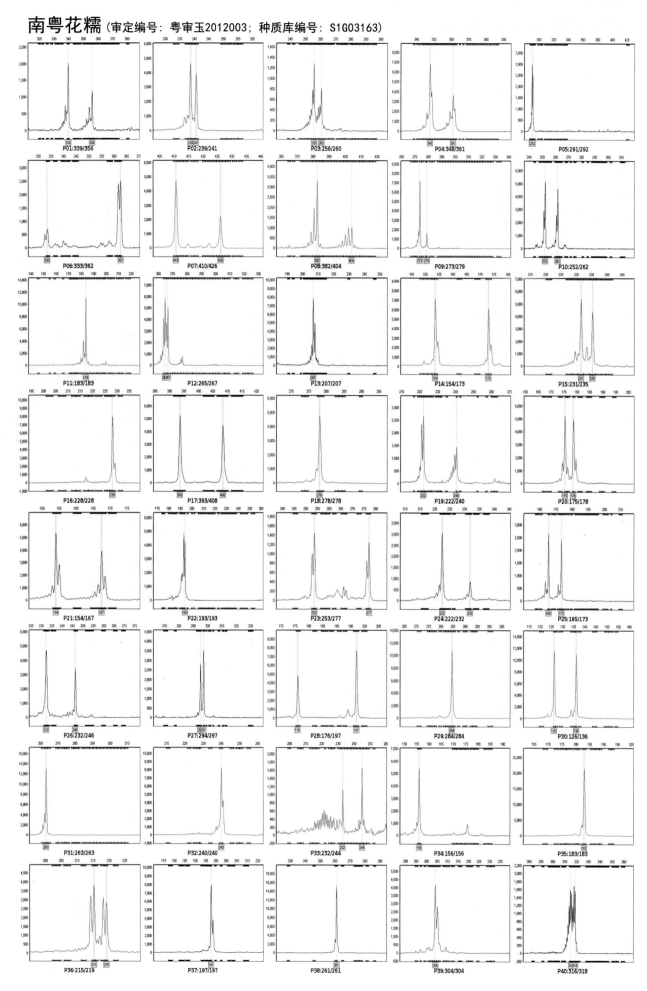

# 三北糯3号（审定编号：粤审玉2012004；种质库编号：S1G03164）

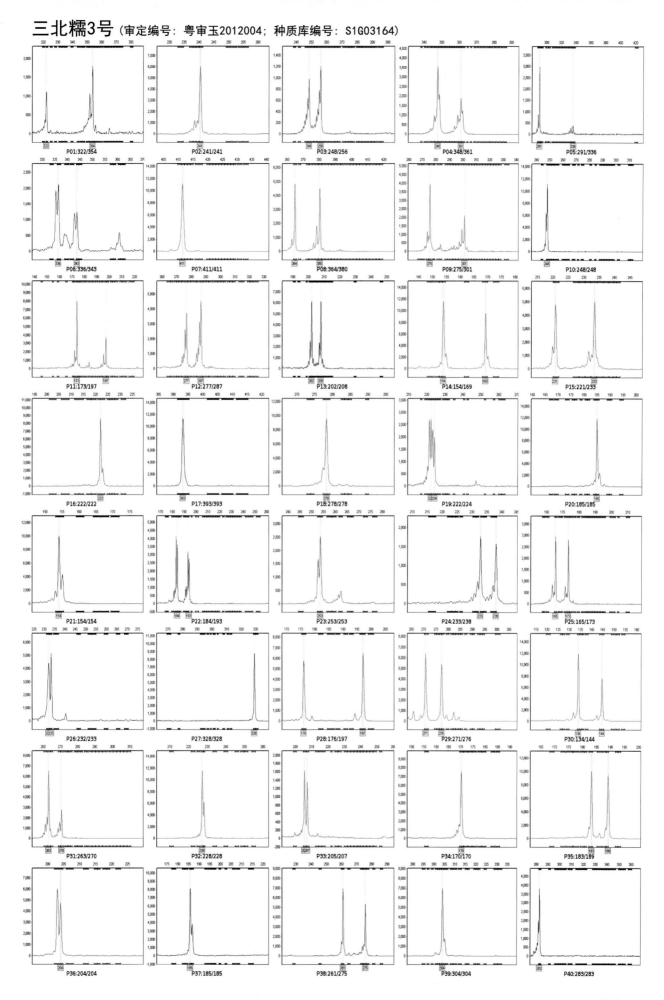

P01:322/354 P02:241/241 P03:248/256 P04:348/361 P05:291/336
P06:336/343 P07:411/411 P08:364/380 P09:275/301 P10:248/248
P11:173/197 P12:277/287 P13:202/208 P14:154/169 P15:221/233
P16:222/222 P17:393/393 P18:278/278 P19:222/224 P20:185/185
P21:154/154 P22:184/193 P23:253/253 P24:233/238 P25:165/173
P26:232/233 P27:328/328 P28:176/197 P29:271/276 P30:134/144
P31:263/270 P32:228/228 P33:205/207 P34:170/170 P35:183/189
P36:204/204 P37:185/185 P38:261/275 P39:304/304 P40:283/283

319

# 仲紫糯1号 （审定编号：粤审玉2012007；种质库编号：S1G03915）

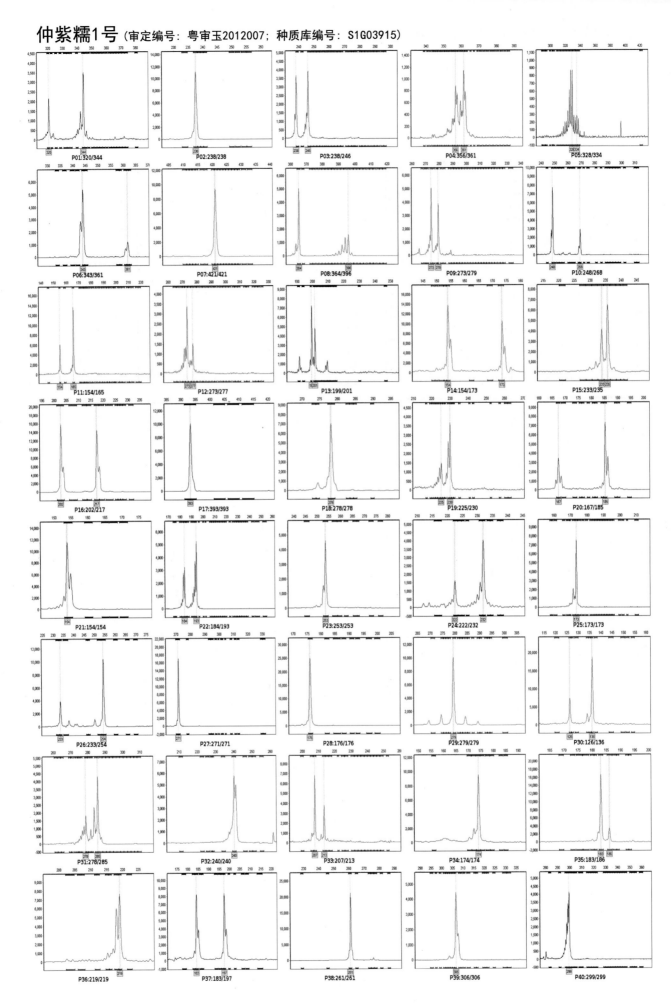

P01:320/344　P02:238/238　P03:238/246　P04:356/361　P05:328/334
P06:343/361　P07:421/421　P08:364/396　P09:273/279　P10:248/268
P11:154/165　P12:273/277　P13:199/201　P14:154/173　P15:233/235
P16:202/217　P17:393/393　P18:278/278　P19:225/230　P20:167/185
P21:154/154　P22:184/193　P23:253/253　P24:222/232　P25:173/173
P26:233/254　P27:271/271　P28:176/176　P29:279/279　P30:126/136
P31:278/285　P32:240/240　P33:207/213　P34:174/174　P35:183/186
P36:219/219　P37:183/197　P38:261/261　P39:306/306　P40:299/299

# 万糯11 （审定编号：粤审玉2013003；种质库编号：S1G03912）

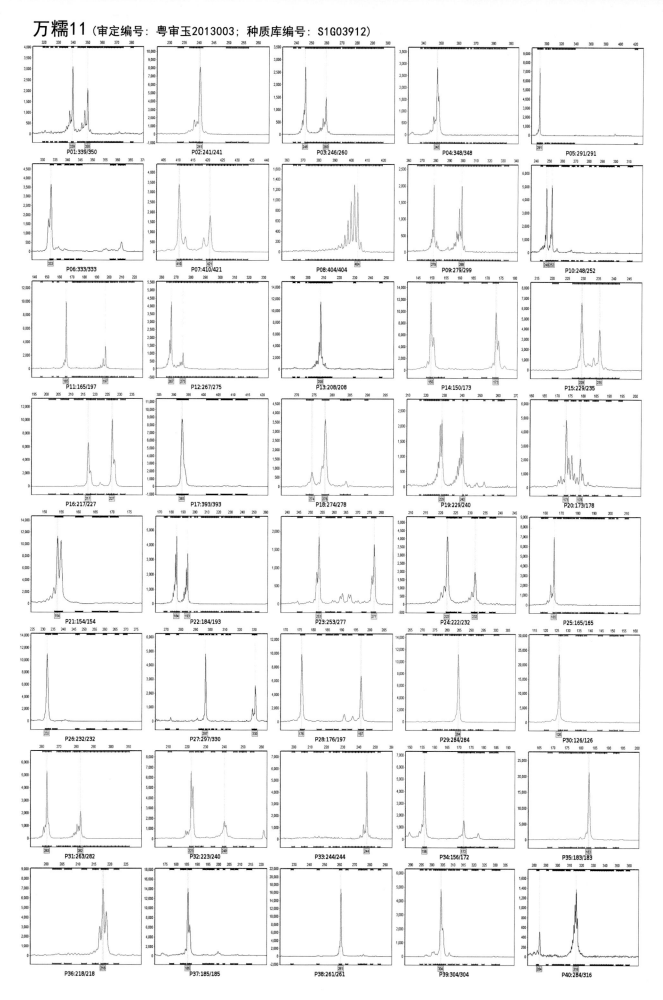

P01:339/350　P02:241/241　P03:246/260　P04:348/348　P05:291/291
P06:333/333　P07:410/421　P08:404/404　P09:279/299　P10:248/252
P11:165/197　P12:267/275　P13:208/208　P14:150/173　P15:229/235
P16:217/227　P17:393/393　P18:274/278　P19:229/240　P20:173/178
P21:154/154　P22:184/193　P23:253/277　P24:222/232　P25:165/165
P26:232/232　P27:297/330　P28:176/197　P29:284/284　P30:126/126
P31:263/282　P32:223/240　P33:244/244　P34:156/172　P35:183/183
P36:218/218　P37:185/185　P38:261/261　P39:304/304　P40:284/316

# 粤白糯5号 （审定编号：粤审玉2013004；种质库编号：S1G03913）

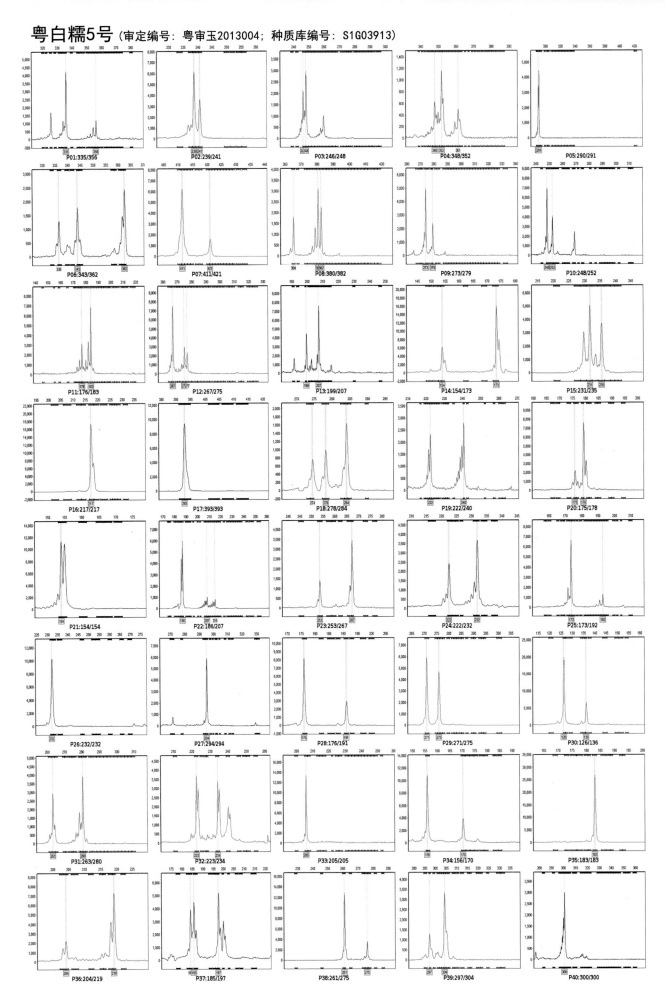

P01:335/356　P02:239/241　P03:246/248　P04:348/352　P05:290/291

P06:343/362　P07:411/421　P08:380/382　P09:273/279　P10:248/252

P11:176/183　P12:267/275　P13:199/207　P14:154/173　P15:231/235

P16:217/217　P17:393/393　P18:278/284　P19:222/240　P20:175/178

P21:154/154　P22:186/207　P23:253/267　P24:222/232　P25:173/192

P26:232/232　P27:294/294　P28:176/191　P29:271/275　P30:126/136

P31:263/280　P32:223/234　P33:205/205　P34:156/170　P35:183/183

P36:204/219　P37:185/197　P38:261/275　P39:297/304　P40:300/300

# 西星红彩糯 （审定编号：粤审玉2014002；种质库编号：S1G04364）

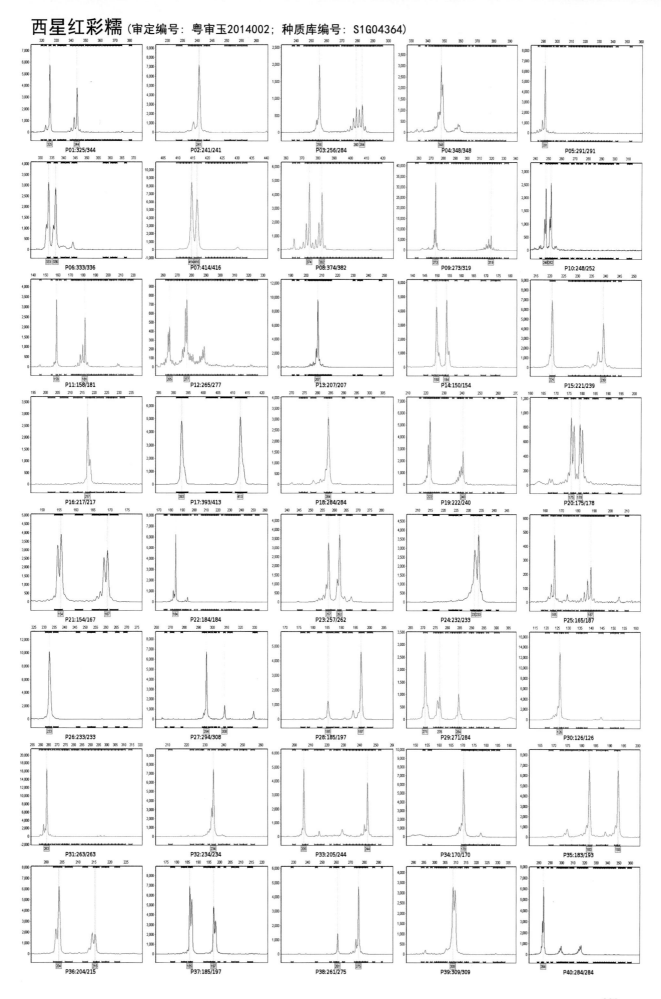

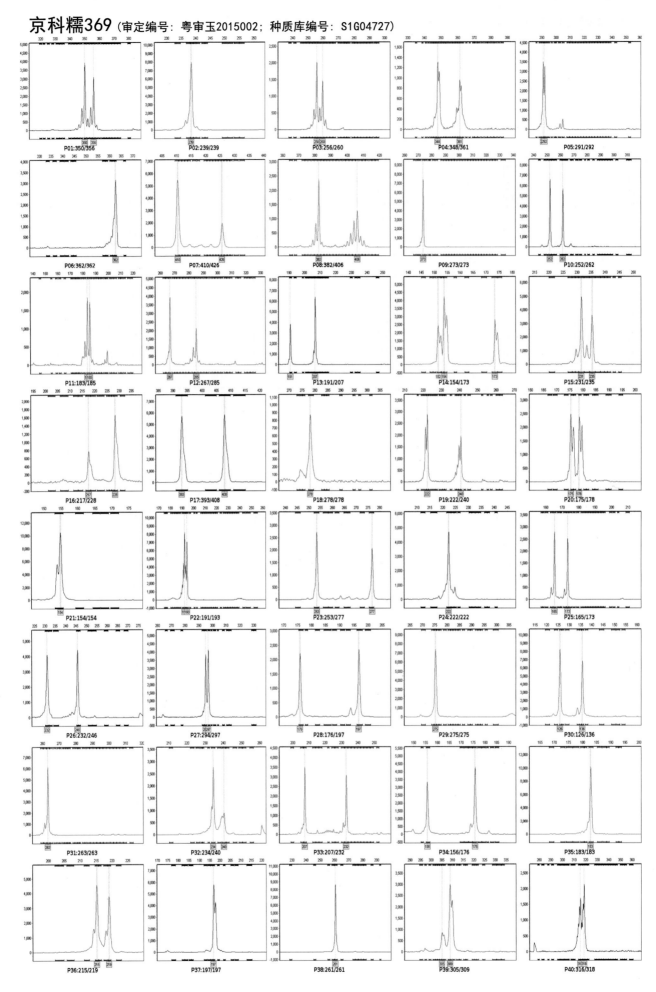

彩糯10（审定编号：粤审玉2015003，黔审玉2015019号；种质库编号：S1G04728）

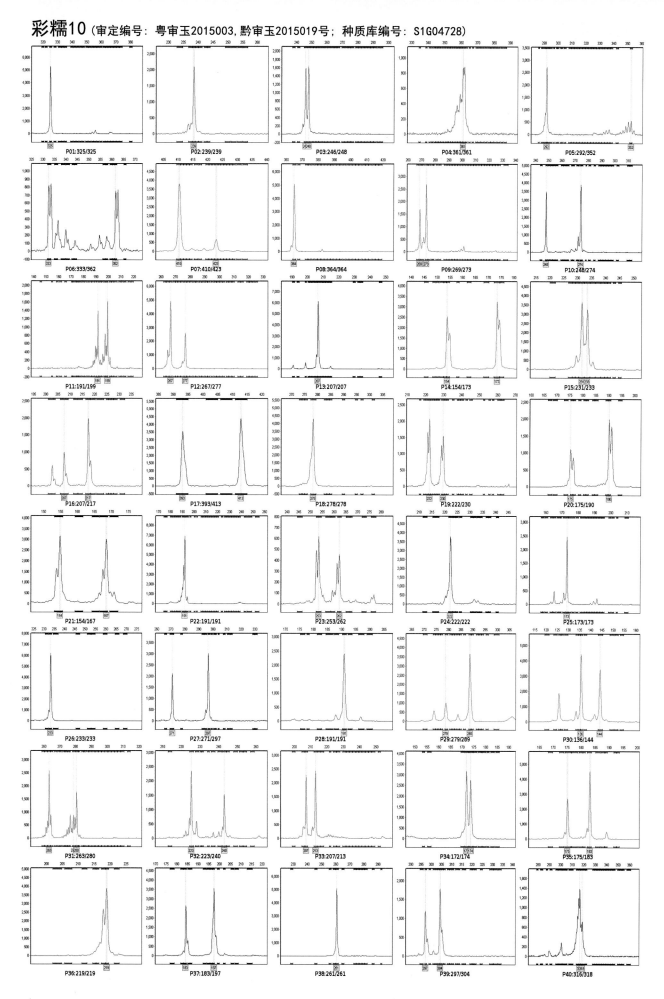

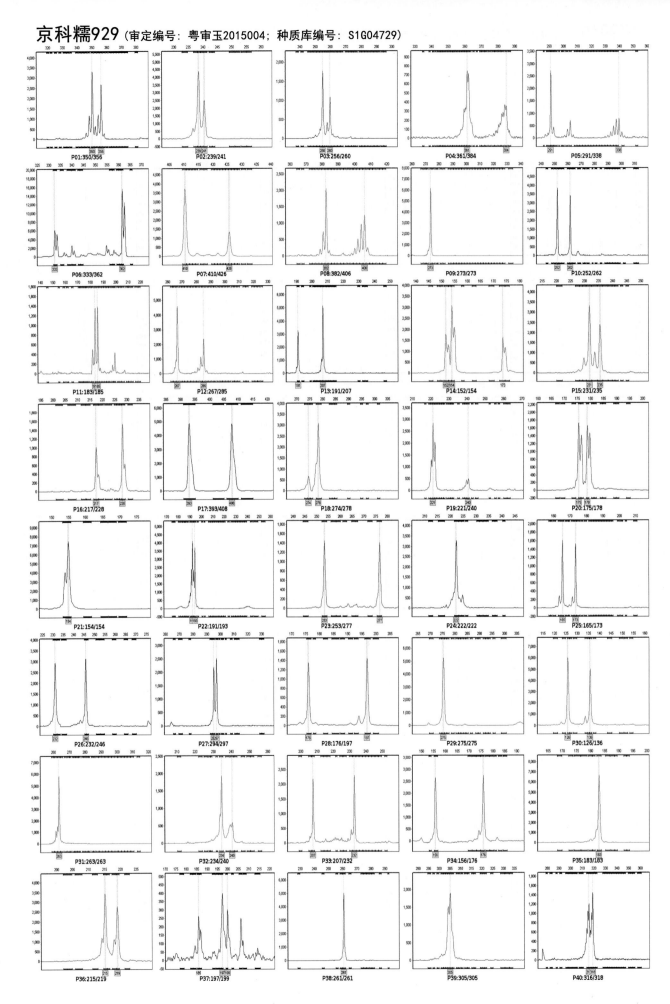

# 美玉糯11 （审定编号：粤审玉2015005；种质库编号：S1G04730）

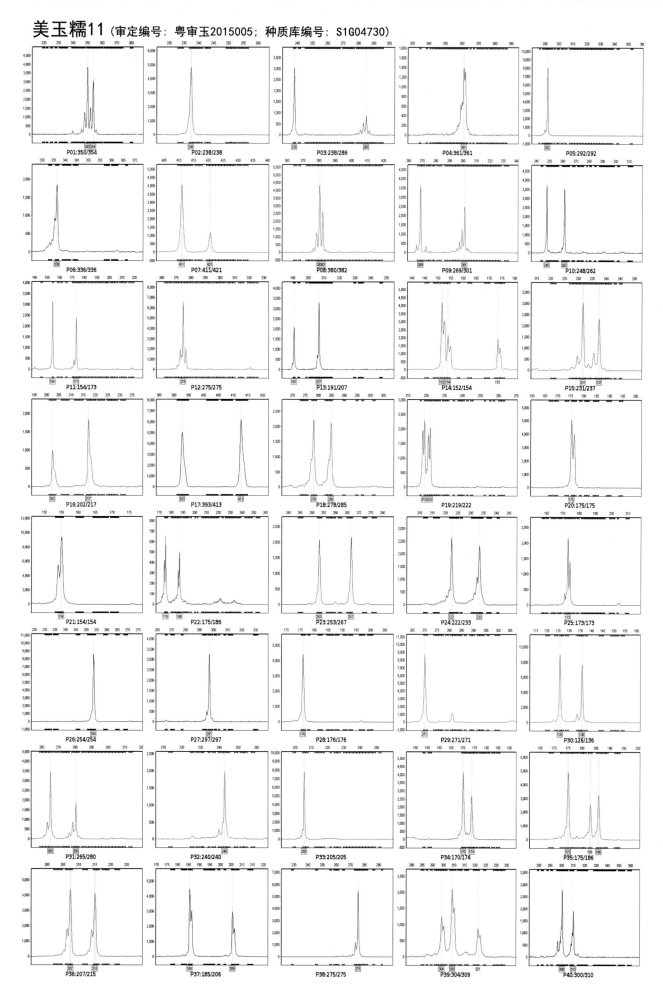

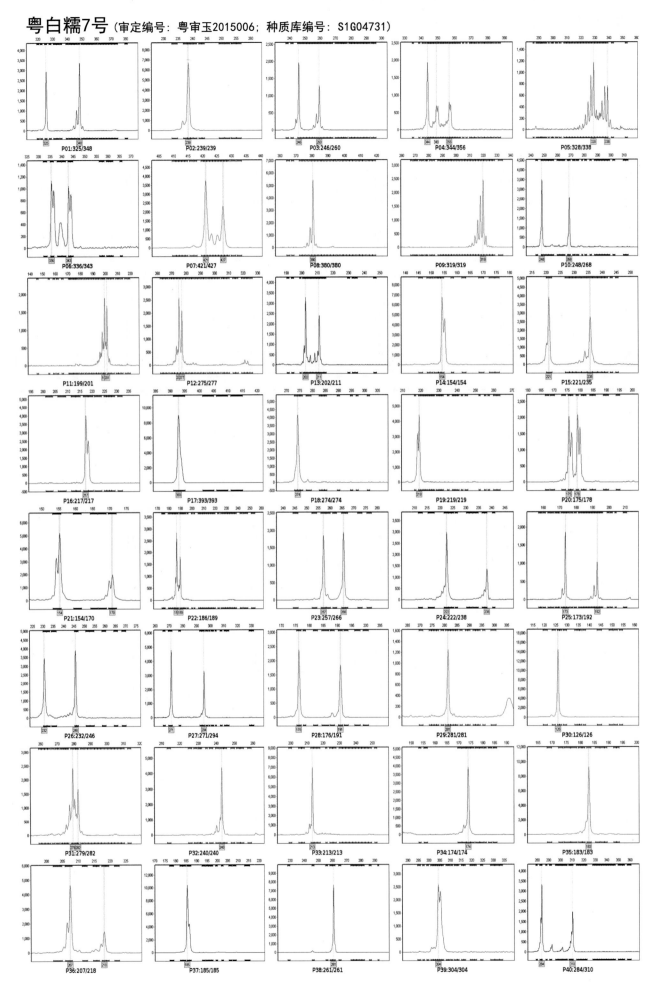

# 广紫糯6号 （审定编号：粤审玉2015007；种质库编号：S1G04857）

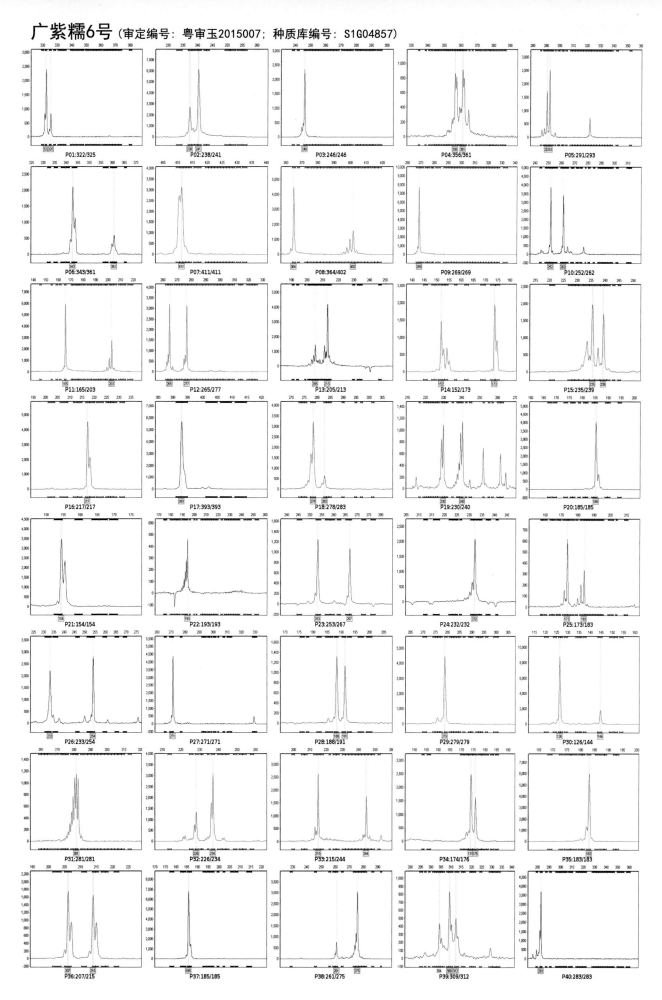

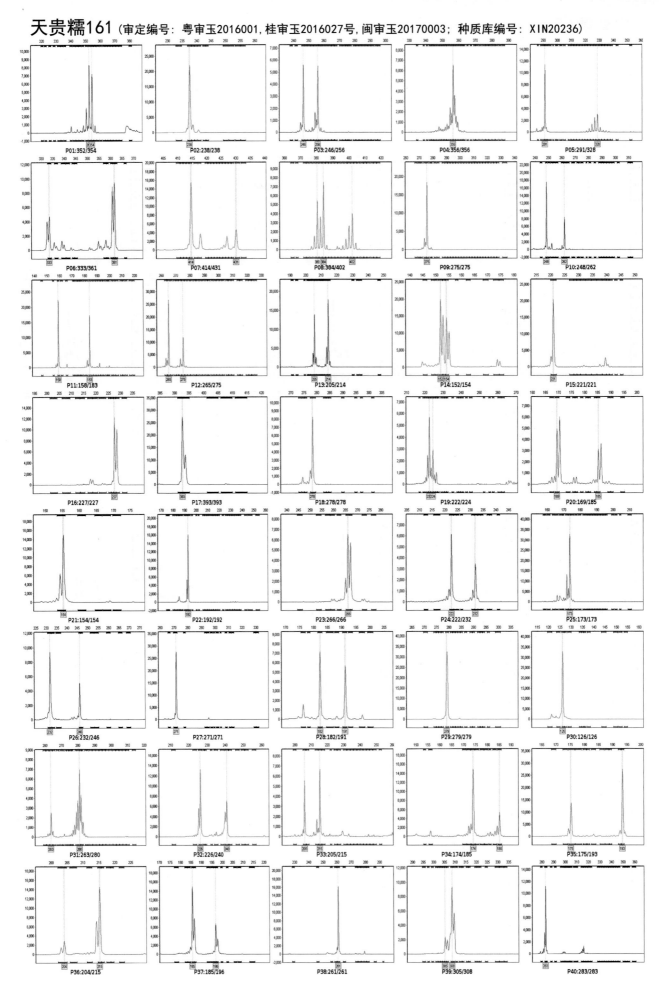

# 美玉糯9号 （审定编号：粤审玉2016003；种质库编号：XIN20238）

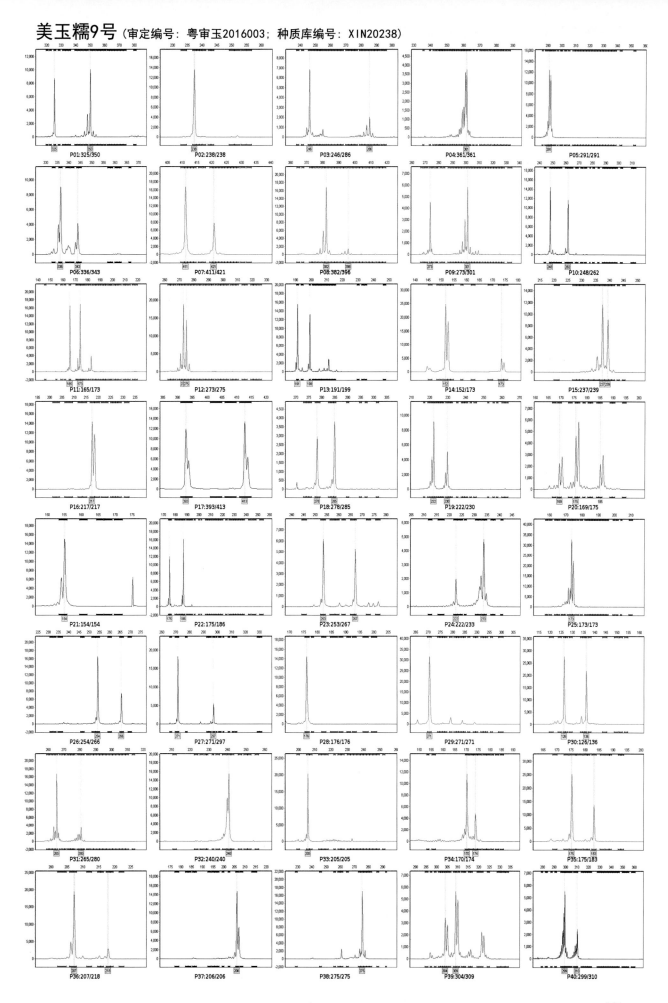

P01:325/350 P02:238/238 P03:246/286 P04:361/361 P05:291/291
P06:336/343 P07:411/421 P08:382/396 P09:273/301 P10:248/262
P11:165/173 P12:273/275 P13:191/199 P14:152/173 P15:237/239
P16:217/217 P17:393/413 P18:278/285 P19:222/230 P20:169/175
P21:154/154 P22:175/186 P23:253/267 P24:222/233 P25:173/173
P26:254/266 P27:271/297 P28:176/176 P29:271/271 P30:126/136
P31:265/280 P32:240/240 P33:205/205 P34:170/174 P35:175/183
P36:207/218 P37:206/206 P38:275/275 P39:304/309 P40:299/310

# 华美糯17（审定编号：粤审玉2016004；种质库编号：XIN20235）

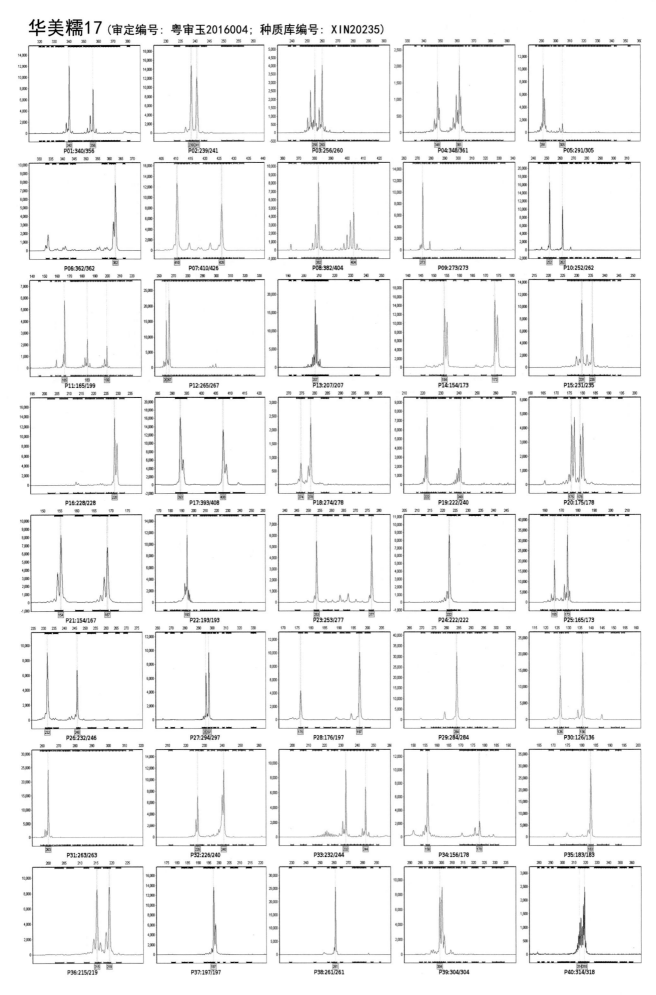

P01:340/356　P02:239/241　P03:256/260　P04:348/361　P05:291/305
P06:362/362　P07:410/426　P08:382/404　P09:273/273　P10:252/262
P11:165/199　P12:265/267　P13:207/207　P14:154/173　P15:231/235
P16:228/228　P17:393/408　P18:274/278　P19:222/240　P20:175/178
P21:154/167　P22:193/193　P23:253/277　P24:222/222　P25:165/173
P26:232/246　P27:294/297　P28:176/197　P29:284/284　P30:126/136
P31:263/263　P32:226/240　P33:232/244　P34:156/178　P35:183/183
P36:215/219　P37:197/197　P38:261/261　P39:304/304　P40:314/318

# 西星五彩鲜糯（审定编号：粤审玉2016005，鲁审玉20170038；种质库编号：XIN20239）

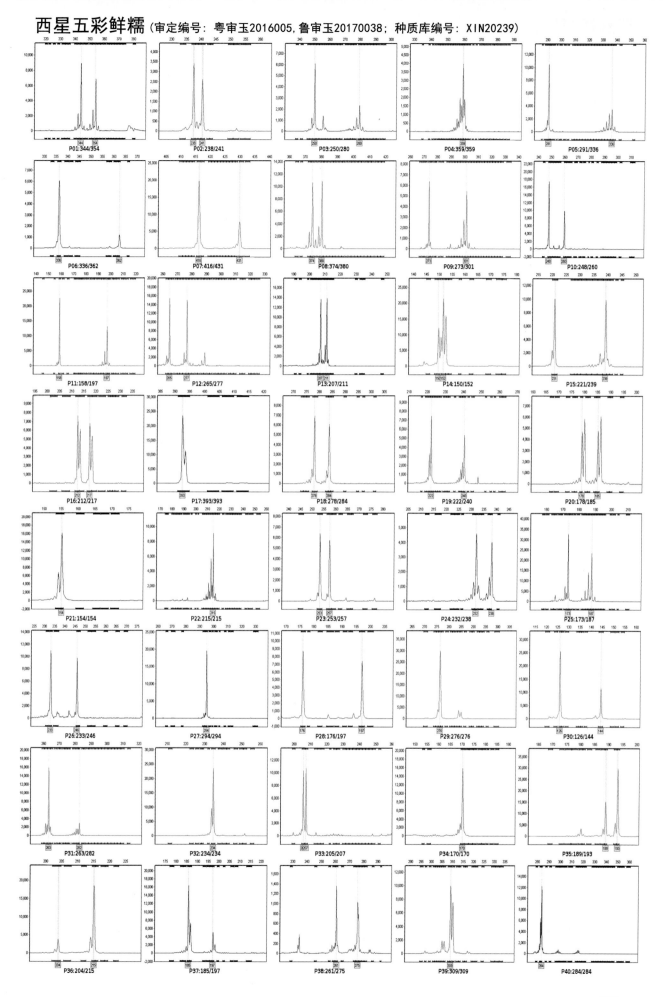

粤鲜糯2号 （审定编号：粤审玉2016006；种质库编号：XIN20240）

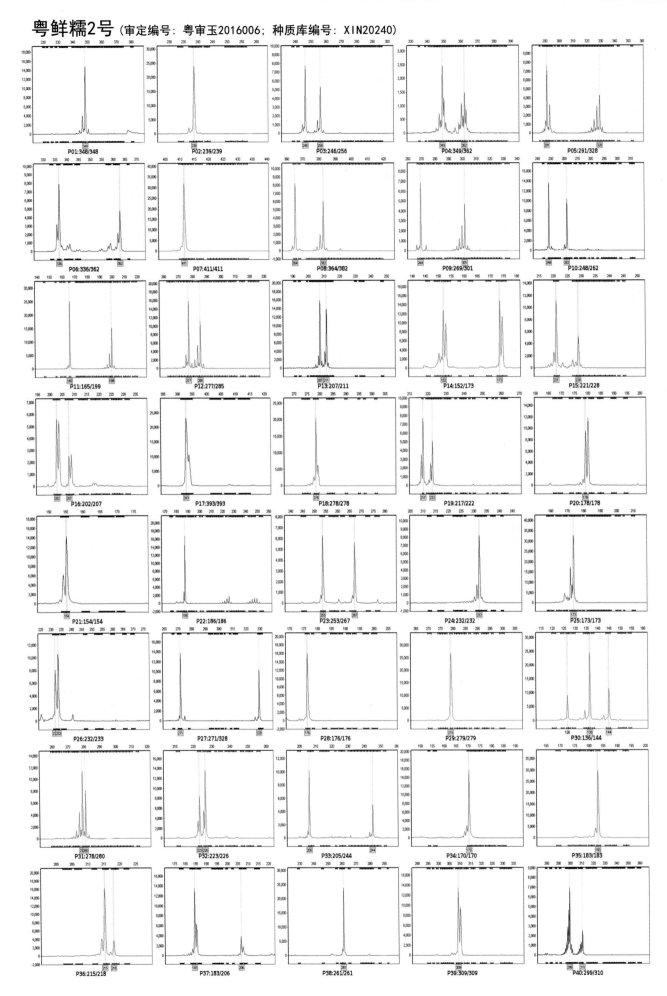

# 粤鲜糯3号 （审定编号：粤审玉20170001；种质库编号：XIN20230）

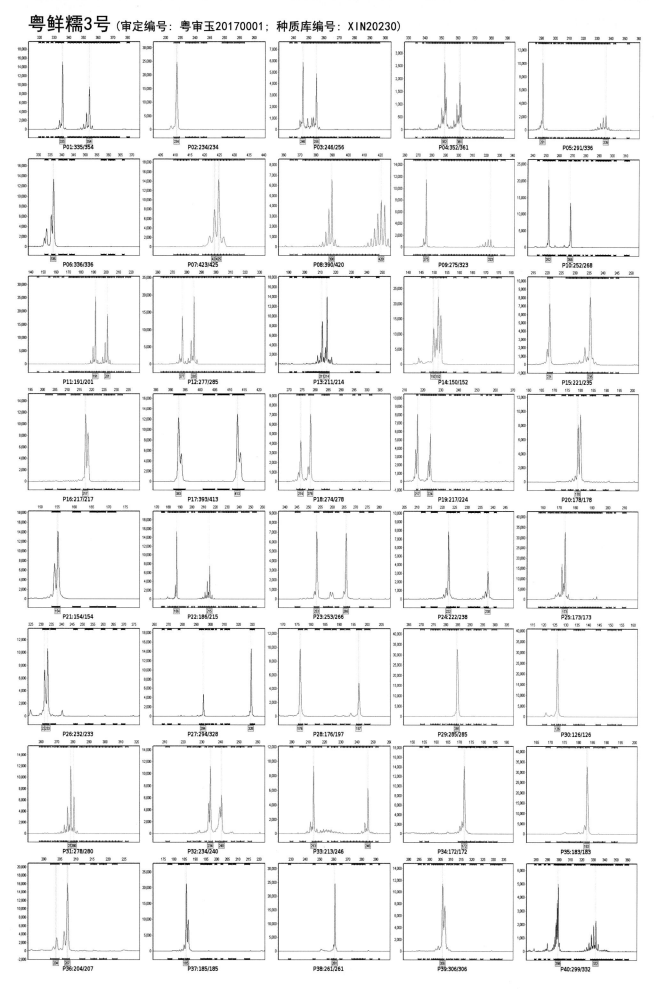

# 苏花糯2号 （审定编号：浙审玉2012004；种质库编号：S1G03019）

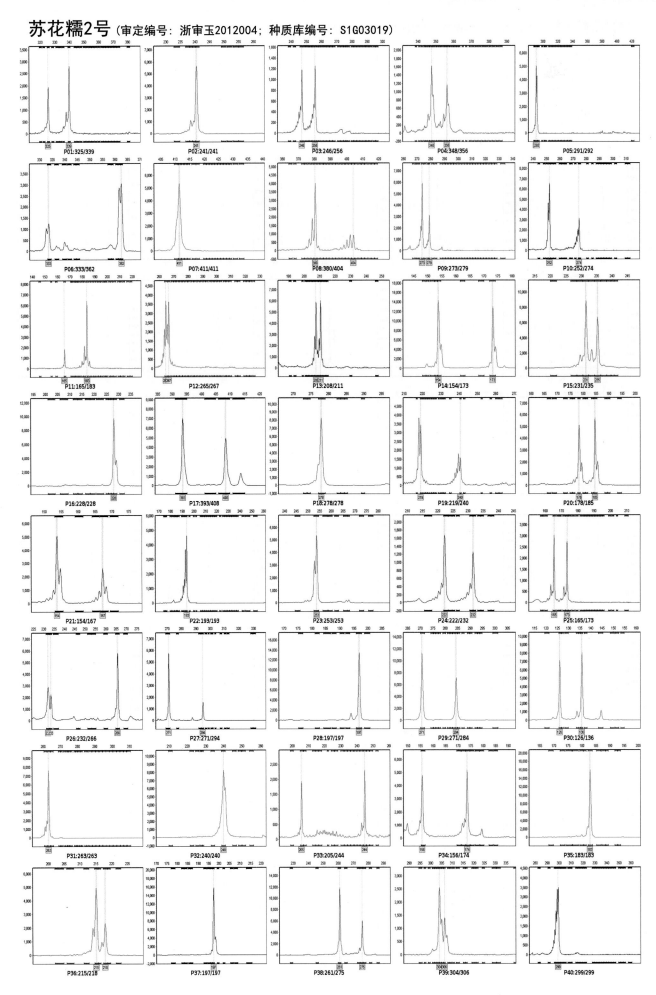

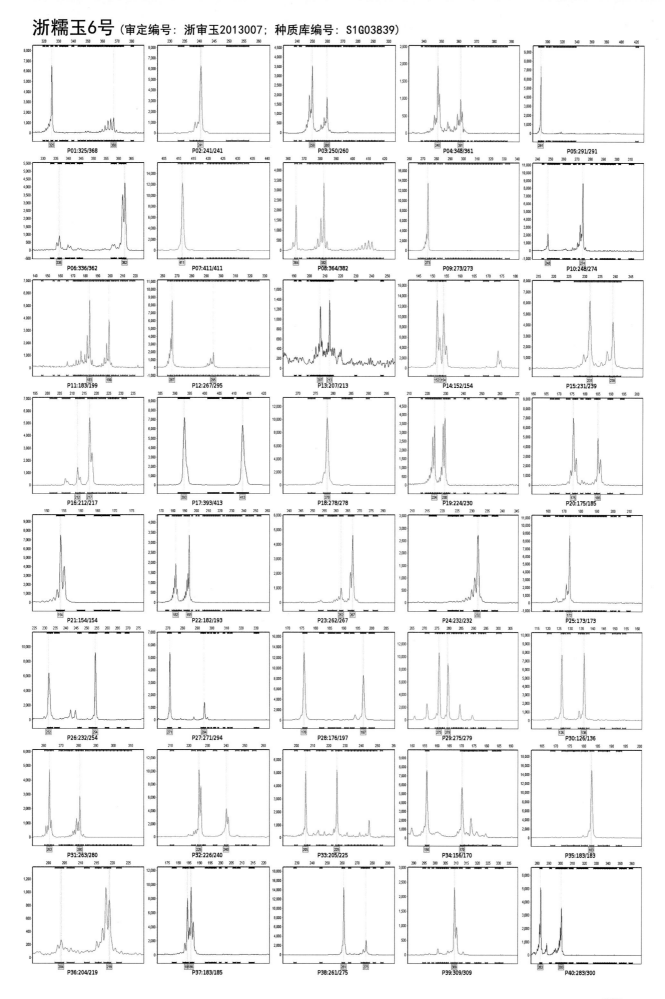

# 花糯99 （审定编号：浙审玉2014003；种质库编号：S1G04289）

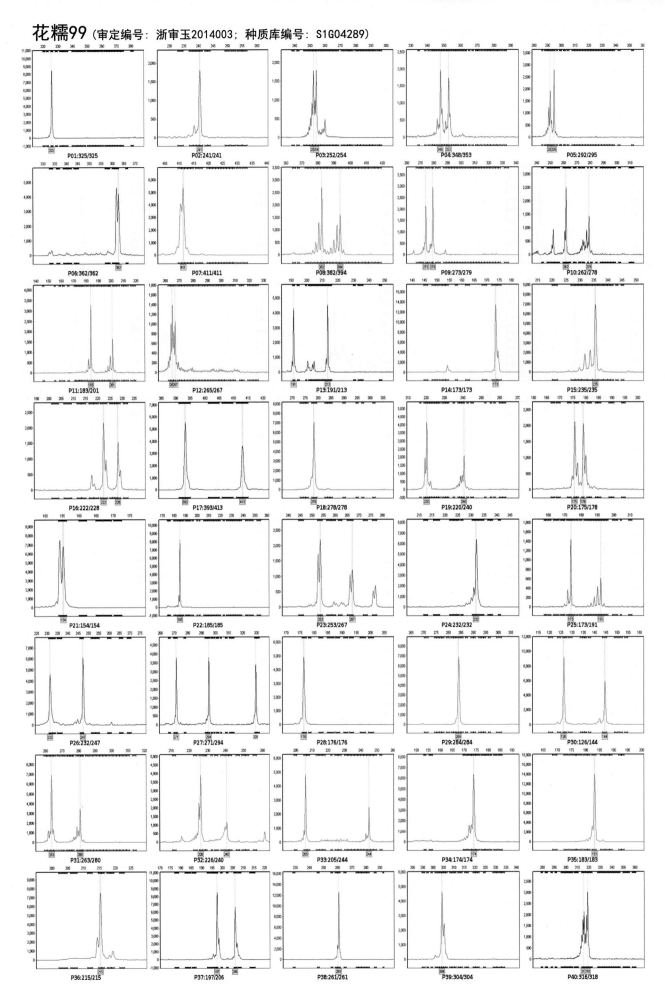

338

# 翔彩糯4号（审定编号：浙审玉2014004；种质库编号：S1G04290）

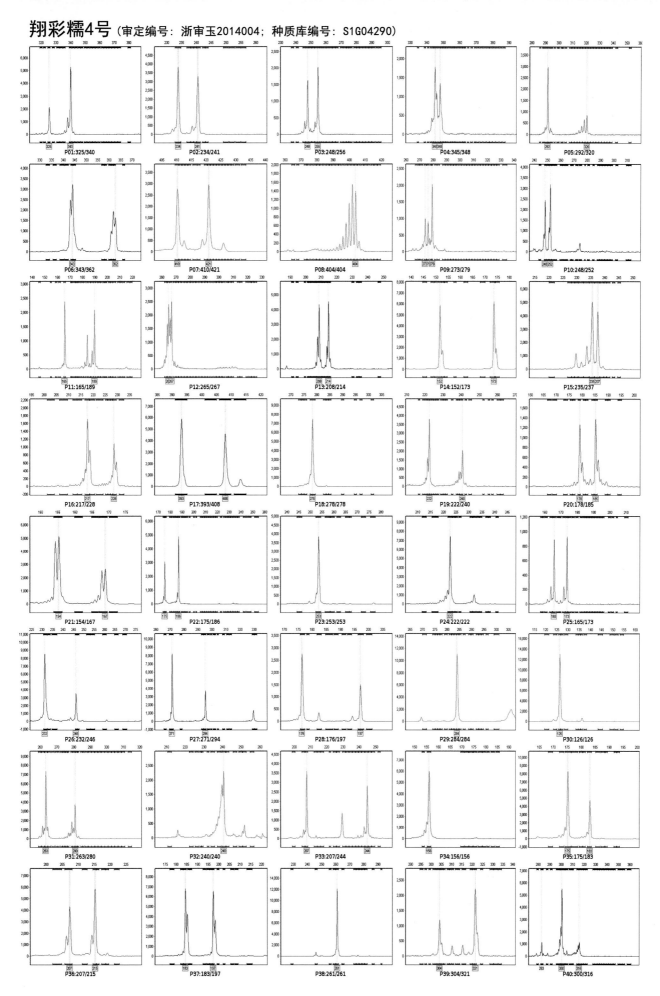

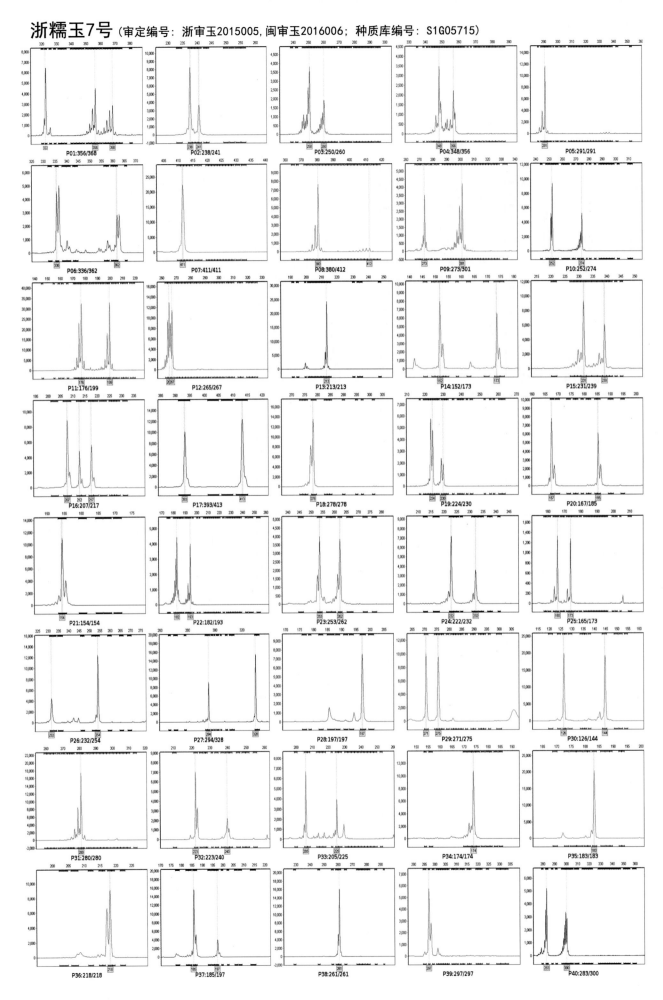

新甜糯88（审定编号：浙审玉2017006；种质库编号：XIN21254）

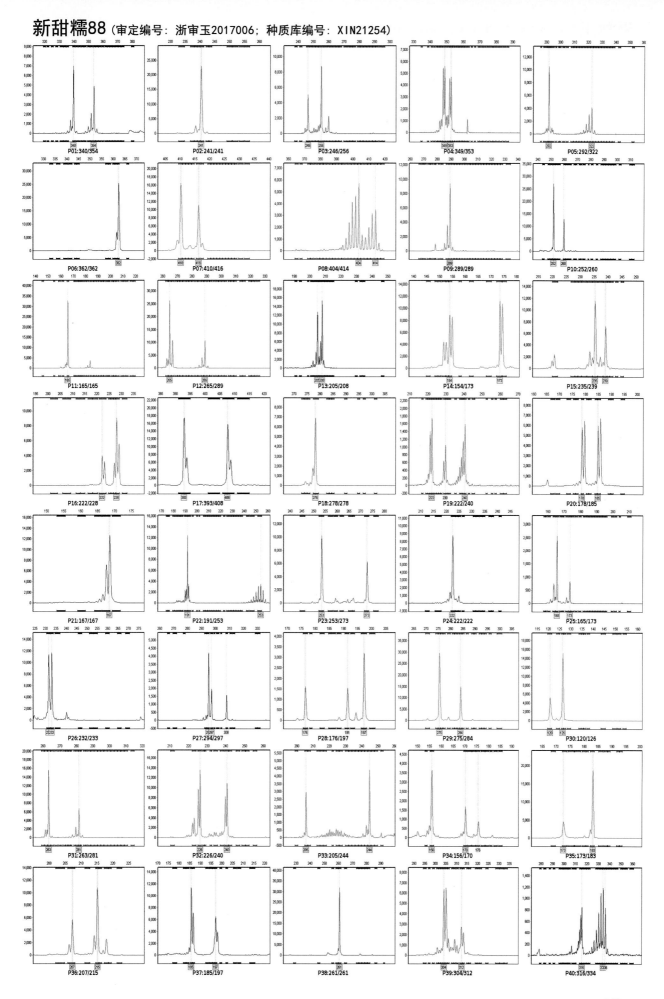

P01:340/354　P02:241/241　P03:246/256　P04:349/353　P05:292/322
P06:362/362　P07:410/416　P08:404/414　P09:289/289　P10:252/260
P11:165/165　P12:265/289　P13:205/208　P14:154/173　P15:235/239
P16:222/228　P17:393/408　P18:278/278　P19:222/240　P20:178/185
P21:167/167　P22:191/253　P23:253/273　P24:222/222　P25:165/173
P26:232/233　P27:294/297　P28:176/197　P29:275/284　P30:120/126
P31:263/281　P32:226/240　P33:205/244　P34:156/170　P35:173/183
P36:207/215　P37:185/197　P38:261/261　P39:304/312　P40:316/334

# 浙糯玉10 （审定编号：浙审玉2017007；种质库编号：S1G05723）

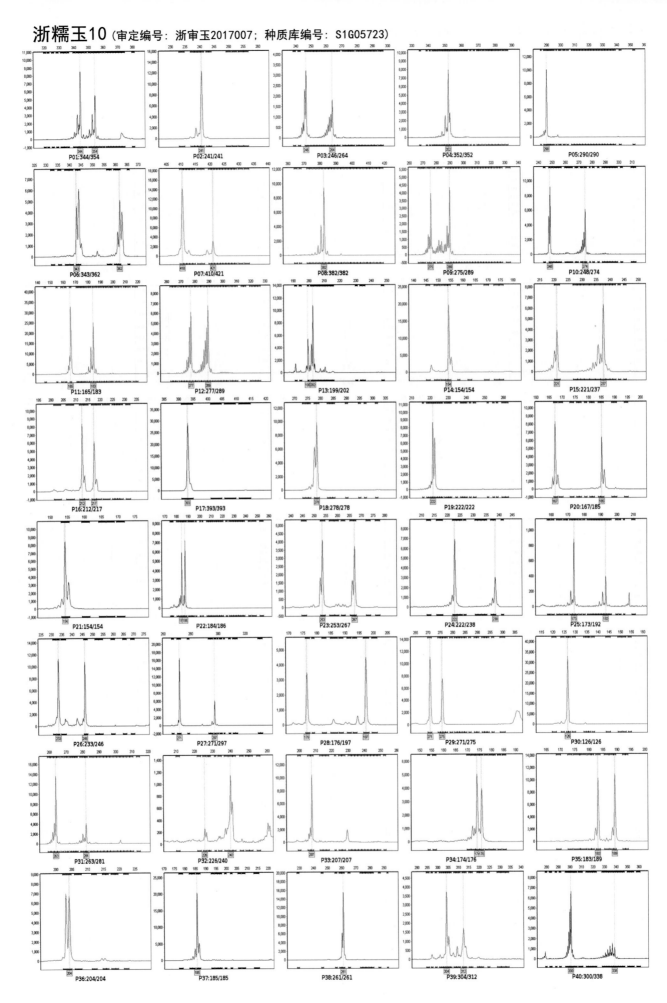

342

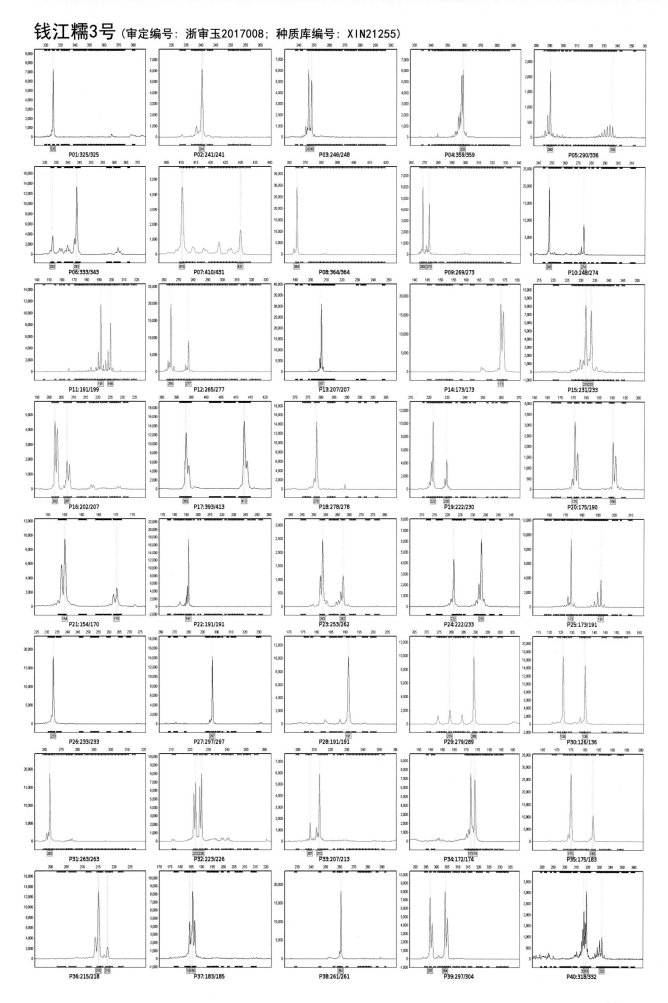

# 黑甜糯168（审定编号：浙审玉2017010；种质库编号：XIN21253）

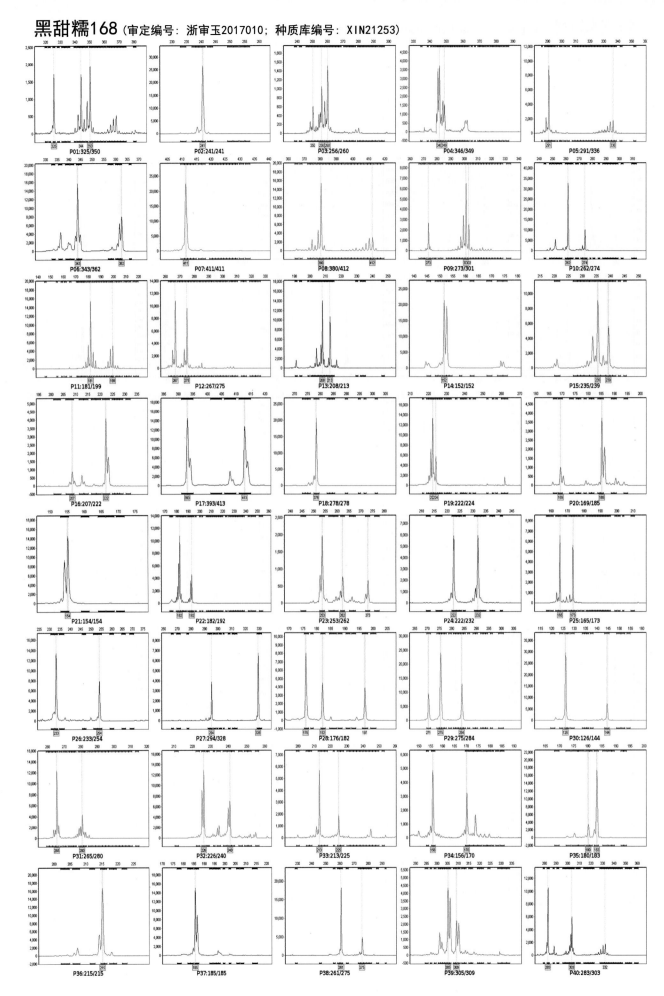

# 第三部分 附 录

# 附录1　植物品种鉴定　DNA 分子标记法　总则（NY/T 2594—2016）

## 1　范围

本标准规定了植物品种鉴定 DNA 分子标记法标准研制的总体原则，进行鉴定的总体技术要求、主要技术内容以及技术标准的编制格式。

本标准适用于植物品种鉴定 DNA 分子标记法技术标准的建立。在编制特定植物属（种）品种鉴定 DNA 分子标记法标准时，应遵循总则提出的原则和要求，同时结合该植物属（种）的特殊性，形成适合该植物属（种）品种鉴定 DNA 分子标记法的标准。

## 2　规范性引用文件

下列文件对于本文件的应用是必不可少的。凡是注日期的引用文件，仅所注日期的版本适用于本文件。凡是不注日期的引用文件，其最新版本（包括所有的修改单）适用于本文件。

GB/T 1.1　标准化工作导则

### 第1部分：标准的结构和编写

## 3　术语和定义

下列术语和定义适用于本文件。

### 3.1　DNA 分子标记　DNA marker

以个体间遗传物质核苷酸序列变异为基础的遗传标记，是 DNA 水平遗传多态性的直接反映。

### 3.2　简单重复序列 simple sequence repeat（SSR）

基因组中由 2 个及以上核苷酸组成的基本单位重复多次构成的一段 DNA 序列。

### 3.3　单核苷酸多态性 single nucleotide polymorphism（SNP）

基因组中由单个核苷酸的变异所引起的 DNA 序列多态性。

### 3.4　插入缺失多态性 insertion-deletion polymorphism（IDP）

基因组中由核苷酸插入或缺失所引起的 DNA 序列多态性。

### 3.5　位点 locus

染色体上一个基因或者标记的位置。

### 3.6　核心位点 core locus

DNA 分子标记法鉴定品种时优先选用的一组位点，具有多态性高、重复性好、分布均匀的特点，统一用于品种 DNA 分子标记数据采集和品种鉴定的位点。

### 3.7 扩展位点 extended locus

DNA 分子标记法鉴定品种时备选的一组位点，具有重复性好、分布均匀的特点。

### 3.8 特异位点 specific locus

针对某一特定品种 DNA 分子标记鉴定提供的，除核心位点和扩展位点之外的能够将该品种与其他品种区分开的位点。

### 3.9 参照样品 reference smaple

代表核心位点主要等位变异的一组样品。用于辅助确定待测样品在某个位点上等位变异扩增片段的大小，校正仪器设备的系统误差。

## 4 标准编制的基本要求

### 4.1 标准化对象的确定

以植物属或种为基本单位分类制定。如果植物属内各个种之间的差异较小，则以整个属作为基本单位。反之，则应以各个种作为基本单位。特殊情况下，如果植物种内各亚种间的差异极为明显，可考虑以亚种作为基本单位。

### 4.2 标准的命名

在制定标准时，应采用如下命名方式："×× ［植物属（种）名称］品种鉴定×× （DNA 分子标记类型）分子标记法"。

### 4.3 标准的构成

标准采用统一的、符合 GB/T 1.1 要求的编写格式，一般构成见附录 A。

### 4.4 标准的验证

依据总则制定的植物属（种）品种鉴定标准正式实施前，应通过研制单位以外至少 3 个从事品种鉴定的检验检测机构验证。

## 5 特定植物属（种）品种鉴定标准研制的具体技术要求

### 5.1 选择 DNA 分子标记类型的基本条件

选择 DNA 分子标记类型的基本条件：

a）标记多态性丰富；

b）实验重复性好；

c）数据易于标准化；

d）标记位点分布情况清楚；

e）技术成熟。

基于上述原则，主要推荐 SSR、SNP、IDP 等标记类型作为当前各植物属（种）品种鉴定的 DNA 分子标记，根据不同植物属（种）的发展情况，也可以选择使用其他标记类型。

## 5.2 选择 DNA 分子标记位点的基本原则

### 5.2.1 核心位点的选择

基本原则：

a）多态性高；

b）数据容易统计；

c）重复性好；

d）不同平台兼容性好；

e）染色体分布情况清楚；

f）在基因组上均匀分布；

g）避免选择零等位变异。

依据检测的速度和成本、不同植物属（种）的品种数量及品种间差异情况、染色体数目及基因组大小、位点多态性水平，兼顾不同标记技术和不同检测平台的位点通量特点，确定合适的位点数量，并能够区分该植物属（种）95%以上的已知品种。

### 5.2.2 扩展位点的选择

扩展位点选择的基本原则同核心位点。扩展位点选择侧重染色体均匀分布，与核心位点一起使用时应能够区分该植物属（种）99%以上的已知品种。

### 5.2.3 特异位点的选择

当利用核心位点、扩展位点对某一特定品种无法鉴别时，根据需要，可继续在核心位点和扩展位点之外选择能够鉴别该品种的特异位点。特异位点可以由品种拥有人提供，并满足用于区别其他品种的要求。

## 5.3 样品准备

### 5.3.1 样品类型

种子、幼苗、根、茎、叶等。

### 5.3.2 样品分析数量

待测样品在满足取样有代表性的前提下，分析数量取决于品种的繁殖方式、遗传完整性和遗传多样性。

## 5.4 参照样品的选择

基因分型结果受检测平台影响时须采用参照样品确定待测样品等位变异。

## 5.5 检测程序

### 5.5.1 DNA 提取方法

对特定植物属（种）可以提供几种常用 DNA 提取方法，提取的 DNA 应满足相应技术方法的要求。

### 5.5.2 基因分型平台

选择基因分型平台的基本原则：

a) 对位点的不同等位变异和基因型能够有效区分；

b) 数据统计容易，不同来源数据容易整合，适于构建数据库；

c) 技术方法成熟，操作简单。

适用于 SSR、SNP、IDP 标记的分型平台有多种，主要以 PCR 扩增技术为基础，与电泳、测序、荧光扫描、质谱等方法组合形成多种分型平台。

### 5.5.3 位点的使用

首先使用核心位点进行检测；如不能有效区分，必要时采用扩展位点检测；如仍不能有效区分，必要时采用特异位点检测。

## 6 数据库构建的具体要求

### 6.1 基本原则

数据库应具有兼容性，不同类型 DNA 分子标记数据库能整合成一个复合数据库。

### 6.2 数据库基本信息

数据库基本信息应包括植物属（种）、品种及类型、分子标记类型、位点、标记和等位变异等六个最核心的部分。

a) 植物属（种）：样品所属植物学名称或常用名，如玉米、水稻等；

b) 品种及类型：样品的品种名称或编号，必要时可进一步细分品种类型（如玉米可细分为自交系/杂交种；水稻可细分为常规品种/杂交种等）；

c) 分子标记类型：鉴定所用的标记类型，如 SSR、SNP、IDP 等；

d) 位点：所用位点的规范名称，该字段在数据库中应具有唯一性，建议采用统一的位点命名方法；

e) 标记：鉴定位点时所用的引物序列，位点和标记是一对多的关系，标记编号方式为"物种代号+固定位数的字母+固定位数的序号+其他标识符（可选）+技术方法代号（可选）"；

f) 等位变异：多态性位点的等位变异编码或数值。

### 6.3 数据采集

对不同来源的同一类型 DNA 分子标记数据，可采取以下 4 种方式进行数据的规范化采集：

a) 使用参照品种或参照 DNA；

b) 确定位点等位基因命名；

c) 规定对异常数据的处理方式；

d) 规定对数据的编码方式。

### 6.4 数据记录

对于多等位基因的标记类型，如 SSR 标记，二倍体物种基因型数据记录为 X/Y，其中 X、Y 分别为该位点上两个不同等位基因的编码，小片段数据在前，大片段数据在后，如果为纯合位点，则记录为 X/X

或者 Y/Y。特定植物属（种）的标准制定单位负责提供每个位点的所有等位基因的命名方式，并提供参照样品及其标准基因型数据。

对于二等位基因的标记类型，如 SNP 和 IDP 标记，二倍体物种基因型数据记录为 A/B，即纯合基因型记录为 AA 或 BB，杂合基因型记录为 AB。具体植物属（种）的标准制定单位应给出每个位点 A 和 B 的定义，并提供参照样品及其标准基因型数据。

对于其他倍性的植物属（种），可参考二倍体物种的数据记录方式，并根据属（种）特殊性适当调整。

## 6.5 数据入库要求

特定植物属（种）的已知品种标准样品的 DNA 分子标记数据库应由至少两个实验室联合构建，并设置两组或两组以上平行试验，将平行试验结果相同的数据入库。为了评估建库数据质量，可随机抽取若干样品（一般为 5%～10%）采用统一规定的标准程序进行盲测，验证并评价数据库的质量，建成的数据库的数据错误率应低于 0.5%，数据缺失率应低于 5%。

# 7 结果统计与判定

## 7.1 位点统计

位点比较情况分为下列 4 种：

a）位点存在差异的，记录为有差异；

b）位点完全相同的，记录为无差异；

c）位点数据缺失的，记录为缺失；

d）位点显示无法判定的，记录为无法判定。

对检测的位点逐一进行比较，统计总位点数、差异位点数、无差异位点数、缺失位点数、无法判定位点数等信息。

## 7.2 判定方法

结果可用差异位点数或遗传相似度进行比较，判定标准应根据相应植物属（种）特性，在相应的鉴定标准中确定。

## 7.3 结果表述

待测样品_____与对照样品_____（或数据库中_____已知品种）利用_____分子标记类型，采用_____检测平台，采用_____位点组合进行检测，结果显示：检测位点数为_____，差异位点数为_____，判定为_____（相同或极近似、近似、不同）；或遗传相似度为_____，位点缺失率为_____，判定为_____（相同或极近似、近似、不同）。

# 附录 2  玉米品种鉴定技术规程  SSR 标记法（NY/T 1432—2014）

## 1  范围

本标准规定了利用简单重复序列（simple sequence repeat，SSR）标记法进行玉米（*Zea mays* L.）品种鉴定的操作程序、数据记录与统计、判定规则。

本标准适用于玉米自交系和单交种的 SSR 指纹数据采集及品种鉴定，其他杂交种类型及群体和开放授粉品种可参考本标准。

## 2  规范性引用文件

下列文件对于本文件的应用是必不可少的。凡是注日期的引用文件，仅所注日期的版本适用于本文件。凡是不注日期的引用文件，其最新版本（包括所有的修改单）适用于本文件。

## 3  术语与定义

下列术语和定义适用于本文件。

### 3.1  核心引物 core primer

品种鉴定中优先选用的一套 SSR 引物，具有多态性高、重复性好等综合特性。

### 3.2  参照品种 reference variety

具有所用 SSR 位点上不同等位变异的品种。参照品种用于辅助确定待测样品的等位变异，校正仪器设备的系统误差。

## 4  原理

由于不同玉米品种遗传组成不同，基因组 DNA 中简单重复序列的重复次数存在差异，这种差异可通过 PCR 扩增及电泳方法进行检测，从而能够区分不同玉米品种。

## 5  仪器设备及试剂

见附录 A。

## 6  溶液配制

见附录 B。

## 7  引物信息

核心引物名单及序列见附录 C，核心引物等位变异等相关信息见附录 D。

## 8  参照品种信息

见附录 E。

# 9　操作程序

## 9.1　样品制备

送验样品可为种子、幼苗、叶片、苞叶、果穗等组织或器官。对玉米自交系和单交种，随机数取至少20个个体组成的混合样品进行分析，或直接对至少5个个体单独进行分析；对于其他杂交种类型，随机数取至少20个个体单独进行分析。

## 9.2　DNA提取

CTAB提取法：幼苗或叶片200~300 mg，置于2.0 mL离心管，加液氮充分研磨，或取种子充分磨碎，移入2.0 mL离心管；每管加入700 μL 65 ℃预热的CTAB提取液后，充分混合，65 ℃保温60 min，期间多次颠倒混匀；每管加入等体积的三氯甲烷/异戊醇混合液，充分混合后，静置10 min；12 000 $g$离心15 min后，吸取上清液至一新离心管，再加入等体积预冷的异丙醇，颠倒离心管数次，在-20 ℃放置30 min；4 ℃，12 000 $g$离心10 min，弃上清液；加入70%乙醇，旋转离心管数次，弃去乙醇；将离心管倒立于垫有滤纸的实验台上，室温干燥沉淀6 h以上；加入100 μL超纯水或TE缓冲液，充分溶解后备用。

SDS提取法：剥取干种子的胚，放入1.5 mL离心管中，加入100 μL氯仿后研磨，加入300 μL SDA提取液，混匀后于10 000 $g$离心2 min，吸上清液加入预先装有300 μL异丙醇和300 μL NaCl溶液的1.5 mL离心管中，待DNA成团后挑出，经70%乙醇洗涤后加入200 μL TE缓冲液，待充分溶解后备用。

试剂盒提取法：使用经验证适合SSR指纹技术的商业试剂盒，按照试剂盒的使用说明操作。

注：以上为推荐的DNA提取方法，其他达到PCR扩增质量要求的DNA提取方法均适用。

## 9.3　PCR扩增

### 9.3.1　引物选择

首先选择附录C中前20对引物进行检测，当样品间检测出的差异位点数小于2时，再选用附录C中后20对引物进行检测；必要时，进一步选择特定标记进行检测。

### 9.3.2　反应体系

各组分的终浓度如下：每种dNTP 0.10 mmol/L，正向、反向引物各0.24 μmol/L，$Taq$ DNA聚合酶0.04 U/μL，1×PCR缓冲液（含$Mg^{2+}$ 2.5 mmol/L），DNA溶液2.5 ng/μL，其余以超纯水补足至所需体积。如果PCR过程中不采用热盖程序，则反应液上加盖15 μL矿物油，以防止反应过程中水分蒸发。

### 9.3.3　反应程序

94 ℃预变性5 min，1个循环；94 ℃变性40 s，60 ℃退火35 s，72 ℃延伸45 s，共35个循环；72 ℃延伸10 min，4 ℃保存。

## 9.4　PCR产物检测

### 9.4.1　普通变性聚丙烯酰胺凝胶电泳（PAGE）

#### 9.4.1.1　清洗玻璃板

将玻璃板反复擦洗干净，双蒸水擦洗两遍，95%乙醇擦洗两遍，干燥。在长板上涂上0.5 mL亲和硅烷工作液，带凹槽的短板上涂 0.5 mL 剥离硅烷工作液。操作过程中防止两块玻璃板互相污染。

#### 9.4.1.2 组装电泳板

待玻璃板彻底干燥后组装电泳板，并用水平仪调平。

#### 9.4.1.3 灌胶

在 100 mL 4.5% PAGE 胶中加入 TEMED 和 25% 过硫酸铵各 100 μL，迅速混匀后灌胶。待胶流动到下部，在上部轻轻地插入梳子，使其聚合至少 1 h 以上。灌胶时应匀速以防止出现气泡。

#### 9.4.1.4 预电泳

在正极槽（下槽）中加入 1×TBE 缓冲液 600 mL，在负极槽（上槽）加入预热至 65 ℃ 的 1×TBE 缓冲液 600 mL，拔出梳子。90 W 恒功率预电泳 10~20 min。

#### 9.4.1.5 变性

在 20 μL PCR 产物中加入 4 μL 6×加样缓冲液，混匀后，在 PCR 仪上运行变性程序：95 ℃ 变性 5 min，4 ℃ 冷却 10 min 以上。

#### 9.4.1.6 电泳

用移液器吹吸加样槽，清除气泡和杂质，插入样品梳子。每一个加样孔点入 5 μL 样品。80 W 恒功率电泳至上部的指示带（二甲苯青）到达胶板的中部。电泳结束后，小心分开两块玻璃板，凝胶会紧贴在长板上。

注：预期扩增产物片段大小在 150 bp 以下时电泳时间应适当缩短，扩增产物片段大小在 300 bp 以上时电泳时间应适当延长。

#### 9.4.1.7 银染

（1）固定：固定液中轻轻晃动 3 min；

（2）漂洗：双蒸水快速漂洗 1 次，不超过 10 s；

（3）染色：染色液中染色 5 min；

（4）漂洗：双蒸水快速漂洗，时间不超过 10 s；

（5）显影：显影液中轻轻晃动至带纹出现；

（6）定影：固定液中定影 5 min；

（7）漂洗：双蒸水漂洗 1 min。

### 9.4.2 荧光标记毛细管电泳

#### 9.4.2.1 样品制备

等体积混合不同荧光标记扩增产物，混匀后从混合液中吸取 1 μL 加入到 DNA 分析仪专用 96 孔板孔中。板中各孔分别加入 0.1 μL 分子量内标和 8.9 μL 去离子甲酰胺。将样品在 PCR 仪上 95 ℃ 变性 5 min，取出，立即置于碎冰上，冷却 10 min 以上。离心 10 s 后置放到 DNA 分析仪上。

#### 9.4.2.2 电泳检测

按照仪器操作手册，编辑样品表，执行运行程序，保存数据。

## 10 数据记录与统计

### 10.1 数据记录

对普通变性聚丙烯酰胺凝胶电泳，将每个扩增位点的等位变异与参照品种的等位变异片段大小进行比较，确定样品在该位点的等位变异；对荧光标记毛细管电泳，通过参照品种消除同型号不同批次间或不同型号 DNA 分析仪间可能存在的系统误差，使用片段分析软件读取样品在该位点的等位变异。

纯合位点的基因型数据记录为 X/X，杂合位点的基因型数据记录为 X/Y，其中 X、Y 分别为该位点上两个等位变异，小片段数据在前，大片段数据在后；缺失位点基因型数据记录为 0/0。

示例 1：样品在某个位点上仅出现一个等位变异，大小为 150 bp，在该位点的基因型记录为 150/150；

示例 2：样品在某个位点上有两个等位变异，大小分别为 150 bp、160 bp，在该位点的基因型记录为 150/160。

### 10.2 数据统计

当对送验样品混合 DNA 进行分析时，可直接进行品种间成对比较，如果样品某个引物位点出现可见的异质性且影响到差异位点判定时，可重新提取至少 20 个个体的 DNA，并用该引物重新扩增，统计在该引物位点上不同个体的基因型（或等位变异）及所占比例。当对送检样品多个个体 DNA 进行分析时，应统计其在各引物位点的各种基因型（或等位变异）及所占比例。对单交种，应比较两个样品在各引物位点的基因型；对自交系，应比较两个样品在各引物位点的等位变异。

成对比较的数据统计记录表见附录 F。

## 11 判定规则

### 11.1 结果判定

当样品间差异位点数≥2，判定为"不同"；当样品间差异位点数=1，判定为"近似"；当样品间差异位点数=0，判定为"极近似或相同"。

对利用附录 C 中 40 对引物仍未检测到≥2 个差异位点数的样品，如果相关品种存在特定标记，必要时增加其特定标记进行检测。

### 11.2 结果表述

比较位点数：_____，比较位点为：_____；差异位点数：_____，差异位点为：_____；判定为：_____。

# 附 录 A

## （规范性附录）

## 主要仪器设备及试剂

### A.1 主要仪器设备

A.1.1 PCR 扩增仪。

A.1.2 高压电泳仪：规格为 3 000 V、400 mA、400 W，具有恒电压、恒电流和恒功率功能。

A.1.3 垂直电泳槽及配套的制胶附件。

A.1.4 普通电泳仪。

A.1.5 水平电泳槽及配套的制胶附件。

A.1.6 高速冷冻离心机。

　　最大离心力不小于 15 000 $g$。

A.1.7 水平摇床。

A.1.8 胶片观察灯。

A.1.9 电子天平：感应为 0.01 g、0.001 g。

A.1.10 微量移液器：规格分别为 10 μL、20 μL、100 μL、200 μL、1 000 μL，连续可调。

A.1.11 磁力搅拌器。

A.1.12 紫外分光光度计：波长 260 nm 及 280 nm。

A.1.13 微波炉。

A.1.14 高压灭菌锅。

A.1.15 酸度计。

A.1.16 水浴锅或金属浴：控温精度±1 ℃。

A.1.17 冰箱：最低温度-20 ℃。

A.1.18 制冰机。

A.1.19 凝胶成像系统或紫外透射仪。

A.1.20 DNA 分析仪：基于毛细管电泳，有片段分析功能和数据分析软件，能够分辨 1 个核苷酸大小的差异。

### A.2 主要试剂

A.2.1 十六烷基三乙基溴化铵（CTAB）。

A.2.2 三氯甲烷。

A.2.3 异丙醇。

A.2.4 异戊醇。

A.2.5 乙二胺四乙酸二钠。

A.2.6 三羟甲基氨基甲烷。

A.2.7 盐酸：37%。

A.2.8 氢氧化钠。

A.2.9 氯化钠。

A. 2. 10　10×Buffer 缓冲液：含 Mg$^{2+}$ 25 mmol/L。

A. 2. 11　四种脱氧核苷三磷酸：dATP、dTTP、dGTP、dCTP（10 mmol/L）。

A. 2. 12　*Taq* DNA 聚合酶。

A. 2. 13　矿物油。

A. 2. 14　琼脂糖。

A. 2. 15　DNA 分子量标准。

A. 2. 16　核酸染色剂。

A. 2. 17　去离子甲酰胺。

A. 2. 18　溴酚蓝。

A. 2. 19　二甲苯青。

A. 2. 20　甲叉双丙烯酰胺。

A. 2. 21　丙烯酰胺。

A. 2. 22　硼酸。

A. 2. 23　尿素。

A. 2. 24　亲和硅烷。

A. 2. 25　剥离硅烷。

A. 2. 26　无水乙醇。

A. 2. 27　四甲基乙二胺。

A. 2. 28　过硫酸铵。

A. 2. 29　冰醋酸。

A. 2. 30　乙酸铵。

A. 2. 31　硝酸银。

A. 2. 32　甲醛。

A. 2. 33　DNA 分析仪专用丙烯酰胺胶液。

A. 2. 34　DNA 分析仪专用分子量内标 Liz 标记。

A. 2. 35　DNA 分析仪专用电泳缓冲液。

# 附　录　B

（规范性附录）

## 溶液配制

### B.1　DNA 提取溶液的配制

B.1.1　0.5 mol/L EDTA 溶液

186.1 g Na$_2$EDTA·2H$_2$O 溶于 800 mL 水中，用固体 NaOH 调 pH 值至 8.0，定容至 1 000 mL，高压灭菌。

B.1.2　1mol/L Tris-HCl 溶液

60.55 g Tris 碱溶于适量水中，加 HCl 调 pH 值至 8.0，定容至 500 mL，高压灭菌。

B.1.3　0.5 mol/L HCl 溶液

25mL 浓盐酸（36%~38%），加水定容至 500 mL。

B.1.4　CTAB 提取液

81.7 g 氯化钠和 20 g CTAB 溶于适量水中，然后加入 1 mol/L Tris-HCl 100 mL，0.5 mol/L EDTA 40 mL，定容至 1 000 mL，4 ℃贮存。

B.1.5　SDS 提取液

1 mol/L Tris-HCl 50 mL，0.5 mol/L EDTA 50 mL，5 mol/L NaCl 50 mL，SDS 7.5 g，定容至 500 mL。

B.1.6　TE 缓冲液

1 mol/L Tris-HCl 5 mL，0.5 mol/L EDTA 1mL，加 HCl 调 pH 值至 8.0，定容至 500 mL。

B.1.7　5 mol/L NaCl 溶液

146 g 固体 NaCl 溶于水中，加水定容至 500 mL。

### B.2　PCR 扩增溶液的配制

B.2.1　dNTP

用超纯水分别配制 A、G、C、T 终浓度 100 mmol/L 的储存液。各取 20 μL 混合，用超纯水 720 μL 定容至终浓度 2.5 mmol/L each 的工作液。

B.2.2　SSR 引物

用超纯水分别配制前引物和后引物终浓度均 40μmol/L 的储存液，等体积混合成 20 μmol/L 的工作液。

注：干粉配制前应首先快速离心。

B.2.3　6×加样缓冲液

去离子甲酰胺 49 mL，0.5 mol/L 的 EDTA 溶液（pH 值=8.0）1 mL，溴酚兰 0.125 g，二甲苯青 0.125 g。

### B.3　变性聚丙烯酰胺凝胶电泳溶液的配制

B.3.1　40% PAGE 胶

丙烯酰胺 190 g 和甲叉双丙烯酰胺 10 g，定容至 500 mL。

B.3.2　4.5% PAGE 胶

尿素 450 g，10×TBE 缓冲液 100 mL，40% PAGE 胶 112.5 mL，定容至 1 000 mL。

**B.3.3　Bind 缓冲液**

49.75mL 无水乙醇和 250 μL 冰醋酸，加水定容至 50 mL。

**B.3.4　亲和硅烷工作液**

在 1 mL Bind 缓冲液中加入 5 μL Bind 原液，混匀。

**B.3.5　剥离硅烷工作液**

2%二甲基二氯硅烷。

**B.3.6　25%过硫酸铵溶液**

0.25 g 过硫酸铵溶于 1mL 超纯水中。

**B.3.7　10×TBE 缓冲液**

三羟甲基氨基甲烷（Tris 碱）108 g，硼酸 55 g，0.5mol/L EDTA 溶液 37 mL，定容至 1 000 mL。

**B.3.8　1×TBE 缓冲液**

取 10×TBE 缓冲液 500 mL，加水定容至 5 000 mL。

**B.4　银染溶液的配制**

**B.4.1　固定液**

100 mL 冰醋酸，加水定容至 1 000 mL。

**B.4.2　染色液**

2 g 硝酸银，加水定容至 1 000 mL。

**B.4.3　显影液**

1 000 mL 蒸馏水中加入 30 g 氢氧化钠和 5 mL 甲醛。

注：除银染溶液的配制可使用符合 GB/T 6682 规定的三级水外，试验中仅使用确认为分析纯的试剂和 GB/T 6682 规定的一级水。

# 附　录　C

## （规范性附录）

## 核心引物名单及序列

C.1　40 对核心引物名单及序列

表 C.1　40 对核心引物名单及序列

| 编号 | 引物名称 | 染色体位置 | 引物序列 |
|------|----------|-----------|----------|
| P01 | bnlg439w1 | 1.03 | 上游：AGTTGACATCGCCATCTTGGTGAC<br>下游：GAACAAGCCCTTAGCGGGTTGTC |
| P02 | umc1335y5 | 1.06 | 上游：CCTCGTTACGGTTACGCTGCTG<br>下游：GATGACCCCGCTTACTTCGTTTATG |
| P03 | umc2007y4 | 2.04 | 上游：TTACACAACGCAACACGAGGC<br>下游：GCTATAGGCCGTAGCTTGGTAGACAC |
| P04 | bnlg1940k7 | 2.08 | 上游：CGTTTAAGAACGGTTGATTGCATTCC<br>下游：GCCTTTATTTCTCCCTTGCTTGCC |
| P05 | umc2105k3 | 3.00 | 上游：GAAGGGCAATGAATAGAGCCATGAG<br>下游：ATGGACTCTGTGCGACTTGTACCG |
| P06 | phi053k2 | 3.05 | 上游：CCCTGCCTCTCAGATTCAGAGATTG<br>下游：TAGGCTGGCTGGAAGTTTGTTGC |
| P07 | phi072k4 | 4.01 | 上游：GCTCGTCTCCTCCAGGTCAGG<br>下游：CGTTGCCCATACATCATGCCTC |
| P08 | bnlg2291k4 | 4.06 | 上游：GCACACCCGTAGTAGCTGAGACTTG<br>下游：CATAACCTTGCCTCCCAAACCC |
| P09 | umc1705w1 | 5.03 | 上游：GGAGGTCGTCAGATGGAGTTCG<br>下游：CACGTACGGCAATGCAGACAAG |
| P10 | bnlg2305k4 | 5.07 | 上游：CCCCTCTTCCTCAGCACCTTG<br>下游：CGTCTTGTCTCCGTCCGTGTG |
| P11 | bnlg161k8 | 6.00 | 上游：TCTCAGCTCCTGCTTATTGCTTTCG<br>下游：GATGGATGGAGCATGAGCTTGC |
| P12 | bnlg1702k1 | 6.05 | 上游：GATCCGCATTGTCAAATGACCAC<br>下游：AGGACACGCCATCGTCATCA |
| P13 | umc1545y2 | 7.00 | 上游：AATGCCGTTATCATGCGATGC<br>下游：GCTTGCTGCTTCTTGAATTGCGT |
| P14 | umc1125y3 | 7.04 | 上游：GGATGATGGCGAGGATGATGTC<br>下游：CCACCAACCCATACCCATACCAG |
| P15 | bnlg240k1 | 8.06 | 上游：GCAGGTGTCGGGGATTTTCTC<br>下游：GGAACTGAAGAACAGAAGGCATTGATAC |
| P16 | phi080k15 | 8.08 | 上游：TGAACCACCCGATGCAACTTG<br>下游：TTGATGGGCACGATCTCGTAGTC |
| P17 | phi065k9 | 9.03 | 上游：CGCCTTCAAGAATATCCTTGTGCC<br>下游：GGACCCAGACCAGGTTCCACC |
| P18 | umc1492y13 | 9.04 | 上游：GCGGAAGAGTAGTCGTAGGGCTAGTGTAG<br>下游：AACCAAGTTCTTCAGACGCTTCAGG |
| P19 | umc1432y6 | 10.02 | 上游：GAGAAATCAAGAGGTGCCGAGCATC<br>下游：GGCCATGATACAGCAAGAAATGATAAGC |

| 编号 | 引物名称 | 染色体位置 | 引物序列 |
|---|---|---|---|
| P20 | umc1506k12 | 10.05 | 上游：GAGGAATGATGTCCGCGAAGAAG<br>下游：TTCAGTCGAGCGCCCAACAC |
| P21 | umc1147y4 | 1.07 | 上游：AAGAACAGGACTACATGAGGTGCGATAC<br>下游：GTTTCCTATGGTACAGTTCTCCCTCGC |
| P22 | bnlg1671y17 | 1.10 | 上游：CCCGACACCTGAGTTGACCTG<br>下游：CTGGAGGGTGAAACAAGAGCAATG |
| P23 | phi96100y1 | 2.00 | 上游：TTTTGCACGAGCCATCGTATAACG<br>下游：CCATCTGCTGATCCGAATACCC |
| P24 | umc1536k9 | 2.07 | 上游：TGATAGGTAGTTAGCATATCCCTGGTATCG<br>下游：GAGCATAGAAAAAGTTGAGGTTAATATGGAGC |
| P25 | bnlg1520K1 | 2.09 | 上游：CACTCTCCCTCTAAAATATCAGACAACACC<br>下游：GCTTCTGCTGCTGTTTTGTTCTTG |
| P26 | umc1489y3 | 3.07 | 上游：GCTACCCGCAACCAAGAACTCTTC<br>下游：GCCTACTCTTGCCGTTTTACTCCTGT |
| P27 | bnlg490y4 | 4.04 | 上游：GGTGTTGGAGTCGCTGGGAAAG<br>下游：TTCTCAGCCAGTGCCAGCTCTTATTA |
| P28 | umc1999y3 | 4.09 | 上游：GGCCACGTTATTGCTCATTTGC<br>下游：GCAACAACAAATGGGATCTCCG |
| P29 | umc2115k3 | 5.02 | 上游：GCACTGGCAACTGTACCCATCG<br>下游：GGGTTTCACCAACGGGGATAGG |
| P30 | umc1429y7 | 5.03 | 上游：CTTCTCCTCGGCATCATCCAAAC<br>下游：GGTGGCCCTGTTAATCCTCATCTG |
| P31 | bnlg249k2 | 6.01 | 上游：GGCAACGGCAATAATCCACAAG<br>下游：CATCGGCGTTGATTTCGTCAG |
| P32 | phi299852y2 | 6.07 | 上游：AGCAAGCAGTAGGTGGAGGAAGG<br>下游：AGCTGTTGTGGCTCTTTGCCTGT |
| P33 | umc2160k3 | 7.01 | 上游：TCATTCCCAGAGTGCCTTAACACTG<br>下游：CTGTGCTCGTGCTTCTCTCTGAGTATT |
| P34 | umc1936k4 | 7.03 | 上游：GCTTGAGGCGGTTGAGGTATGAG<br>下游：TGCACAGAATAAACATAGGTAGGTCAGGTC |
| P35 | bnlg2235y5 | 8.02 | 上游：CGCACGGCACGATAGAGGTG<br>下游：AACTGCTTGCCACTGGTACGGTCT |
| P36 | phi233376y1 | 8.09 | 上游：CCGGCAGTCGATTACTCCACG<br>下游：CAGTAGCCCCTCAAGCAAAACATTC |
| P37 | umc2084w2 | 9.01 | 上游：ACTGATCGCGACGAGTTAATTCAAAC<br>下游：TACCGAAGAACAACGTCATTTCAGC |
| P38 | umc1231k4 | 9.05 | 上游：ACAGAGGAACGACGGGACCAAT<br>下游：GGCACTCAGCAAAGAGCCAAATTC |
| P39 | phi041y6 | 10.00 | 上游：CAGCGCCGCAAACTTGGTT<br>下游：TGGACGCGAACCAGAAACAGAC |
| P40 | umc2163w3 | 10.04 | 上游：CAAGCGGGAATCTGAATCTTTGTTC<br>下游：CTTCGTACCATCTTCCCTACTTCATTGC |

# 附　录　D

（资料性附录）

## 核心引物相关信息

### D.1　核心引物相关信息

表 D.1　40 对核心引物相关信息

| 引物编号 | 引物名称 | 推荐荧光类型 | 等位变异范围（bp） | 等位变异（bp） | 等位变异频率 | 参照品种名称 | 参照品种基因型数据 |
|---|---|---|---|---|---|---|---|
| P01 | bnlg439w1 | NED | 320～368 | 320 | 0.007 | 绵单 1 号 | 320/350 |
| | | | | 322 | 0.115 | 郑单 958 | 322/354 |
| | | | | 325 | 0.085 | 农大 108 | 325/350 |
| | | | | 331 | 0.004 | | |
| | | | | 335 | 0.027 | 桂青贮 1 号 | 335/350 |
| | | | | 339 | 0.009 | | |
| | | | | 344 | 0.078 | 农华 101 | 344/350 |
| | | | | 346 | 0.034 | 辽单 527 | 322/346 |
| | | | | 348 | 0.028 | | |
| | | | | 350 | 0.348 | 先玉 335 | 350/350 |
| | | | | 352 | 0.035 | | |
| | | | | 354 | 0.14 | 郑单 958 | 322/354 |
| | | | | 356 | 0.027 | | |
| | | | | 358 | 0.023 | 蠡玉 16 | 350/358 |
| | | | | 362 | 0.014 | 遵糯 1 号 | 325/362 |
| | | | | 366 | 0.019 | | |
| | | | | 368 | 0.009 | 金玉甜 1 号 | 344/368 |
| P02 | umc1335y5 | PET | 234～254 | 234 | 0.076 | 绵单 1 号 | 234/234 |
| | | | | 238 | 0.074 | 京玉 7 号 | 238/238 |
| | | | | 240 | 0.681 | 浚单 20 | 240/240 |
| | | | | 252 | 0.161 | 郑单 958 | 252/252 |
| | | | | 254 | 0.009 | 本玉 9 号 | 254/254 |
| P03 | umc2007y4 | FAM | 238～292 | 238 | 0.025 | 正大 619 | 238/282 |
| | | | | 246 | 0.085 | 川单 14 | 246/250 |
| | | | | 248 | 0.157 | 郑单 958 | 248/255 |
| | | | | 250 | 0.094 | 先玉 335 | 250/255 |
| | | | | 252 | 0.041 | | |
| | | | | 255 | 0.435 | 郑单 958 | 248/255 |
| | | | | 257 | 0.009 | | |
| | | | | 260 | 0.03 | 遵糯 1 号 | 238/260 |
| | | | | 264 | 0.046 | 蠡玉 16 | 255/264 |
| | | | | 266 | 0.007 | | |
| | | | | 270 | 0.002 | 屯玉 27 | 255/270 |
| | | | | 273 | 0.021 | | |
| | | | | 279 | 0.005 | 金玉甜 1 号 | 252/279 |
| | | | | 282 | 0.005 | 正大 619 | 238/282 |
| | | | | 284 | 0.032 | 兴垦 10 | 246/284 |
| | | | | 288 | 0.005 | | |
| | | | | 292 | 0.002 | 奥玉 28 | 284/292 |

| 引物编号 | 引物名称 | 推荐荧光类型 | 等位变异范围(bp) | 等位变异(bp) | 等位变异频率 | 参照品种名称 | 参照品种基因型数据 |
|---|---|---|---|---|---|---|---|
| P04 | bnlg1940k7 | PET | 344~386 | 344 | 0.018 | 正大619 | 344/363 |
| | | | | 346 | 0.11 | 中科4号 | 346/360 |
| | | | | 348 | 0.247 | 郑单958 | 348/363 |
| | | | | 351 | 0.021 | | |
| | | | | 353 | 0.051 | 成单22 | 353/363 |
| | | | | 355 | 0.035 | | |
| | | | | 360 | 0.269 | 先玉335 | 360/360 |
| | | | | 363 | 0.159 | 郑单958 | 348/363 |
| | | | | 365 | 0.007 | | |
| | | | | 367 | 0.004 | 奥玉28 | 360/367 |
| | | | | 369 | 0.004 | 金海5号 | 360/369 |
| | | | | 371 | 0.002 | | |
| | | | | 379 | 0.057 | 本玉9号 | 353/379 |
| | | | | 386 | 0.018 | 京科968 | 386/386 |
| P05 | umc2105k3 | PET | 288~335 | 288 | 0.018 | 本玉9号 | 288/317 |
| | | | | 290 | 0.376 | 郑单958 | 290/335 |
| | | | | 292 | 0.233 | 中科4号 | 292/335 |
| | | | | 294 | 0.049 | 农华101 | 294/317 |
| | | | | 299 | 0.002 | | |
| | | | | 302 | 0.019 | 绵单1号 | 292/302 |
| | | | | 305 | 0.044 | 万糯1号 | 305/323 |
| | | | | 309 | 0.005 | | |
| | | | | 317 | 0.115 | 先玉335 | 290/317 |
| | | | | 323 | 0.085 | 浚单20 | 323/335 |
| | | | | 335 | 0.053 | 郑单958 | 290/335 |
| P06 | phi053k2 | NED | 333~362 | 333 | 0.032 | 万糯1号 | 333/336 |
| | | | | 336 | 0.39 | 郑单958 | 336/362 |
| | | | | 341 | 0.053 | 奥玉28 | 341/362 |
| | | | | 343 | 0.329 | 浚单20 | 343/362 |
| | | | | 357 | 0.023 | 正大619 | 343/357 |
| | | | | 362 | 0.173 | 郑单958 | 336/362 |
| P07 | phi072k4 | VIC | 410~430 | 410 | 0.622 | 郑单958 | 410/410 |
| | | | | 416 | 0.018 | 正大619 | 416/420 |
| | | | | 420 | 0.088 | 正大619 | 416/420 |
| | | | | 422 | 0.049 | 蠡玉16 | 422/430 |
| | | | | 426 | 0.035 | | |
| | | | | 430 | 0.187 | 蠡玉16 | 422/430 |
| P08 | bnlg2291k4 | VIC | 364~404 | 364 | 0.314 | 郑单958 | 364/380 |
| | | | | 374 | 0.014 | 金玉甜1号 | 374/376 |
| | | | | 376 | 0.009 | 金玉甜1号 | 374/376 |
| | | | | 378 | 0.012 | | |
| | | | | 380 | 0.175 | 郑单958 | 364/380 |
| | | | | 382 | 0.26 | 农华101 | 382/404 |
| | | | | 386 | 0.012 | 蠡玉6号 | 386/404 |
| | | | | 388 | 0.002 | | |
| | | | | 390 | 0.005 | 川单14 | 390/404 |
| | | | | 396 | 0.021 | | |
| | | | | 404 | 0.175 | 农华101 | 382/404 |

| 引物<br>编号 | 引物名称 | 推荐荧<br>光类型 | 等位变异<br>范围（bp） | 等位变异<br>（bp） | 等位变异<br>频率 | 参照品种<br>名称 | 参照品种<br>基因型数据 |
|---|---|---|---|---|---|---|---|
| P09 | umc1705w1 | VIC | 269~319 | 269 | 0.035 | 万糯 1 号 | 269/275 |
| | | | | 271 | 0.016 | | |
| | | | | 273 | 0.269 | 郑单 958 | 273/275 |
| | | | | 275 | 0.14 | 郑单 958 | 273/275 |
| | | | | 279 | 0.034 | 川单 14 | 279/301 |
| | | | | 289 | 0.011 | | |
| | | | | 291 | 0.021 | 中科 4 号 | 273/291 |
| | | | | 293 | 0.005 | | |
| | | | | 297 | 0.004 | 郑加甜 5039 | 275/297 |
| | | | | 299 | 0.004 | | |
| | | | | 301 | 0.228 | 浚单 20 | 275/301 |
| | | | | 303 | 0.005 | | |
| | | | | 311 | 0.012 | 京科甜 126 | 273/311 |
| | | | | 319 | 0.217 | 先玉 335 | 319/319 |
| P10 | bnlg2305k4 | NED | 244~290 | 244 | 0.039 | 中科 4 号 | 244/268 |
| | | | | 248 | 0.15 | 郑单 958 | 248/252 |
| | | | | 252 | 0.283 | 郑单 958 | 248/252 |
| | | | | 254 | 0.009 | 正大 619 | 248/254 |
| | | | | 260 | 0.06 | 绵单 1 号 | 252/260 |
| | | | | 262 | 0.141 | 成单 22 | 252/262 |
| | | | | 268 | 0.186 | 农华 101 | 252/268 |
| | | | | 274 | 0.027 | 本玉 9 号 | 262/274 |
| | | | | 281 | 0.002 | | |
| | | | | 290 | 0.104 | 先玉 335 | 252/290 |
| P11 | bnlg161k8 | VIC | 154~219 | 154 | 0.004 | 成单 22 | 154/183 |
| | | | | 158 | 0.064 | 中科 10 | 158/181 |
| | | | | 165 | 0.177 | 农华 101 | 165/173 |
| | | | | 170 | 0.002 | | |
| | | | | 173 | 0.196 | 郑单 958 | 173/197 |
| | | | | 175 | 0.018 | | |
| | | | | 177 | 0.069 | 浚单 20 | 177/197 |
| | | | | 179 | 0.002 | | |
| | | | | 181 | 0.064 | 辽单 527 | 173/181 |
| | | | | 183 | 0.125 | 先玉 335 | 173/183 |
| | | | | 185 | 0.083 | 成单 19 | 165/185 |
| | | | | 187 | 0.009 | | |
| | | | | 189 | 0.014 | 金海 5 号 | 177/189 |
| | | | | 191 | 0.037 | | |
| | | | | 193 | 0.002 | 遵糯 1 号 | 183/193 |
| | | | | 195 | 0.012 | | |
| | | | | 197 | 0.085 | 郑单 958 | 173/197 |
| | | | | 199 | 0.012 | | |
| | | | | 201 | 0.016 | 金玉甜 1 号 | 158/201 |
| | | | | 211 | 0.005 | | |
| | | | | 212 | 0.002 | 雅玉青贮 04889 | 158/211 |
| | | | | 219 | 0.004 | 资玉 3 号 | 219/219 |

| 引物编号 | 引物名称 | 推荐荧光类型 | 等位变异范围（bp） | 等位变异（bp） | 等位变异频率 | 参照品种名称 | 参照品种基因型数据 |
|---|---|---|---|---|---|---|---|
| P12 | bnlg1702k1 | VIC | 265～319 | 265 | 0.267 | 先玉335 | 265/265 |
| | | | | 267 | 0.099 | 成单19 | 267/305 |
| | | | | 269 | 0.007 | | |
| | | | | 272 | 0.012 | 雅玉青贮04889 | 265/272 |
| | | | | 274 | 0.152 | 浚单20 | 274/276 |
| | | | | 276 | 0.147 | 郑单958 | 276/299 |
| | | | | 278 | 0.005 | 正大619 | 278/278 |
| | | | | 280 | 0.046 | 川单14 | 274/280 |
| | | | | 282 | 0.005 | 兴垦10 | 265/282 |
| | | | | 284 | 0.021 | 金玉甜1号 | 284/289 |
| | | | | 287 | 0.004 | | |
| | | | | 289 | 0.002 | 金玉甜1号 | 284/289 |
| | | | | 292 | 0.065 | 农华101 | 265/292 |
| | | | | 299 | 0.102 | 郑单958 | 276/299 |
| | | | | 305 | 0.06 | 中科4号 | 276/305 |
| | | | | 313 | 0.002 | | |
| | | | | 319 | 0.004 | 农乐988 | 276/319 |
| P13 | umc1545y2 | NED | 190～246 | 190 | 0.148 | 先玉335 | 190/206 |
| | | | | 202 | 0.226 | 郑单958 | 202/212 |
| | | | | 206 | 0.375 | 先玉335 | 190/206 |
| | | | | 212 | 0.177 | 郑单958 | 202/212 |
| | | | | 229 | 0.011 | | |
| | | | | 246 | 0.064 | 农大108 | 206/246 |
| P14 | umc1125y3 | VIC | 150～173 | 150 | 0.027 | 川单14 | 150/173 |
| | | | | 152 | 0.155 | 先玉335 | 152/173 |
| | | | | 154 | 0.253 | 郑单958 | 154/173 |
| | | | | 169 | 0.168 | 农大108 | 169/173 |
| | | | | 173 | 0.398 | 郑单958 | 154/173 |
| P15 | bnlg240k1 | PET | 221～239 | 221 | 0.216 | 郑单958 | 221/237 |
| | | | | 229 | 0.069 | 农大108 | 229/233 |
| | | | | 231 | 0.08 | 正大619 | 231/237 |
| | | | | 233 | 0.147 | 农大108 | 229/233 |
| | | | | 235 | 0.074 | 成单22 | 231/235 |
| | | | | 237 | 0.376 | 郑单958 | 221/237 |
| | | | | 239 | 0.037 | 金玉甜1号 | 233/239 |
| P16 | phi080k15 | PET | 202～227 | 202 | 0.032 | 郑单958 | 202/222 |
| | | | | 207 | 0.012 | | |
| | | | | 212 | 0.092 | 中科4号 | 212/212 |
| | | | | 217 | 0.495 | 先玉335 | 217/217 |
| | | | | 222 | 0.217 | 郑单958 | 202/222 |
| | | | | 227 | 0.152 | 农华101 | 217/227 |
| P17 | phi065k9 | NED | 393～413 | 393 | 0.362 | 郑单958 | 393/413 |
| | | | | 403 | 0.005 | | |
| | | | | 408 | 0.15 | 先玉335 | 408/413 |
| | | | | 413 | 0.482 | 郑单958 | 393/413 |
| P18 | umc1492y13 | PET | 275～284 | 275 | 0.014 | 正大619 | 275/284 |
| | | | | 278 | 0.843 | 农华101 | 278/284 |
| | | | | 284 | 0.143 | 农华101 | 278/284 |

| 引物编号 | 引物名称 | 推荐荧光类型 | 等位变异范围(bp) | 等位变异(bp) | 等位变异频率 | 参照品种名称 | 参照品种基因型数据 |
|---|---|---|---|---|---|---|---|
| P19 | umc1432y6 | PET | 220～240 | 220 | 0.041 | 农华101 | 220/222 |
| | | | | 222 | 0.726 | 郑单958 | 222/240 |
| | | | | 224 | 0.023 | 遵糯1号 | 220/224 |
| | | | | 230 | 0.062 | 本玉9号 | 222/230 |
| | | | | 240 | 0.136 | 郑单958 | 222/240 |
| | | | | 257 | 0.012 | 奥玉28 | 222/257 |
| P20 | umc1506k12 | FAM | 166～190 | 166 | 0.014 | 遵糯1号 | 166/166 |
| | | | | 169 | 0.092 | 川单14 | 169/176 |
| | | | | 173 | 0.037 | 金海5号 | 173/176 |
| | | | | 176 | 0.164 | 金海5号 | 173/176 |
| | | | | 179 | 0.2 | 成单19 | 179/185 |
| | | | | 185 | 0.373 | 先玉335 | 185/190 |
| | | | | 190 | 0.12 | 先玉335 | 185/190 |
| P21 | umc1147y4 | NED | 154～168 | 154 | 0.804 | 先玉335 | 154/168 |
| | | | | 168 | 0.196 | 先玉335 | 154/168 |
| P22 | bnlg1671y17 | FAM | 175～230 | 175 | 0.133 | 中科4号 | 175/184 |
| | | | | 179 | 0.034 | | |
| | | | | 184 | 0.23 | 郑单958 | 184/194 |
| | | | | 186 | 0.041 | | |
| | | | | 194 | 0.322 | 郑单958 | 184/194 |
| | | | | 207 | 0.005 | | |
| | | | | 209 | 0.009 | 金海5号 | 194/209 |
| | | | | 211 | 0.081 | 本玉9号 | 184/211 |
| | | | | 213 | 0.051 | 中科10 | 213/123 |
| | | | | 215 | 0.072 | 蠡玉6号 | 184/215 |
| | | | | 218 | 0.007 | | |
| | | | | 230 | 0.016 | 金甜678 | 230/230 |
| P23 | phi96100y1 | FAM | 245～277 | 245 | 0.034 | 桂青贮1号 | 245/257 |
| | | | | 253 | 0.373 | 先玉335 | 253/266 |
| | | | | 257 | 0.064 | 蠡玉16 | 257/266 |
| | | | | 259 | 0.002 | | |
| | | | | 262 | 0.049 | 农华101 | 253/262 |
| | | | | 266 | 0.42 | 先玉335 | 253/266 |
| | | | | 273 | 0.041 | 金海5号 | 266/273 |
| | | | | 277 | 0.018 | 鲜玉糯2号 | 253/277 |
| P24 | umc1536k9 | NED | 216～238 | 216 | 0.014 | 成单22 | 216/224 |
| | | | | 222 | 0.398 | 先玉335 | 222/222 |
| | | | | 224 | 0.053 | 成单22 | 216/224 |
| | | | | 233 | 0.38 | 郑单958 | 233/238 |
| | | | | 238 | 0.155 | 郑单958 | 233/238 |

| 引物编号 | 引物名称 | 推荐荧光类型 | 等位变异范围(bp) | 等位变异(bp) | 等位变异频率 | 参照品种名称 | 参照品种基因型数据 |
|---|---|---|---|---|---|---|---|
| P25 | Bnlg1520K1 | FAM | 160~195 | 160 | 0.011 | 铁单20 | 160/173 |
| | | | | 165 | 0.329 | 郑单958 | 165/173 |
| | | | | 171 | 0.012 | | |
| | | | | 173 | 0.426 | 郑单958 | 165/173 |
| | | | | 176 | 0.004 | | |
| | | | | 179 | 0.041 | 先玉335 | 165/179 |
| | | | | 183 | 0.009 | | |
| | | | | 187 | 0.012 | 正大619 | 173/187 |
| | | | | 189 | 0.005 | | |
| | | | | 191 | 0.104 | 农大108 | 173/191 |
| | | | | 193 | 0.046 | | |
| | | | | 195 | 0.002 | 川单14 | 173/195 |
| P26 | umc1489y3 | NED | 230~265 | 230 | 0.673 | 农华101 | 230/253 |
| | | | | 245 | 0.122 | 辽单527 | 230/245 |
| | | | | 253 | 0.189 | 农华101 | 230/253 |
| | | | | 265 | 0.016 | 遵糯1号 | 230/265 |
| P27 | bnlg490y4 | NED | 271~330 | 271 | 0.406 | 先玉335 | 271/294 |
| | | | | 294 | 0.203 | 先玉335 | 271/294 |
| | | | | 297 | 0.095 | 成单22 | 297/328 |
| | | | | 301 | 0.018 | 辽单527 | 294/301 |
| | | | | 308 | 0.014 | | |
| | | | | 328 | 0.214 | 郑单958 | 328/328 |
| | | | | 330 | 0.049 | 兴垦10 | 294/330 |
| P28 | umc1999y3 | FAM | 176~200 | 176 | 0.521 | 先玉335 | 176/197 |
| | | | | 182 | 0.03 | | |
| | | | | 185 | 0.007 | 金玉甜1号 | 185/191 |
| | | | | 188 | 0.004 | | |
| | | | | 191 | 0.101 | 中科4号 | 176/191 |
| | | | | 197 | 0.336 | 先玉335 | 176/197 |
| | | | | 200 | 0.002 | 郑青贮1号 | 176/200 |
| P29 | umc2115k3 | VIC | 270~293 | 270 | 0.222 | 郑单958 | 270/275 |
| | | | | 275 | 0.362 | 郑单958 | 270/275 |
| | | | | 278 | 0.163 | 农华101 | 275/278 |
| | | | | 283 | 0.149 | 中科4号 | 283/288 |
| | | | | 288 | 0.098 | 中科4号 | 283/288 |
| | | | | 291 | 0.002 | | |
| | | | | 293 | 0.005 | 成单19 | 270/293 |
| P30 | umc1429y7 | VIC | 126~144 | 126 | 0.571 | 先玉335 | 126/144 |
| | | | | 134 | 0.115 | 郑单958 | 134/144 |
| | | | | 136 | 0.037 | | |
| | | | | 144 | 0.277 | 郑单958 | 134/144 |

| 引物编号 | 引物名称 | 推荐荧光类型 | 等位变异范围(bp) | 等位变异(bp) | 等位变异频率 | 参照品种名称 | 参照品种基因型数据 |
|---|---|---|---|---|---|---|---|
| P31 | Bnlg249K2 | VIC | 261~301 | 261 | 0.005 | 鄂玉 25 | 261/265 |
| | | | | 263 | 0.373 | 先玉 335 | 263/275 |
| | | | | 265 | 0.129 | 郑单 958 | 265/269 |
| | | | | 269 | 0.053 | 郑单 958 | 265/269 |
| | | | | 275 | 0.072 | 先玉 335 | 263/275 |
| | | | | 278 | 0.078 | 蠡玉 16 | 278/297 |
| | | | | 280 | 0.074 | 川单 14 | 263/280 |
| | | | | 282 | 0.088 | 京科 968 | 275/282 |
| | | | | 285 | 0.016 | | |
| | | | | 291 | 0.002 | 济单 94-2 | 278/291 |
| | | | | 293 | 0.002 | | |
| | | | | 297 | 0.104 | 浚单 20 | 269/297 |
| | | | | 301 | 0.004 | 兴垦 10 | 263/301 |
| P32 | phi299852y2 | VIC | 210~251 | 210 | 0.002 | 桂青贮 1 号 | 210/225 |
| | | | | 222 | 0.284 | 郑单 958 | 222/228 |
| | | | | 225 | 0.256 | 农大 108 | 225/228 |
| | | | | 228 | 0.071 | 郑单 958 | 222/228 |
| | | | | 233 | 0.046 | | |
| | | | | 234 | 0.235 | 先玉 335 | 234/234 |
| | | | | 239 | 0.055 | 万糯 1 号 | 239/239 |
| | | | | 246 | 0.004 | | |
| | | | | 251 | 0.048 | 辽单 527 | 234/251 |
| P33 | umc2160k3 | VIC | 199~244 | 199 | 0.009 | 绵单 1 号 | 199/205 |
| | | | | 205 | 0.163 | 郑单 958 | 205/207 |
| | | | | 207 | 0.277 | 郑单 958 | 205/207 |
| | | | | 213 | 0.016 | | |
| | | | | 215 | 0.194 | 先玉 335 | 207/215 |
| | | | | 224 | 0.011 | 金玉甜 1 号 | 224/244 |
| | | | | 230 | 0.011 | | |
| | | | | 232 | 0.044 | 蠡玉 16 | 232/244 |
| | | | | 234 | 0.004 | | |
| | | | | 237 | 0.002 | 京科甜 126 | 207/237 |
| | | | | 242 | 0.004 | | |
| | | | | 244 | 0.267 | 浚单 20 | 205/244 |
| P34 | umc1936k4 | PET | 156~184 | 156 | 0.239 | 先玉 335 | 156/170 |
| | | | | 170 | 0.606 | 先玉 335 | 156/170 |
| | | | | 172 | 0.012 | | |
| | | | | 174 | 0.094 | 正大 619 | 174/174 |
| | | | | 176 | 0.025 | | |
| | | | | 178 | 0.016 | 济单 94-2 | 170/178 |
| | | | | 180 | 0.002 | | |
| | | | | 184 | 0.005 | 兴垦 10 | 170/184 |
| P35 | bnlg2235y5 | VIC | 175~193 | 175 | 0.226 | 农大 108 | 175/183 |
| | | | | 178 | 0.011 | | |
| | | | | 180 | 0.072 | 先玉 335 | 180/183 |
| | | | | 183 | 0.431 | 先玉 335 | 180/183 |
| | | | | 186 | 0.021 | | |
| | | | | 188 | 0.159 | 郑单 958 | 188/193 |
| | | | | 193 | 0.08 | 郑单 958 | 188/193 |

| 引物编号 | 引物名称 | 推荐荧光类型 | 等位变异范围（bp） | 等位变异（bp） | 等位变异频率 | 参照品种名称 | 参照品种基因型数据 |
|---|---|---|---|---|---|---|---|
| P36 | phi233376y1 | PET | 204~218 | 204 | 0.284 | 郑单 958 | 204/215 |
| | | | | 207 | 0.228 | 蠡玉 6 号 | 204/207 |
| | | | | 215 | 0.353 | 郑单 958 | 204/215 |
| | | | | 218 | 0.134 | 正大 619 | 215/218 |
| P37 | umc2084w2 | NED | 185~213 | 185 | 0.364 | 郑单 958 | 185/205 |
| | | | | 193 | 0.004 | | |
| | | | | 196 | 0.3 | 先玉 335 | 196/199 |
| | | | | 199 | 0.044 | 先玉 335 | 196/199 |
| | | | | 205 | 0.21 | 郑单 958 | 185/205 |
| | | | | 213 | 0.078 | 成单 22 | 205/213 |
| P38 | umc1231k4 | FAM | 228~275 | 228 | 0.004 | 苏玉糯 8 号 | 228/260 |
| | | | | 260 | 0.528 | 郑单 958 | 260/275 |
| | | | | 273 | 0.004 | | |
| | | | | 275 | 0.465 | 郑单 958 | 260/275 |
| P39 | phi041y6 | PET | 295~324 | 295 | 0.011 | 苏玉糯 8 号 | 295/304 |
| | | | | 304 | 0.332 | 郑单 958 | 304/309 |
| | | | | 309 | 0.349 | 郑单 958 | 304/309 |
| | | | | 312 | 0.206 | 先玉 335 | 309/312 |
| | | | | 316 | 0.002 | | |
| | | | | 319 | 0.005 | 屯玉 27 | 312/319 |
| | | | | 321 | 0.051 | 农大 108 | 309/321 |
| | | | | 324 | 0.044 | 蠡玉 6 号 | 304/324 |
| P40 | umc2163w3 | NED | 283~332 | 283 | 0.406 | 郑单 958 | 283/317 |
| | | | | 299 | 0.152 | 中科 4 号 | 299/299 |
| | | | | 310 | 0.261 | 先玉 335 | 310/332 |
| | | | | 317 | 0.037 | 郑单 958 | 283/317 |
| | | | | 332 | 0.144 | 先玉 335 | 310/332 |

注 1：附录 D 中提供的等位变异包括了至今在审定和品种权保护已知品种中检测到的所有等位变异，今后对于附录 D 中未包括的等位变异，应按本标准方法，确定其大小和对应参照品种后再补充发布。

注 2：每个引物位点上提供的参照品种包含了该位点最大、最小和等位基因频率大于 0.05 的等位变异，且每间隔一个等位变异至少提供一个参照品种。逐位点进行电泳检测时可从中选择使用部分或全部参照品种。

# 附 录 E

## （资料性附录）

## 参照品种名单及来源

E.1 参照品种名单及来源

**表 E.1 参照品种名单及来源**

| 编号 | 品种名称 | 国家库编号 | 分组 | 编号 | 品种名称 | 国家库编号 | 分组 |
|------|----------|-----------|------|------|----------|-----------|------|
| R01 | 浚单 20 | S1G01057 | 核心 | R21 | 万糯 1 号 | S1G00256 | 扩展 |
| R02 | 农华 101 | S1G01969 | 核心 | R22 | 遵糯 1 号 | S1G01666 | 扩展 |
| R03 | 中科 4 号 | S1G01120 | 核心 | R23 | 农乐 988 | S1G01052 | 扩展 |
| R04 | 正大 619 | S1G01514 | 核心 | R24 | 郑青贮 1 号 | S1G01059 | 扩展 |
| R05 | 农大 108 | S1G01237 | 核心 | R25 | 济单 94-2 | S1G01070 | 扩展 |
| R06 | 郑单 958 | S1G01076 | 核心 | R26 | 郑加甜 5039 | S1G01073 | 扩展 |
| R07 | 蠡玉 16 | S1G00275 | 核心 | R27 | 金玉甜 1 号 | S1G01199 | 扩展 |
| R08 | 先玉 335 | S1G00011 | 核心 | R28 | 京科甜 126 | S1G01218 | 扩展 |
| R09 | 京科 968 | S1G00859 | 核心 | R29 | 金甜 678 | S1G01231 | 扩展 |
| R10 | 金海 5 号 | S1G00523 | 核心 | R30 | 桂青贮 1 号 | S1G01508 | 扩展 |
| R11 | 蠡玉 6 号 | S1G00272 | 核心 | R31 | 鄂玉 25 | S1G01590 | 扩展 |
| R12 | 辽单 527 | S1G00042 | 核心 | R32 | 雅玉青贮 04889 | S1G01896 | 扩展 |
| R13 | 成单 22 | S1G01857 | 核心 | R33 | 屯玉 27 | S1G02343 | 扩展 |
| R14 | 绵单 1 号 | S1G01866 | 核心 | R34 | 鲜玉糯 2 号 | S1G00001 | 扩展 |
| R15 | 本玉 9 号 | S1G00177 | 核心 | R35 | 铁单 20 | S1G00087 | 扩展 |
| R16 | 川单 14 | S1G01865 | 核心 | R36 | 兴垦 10 | S1G00412 | 扩展 |
| R17 | 成单 19 | S1G01952 | 核心 | R37 | 资玉 3 号 | S1G01906 | 扩展 |
| R18 | 奥玉 28 | S1G01891 | 核心 | R38 | 苏玉糯 8 号 | S1G02512 | 扩展 |
| R19 | 京玉 7 号 | S1G01221 | 核心 | R39 | 豫爆 2 号 | S1G01068 | 扩展 |
| R20 | 中科 10 | S1G01214 | 核心 | R40 | 三北 9 号 | S1G00231 | 扩展 |

注 1：同一名称不同来源的参照品种在某一位点上的等位变异可能不相同，如果使用了同名的其他来源的参照品种，应与原参照品种核对，确认无误后使用。

注 2：多个品种在某一 SSR 位点上可能具有相同的等位变异，在确认这些品种该位点等位变异大小与参照品种相同后，这些品种也可以代替附录 E 中的参照品种使用。

注 3：参照品种共 40 个，覆盖了几乎全部的等位变异，分为核心和扩展两组，核心参照品种共 20 个，包涵了基因频率在 0.05 以上的所有等位变异；扩展参照品种共 20 个，主要补充基因频率在 0.05 以下的稀有等位变异。荧光毛细管电泳只需从核心参照品种名单中选择部分或全部使用，普通变性聚丙烯酰胺凝胶电泳需要将核心参照品种和扩展参照品种组合起来使用。

# 附 录 F

## （规范性附录）

## 数据统计记录表

## F.1 数据统计记录表

### 表 F.1 数据统计记录表

样品 1 编号、名称及来源：

样品 2 编号、名称及来源：

| 编号 | 引物名称 | 指纹数据 | | 是否存在差异 | 备注 |
|---|---|---|---|---|---|
| | | 样品 1 | 样品 2 | | |
| P01 | bnlg439w1 | | | | |
| P02 | umc1335y5 | | | | |
| P03 | umc2007y4 | | | | |
| P04 | bnlg1940k7 | | | | |
| P05 | umc2105k3 | | | | |
| P06 | phi053k2 | | | | |
| P07 | phi072k4 | | | | |
| P08 | bnlg2291k4 | | | | |
| P09 | umc1705w1 | | | | |
| P10 | bnlg2305k4 | | | | |
| P11 | bnlg161k8 | | | | |
| P12 | bnlg1702k1 | | | | |
| P13 | umc1545y2 | | | | |
| P14 | umc1125y3 | | | | |
| P15 | bnlg240k1 | | | | |
| P16 | phi080k15 | | | | |
| P17 | phi065k9 | | | | |
| P18 | umc1492y13 | | | | |
| P19 | umc1432y6 | | | | |
| P20 | umc1506R12 | | | | |
| P21 | umc1147y4 | | | | |
| P22 | bnlg1671y17 | | | | |
| P23 | phi96100y1 | | | | |
| P24 | umc1536k9 | | | | |

| 编号 | 引物名称 | 指纹数据 | | 是否存在差异 | 备注 |
|------|----------|----------|----------|--------------|------|
| | | 样品1 | 样品2 | | |
| P25 | bnlg1520K1 | | | | |
| P26 | umc1489y3 | | | | |
| P27 | bnlg490y4 | | | | |
| P28 | umc1999y3 | | | | |
| P29 | umc2115k3 | | | | |
| P30 | umc1429y7 | | | | |
| P31 | bnlg249k2 | | | | |
| P32 | phi299852y2 | | | | |
| P33 | umc2160k3 | | | | |
| P34 | umc1936k4 | | | | |
| P35 | bnlg2235y5 | | | | |
| P36 | phi233376y1 | | | | |
| P37 | umc2084w2 | | | | |
| P38 | umc1231k4 | | | | |
| P39 | phi041y6 | | | | |
| P40 | umc2163w3 | | | | |
| 比较位点数：＿＿＿＿，差异位点数：＿＿＿＿。 | | | | | |

注1：是否存在差异栏可填写是、否、无法判定、缺失。当样品在某个引物位点出现可见的异质性且影响到差异位点判定时，可填写无法判定，或重新提取至少20个个体的DNA，并用该引物重新扩增，统计在该引物位点上不同个体的基因型（或等位变异）及所占比例后予以判定。

注2：如果采用了备案的其他特征标记进行鉴定，可在记录表中依次添加。

注3：当以两个自交系样品的组合作为待测样品时，指纹数据栏应填写两个自交系的指纹组合作为待测样品指纹。

# 附录 3　优质鲜食甜、糯玉米生产技术规程（DB11/T 321—2005）

## 1　范围

本标准规定了鲜食甜、糯玉米的生产技术，包括品种、种植地点、肥料、灌溉方法等的选用，从播种到收获的管理措施及相关产品质量要求。本标准适合于北京地区鲜食甜、糯玉米的生产。

## 2　规范性引用文件

下列文件中的条款通过本标准的引用而成为本标准的条款。凡是注日期的引用文件，其随后所有的修改单（不包括勘误的内容）或修订版均不适用于本标准，然而，鼓励根据本标准达成协议的各方研究是否可使用这些文件的最新版本。凡是不注日期的引用文件，其最新版本适用于本标准。

NY/T 523—2002　甜玉米

NY/T 524—2002　糯玉米

GB/T 4404.1—1996　粮食作物种子　禾谷类

NY/T 391—2000　绿色食品　产地环境技术条件

## 3　术语和定义

下列术语和定义适用于本标准。

### 3.1

甜玉米　Sweet corn

见 NY/T　523 术语和定义。

### 3.2

糯玉米　Waxy corn

见 NY/T　524 术语和定义。

## 4　分类

### 4.1　甜玉米

4.1.1　普通甜玉米

携带有单一隐性普甜基因（*su*1）。

4.1.2　超甜玉米

携带有单一隐性超甜基因 *sh*2（皱缩）、*bt* 或 *bt*2 等。

4.1.3　加强甜玉米

携带隐性普甜基因（*su*1）和加甜修饰基因（*se*）。

## 4.2 糯玉米

携带有单一隐性基因 wx（蜡质）。

## 5 产地环境

符合 NY/T 391 的要求。

## 6 甜糯玉米生产技术

### 6.1 播期

露地种植，可在早春气温稳定超过 12 ℃时开始播种，一般在 4 月下旬即可。采取地膜覆盖可提早 10~15 天播种；采用薄膜育苗移栽技术，可提早 20 天播种。最晚播期宜在 7 月 10 日之前，以保证在早霜之前能适期采收。

### 6.2 品种及种子的选用

应选用通过审定并适宜北京地区的甜、糯玉米品种，种子质量达到 GB 4404.1 规定的二级以上标准。

### 6.3 播种

6.3.1 隔离种植

与其他玉米品种相距应 300 m 以上，或调整播种时期，错开授粉，春播一般错期播种 25 天以上，夏播一般 15 天以上。

6.3.2 露地播种技术

6.3.2.1 土壤条件

地块平整，墒情适宜（田间持水量 70%左右），土壤类型以壤土为宜，地力水平中等以上。

6.3.2.2 播种量

根据种植、种子发芽率和行距计算播种粒距和播种量。计算公式为：

$$播种粒距（cm）= \frac{667×10^4×发芽率×田间出苗率}{行距×每\ 667\ m^2\ 计划种植密度}$$

$$播种量（kg/667\ m^2）= 每\ 667\ m^2\ 播种粒数×千粒重×10^5$$

一般情况下：甜玉米（1~1.5）kg/667 m²，糯玉米（1.5~2.0）kg/667 m²。

6.3.2.3 播种方法

播种应根据市场需求合理确定种植面积和播种期，每隔 5~10 天播种一期。机械播种：行距 65~70 cm；施底肥深度为 8~10 cm；播种深度甜玉米约 3 cm，糯玉米约 5 cm。

要求行速均匀，播种深浅一致。育苗移栽：选择地势高、排水良好靠近大田的地块作苗床。施腐熟有机肥 4 000~5 000kg/667m²，播前浇足水，划 6 cm 的方格，每格播 1~2 粒种子，覆盖 1.5 cm 营养土。早春播种应采取薄膜覆盖育苗。

出苗前不揭膜，控制膜内温度 20~35 ℃，床土保水量为 75%，出苗后床温 30 ℃以内不揭膜，温度过高需通风降温，当苗龄 1 叶 1 心时施腐熟稀粪水 350~400 kg/667m²，一般不施化肥，以免烧苗，2 叶 1 心时要降温炼苗。在 3 叶期带土移栽，大小苗分开，及时浇水。地膜覆盖：一般采用双行覆盖，膜上行距 50 cm 左右，膜间行距 80 cm 左右，1 叶 1 心期破膜放苗，在拔节期，结合中耕除草和追施穗肥，及时揭膜捡净，防止地膜造成的土壤污染。

## 6.4 种植密度

种植密度一般控制在 3 000~4 000 株/667 m$^2$，3~4 叶期间苗，5~6 叶期定苗。

# 7 田间管理

## 7.1 施肥

根据土壤的肥力水平合理施肥，一般条件下全生育期每 667 m$^2$ 施纯氮 8~12 kg，五氧化二磷 5 kg 左右，氧化钾 8~10 kg。全部磷、钾肥及 60%的氮肥底肥一次施入，40%的氮肥在小喇叭口期施入。

## 7.2 浇水

播种至出苗期保证底墒，在大喇叭口至采收期前保证水分供应。苗期注意防涝。

## 7.3 去除分蘖

拔节期如发现分蘖，及时去除。

## 7.4 化学除草

除草剂有效成分、剂型和用量参见表 1（实际使用时，应遵守《农药管理条例》）。

表 1　除草剂有效成分、剂型、用量

| 药剂名称、有效成分及剂型 | 用量<br>（mL/667 m$^2$） | 备注 |
|---|---|---|
| 38%莠去津（剂型） | 100~200 | |
| 48%甲草胺（剂型）或 50%乙草胺（剂型） | 100~150 | |
| 50%百草枯（剂型）或 41%草甘磷（剂型） | 200~250 | 当土壤表面有大量明草时用，若草量多可适当增加用量 |

## 7.5 病虫害防治

病虫害防治对象及方法参见表 2（实际使用时，应遵守《农药管理条例》）。

表 2　病虫害防治对象及方法

| 防治对象 | 防治时期 | 药剂、剂型或其他 | 用量 | 方法 |
|---|---|---|---|---|
| 丝黑穗病 | ①播前种子准备<br>②植株出现病症时 | ①12.5%特谱唑可湿性粉剂 | ①0.5%/kg 种子 | ①拌种<br>②拔除病株，消灭病源 |

| 防治对象 | 防治时期 | 药剂、剂型或其他 | 用量 | 方法 |
|---|---|---|---|---|
| 玉米螟 | ①心叶末期<br>②成虫产卵始盛 | ①BT 乳剂<br>②释放赤眼蜂期 | ① 150 ~ 200mL/667 m²，兑水 40 kg<br>②放蜂量 0.8 万 ~ 1.0 万头/667 m² | ①灌心<br>②将蜂盒挂在地头玉米植株上 |
| 蚜虫 | ①心叶期<br>②抽雄散粉期 | 10% 吡虫啉可湿性粉剂 | 10~20 g/667 m²，兑水 50 kg | 喷雾 |

# 8 采收

一般在清晨或傍晚采收，在阴凉处存放，避免阳光直晒和大堆存放，且及时上市或加工处理。

采收与上市或加工间隔时间：普甜玉米一般不超过 6 小时；超甜玉米、加强甜玉米一般不超过 12 小时；糯玉米一般不超过 24 小时。

普甜玉米采收期在吐丝授粉后 21~22 天，籽粒含水量 60% 左右；超甜玉米采收期在吐丝授粉后 18~22 天，籽粒含水量 70% 左右；加甜玉米采收期在吐丝授粉后 21~25 天，籽粒含水量 60% 左右；糯玉米采收期在吐丝授粉后 25~30 天，籽粒含水量约 50%。

# 9 产品质量标准

产品外观品质质量标准见表 3。

表 3  甜、糯玉米穗外观品质质量标准

| 外观品质 | 具有本品种应有特性，穗型粒形一致，正品率 98%，籽粒饱满，排列整齐紧密，具有该品种乳熟时应有的色泽，基本无秃尖，无虫咬，无霉变，无损伤，苞叶包被完整，新鲜嫩绿 | 具有本品种应有特性，穗型粒形基本一致，正品率 90%，有个别籽粒不饱满，籽粒排列整齐，色泽稍差，秃尖≤1 cm，无虫咬，无霉变，苞叶包被较完整，新鲜嫩绿 | 基本具有本品种应有特性，穗型粒形稍有差异正品率 88%，饱满度稍差，籽粒排列基本整齐，有少量籽粒色泽与本品种不同，秃尖≤1.5 cm，无虫咬，无霉变，损伤粒小于 10 粒，苞叶包被基本完成 | 少量果穗具有本品种应有特性，穗型粒形不一致，正品率 80% 以下，籽粒不饱满，排列不整齐，秃尖>2 cm，有虫咬或霉变，损伤粒大于 10 粒，苞叶包被不完整 |
|---|---|---|---|---|
| 产品等级 | 一级 | 二级 | 三级 | 四级 |

# 附录 4　Panel 组合信息

| Panel 编号 | 荧光类型 | 引物编号（等位变异范围，bp） | | |
|---|---|---|---|---|
| | | 1 | 2 | 3 |
| Q1 | FAM | P20（166~196） | P03（238~298） | |
| | VIC | P11（144~220） | P09（266~335） | P08（364~420） |
| | NED | P13（190~248） | P01（319~382） | P17（391~415） |
| | PET | P16（200~233） | P05（287~354） | |
| Q2 | FAM | P25（157~211） | P23（244~278） | |
| | VIC | P33（198~254） | P12（263~327） | P07（409~434） |
| | NED | P10（243~314） | P06（332~367） | |
| | PET | P34（153~186） | P19（216~264） | P04（334~388） |
| Q3 | FAM | P22（173~255） | | |
| | VIC | P30（119~155） | P35（168~194） | P31（260~314） |
| | NED | P21（152~172） | P24（212~242） | P27（265~332） |
| | PET | P36（202~223） | P02（232~257） | P39（294~333） |
| Q4 | FAM | P28（175~201） | P38（227~293） | |
| | VIC | P14（144~174） | P32（209~256） | P29（270~302） |
| | NED | P37（176~216） | P26（230~271） | P40（278~361） |
| | PET | P15（220~246） | P18（272~302） | |

注：以上为本书图谱采纳的 40 个玉米 SSR 引物的十重电泳 Panel 组合。

# 附录5　品种名称索引